Claudia Campos Netto

Estudo Dirigido de AutoCAD® 2017

1ª Edição

érica | Saraiva

SOMOS EDUCAÇÃO | Editora Saraiva

Av. das Nações Unidas, 7221, 1º Andar, Setor B
Pinheiros – São Paulo – SP – CEP: 05425-902

SAC | 0800-0117875
De 2ª a 6ª, das 8h00 às 18h00
www.editorasaraiva.com.br/contato

Vice-presidente	Claudio Lensing
Gestora do ensino técnico	Alini Dal Magro
Coordenadora editorial	Rosiane Ap. Marinho Botelho
Editora de aquisições	Rosana Ap. Alves dos Santos
Assistente de aquisições	Mônica Gonçalves Dias
Editoras	Márcia da Cruz Nóboa Leme
	Silvia Campos Ferreira
Assistentes editoriais	Paula Hercy Cardoso Craveiro
	Raquel F. Abranches
	Rodrigo Novaes de Almeida
Editor de arte	Kleber de Messas
Assistentes de produção	Fabio Augusto Ramos
	Katia Regina
Produção gráfica	Sergio Luiz P. Lopes

Revisão	Ricardo Franzin
Capa e diagramação	Casa de Ideias
Impressão e acabamento	*PSI7 - Printing Solutions & Internet 7*

DADOS INTERNACIONAIS DE CATALOGAÇÃO NA PUBLICAÇÃO (CIP)
ANGÉLICA ILACQUA CRB-8/7057

Lima, Cláudia Campos Netto Alves de
Estudo dirigido de AutoCAD® 2017 / Claudia Campos Netto. — São Paulo : Érica, 2015.
320 p. (Série estudo dirigido)

Bibliografia
ISBN 978-85-365-1960-9

1. Sistema AutoCAD 2. Computação gráfica I. Título II. Série

15-0727 CDD 006.68
CDU 004.4

Índices para catálogo sistemático:
1. AutoCAD 2015 : Computação gráfica : Programas : Processamento de dados 006.68

1ª edição
2ª tiragem: 2017

Autores e Editora acreditam que todas as informações aqui apresentadas estão corretas e podem ser utilizadas para qualquer fim legal. Entretanto, não existe qualquer garantia, explícita ou implícita, de que o uso de tais informações conduzirá sempre ao resultado desejado. Os nomes de sites e empresas, porventura mencionados, foram utilizados apenas para ilustrar os exemplos, não tendo vínculo nenhum com o livro, não garantindo a sua existência nem divulgação.

A Ilustração de capa e algumas imagens de miolo foram retiradas de <www.shutterstock.com>, empresa com a qual se mantém contrato ativo na data de publicação do livro. Outras foram obtidas da Coleção MasterClips/MasterPhotos© da IMSI, 100 Rowland Way, 3rd floor Novato, CA 94945, USA, e do CorelDRAW X6 e X7, Corel Gallery e Corel Corporation Samples. Corel Corporation e seus licenciadores. Todos os direitos reservados.

Todos os esforços foram feitos para creditar devidamente os detentores dos direitos das imagens utilizadas neste livro. Eventuais omissões de crédito e copyright não são intencionais e serão devidamente solucionadas nas próximas edições, bastando que seus proprietários contatem os editores.

CL 641255 CAE 603106

Fabricante

Produto: **AutoCAD® 2017**

Fabricante: **Autodesk, Inc.**

Site: **www.autodesk.com.br**

Endereço no Brasil:

Autodesk do Brasil Ltda.

Rua James Joule, 65 - 4º andar - cj. 41

04576-080 - São Paulo - SP

Fone: (11) 5501-2500

Requisitos de hardware e software para o AutoCAD 2017 *informações fornecidas pela Autodesk	
Sistema operacional	Microsoft Windows® 10 (desktop). Microsoft Windows® 8.1 com atualização KB2919355 Microsoft Windows® 7 SP1.
Processadores	**Processador de 1 gigahertz (GHz) ou mais rápido 32-bit (x86) ou 64-bit (x64)**
Network/rede	Instalação via Deployment Wizard. O servidor de licenças e todas as workstations que rodarão do AutoCAD na rede devem rodar o protocolo TCP/IP. Tanto o protocolo Microsoft como o Novell TCP/IP são suportados. Além dos sistemas operacionais suportados para o AutoCAD, o servidor de licenças rodará nas seguintes versões: Windows Server® 2012, Windows Server® 2012 R2, Windows Server® 2008, Windows 2008 R2 Server®. Citrix® XenApp™ 7.6, Citrix® XenDesktop™ 7.6
Memória	Para sistemas 32 bits: 2 GB (3 GB recomendado) Para sistemas 64 bits: 4 GB (8 GB recomendado)
Resolução de tela	1360x768 (1600x1050 ou superior recomendada) com True Color.
Placa gráfica	Placa com suporte a Windows® em 1360x768 com True Color. Placa com DirectX® 9 ou DirectX 11 recomendada, mas não requerida.
Espaço em disco	Instalação 6.0 GB.
Dispositivo apontador	Mouse compatível com MS-Mouse.
Mesa digitalizadora	Mesas com suporte a WINTAB.
Media (DVD)	Download ou instalação a partir de DVD.
Navegador	Windows Internet Explorer® 9.0 (ou superior).
.NET Framework	.NET Framework Version 4.6.

Requisitos adicionais para grandes desenhos ou arquivos de pontos de nuvem e modelagem em 3D	
Processadores	Sistemas 64 bit são recomendados para trabalhar com grupos de arquivos muito grandes, arquivos de modelagem 3D e arquivos de pontos de nuvem.
Memória	8 GB RAM ou mais.
Espaço em disco	6 GB livres disponíveis no disco, fora a instalação.
Placa Gráfica	Placa de vídeo com 1600x1050 True Color com 128 MB ou superior, Pixel Shader 3.0 ou superior, suporte a Direct3D®.

OBSERVAÇÃO

Informe-se sobre as placas gráficas certificadas para uso com o AutoCAD 2017 no site da Autodesk (www.autodesk.com.br).

Dedicatória

Dedico este livro a todos os estudantes de arquitetura, engenharia, desenho e novos usuários de AutoCAD, que estão aprendendo a usar essa ferramenta, conhecimento imprescindível aos profissionais de desenho.

Agradecimentos

À equipe das Editoras SOMOS, Érica e Saraiva, que tem me ajudado a manter este livro atualizado e com qualidade durante tantos anos.

Sobre a Autora

Graduada em Arquitetura pela Faculdade de Belas Artes de São Paulo em 1984, é uma das pioneiras no uso de tecnologia para elaboração de projetos.

Iniciou as atividades numa das primeiras revendas Autodesk no Brasil, em 1988, em pré-venda e treinamentos de AutoCAD na versão 9.

Em 1990, foi para o distribuidor da Autodesk no Brasil, Digicon, onde foi responsável pelos treinamentos, desenvolvendo materiais e ministrando aulas e suporte às revendas no Brasil.

Foi consultora técnica e comercial da área de arquitetura e decoração em revendas Autodesk, onde implantou, com grande êxito, sistemas CAD em empresas de arquitetura, engenharia e decoração.

Atuou também em Centros de Treinamento - ATC (Autodesk Training Center) em São Paulo, preparando materiais de treinamento e atuando como instrutora em cursos in-company.

Atualmente, é sócia-diretora do ConstruBIM, empresa de implantação de Building Information Modeling (BIM) em São Paulo. Atua na implantação de Revit e Autodesk Navisworks em escritórios de engenharia e arquitetura e construtoras.

Em 2016, completa 28 anos de trabalho com o AutoCAD e outros softwares, tais como Revit Architecture, Navisworks, Arqui 3D, Active 3D, SketchUp.

Já publicou 22 livros de AutoCAD e sete de Revit Architecture pela Editora Érica/Saraiva, sendo:

- *Coleção AutoCAD - Guia Prático, versões 12 a 14*
- *AutoCAD LT for Windows*
- Coautora da obra *Apresentação de Projetos em 3D*
- *Estudo Dirigido de AutoCAD*, versões 2002 a 2016
- *Revit Architecture 2011 - Conceitos e Aplicações*
- *Revit Architecture 2012 - Conceitos e Aplicações*
- *Revit Architecture 2013 - Conceitos e Aplicações*
- *Revit Architecture 2014 - Conceitos e Aplicações*
- *Revit Architecture 2015 - Conceitos e Aplicações*
- *Revit Architecture 2016 - Conceitos e Aplicações*
- *Revit Architecture 2017 - Conceitos e Aplicações*
- *Desenho Arquitetônico* e *Design de Interiores* - Série Eixos

Possui as certificações Autodesk Author, AutoCAD Certified Professional e Revit Architecture Certified Professional.

É coordenadora da Comunidade de Usuários Autodesk - Português, fórum de suporte, dicas e novidades de produtos Autodesk, em que um grupo de colaboradores e Expert Elite criam tutoriais, videoaulas e fornecem dicas de produtos Autodesk.

A autora possui um blog com as novidades da área de CAD e BIM, notícias de eventos e lançamentos, entre outras informações: <http://claudiacamposlima.wordpress.com/>.

Possui tambem um canal no YouTube — Claudia Campos — com videoaulas dos principais comandos do AutoCAD.

Sumário

Prefácio

Este livro tem o objetivo de introduzir a ferramenta de projeto mais utilizada no mundo aos iniciantes nas escolas e universidades.

Apresento os principais recursos do AutoCAD 2017 e as ferramentas de desenho e edição, configuração e impressão de projetos. Os fundamentos do programa são ensinados com instruções passo a passo e exemplos. Além disso, temos exercícios ao final de cada capítulo, para fixar o aprendizado.

Este livro serve como preparação para a prova de Certificação em AutoCAD da Autodesk, para obtenção do título de profissional certificado Autodesk. Saiba mais sobre esse assunto no tópico **Certificação em AutoCAD**.

Descrevo os conceitos básicos de como trabalhar com uma ferramenta de desenho digital e suas implicações, tais como escalas, impressão, compartilhamento.

Essa ferramenta vai gerar projetos de forma mais precisa e rápida, aumentando a produtividade nos trabalhos.

Vital para o compartilhamento de desenhos entre usuários, a interação com a Internet e o uso das ferramentas de nuvem da Autodesk é explicada didaticamente, assim como a geração e importação de arquivos em outros formatos, como PDF e DWF.

Para facilitar o aprendizado, no site da editora (http://www.editorasaraiva.com.br/) estão disponíveis arquivos com as respostas dos exercícios. No meu canal do YouTube você pode assistir a vídeos que apresentam o que há de mais importante em cada capítulo e que ajudarão na fixação do conteúdo.

Aos leitores iniciantes e aos que pretendem usar o livro como preparação para a prova de Certificação em AutoCAD, boa sorte!

Claudia Campos Netto

Objetivos da Série Estudo Dirigido

Com o intuito de servir de material de apoio ao ensino das disciplinas relacionadas às áreas de computação, desenvolvimento e tecnologia da informação, a Série Estudo Dirigido apresenta um conteúdo programático útil ao aluno, ao professor, por adequar-se à carga horária, e, também, a todos aqueles que objetivam aprender, de forma rápida, os recursos dos principais softwares de mercado.

Destaca-se pela linguagem, agradável e de fácil leitura, que combina termos técnicos e conceitos fundamentais, além de exemplos e exercícios práticos, que permeiam toda a obra e facilitam o aprendizado.

Os livros desta Série, uma das mais adotadas do mercado, formam um verdadeiro curso de iniciação e aperfeiçoamento em diversas áreas, como Banco de Dados, Sistemas Operacionais, Computação Gráfica, Pacote Office, Informática Básica, Linguagem de Programação e Estatística.

Coordenador da Série:

Professor Mestre José Augusto N. G. Manzano

Certificação em AutoCAD

As certificações da Autodesk são credenciais reconhecidas pelo setor, as quais podem ajudá-lo a ser bem-sucedido em sua carreira de projetista, proporcionando benefícios a você e ao seu empregador.

As certificações oferecidas pela Autodesk em seus softwares principais são uma validação confiável de suas habilidades e conhecimentos; podem levar a um desenvolvimento profissional acelerado, com maior produtividade e credibilidade.

Os exames de certificação são oferecidos pelos Centros de Certificação Autorizados da Autodesk. Eles são realizados online, em um ambiente fiscalizado. Você pode encontrar os endereços dos Centros de Certificação da Autodesk e todas as informações no link: www.certiport.com.

Este livro auxilia na preparação para os exames daqueles que desejam ser profissionais certificados da Autodesk. A seguir, relacionam-se os tópicos do exame de certificação e os capítulos correspondentes do livro, a fim de que você consiga organizar seu estudo e preparar-se para a prova. Também é aconselhável, a quem deseja obter a certificação em AutoCAD, procurar um Centro de Treinamento Autorizado Autodesk (ATC) e fazer um treinamento antes de realizar a prova.

Boa sorte!

AutoCAD 2016*- Certificação Profissional Tópicos da Prova

Tópico	Objetivo do exame	Capítulo correspondente deste livro
Desenho de objetos	Desenhar linhas e retangulos	3
	Desenhar circulos arcos e poligonos	3
Desenhar com precisão	Usar OSNAP	4
	Usar o sistema de coordenadas	4
	Criar desenho isometricos	4
Modificar objetos	Mover e copiar objetos	5
	Rotacionar e escalar objetos	5
	Criar e usar Arrays	5
	Usar Trim e Extend	5
	Usar Offset e Mirror	5
	Usar edição com Grips	5
	USar Fillet e Chanfer	5
Usar técnicas adicionais de desenho	Desenhar e editar polilinhas	3
	Usar blend em objetos com spline	o livro não cobre
	Aplicar hachuras e gradientes	3

* Até o fechamento desta obra, a prova de certificação disponível era a do AutoCAD 2016.

Tópico	Objetivo do exame	Capítulo correspondente deste livro
Organizar objetos	Alterar as propriedades dos objetos	7
	Alterar o layer dos objetos	7
	Controlar a visibilidade dos layers	7
	Associar propriedades por objeto ou layer	7
	Gerenciar as propriedades dos layers	7
Reúso de conteudo	Trabalhar com blocos	11
	Gerenciar atributos de blocos	11
	Usar arquivos de referência e imagens	16
Anotações no desenho	Adicionar e modificar textos	6
	USar dimensionamento	9
	Criar e modificar multileaders	9
	Criar e associar estilos anotativos	14
	Usar tabelas	12
Layout e impressão	Criar layouts	14
	Usar Viewports	14
	Ajustar as opções de impressão	14

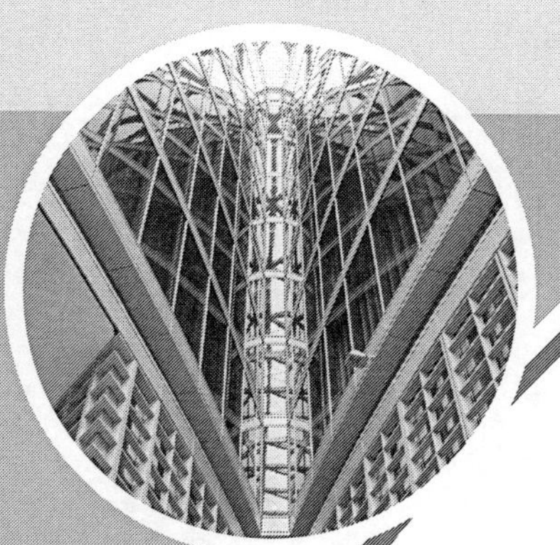

CAPÍTULO **1**

Início de um Desenho

OBJETIVOS

- Iniciar o AutoCAD
- Apresentar a tela gráfica
- Mostrar os conceitos básicos do AutoCAD
- Criar e salvar um desenho

1.1 Início

Inicie o AutoCAD no Windows clicando no ícone do AutoCAD no Desktop ou pelo botão **Iniciar** na barra de tarefas, com um clique em **Todos os Aplicativos**, **Autodesk** e **AutoCAD 2017.** Ao se acessar o AutoCAD 2017 pela primeira vez, surge a tela inicial da Figura 1.1, que traz muitas informações importantes.

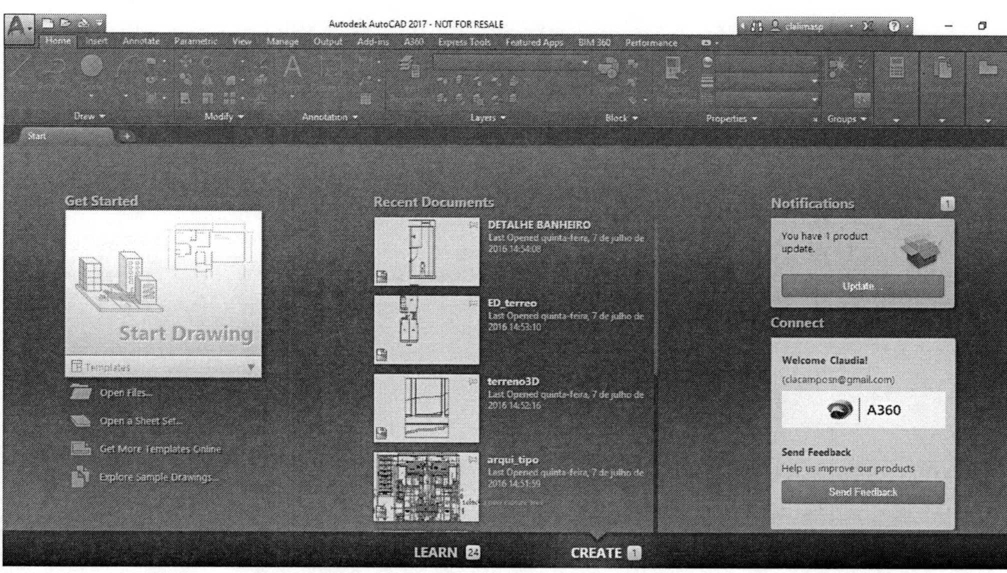

Figura 1.1 Tela inicial do AutoCAD 2017.

Nessa tela temos quatro áreas importantes:

- **Get Started:** esta área traz as opções de início de um desenho, que são:
  - **Start Drawing:** nesta opção você pode iniciar um novo desenho clicando no botão do canto inferior direito da janela e escolhendo um Template para iniciar. Selecione acadiso.dwt e então abre-se a tela gráfica do AutoCAD.
  - **Open Files:** esta opção permite abrir um desenho existente. Os arquivos do AutoCAD têm a extensão DWG. Selecione um arquivo DWG na janela de seleção de arquivos exibida na tela.
  - **Open a Sheet Set:** esta opção permite abrir um grupo de folhas de desenho. O grupo de folhas tem a extensão DST.
  - **Get More Templates Online:** nesta opção podemos selecionar na web outros templates, que são modelos de arquivos de desenho com configurações predeterminadas. No Capítulo 16, item 2, estudaremos os templates.
  - **Explore Sample Drawings:** esta opção permite selecionar arquivos de desenho de exemplo que são instalados junto com o AutoCAD.

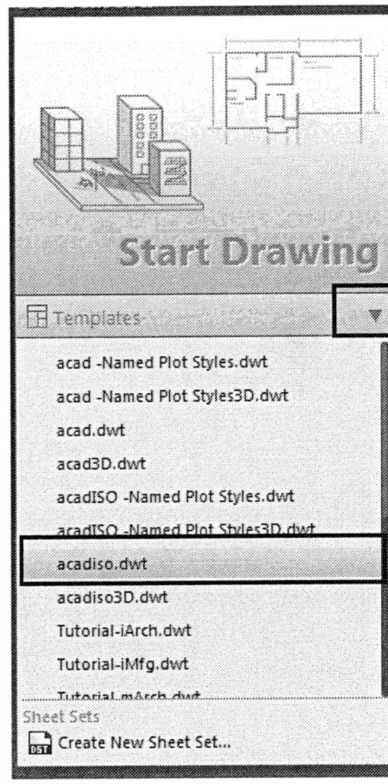

Figura 1.2 Início de um desenho.

- **Recent Documents:** nesta área são exibidos os últimos arquivos abertos.

Figura 1.3 Últimos arquivos abertos.

- **Notifications:** exibe notificações com informações importantes da sua licença.
- **Connect:** permite se conectar à sua conta do A360, um portal de compartilhamento de arquivos e outras ferramentas, ou enviar um feedback sobre o AutoCAD para a Autodesk. Ambas as opções necessitam de conexão com a Internet.
- **Create:** exibe a tela atual com as opções de criar ou editar arquivos.

- **Learn:** muda a tela e exibe ferramentas de auxílio ao aprendizado do AutoCAD, como mostra a Figura 1.4.

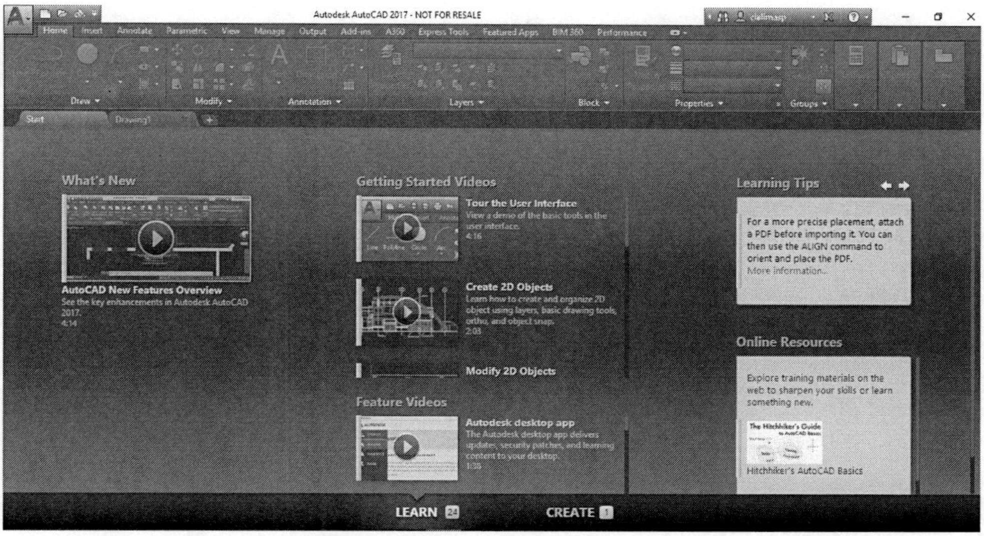

Figura 1.4 Tela da área de aprendizado.

- **What's new:** exibe um vídeo em inglês com as novidades desta versão.
- **Getting Started Videos:** exibe vídeos que auxiliam o usuário nos primeiros passos com o AutoCAD.
- **Learning Tips:** dicas de uso dos comandos. Clicando nas setas são apresentadas mais dicas.
- **Online Resources:** acessa recursos de treinamento, o Help do AutoCAD e o portal de suporte ao usuário.

OBSERVAÇÃO

É necessário ter acesso à web para conhecer todos os itens citados.

Ao iniciar um desenho com o template acadiso, temos a tela gráfica do AutoCAD (Figura 1.5).

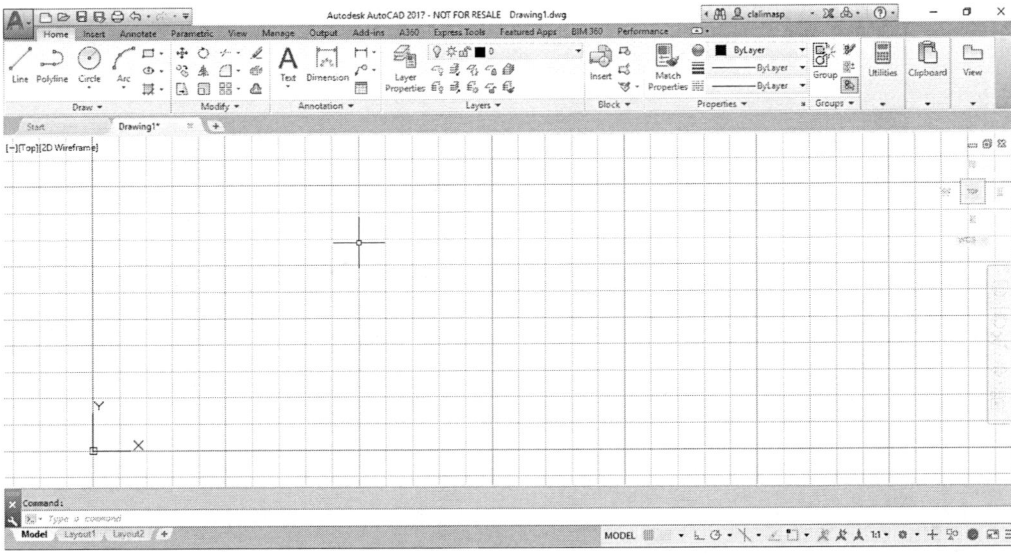

Figura 1.5 Tela gráfica do AutoCAD 2017.

1.2 A Tela Gráfica

Os campos da tela estão na Figura 1.6. A tela original tem a cor preta, mas para melhor visualização da imagem e do grid neste livro, mudamos para a cor branca pelo comando **Options>Display>Window Elements>Light.**

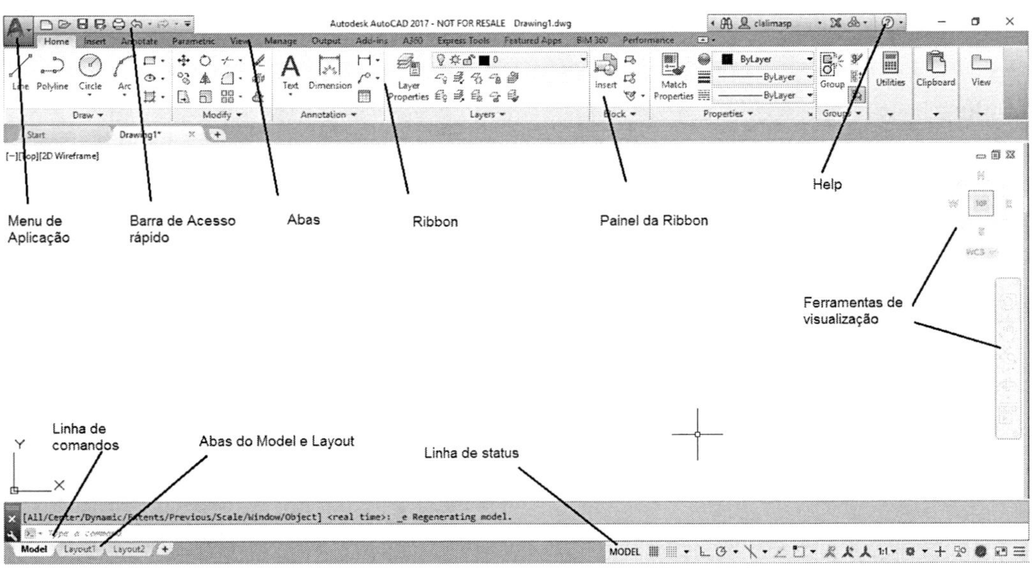

Figura 1.6 A tela gráfica do AutoCAD 2017.

Menu de Aplicação - Application Menu: é acionado clicando-se no ícone do botão do canto superior esquerdo da tela, como mostra a Figura 1.7. Ao se clicar nesse ícone, surge uma barra para permitir o acesso rápido a comandos mais usados, tais como **New**, **Open**, **Save**, **Print** e **Publish**, entre outros, com o **Close**.

Na parte superior do Menu de Aplicação há uma linha para fazer a busca rápida de comandos (Figura 1.8). Os botões no topo do Menu de Aplicação dão acesso a arquivos recentemente abertos e é possível classificá-los por data, tamanho, tipo etc.

É possível localizar os arquivos em ícones pequenos, médios ou grandes (Figura 1.9).

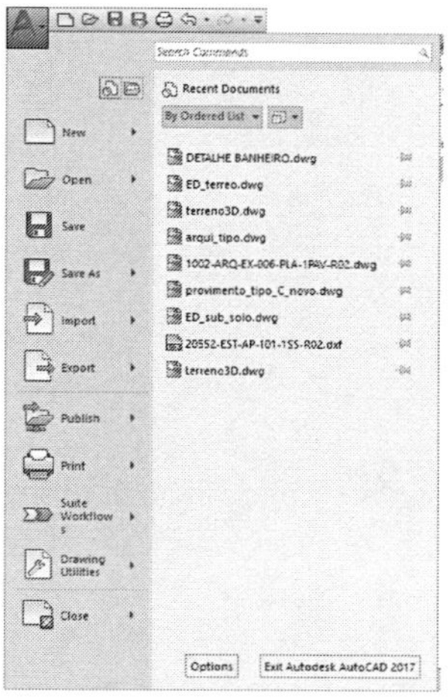

Figura 1.7 Menu de Aplicação.

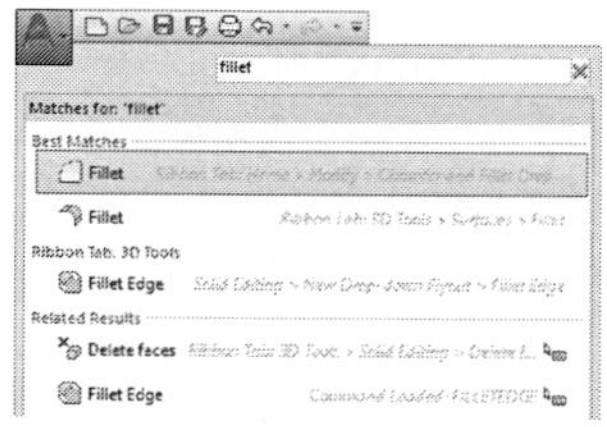

Figura 1.8 Ferramenta de busca.

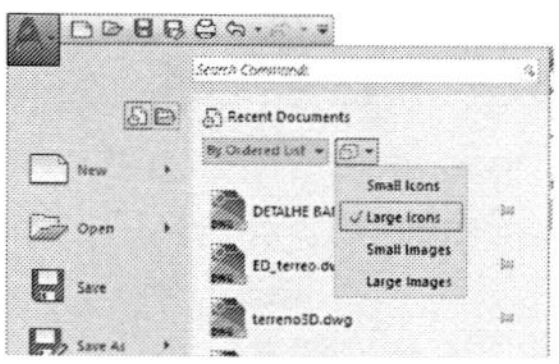

Figura 1.9 Ícones para localizar arquivos.

Se a opção **Small Images** estiver selecionada, ao se passar o cursor no nome do arquivo automaticamente aparecem a imagem do arquivo e outras informações sobre ele, como data, pasta etc. Se a opção **Large Images** estiver selecionada, são mostradas imagens dos arquivos (Figura 1.10).

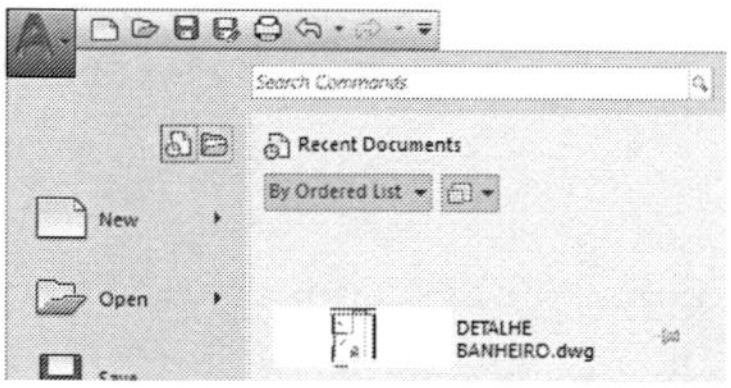

Figura 1.10 Visualização de arquivos.

A interface Ribbon, ilustrada na Figura 1.11, reúne os comandos agrupados por abas de contexto. Os grupos são **Home, Insert, Annotate, Parametric, View, Manage, Output, Add-ins, A360, Express Tools, Featured Apps, BIM 360** e **Performance.** Ao mudar o **Workspace,** essas abas mudam de acordo com a seleção. Cada aba reúne comandos de mesma característica. Por exemplo, os comandos de visualização estão na aba **View,** os de anotação na aba **Annotate** e assim por diante. Ela pode ser personalizada e dimensionada. Também diminui os passos para encontrar um comando e elimina a necessidade de exibir múltiplas barras de ferramentas. As abas podem ser customizadas, retiradas e reposicionadas de acordo com as necessidades do usuário e da empresa.

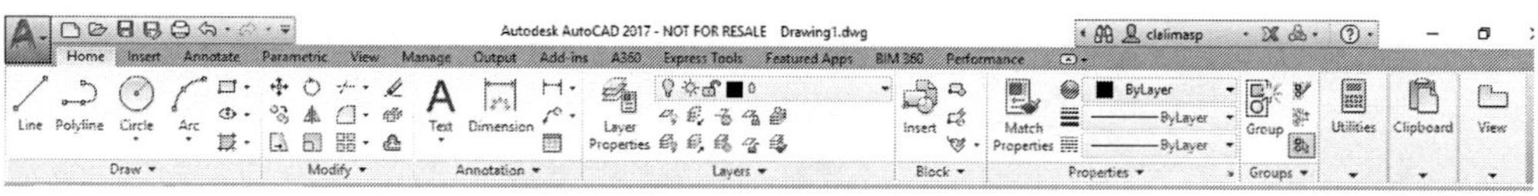

Figura 1.11 Interface Ribbon - aba Home.

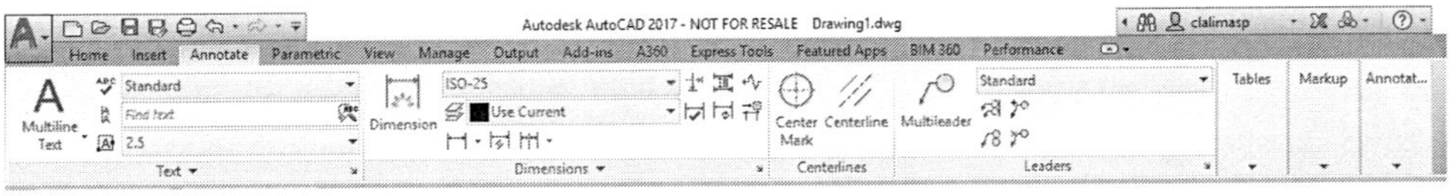

Figura 1.12 Interface Ribbon - aba Annotate.

As barras de ferramentas ou painéis não mostram todos os comandos. Para que elas exibam todos os comandos, é necessário clicar na pequena seta do centro da barra. Essa expansão da barra ainda pode ser fixada aberta se o **Pin** que aparece no canto inferior esquerdo for selecionado. Para recolher a barra expandida, basta clicar no **Pin** novamente.

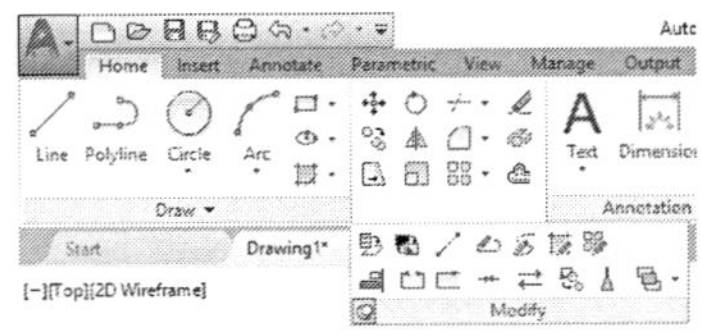

Figura 1.13 Fixação da barra de ferramentas Modify.

Aba Files: contém abas que permitem visualizar e alternar desenhos abertos rapidamente ou criar desenhos. Você pode ligar e desligar a barra de arquivos usando o controle **File Tabs** pela aba **View** da **Ribbon**. Quando a aba **Files** está ligada, uma aba para cada desenho aberto é exibida no topo da área de desenho.

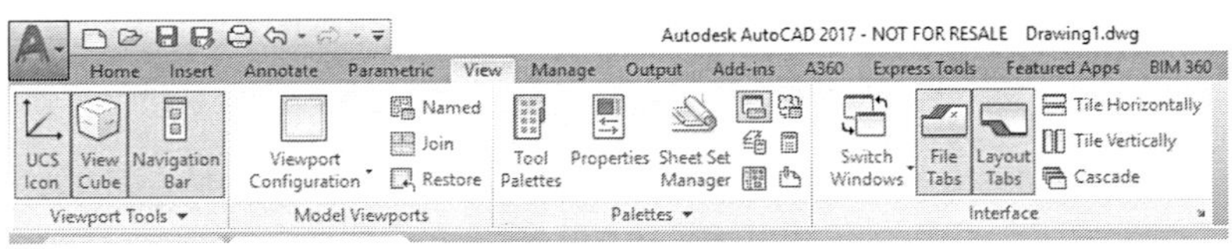

Figura 1.14 Ativação/desativação da aba Files.

As abas de desenhos aparecem na ordem em que os desenhos foram abertos. Você pode arrastar e soltar as abas para mudar a ordem. Se não houver espaço para todas as abas, um menu de sobreposição será exibido do lado direito das abas e dará acesso às outras abas.

O ícone de um cadeado indica que o arquivo está aberto como "read-only" (somente leitura) e um asterisco indica que o arquivo foi alterado desde a última vez em que foi salvo. Ao se passar o cursor em uma das imagens do preview, o **Model** e o **Layout** correspondentes são apresentados temporariamente na área de desenho e as ferramentas **Plot** e **Publish** são acessíveis pelo preview da imagem.

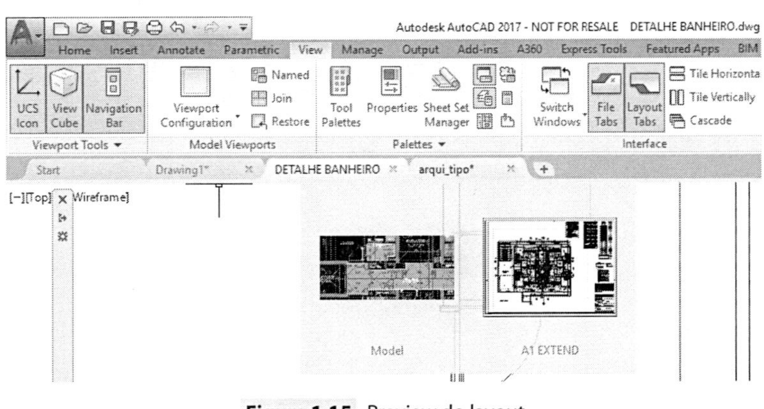

Figura 1.15 Preview do layout.

Clicando-se nas abas com o botão direito do mouse, um menu é habilitado com os comandos **New**, **Open**, **Save** e **Close**, incluindo a possibilidade de fechar todos os arquivos, menos o que estava ativo no momento em que se clicou no botão direito. Você também pode copiar o caminho completo do arquivo para a área de transferência ou localizá-lo no Windows Explorer.

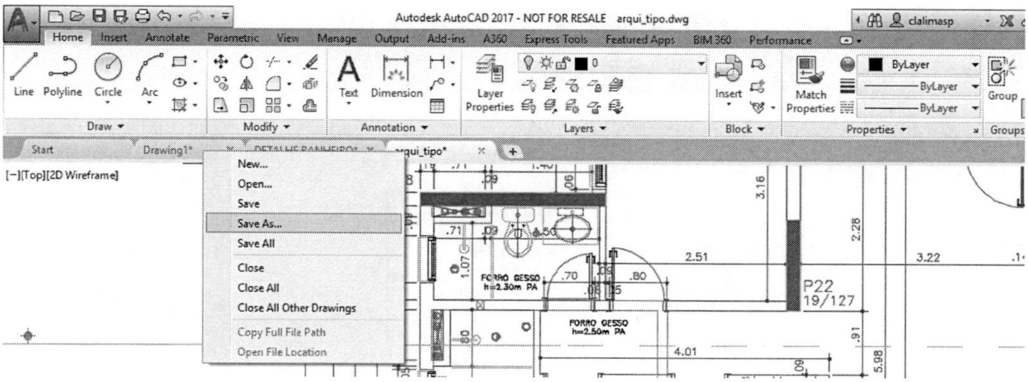

Figura 1.16 Opções do botão direito do mouse.

Um sinal de mais (+) à direita das abas **Files** permite criar desenhos rapidamente, cujas abas são geradas automaticamente.

A **Ribbon** pode ser desprendida da parte superior da tela. Basta clicar com o botão direito do mouse na parte superior da barra preta e selecionar **Unlock**, e a **Ribbon** se torna flutuante como as paletas. Clicando nos painéis, os comandos são exibidos. Ao se clicar na faixa vertical cinza à esquerda e arrastá-la, é possível mudar sua posição na tela. Para retornar a **Ribbon** à parte superior da tela, clique selecionando-a pela faixa vertical cinza à esquerda e, então, arraste-a até a parte superior da tela.

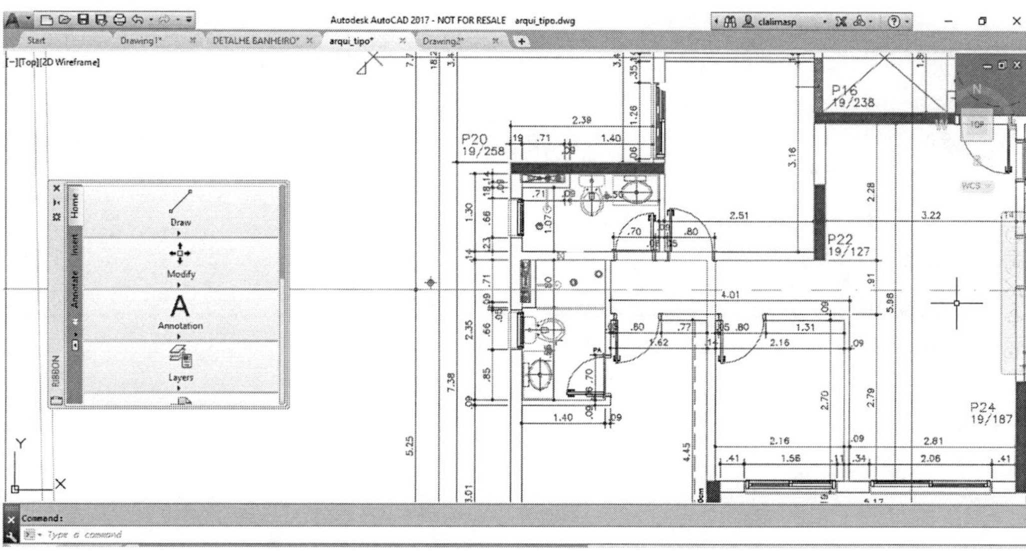

Figura 1.17 Reposicionamento da Ribbon.

Visualização do Menu Tradicional do AutoCAD

Para acionar o menu superior tradicional do AutoCAD usado até a versão 2008, ao qual muitos usuários estão acostumados, clique no botão do mouse com o cursor no último botão da barra de acesso rápido. Selecione **Show Menu Bar** e o menu superior é exibido na tela.

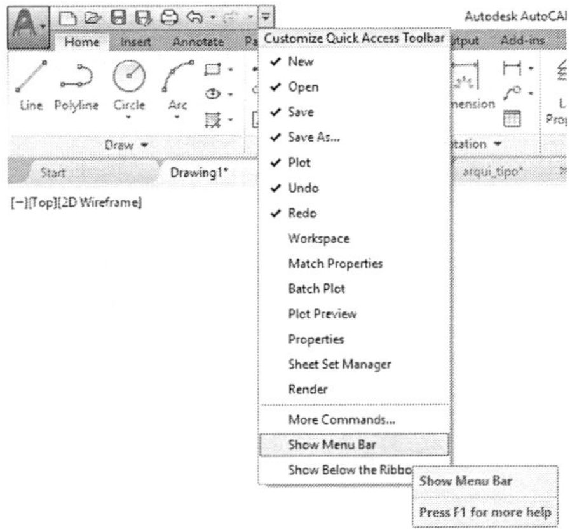

Figura 1.18 Ligar o menu superior tradicional do AutoCAD.

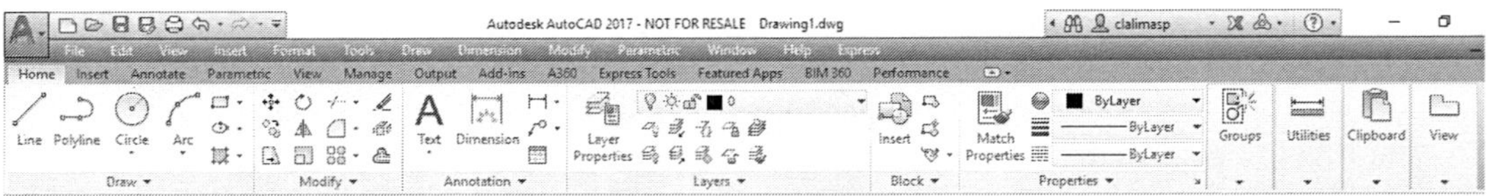

Figura 1.19 Exibição do menu superior tradicional do AutoCAD.

Linha de Status

A linha de status traz um conjunto de botões com funções do tipo liga/desliga ao serem pressionados. Os botões mais utilizados são **Grid**, **Snap**, **Ortho** e **Coordinates.** Veremos cada uma dessas funções nos seus respectivos capítulos.

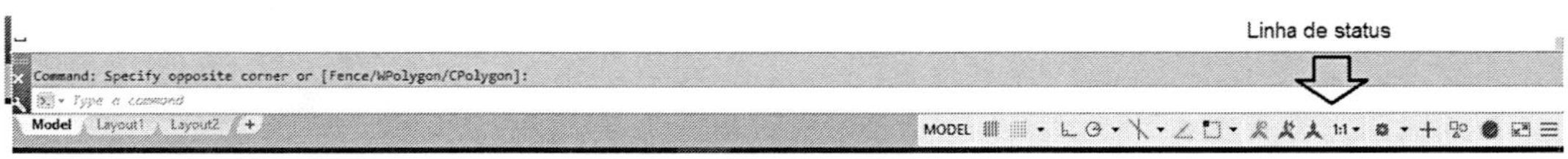

Figura 1.20 Linha de status.

Os botões podem ser exibidos ou escondidos por meio do ícone do canto inferior direito da linha de status, que permite selecionar as funções que devem ser exibidas/escondidas clicando-se na função.

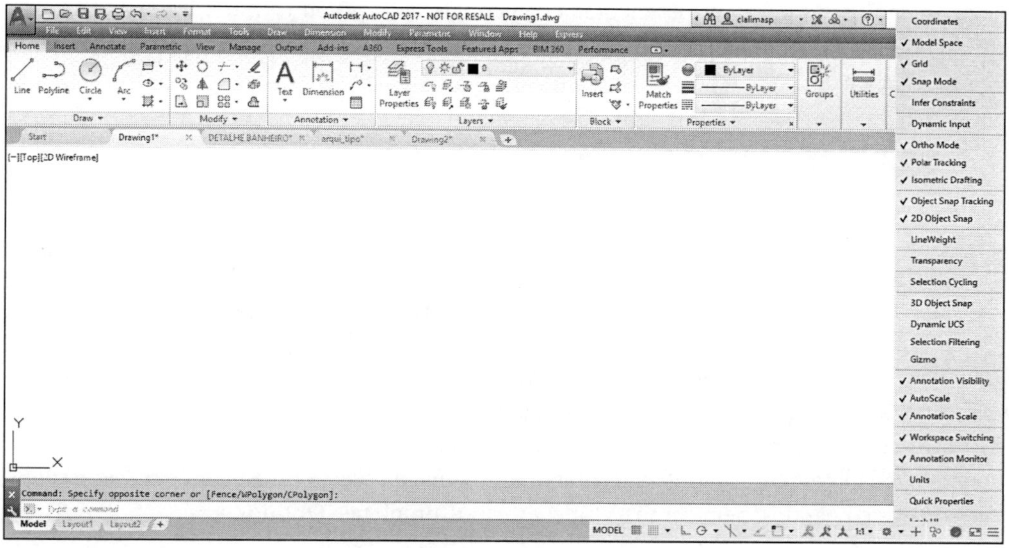

Figura 1.21 Exibição das funções.

Ao se clicar no ícone de seta preta ao lado dos botões, são apresentados controles adicionais relevantes à função escolhida.

No extremo inferior do canto esquerdo da linha de status, temos um contador de coordenadas que se refere à posição do cursor na tela em relação aos eixos X, Y, Z. Se elas não estiverem sendo exibidas, ligue Coordinates pelo botão do canto direito da linha de status.

No canto esquerdo também está o botão de acesso à aba **Model** e ao **Layout** (Figura 1.23), que alternam entre a área de desenho (Model) e a folha de impressão (Layout), assunto tratado no Capítulo 14.

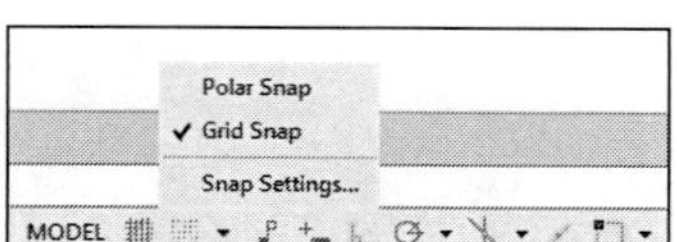

Figura 1.22 Controles da função.

Figura 1.23 Aba Model e Acesso ao Layout.

Linha de Comandos

A área na parte inferior da tela gráfica é a linha de comandos, pela qual o programa interage com o usuário. Todos os comandos digitados ou selecionados por menus ou clicados em barras de ferramentas são mostrados nessa linha por meio do prompt **Command:**. Nas linhas seguintes, são apresentados os prompts que o programa usa para comunicar-se com o usuário. Ao se apertar a tecla <F2>, o histórico de tudo que foi digitado aparece armazenado nessa tela de texto, que fica "por trás" da tela gráfica.

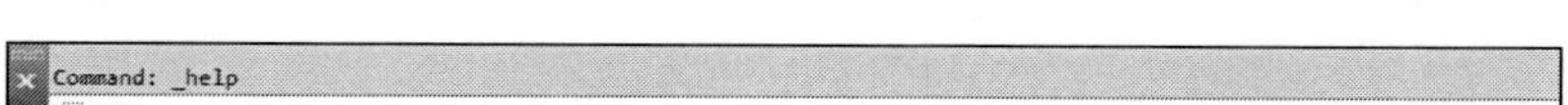

Figura 1.24 Linha de comandos.

A linha de comandos pode ser desancorada e ancorada no topo ou na parte inferior da janela do AutoCAD ou flutuar na área de desenho. Para isso, basta clicar na barra lateral esquerda da linha e arrastá-la para a tela.

Figura 1.25 Linha de comandos desancorada da parte inferior.

A linha de comandos não ancorada é exibida em uma linha simples que flutua acima da janela do AutoCAD. Ela inclui um prompt semitransparente de histórico, possibilitando exibir até 50 linhas de histórico sem afetar a área de desenho. Podemos alterar sua configuração clicando no ícone da ferramenta do lado esquerdo, conforme a Figura 1.26, que dá acesso fácil à configuração das opções de entrada dos comandos, bem como às funções **AutoComplete** e **Options**.

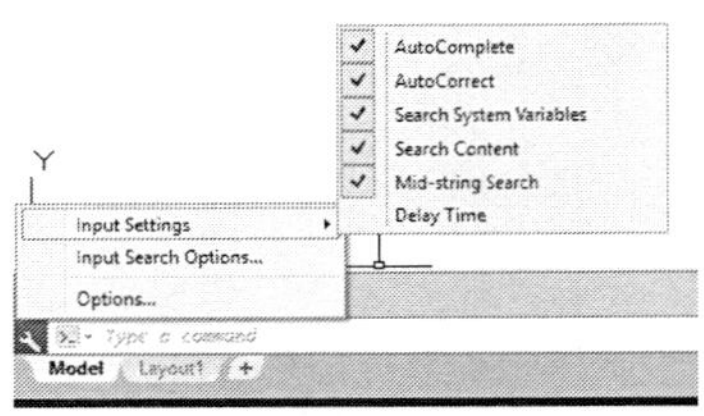

Figura 1.26 Ferramentas de configuração da linha de comandos.

Pressione a tecla <F2> ou o flyout no fim da linha de comandos flutuante para exibir linhas adicionais do histórico de comandos. Pressionando-se <CTRL>+<F2>, também será exibida a janela do histórico.

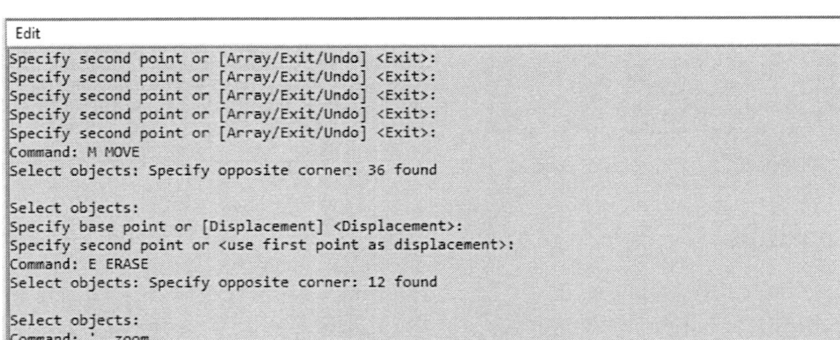

Figura 1.27 Exibição do histórico de comandos.

Na barra lateral esquerda da linha de comandos, o ícone do X fecha a linha e apresenta a mensagem da Figura 1.28. Para voltar a visualizar a linha de comandos, pressione a tecla <CTRL> e o número 9.

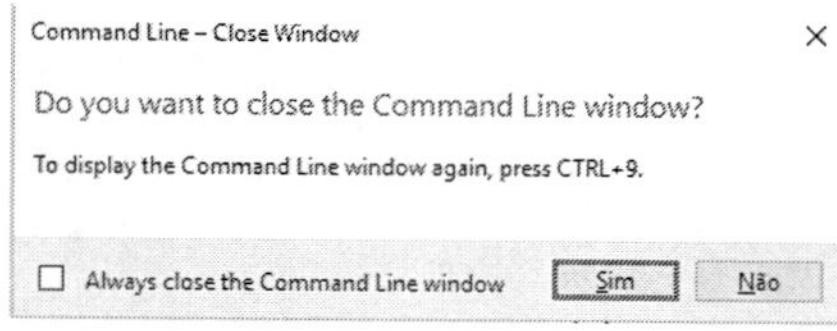

Figura 1.28 Alerta de fechamento da linha de comandos.

Entrada de Comandos

- **Via teclado:** ao digitar o comando e teclar <ENTER>.
- **Barras de ferramentas e menus de barras:** ao clicar no ícone do comando.

A linha de comandos tem opções para prover acesso mais eficiente a comandos e variáveis do sistema.

- **AutoCorrect:** se o usuário digitar um comando errado e receber a resposta "Unknown Command", o AutoCAD corrige com o comando válido mais relevante do programa. Por exemplo, se acidentalmente for digitado TABEL, o comando TABLE é automaticamente aberto.
- **AutoComplete:** ao se digitar uma palavra na linha de comandos, por exemplo: SETTING, a lista de sugestões exibe os comandos que contêm essa palavra em qualquer posição, não somente no início, para que você possa selecionar o que procura.

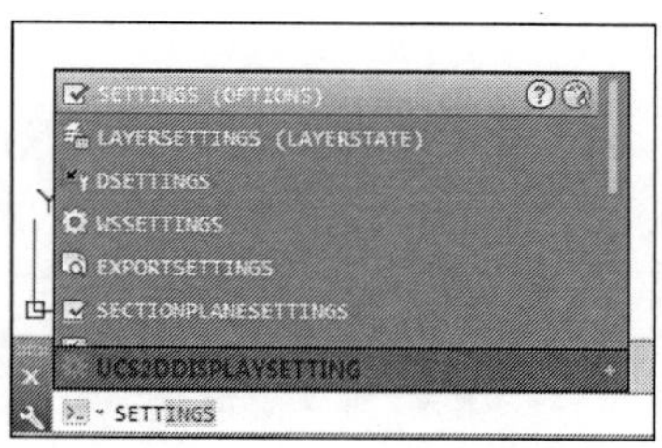

Figura 1.29 Opções do AutoComplete.

Na lista de sugestões, os comandos são inicialmente exibidos na ordem em que normalmente são usados, com base nos dados gerais do usuário. Conforme você usa o AutoCAD, a ordem dos comandos na lista de sugestões vai se adaptando aos seus hábitos. Os dados de uso dos comandos são armazenados no perfil (profile) do usuário e se adaptam a cada um.

- **Sinônimos:** a linha de comandos tem uma lista de sinônimos. Por exemplo, se você insere a palavra SYMBOL, o programa encontra o comando INSERT para inserção de bloco.

Você pode inserir quaisquer palavras na lista de sinônimos do **AutoCorrect**, usando a ferramenta **Edit Aliases** na aba **Manage**.

- **Busca na Internet:** permite procurar rapidamente mais informações de um comando ou de uma variável na Internet ou no Help pela linha de comandos. Mova o cursor sobre o comando ou variável na lista e selecione o ícone **Search on Internet** para procurar informações relevantes.

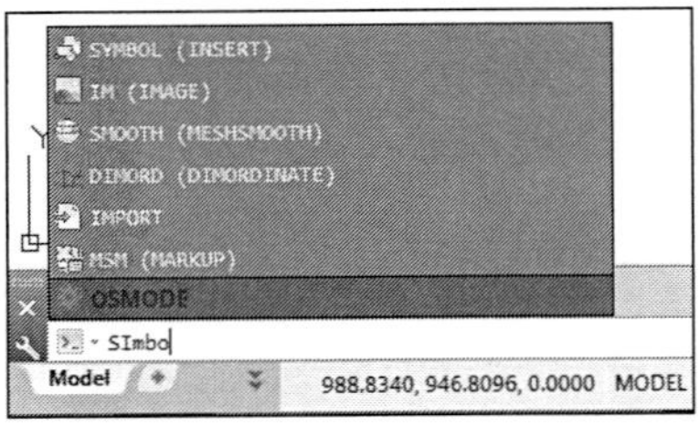

Figura 1.30 Opções de sinônimos.

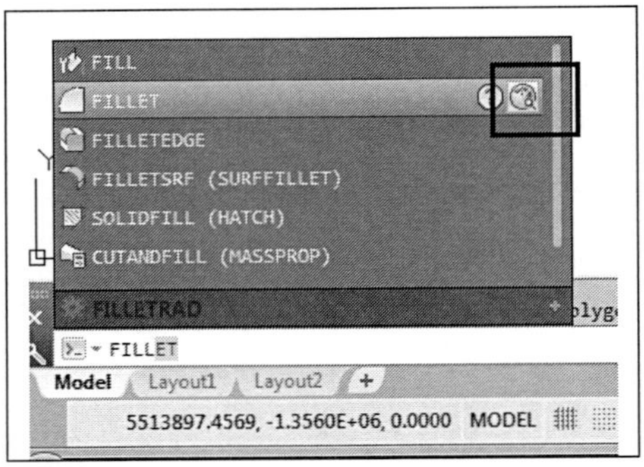

Figura 1.31 Botão de busca na Internet.

- **Busca de conteúdo:** é possível usar a linha de comandos para acessar layers, blocos, hachuras, estilos de texto, estilos de dimensionamento e estilos visuais. Por exemplo, ao digitar PORTA na linha de comandos, se o desenho ativo tiver um bloco com esse nome, você pode inseri-lo rapidamente pela lista de sugestões.
- **Ajustes de entrada (Input Settings):** podemos customizar o comportamento da linha de comandos usando os controles do menu **Input Settings**. Clique com o botão direito do mouse na linha de comandos ou no ícone da ferramenta e habilite/desabilite as funções.

Clicando em **Input Search Options**, abre-se a janela de diálogo da Figura 1.32, na qual também podemos habilitar/desabilitar as funções e configurar a busca de conteúdo.

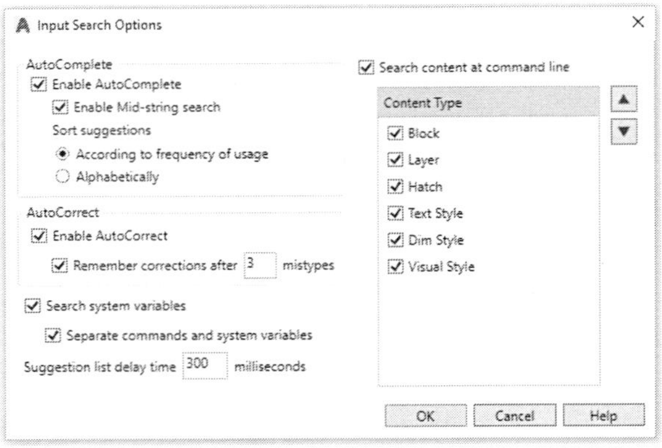

Figura 1.32 Janela de configuração das opções de entrada de comandos.

Botões do Mouse

- **Primeiro botão do mouse:** é o de dados; serve para acionar comandos na tela, marcar pontos no desenho e selecionar objetos.
- **Botão direito:** exibe funções diferentes, dependendo de quando é acionado. Por exemplo, se você não estiver em nenhum comando, ele exibe o menu da Figura 1.33, que permite repetir o último comando ou selecionar uma das opções. Se você estiver em algum comando, por exemplo **LINE**, ele apresenta as opções do comando. É possível definir, com o comando **Options**, como o botão

direito do mouse será usado. Digite OP na linha de comandos. Para que o botão direito acione a tecla <ENTER>, é preciso desabilitar a opção **Shortcut menus in drawing area** (Figura 1.34).

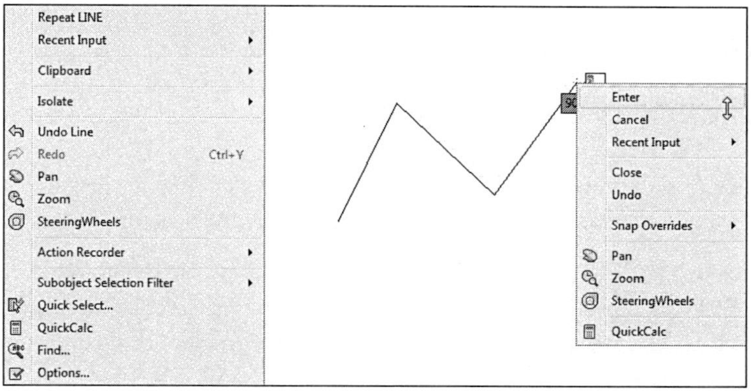

Figura 1.33 Botão direito do mouse.

Ainda é possível configurar outras formas de usar o botão direito do mouse, selecionando o botão **Right-click Customization** (Figura 1.34).

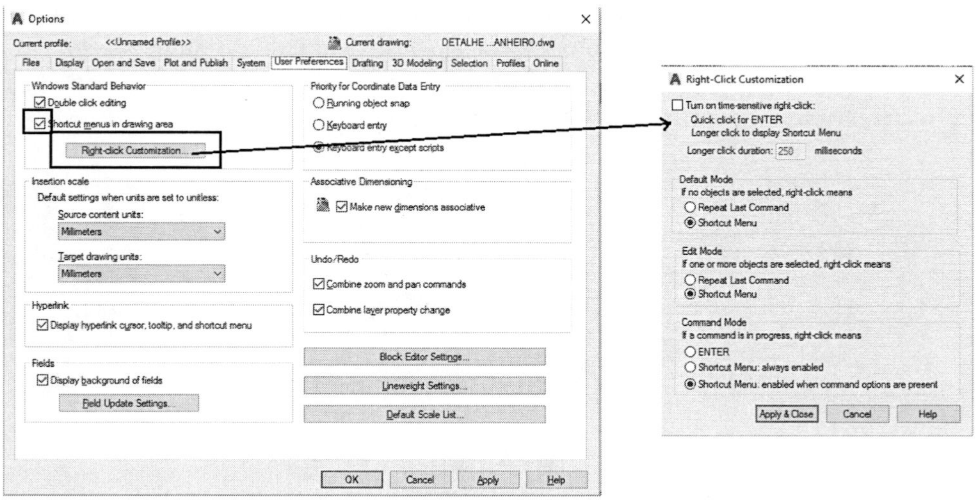

Figura 1.34 Configuração dos botões do mouse.

- **Scroll:** aciona o comando **Zoom**, quando rolado. Se pressionado, aciona o comando **Pan** (Capítulo 8).

Nomes dos Arquivos

Os arquivos gerados pelo AutoCAD denominam-se drawings (desenhos), pois o programa utiliza uma versão em inglês e gera arquivos com a extensão **DWG**. Na barra de título do Windows, é possível ver sua identificação. O primeiro

> **DICA**
>
> O <ENTER> e a barra de espaço também repetem o último comando usado; portanto, para repetir um comando, tanto faz clicar no botão direito do mouse ou teclar <ENTER>.

desenho que se abre recebe o nome **Drawing1.dwg** e assim por diante. Ao salvar o arquivo, pode-se manter esse nome ou escolher outro.

1.3 Conceitos Básicos do AutoCAD

O AutoCAD trabalha no plano cartesiano de coordenadas **x,y,z**, por isso é importante o conhecimento de geometria descritiva para desenhar com ele. O Capítulo 4 mostra em detalhes como se desenha inserindo medidas por meio das coordenadas. O desenho em 2D será feito em um plano cartesiano com eixos X e Y, que está posicionado na tela gráfica e sua origem (0,0) no canto inferior esquerdo da tela.

No canto inferior esquerdo da área gráfica, na linha de status, há um contador de coordenadas **X,Y,Z**. Se você deslocar o cursor para o canto inferior esquerdo, verá que o contador mostra as coordenadas 0,0,0. Conforme o desloca para a direita, o X aumenta; deslocando-o para cima, o Y aumenta. O desenho pode ser feito em qualquer parte dessa área.

1.4 Iniciar, Salvar e Abrir um Desenho

É muito importante gravar o trabalho durante sua execução, pois, se houver queda de energia, não haverá perdas. Como trabalhamos com o Windows, os comandos para salvar e sair são idênticos aos de outros programas que rodam nesse sistema. Este livro utiliza o AutoCAD 2017 com o Windows 10. A Figura 1.35 apresenta a barra de acesso rápido com os comandos (ícones) **Abrir, Salvar, Iniciar um Novo Arquivo, Undo, Redo** e **Print**.

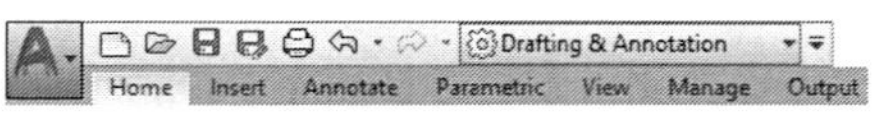

Figura 1.35 Barra de acesso rápido.

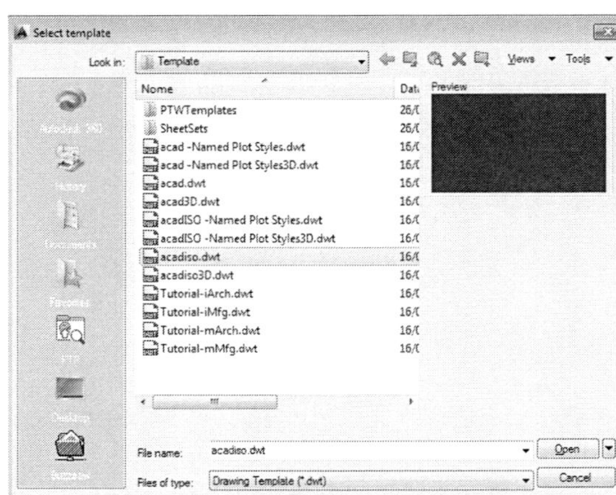

Figura 1.36 Início por um arquivo padrão.

- **QNew** : começa um novo desenho. Ao acionar essa opção, surge a janela da Figura 1.36, na qual é possível escolher um arquivo padrão de template para começar o desenho. Se você trabalha em metros ou milímetros, use o template **acadiso.dwt**.

O template é um arquivo que o usuário pode salvar, com extensão .DWT, com base em qualquer desenho, e depois carregá-lo como parte de um desenho novo. No template se definem os ajustes básicos do desenho, por exemplo, unidade de trabalho, limites, precisão de casas decimais, ajustes de **Snap**, **Grid** e **Ortho**, estilos de texto e de dimensionamento etc. Eles funcionam como um arquivo com parâmetros de trabalho previamente definidos pelo usuário. Mais detalhes sobre o uso de templates estão no Capítulo 16.

- **Open** : abre um arquivo já existente. Ao se acionar o comando, aparece a janela **Select File**, na qual é preciso selecionar um arquivo. Os desenhos do AutoCAD têm a extensão .DWG, portanto selecione um arquivo com essa extensão e clique em **Open**. É possível abrir vários desenhos simultaneamente na mesma sessão de AutoCAD.

Também é possível mudar a forma como um desenho se abre, acionando o botão à direita do botão **Open** da seguinte maneira:

- **Open Read-Only:** abre o desenho somente para leitura e não é possível editá-lo.
- **Partial Open:** abre o desenho parcialmente. É útil em desenhos muito grandes, pois possibilita selecionar as vistas e os layers a serem mostrados. Depois de selecionar essa opção, aparece a janela da Figura 1.38.

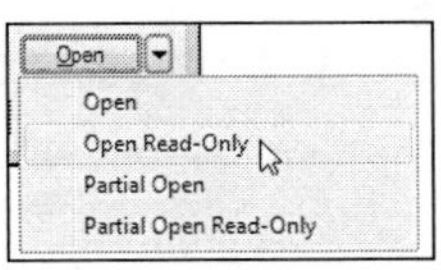

Figura 1.37 Abertura de partes de um desenho.

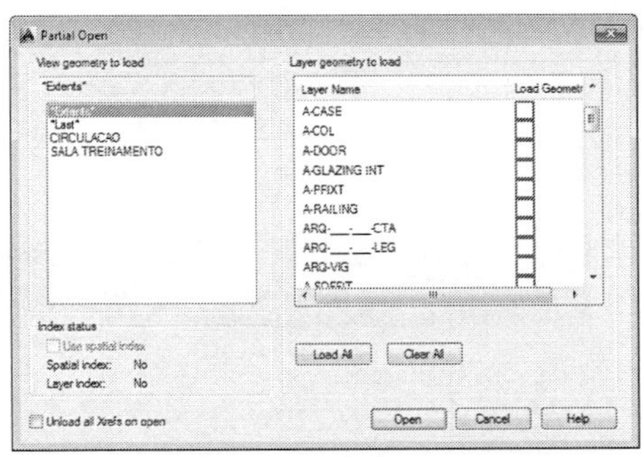

Figura 1.38 Seleção das vistas e dos layers a serem abertos.

- **Save** : salva um desenho. Na primeira vez em que se grava um desenho, o AutoCAD pede um nome para o arquivo, o qual deve ser colocado no quadro **File Name**. Nas próximas vezes que selecionar **Save**, a gravação é automática, com o nome fornecido anteriormente.

Esses comandos também podem ser acessados pelo Menu de Aplicação .

- **Close:** fecha o arquivo corrente. Se o usuário ainda não o salvou, pode salvá-lo antes de fechar.
- **Save As:** permite salvar o desenho atual com outro nome. É útil quando se deseja ter um desenho que até certo ponto é igual a outro. Também podemos salvar o arquivo com outras extensões; por exemplo, .DWT (template) e .DWS (arquivo de padrões).
- **Exit:** essa opção fecha o AutoCAD.

1.5 Help

O **Help** do AutoCAD é on-line, ou seja, você precisa estar conectado à web para utilizá-lo. Para acessar, clique no botão no canto superior direito da tela, conforme indica a Figura 1.39.

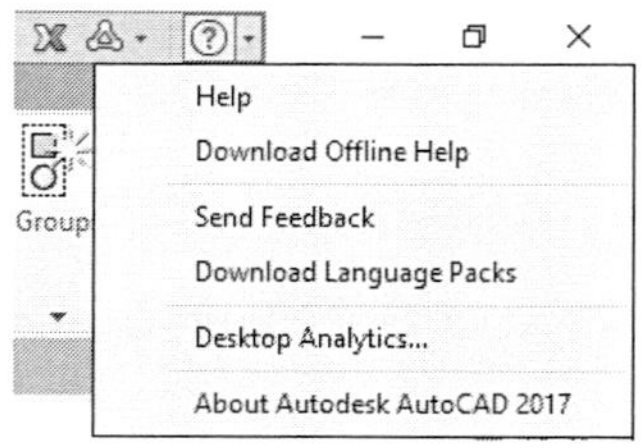

Figura 1.39 Acesso ao Help.

O **Help** do programa vem se modificando e sendo atualizado a cada ano para uma interface mais amigável. Você vai encontrar, além das informações básicas dos comandos, vídeos interativos com áudio e explicações detalhadas de como executar os comandos. Vai ter acesso a fóruns de discussão, blogs e comunidades em que pode esclarecer suas dúvidas mais comuns.

Figura 1.40 Tela do Help.

Se você estiver off-line, ou se desabilitou o **Access online content when available** na aba **System** do comando **Options** (Figura 1.41), o **Help Online** não será exibido. O **Help Offline** está disponível para download por meio da opção **Download Offline Help**, no canto superior direito, como mostrou a Figura 1.39.

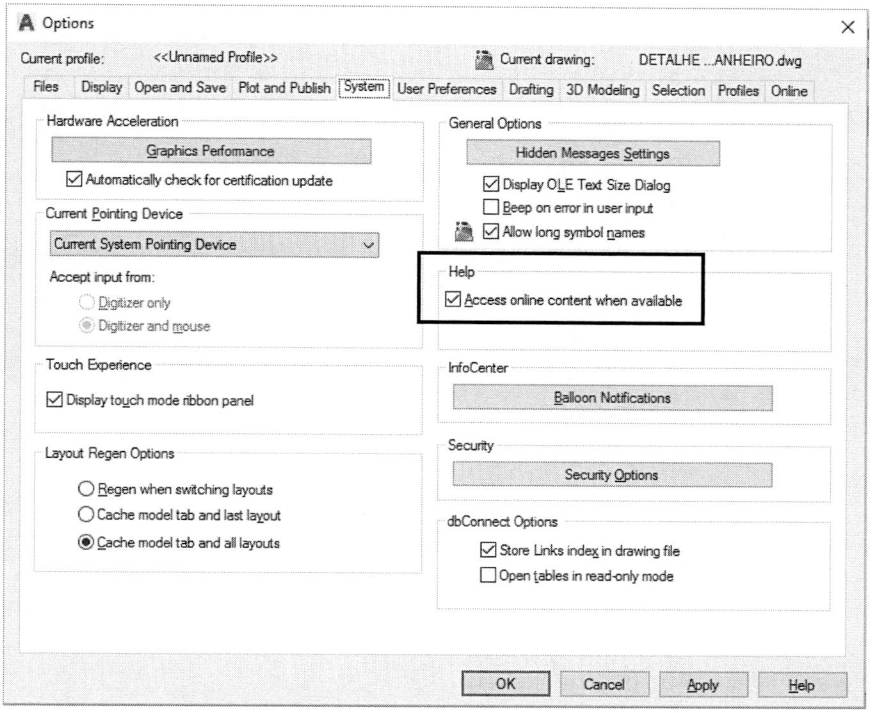

Figura 1.41 Comando Options - aba System.

CAPÍTULO 2

Configuração da Área de Trabalho e da Interface

OBJETIVOS

- Especificar o tamanho da área de trabalho
- Definir as unidades de trabalho
- Ajustar as ferramentas auxiliares de desenho

Este capítulo explica como ajustar a área de trabalho para iniciar um desenho. A área de que o AutoCAD dispõe para desenhar é infinita, dentro do plano cartesiano, e os desenhos devem ser feitos em escala real, ou seja, 1 = 1. No momento de plotar/imprimir o desenho, entra-se com uma escala, fazendo uma relação com milímetros. Dessa forma um mesmo desenho pode ser impresso ou plotado em diferentes escalas.

Apesar da liberdade para trabalhar, é preciso ajustar alguns parâmetros antes de começar o desenho. São eles: a área de desenho (**Limits**), as unidades de trabalho (**Units**), o **Grid** e o **Snap**.

A seguir, cada um desses comandos é detalhado.

2.1 A Unidade de Trabalho - Comando Units

Esse comando permite escolher uma unidade de trabalho. O AutoCAD tem cinco sistemas de unidades para medir comprimentos e ângulos. Também é possível definir as casas decimais nas unidades. Para comprimento e ângulos o ajuste inicial é de quatro casas decimais. Esse comando pode ser acessado pelo Menu de Aplicação ou digitando-se **Units**. Vamos definir sistema decimal com duas casas decimais para comprimentos e ângulos, como mostra a Figura 2.1.

1. Clique no Menu de Aplicação; selecione **Drawing Utilities** e **Units**.

2. Na janela selecione:

- **Type:** Decimal
- **Precision:** 0.00

3. Dê **OK** no final.

4. O resultado dessa mudança pode ser visto no canto inferior esquerdo da linha de status, em que se têm as coordenadas.

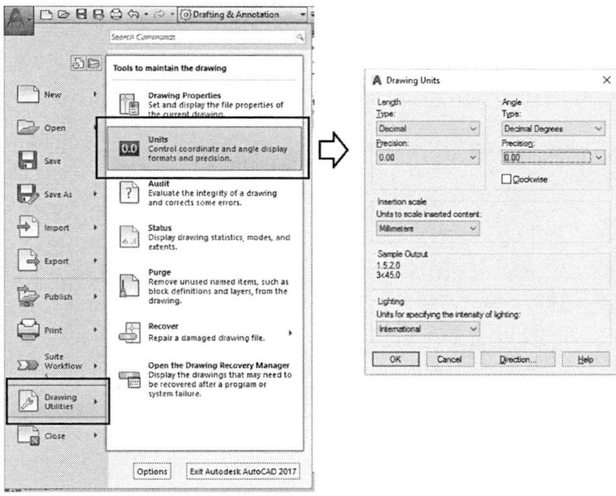

Figura 2.1 Comando Units.

2.2 A Área de Trabalho - Comando Limits

Esse comando determina a área de trabalho, que é indicada por um retângulo em função do desenho a ser feito. A área inicial visível na tela é de 420 x 297 unidades. Por exemplo, se desenhamos em metros, uma unidade equivale a um metro. Portanto, para desenhar um terreno de 20 x 40 m nessa área de 420 x 297, ele vai parecer muito pequeno em relação à área. É preciso verificar a área que o desenho vai ocupar e redefinir a área de trabalho proporcionalmente para que, ao desenhar o terreno de 20 x 40, ele fique adequado ao tamanho da tela. O desenho ocupa 20 x 40, mas é necessário deixar uma folga para a tela, portanto considere uma área de 30 x 50.

Verificada a área, entre no comando **Limits**, que pede as coordenadas dos cantos inferior esquerdo e superior direito da área, e com esses dois pontos defina um retângulo. Para facilitar o trabalho, adote o canto inferior esquerdo como 0,0, que é o default (padrão).

1. Digite **Limits**.

2. Na linha de comandos surge:

```
Command: Limits.
Reset Model Space limits:
Specify lower left corner [ON/OFF]<0.00,0.00>:
pressione <ENTER> para aceitar esse valor.
Specify upper right corner<420.00,297.00>: 30,50
```

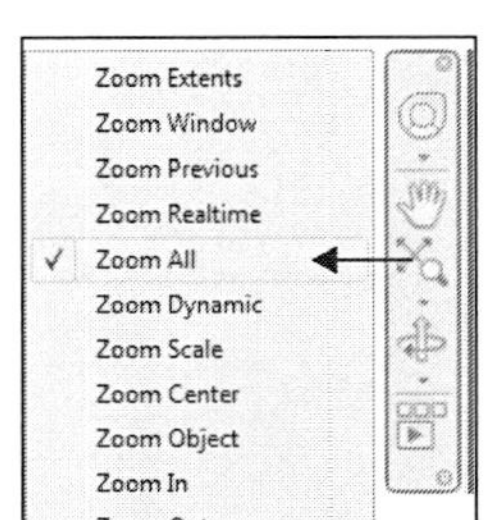

Figura 2.2 Comando Zoom All.

3. Em seguida, acione o comando **Zoom All** para ajustar essa nova área à área de trabalho pelo ícone de **Zoom** na tela, como mostra a Figura 2.2.

2.3 Criar uma Malha de Referência - Comando Grid

Esse comando liga/desliga linhas de referência no fundo da área gráfica para referenciar pontos do desenho. É como desenhar em cima de um papel milimetrado. O **Grid** não aparece no desenho quando é plotado ou impresso. Ele pode ser ligado e desligado com a tecla <F7> ou pela linha de status no botão **Grid**. Essa tecla acionada liga o **Grid**; se acionada novamente, desliga. A distância entre os pontos no **Grid** pode ser controlada com o comando **Grid** da seguinte forma:

1. Com o cursor na linha de status clique no botão ao lado do ícone de **Snap** e selecione **Snap Settings**, como na Figura 2.3.
2. Em seguida, aparece a janela de diálogo **Drafting Settings**, em que são feitas as configurações do **Grid** e do **Snap**.
3. Nas caixas **Grid X spacing** e **Grid Y spacing**, coloque 1.
4. Selecione **OK** para fechar.

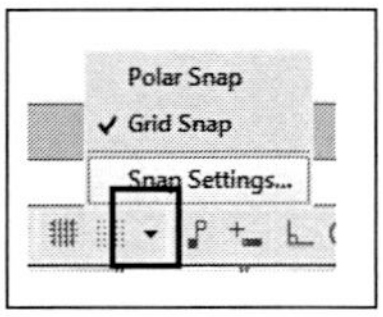

Figura 2.3 Botão Grid.

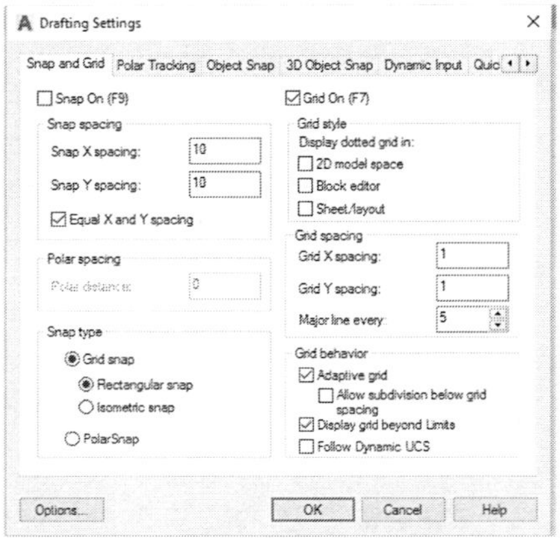

Figura 2.4 Janela de diálogo Drafting Settings.

A opção **Display grid beyond Limits**, se desabilitada, exibe o **Grid** somente dentro dos limites definidos para o desenho. A opção **Adaptative Grid** faz com que o **Grid** se adapte à tela conforme o **Zoom** gerado na tela.

Depois de alterar o **Grid** para uma unidade, a tela deve ficar semelhante à Figura 2.5.

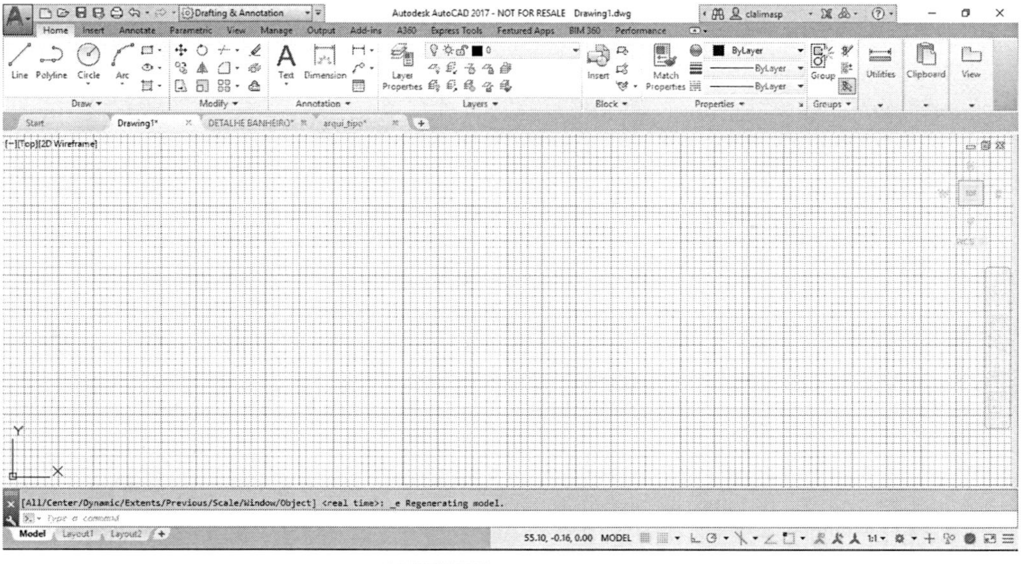

Figura 2.5 Comando Grid.

2.4 O Passo do Cursor - Comando Snap

Esse comando permite dar um passo com o cursor com um determinado incremento. O passo controla o deslocamento do cursor sempre com o mesmo tamanho, quando o **Snap** está ligado. Normalmente, usa-se o **Snap** coincidindo com o **Grid**, sendo o **Grid** o indicador para o tamanho das linhas. Liga-se o **Snap** com a tecla <F9> da mesma maneira que o **Grid** com a <F7>, ou pelo botão **Snap** na linha de status.

O tamanho do passo pode ser alterado pelo comando **Snap** na mesma janela que o comando **Grid** visto anteriormente. O deslocamento do cursor na horizontal é controlado pelo valor do **X** e, na vertical, pelo valor do **Y**.

1. Com o cursor na linha de status em **Snap**, clique na seta preta, selecione **Snap Settings**, como mostra a Figura 2.6.

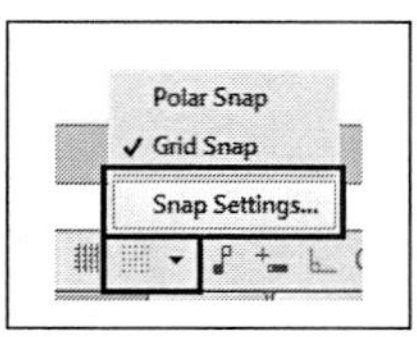

Figura 2.6 Snap.

2. Em seguida, surge a janela de diálogo **Drafting Settings**, em que fazemos as configurações do **Snap**.
3. Nas caixas **Snap X spacing** e **Snap Y spacing**, coloque 1.
4. Selecione **OK** para fechar.

Não é obrigatório usar **Snap** ao desenhar, mas ele ajuda muito em um desenho no qual as linhas são múltiplos de algum valor. Às vezes ele atrapalha, então é só desligar.

O AutoCAD possibilita, inclusive, trabalhar em perspectiva isométrica. Ajuste o **Snap** para **Isometric snap** na janela de diálogo **Drafting Settings**. Depois de iniciar o desenho, para mudar o plano da perspectiva, pressione as teclas <CTRL> + E ou <F5> e os planos se alternam.

O **Snap** não deve ter nenhum ângulo para usar a opção **Iso**, pois ela já ajusta automaticamente os ângulos das três faces da perspectiva isométrica (120 graus). A Figura 2.8 exibe o trabalho dos planos da perspectiva isométrica, a qual pode ser usada para o desenho de perspectivas de hidráulica para banheiros.

Para desenhar um círculo e em perspectiva isométrica, use o comando **Ellipse** e, em seguida, a opção Isocircle (Capítulo 3).

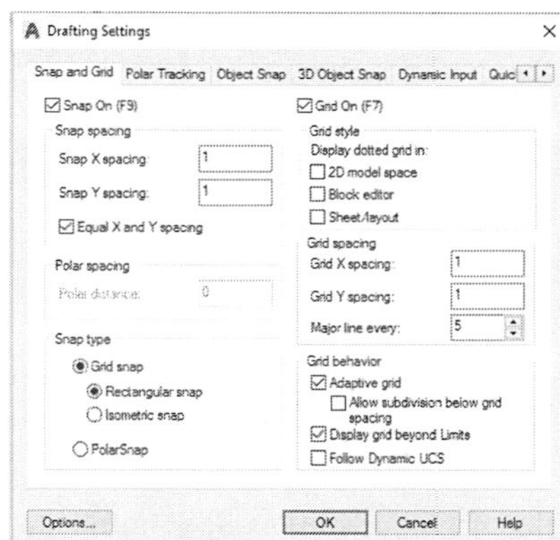

Figura 2.7 Comando Snap.

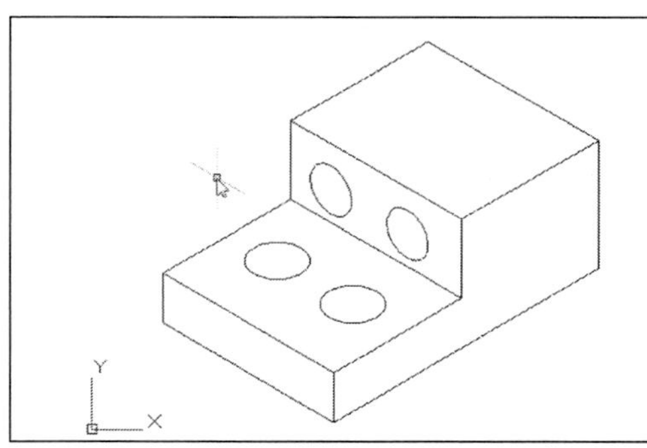

Figura 2.8 Snap isométrico.

2.5 Modo Ortogonal - Comando Ortho

Da mesma forma que ligamos o **Snap** e o **Grid** para ajudar nas referências durante o desenho, temos o modo **Ortho**, o qual liga o sistema ortogonal, permitindo que as linhas sejam sempre perfeitamente ortogonais umas às outras. Esse modo é ligado e desligado com a tecla <F8> ou com o botão **Ortho** na linha de status.

1. Aperte a tecla <F8>.
2. Observe a linha de comandos. É possível ver <ortho on> <ortho off>.

Ao desenhar as linhas, tem-se um exemplo prático dessa função.

2.6 Entrada de Dados Dinâmica

A entrada de dados dinâmica permite que os prompts e as dimensões sejam mostrados dinamicamente na geometria à medida que a cria ou edita.

O AutoCAD interage com o usuário pela linha de comandos e/ou pela interface dinâmica. Todos os comandos podem ser acessados pelos menus e botões da **Ribbon** ou digitados. Tudo que é digitado vai para a linha de comandos ou para uma caixa ao lado do cursor na tela se a interface dinâmica estiver habilitada.

Ao desenhar linhas, é possível entrar com novos valores de medidas de distâncias diretamente no cursor, os quais são imediatamente exibidos ao desenhar a geometria.

Ainda ao criar linhas, é possível entrar com as coordenadas (Capítulo 4), em uma pequena janela que surge com a medida default, que é atualizada conforme se move o cursor. Basta digitar o valor e clicar em <ENTER>, indicando a direção da linha com o cursor. Se o prompt tiver opções, pressione a seta para baixo para vê-las e selecione uma.

A Figura 2.9 ilustra essa interação.

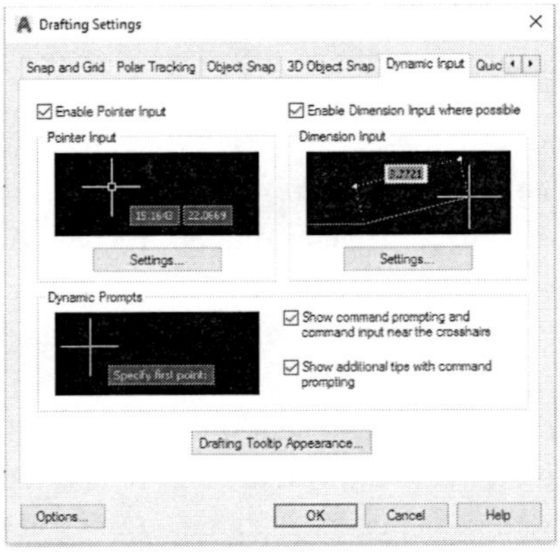

Figura 2.9 Entrada de dados dinâmica.

Dois Tipos de Entrada Dinâmica

Há dois tipos de entrada dinâmica: entrada de pontos para coordenadas e entrada de dimensionamento para valores de distância e ângulos.

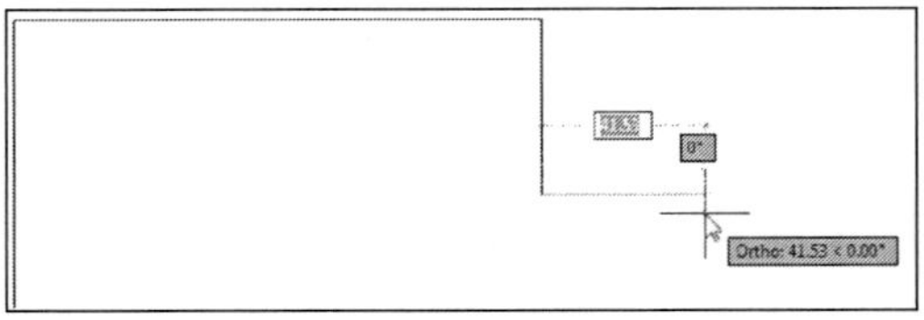

Figura 2.10 Customização da entrada de dados dinâmica.

É possível ligar e desligar essa interação clicando-se no botão **Dynamic Input, DYN**, na linha de status. Para customizar a entrada dinâmica, use a caixa de diálogo **Drafting Settings**, clicando no mesmo botão de configuração de **Snap/Grid** e selecionando **Settings** para exibir a caixa de diálogo **Drafting Settings**.

Entrada de Pontos

Quando a entrada de pontos estiver habilitada (**Enable Pointer Input**), e dependendo de como estiver a visibilidade, aparecem os valores das coordenadas conforme se move o cursor na área de desenho, mesmo quando não estiver em nenhum comando.

Para inserir as coordenadas (Capítulo 4), digite o valor e pressione <TAB> para mudar para a próxima e então digite a seguinte. Ao especificar um ponto, a primeira é uma coordenada absoluta. O formato para as próximas é relativo ou polar. Se desejar entrar com uma coordenada absoluta, insira um sinal de # antes da coordenada.

Entrada de Dimensionamento

Ao selecionar os **Grips** (Capítulo 5) e colocar o cursor sobre eles, aparecem as dimensões da entidade. Ao mover os **Grips** com o comando **Stretch**, por exemplo, as dimensões são atualizadas dinamicamente e o ângulo relativo à linha anterior é mostrado.

É possível configurar na caixa de diálogo **Dimension Input Settings** apenas as informações que deseja ver.

Para acessar essa caixa de diálogo, clique no botão **Settings** abaixo de **Dimension Input**.

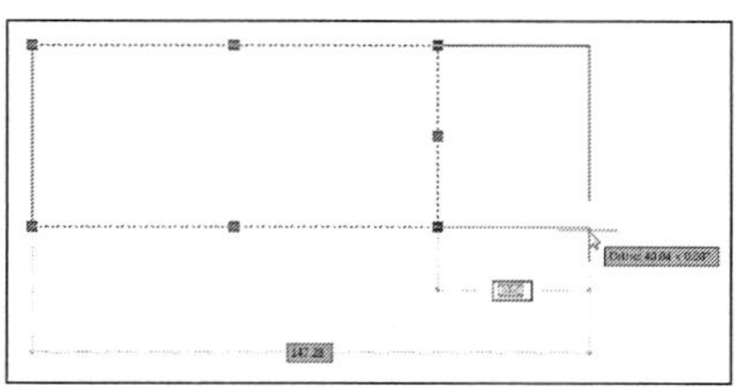

Figura 2.11 Alteração das cotas.

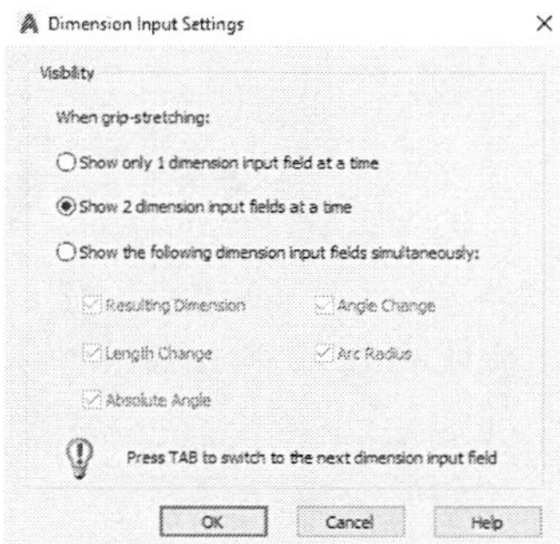

Figura 2.12 Configuração da visibilidade de dimensionamento dinâmico.

2.7 Personalização da Área de Trabalho

O AutoCAD possibilita salvar áreas de trabalho que têm uma configuração definida pelo usuário junto com as barras de ferramentas, paletas e menus utilizados por ele. Dessa forma, se mais de uma pessoa usa o AutoCAD, cada uma pode ter a tela configurada conforme o gosto. É possível ainda alternar entre áreas de trabalho ao mudar de tarefas.

Na caixa de diálogo **Workspace Settings** (configurações da área de trabalho) é possível especificar uma área de trabalho default, salvar automaticamente as mudanças que se fizer nessa área e definir a ordem das áreas de trabalho.

As configurações da área de trabalho podem ser acessadas de duas maneiras: pela barra de acesso rápido se ela estiver ligada e pela linha de status no botão **Workspace**, conforme as Figuras 2.13 e 2.14.

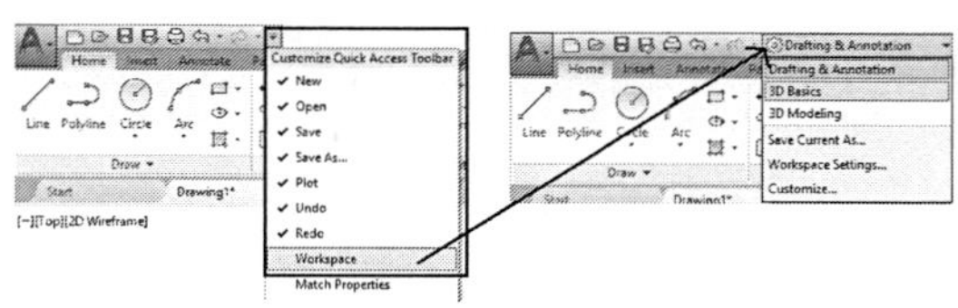

Figura 2.13 Comando Workspace.

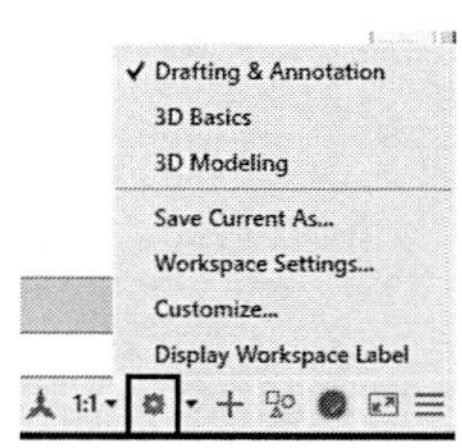

Figura 2.14 Comando Workspace.

Para salvar a configuração que estiver usando, selecione **Save Current As...** e digite um nome. Por exemplo, é possível ligar o menu superior clicando em **Show Menu Bar** e salvar essa tela.

Figura 2.15 Menu superior ligado.

A opção **Drafting & Annotation** configura uma área de trabalho só com ferramentas 2D. As opções **3D Modeling** e **3D Basics** configuram uma área de trabalho só com ferramentas 3D.

Ao selecionar a opção **Workspace Settings**, surge a caixa de diálogo da Figura 2.16, na qual são listadas as áreas gravadas. Elas criam uma lista que pode ser gerenciada pelo usuário, na qual é possível mudar a ordem pelas opções **Move Down** e **Move Up** e ainda inserir um separador de nomes.

Para mudar de opção de configuração, selecione na lista o nome da configuração desejada, pela barra de acesso rápido ou pela linha de status no botão **Workspace** (Figura 2.17).

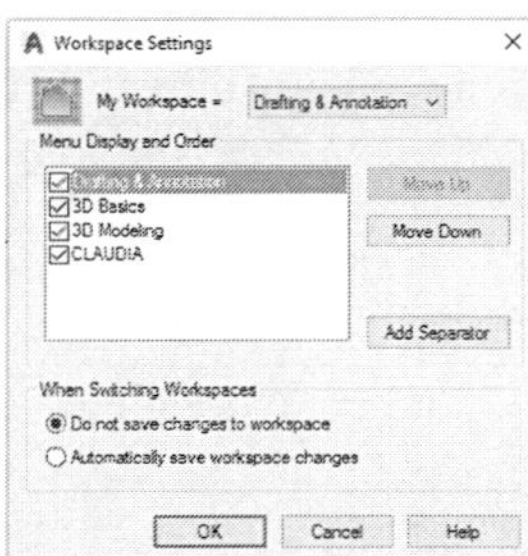

Figura 2.16 Caixa de diálogo Workspace Settings.

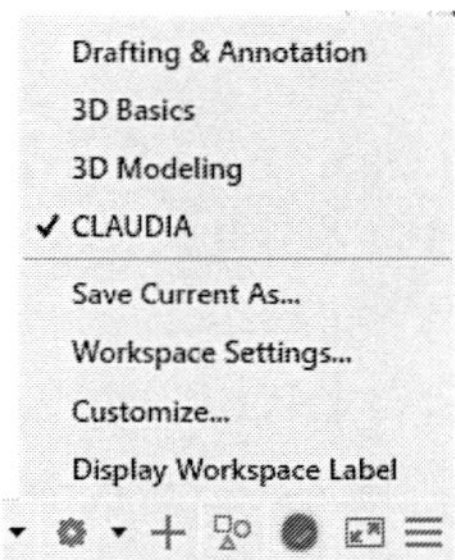

Figura 2.17 Lista das opções criadas.

2.7.1 Toolbars e Paletas

O AutoCAD, além dos painéis da **Ribbon** com ferramentas, possui paletas (palettes) que auxiliam no acesso a comandos. Elas são acessadas pela aba **View** painel **Palettes**, como exibe a Figura 2.18.

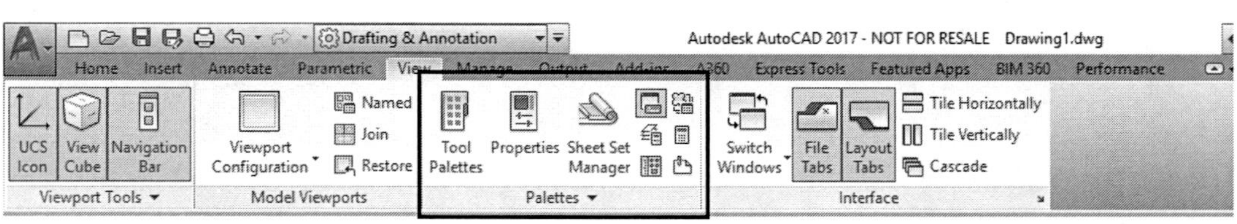

Figura 2.18 Aba View.

Neste exemplo, vamos ligar as paletas **Properties** e **Tool Palettes** (Figuras 2.19 e 2.20).

Elas podem ficar soltas ou presas nas laterais da tela. É possível travar a posição das barras de ferramentas e das paletas de forma que não se movam acidentalmente.

As paletas podem, ainda, ser controladas uma a uma na aparência e no comportamento clicando-se nelas com o botão direito do mouse, como explicita a Figura 2.21 com a **Tool Palettes**.

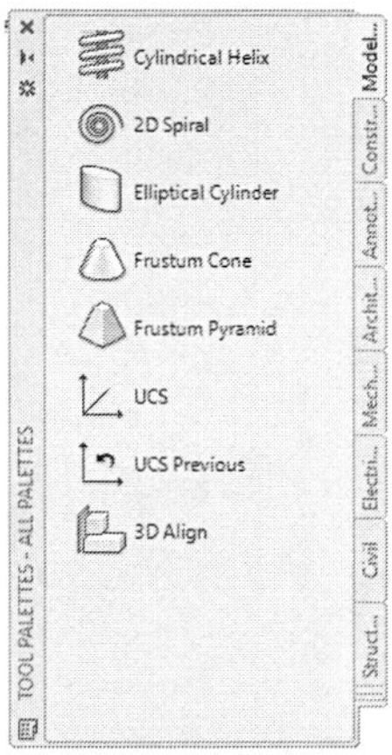

Figura 2.19 Tool Palettes.

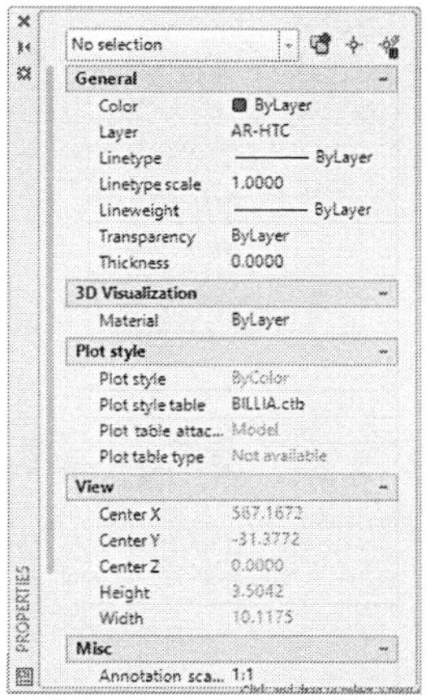

Figura 2.20 Properties.

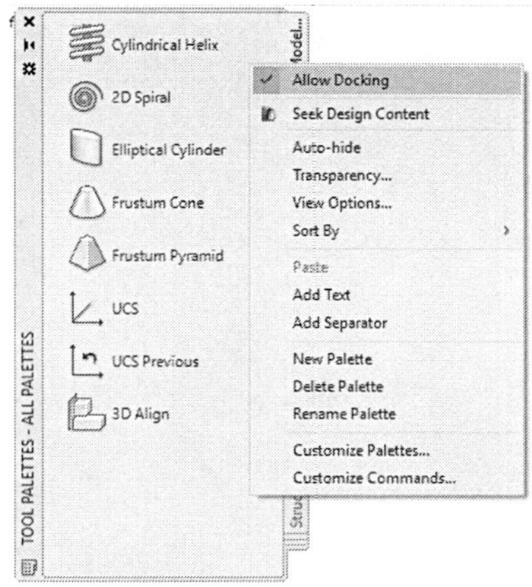

Figura 2.21 Toll Palettes.

- **Allow Docking:** permite que a paleta fique encaixada em um dos lados da tela gráfica.
- **Auto-hide:** esconde a paleta ao tirar o cursor de cima dela, sem que sua barra saia da tela também.
- **Transparency:** controla a transparência da paleta.
- **View Options:** controla o tamanho dos ícones da paleta.
- **Sort By:** organiza a ordem das abas.
- **Add Text e Add Separator:** inserem texto e linha de separação ao criar uma aba.
- **New Palette:** cria uma aba, na qual é possível colocar comandos, hachuras, blocos etc.
- **Delete Palette:** apaga a aba selecionada.
- **Rename Palette:** permite renomear a aba.
- **Customize Palettes:** ordena e cria grupos de paletas.
- **Customize Commands:** entra no comando CUI (Customize User Interface), que permite personalizar os comandos na paleta.

EXERCÍCIOS

Neste exercício, vamos configurar a área de trabalho para depois fazer o exercício do Capítulo 3.

1. Comece um desenho novo e ajuste os limites para 25,15.
2. Em seguida, dê **Zoom All**.
3. Ajuste o **Snap** e o **Grid** para 0.5.
4. Com o comando **Save As** salve o desenho como **capitulo2**.

CAPÍTULO **3**

Comandos de Desenho

OBJETIVOS

- Apresentar os comandos de desenho de primitivas geométricas
- Hachurar o desenho

Este capítulo apresenta os comandos de desenho em 2D do AutoCAD. Eles são acessados mais facilmente pela aba **Home** e painel **Draw**, como mostra a Figura 3.1, ou pelo menu superior **Draw**, se estiver habilitado. Se preferir trabalhar com o menu superior, para habilitar clique na seta do menu de acesso rápido e selecione **Show Menu Bar**.

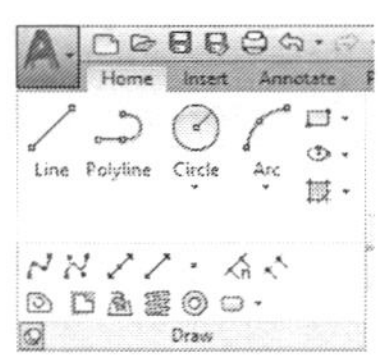

Figura 3.1 Painel Draw.

Entrada de Comandos e Interação

Todos os comandos do AutoCAD podem ser digitados. Na Figura 3.2 há o exemplo de quando se digita **Line**. Ao entrar em um comando do AutoCAD, a interação do programa com o usuário é feita por meio do pequeno quadro que surge no meio da tela. O comando solicitado que aparece sempre pede alguma ação do usuário, a qual é mostrada nesse quadro. Ele pede um ponto, um número ou que seja selecionada alguma entidade. Preste sempre atenção nisso e será difícil saber o que fazer.

Se o botão **Dynamic Input** na linha de status estiver desligado, segue-se a interação somente pela linha de comandos, ou seja, tudo que for digitado será exibido na linha de comandos. Podemos trabalhar com o **Dynamic Input** ligado ou desligado, sem nenhuma alteração nos comandos, é somente uma questão de preferência. O **Dynamic Input** somente facilita algumas ações.

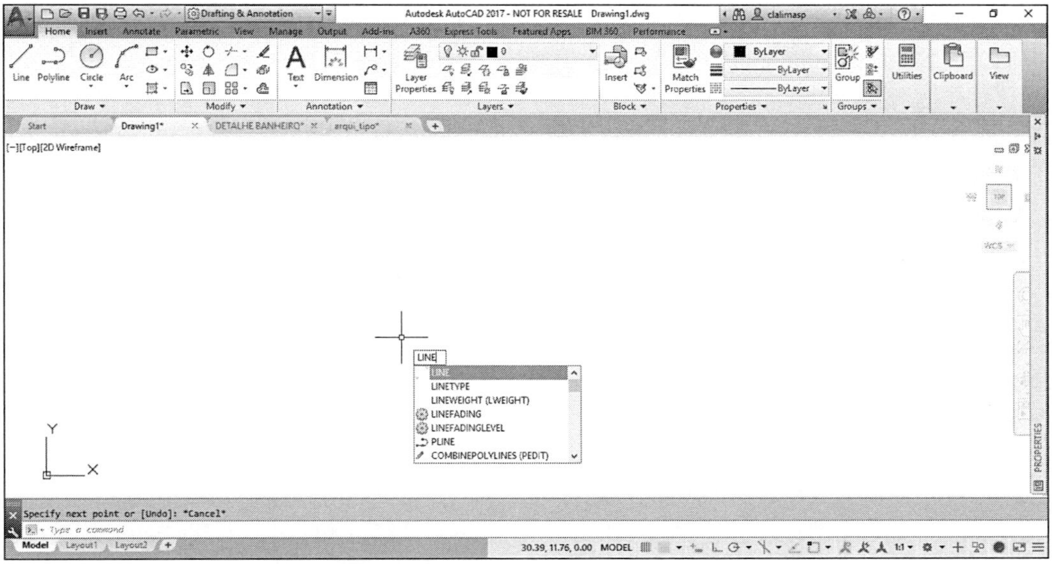

Figura 3.2 Inserção de um comando.

OBSERVAÇÃO

A linha de comandos do AutoCAD pode ser desativada teclando-se CTRL + 9. Desativada a linha de comandos, usa-se entrada de dados dinâmica (2.6), por meio da qual não é mais preciso olhar o tempo todo para a linha de comandos (versões anteriores). Para facilitar a interação, tudo que se digita é visível no ponto do cursor, pois é por meio dele que o programa interage com o usuário. Você nunca se sentirá perdido se olhar sempre para o cursor.

Alguns comandos também podem ter várias opções ou modos de desenho. Essas opções aparecem nesse quadro da tela da seguinte forma: ao entrarmos no comando **Circle**, o AutoCAD pede o centro do círculo (**Specify center point for circle or:**) e exibe uma caixa de listagem na qual, ao digitarmos a seta para baixo, abrem-se as outras opções.

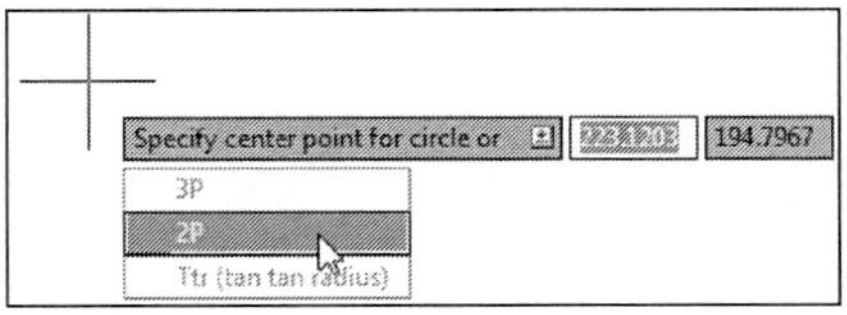

Figura 3.3 Interação com os comandos.

`Command:` Circle.
`Specify center point for circle or [3P 2P Ttr(tan tanradius)]:` P1.

Em seguida, estabeleça o ponto a ser o centro do círculo, no caso o P1. Essa é a chamada opção default. Clique em um ponto na tela e o cursor mostra o seu deslocamento até o ponto final que representa o comprimento do raio e pede para especificar o raio do círculo. Digite o valor do raio ou clique em qualquer ponto, dando a distância visualmente. Note que o ângulo formado pelo cursor também é exibido (Figura 3.4).

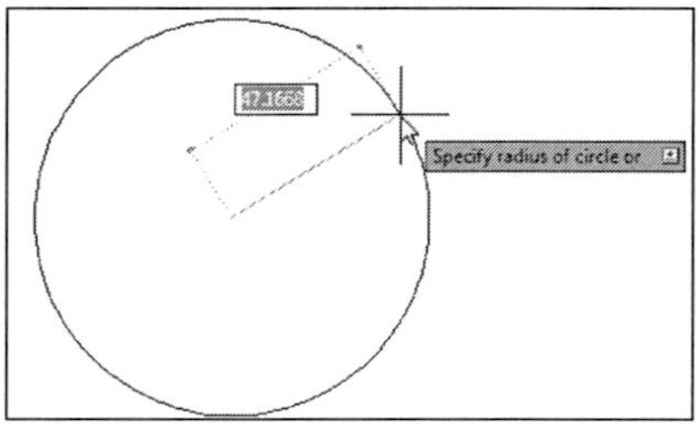

Figura 3.4 Visualização do raio.

Fornecido o centro, ele pede o raio, e ainda é possível escolher outra opção, em vez de fornecer o raio, clicando na seta para baixo no teclado, como mostra a Figura 3.5. Nesse caso, é possível concordar com o raio usado anteriormente ou mudar para a opção **Diameter**, na qual, em vez de dar o raio, informa-se o diâmetro. É possível selecionar uma das opções com o cursor ou com as setas.

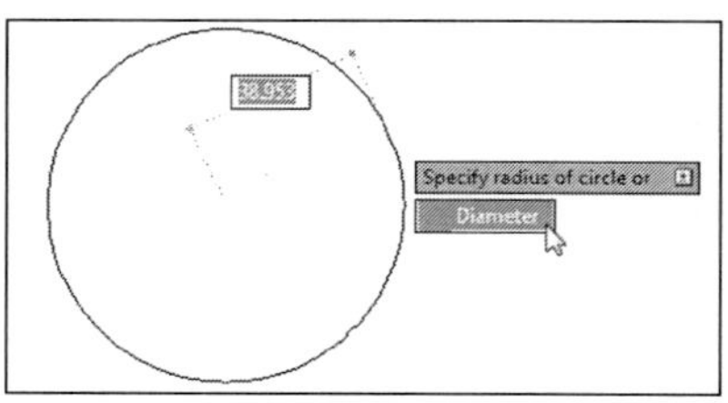

Figura 3.5 Escolha de outra opção.

Se você optar por trabalhar com a linha de comandos, ou estiver com ela habilitada e na tela, acompanhe as orientações da linha de comandos a seguir:

- As opções que vierem entre colchetes [ ] são as outras possibilidades do comando em questão. Se não fornecer o centro do círculo que é o default, você pode escolher outra opção. Basta digitar a letra que estiver em maiúscula dentro dos colchetes seguida de <ENTER>. Por exemplo, 3P ou 2P ou T. Automaticamente o comando segue a opção escolhida.

```
Command: Circle.
Specify center point for circle or
[3P 2P Ttr(tan tan radius)]: 2P.
Specify first end point of circle's
diameter:
```

- Outra possibilidade é quando se usa um valor para uma medida, o qual passa a ser o default e aparece entre < >, e significa que da próxima vez a entidade será desenhada com esse valor ao se clicar <ENTER>, a não ser que se digite outro valor.

```
Command: Circle.
Specify center point for circle or
[3P 2P Ttr(tan tan radius)]: P1.
Specify radius of circle [Diameter]
<4.00>:
```

No exemplo, ao se entrar no comando **Circle** e dar o centro, em seguida se pede o raio e aparece o valor <4.00>. Isso significa que o último círculo desenhado teve 4.00 de raio. Então, pode-se dar <ENTER> e o círculo é desenhado com 4.00, ou digitar outro valor.

OBSERVAÇÃO

Se entrar em algum comando e arrepender-se, tecle <ESC> para cancelá-lo.

3.1 Comando Line

A geração de linhas é feita pelo comando **Line**.

1. No painel **Draw** clique em **Line**.
2. Em seguida, clique no ponto P1 para iniciar a linha (Figura 3.6).

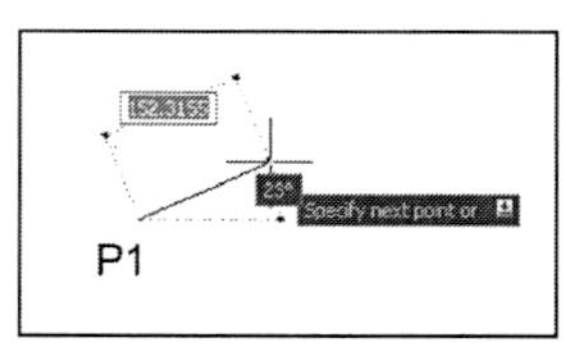

Figura 3.6 Início de uma linha.

3. Seguindo a interação, como apresenta o cursor, especifique o próximo ponto, os outros e assim por diante. Note que o cursor mostra o tamanho do segmento criado e o ângulo desse segmento (Figura 3.7).
4. Para encerrar a linha, tecle <ENTER>.

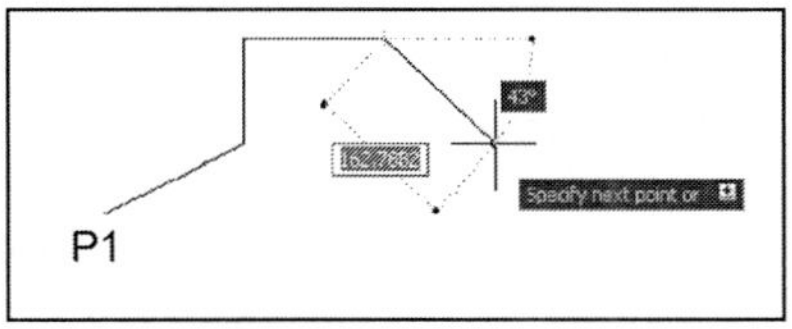

Figura 3.7 Entre com os pontos.

Depois de criar pelo menos dois segmentos de reta, tecle seta para baixo para abrir as opções (Figura 3.8).

- **Close:** fecha e encerra o comando no ponto inicial. Também é possível digitar C <ENTER>.
- **Undo:** desfaz o último segmento criado e volta a fazer novos segmentos. Também é possível digitar U <ENTER>.

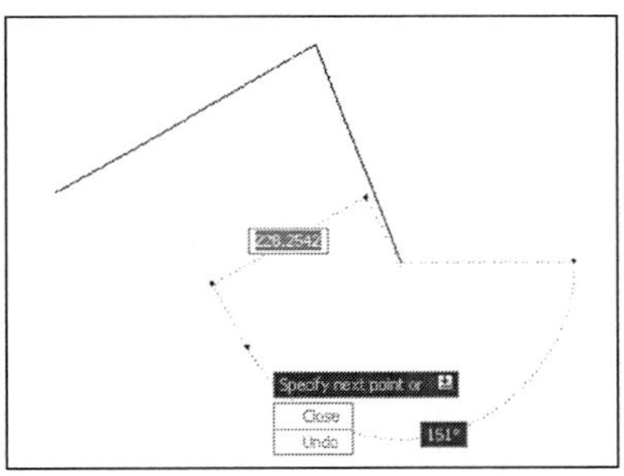

Figura 3.8 Escolha de outra opção.

Se você optar por usar a linha de comandos, a interação é semelhante:

```
Command: Line.
Specify first point: P1.
Specify next point or [Undo]: P2.
Specify next point or [Undo]: P3.
Specify next point or [Close/Undo]:
<ENTER>.
```

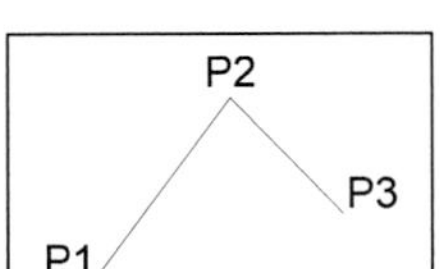

Figura 3.9 Comando Line.

```
Command: Line.
Specify first point: P1.
Specify next point or [Undo]: P2.
Specify next point or [Undo]: P3.
Specify next point or [Close/Undo]:
digite C e, em seguida, <ENTER>.
```

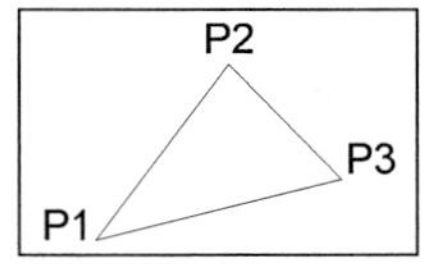

Figura 3.10 Comando Line/Close.

Para geração de linhas ortogonais, acione a tecla <F8> que ativa a função **Ortho**, a qual é desligada ao se acionar a mesma tecla novamente.

3.2 Comando Circle

No AutoCAD, um círculo pode ser gerado de seis maneiras diferentes, como mostra o menu, dependendo dos pontos fornecidos, que são identificados na Figura 3.11.

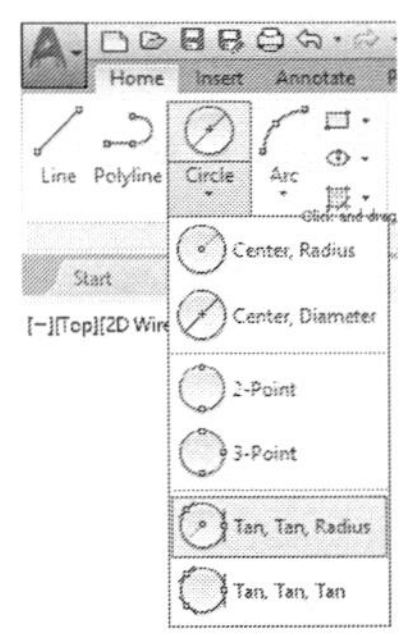

Figura 3.11 Comando Circle.

3.2.1 Centro e Raio - Center, Radius

Esse é o modo padrão para a geração de círculos do AutoCAD. A determinação do raio pode ser feita de duas formas distintas:

- No painel **Draw** selecione a opção denominada **Center**, **Radius**.
- Por meio de um ponto P2; nesse caso o AutoCAD calcula o raio pela distância entre os dois pontos P1 e P2.
- Ao informar um valor numérico qualquer pelo teclado, o valor é inserido no quadro numérico e digita-se <ENTER>.

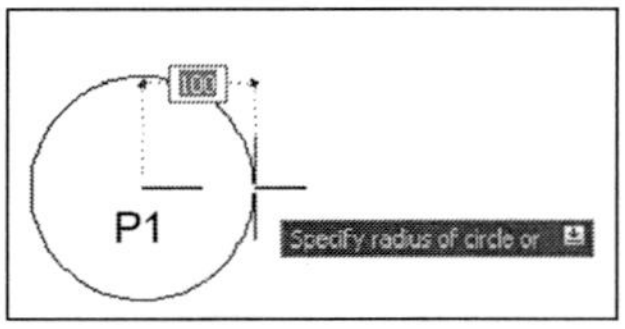

Figura 3.12 Círculo pelo raio.

Command: _circle Specify center point for circle or [3P 2P Ttr (tan tan radius)]: P1.
Specify radius of circle or [Diameter]: P2.

3.2.2 Centro e Diâmetro - Center, Diameter

No painel **Draw** selecione a opção **Center, Diameter**.

Command: _circle Specify center point for circle or [3P 2P Ttr (tan tan radius)]: P1.
Specify radius of circle or [Diameter] <179.2975>: _d Specify diameter of circle <358.5945>: P2.

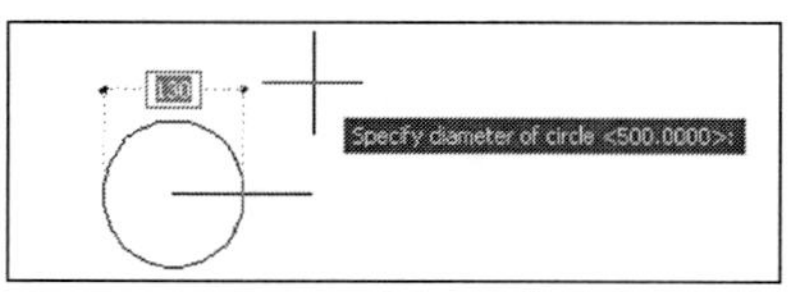

Figura 3.13 Círculo pelo diâmetro.

3.2.3 Círculo por Dois Pontos - 2-Points

Essa opção desenha um círculo pela definição do diâmetro por dois pontos.

No painel **Draw** selecione a opção **2-Points**.

Command: _circle Specify center point for circle or [3P 2P Ttr (tan tan radius)]: _2p Specify first end point of circle's diameter: P1.
Specify second end point of circle's diameter: P2.

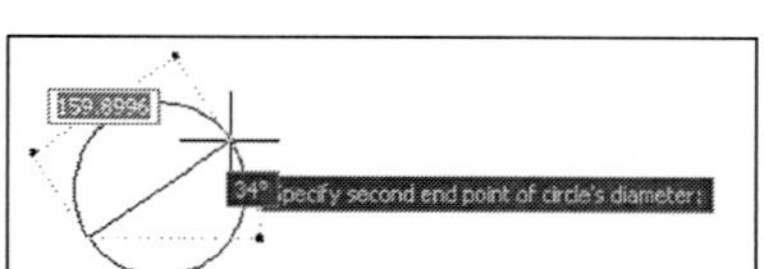

Figura 3.14 Círculo por dois pontos.

3.2.4 Círculo por Três Pontos - 3-Points

No painel **Draw** selecione a opção **3-Points**.

Command: _circle Specify center point for circle or [3P 2P Ttr (tan tan radius)]: _3p Specify first point on circle: P1.
Specify second point on circle: P2.
Specify third point on circle: P3.

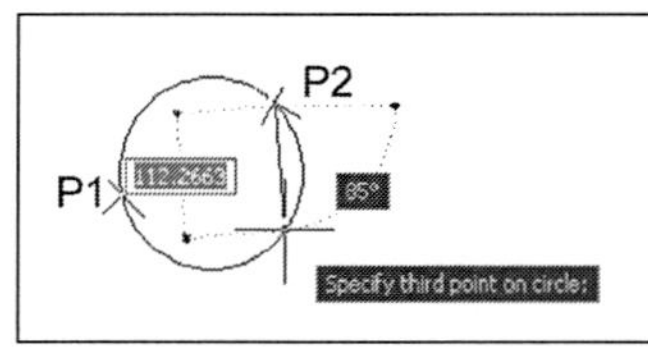

Figura 3.15 Círculo por três pontos.

3.2.5 Círculo Tangente a Duas Entidades com Raio Definido - Tan, Tan, Radius

Com a opção **TTR** é possível especificar um círculo tangente a outras duas entidades com um determinado raio. O tamanho do raio pode ser expresso por um valor numérico ou por dois pontos de dados.

Quando o usuário for responder à primeira (**Specify point on object for first tangent of circle**) e à segunda (**Specify point on object for second tangent of circle:** P2) questões, na interseção do cursor de tela surge um pequeno quadrilátero, que é uma função para determinar o ponto de tangência. Esse comando chama-se **Osnap** e será estudado no Capítulo 4.

No painel **Draw** selecione a opção **Tan, Tan, Radius**.

Command: _circle Specify center point for circle or [3P 2P Ttr (tan tan radius)]: _ttr.
Specify point on object for first tangent of circle: P1.
Specify point on object for second tangent of circle: P2.
Specify radius of circle <292.9085>: 200.

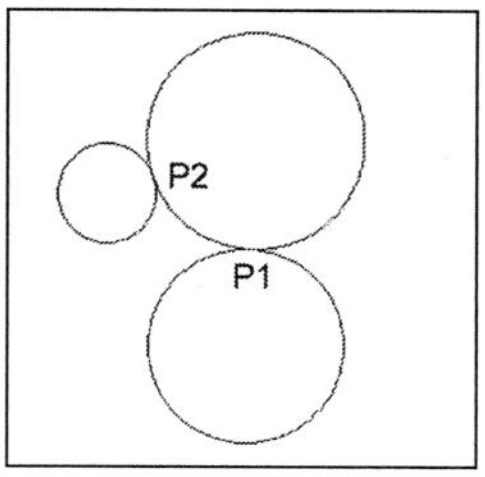

Figura 3.16 Especificação do ponto de tangência.

3.3 Comando Arc

Os arcos podem ser gerados de várias maneiras. Com exceção do método de geração por três pontos, os demais sempre são gerados no sentido anti-horário em relação ao ponto inicial (Figura 3.18).

O sentido positivo para contagem de ângulos também é o anti-horário, e assume a direção do ângulo inicial como se fossem três horas do relógio.

Tanto o sentido como a direção dos ângulos podem ser alterados pelo comando **Units** (Capítulo 2).

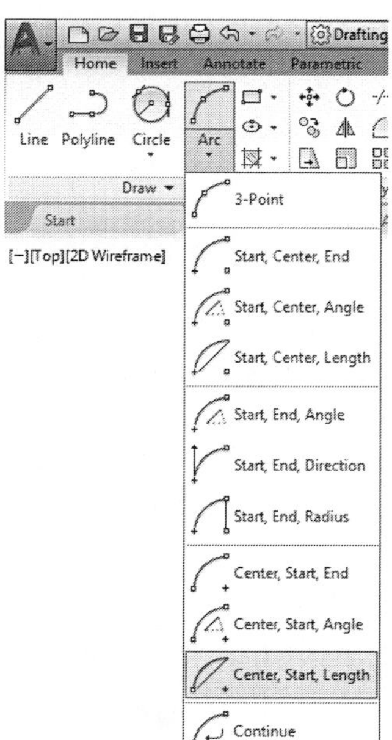

Figura 3.17 Comando Arc.

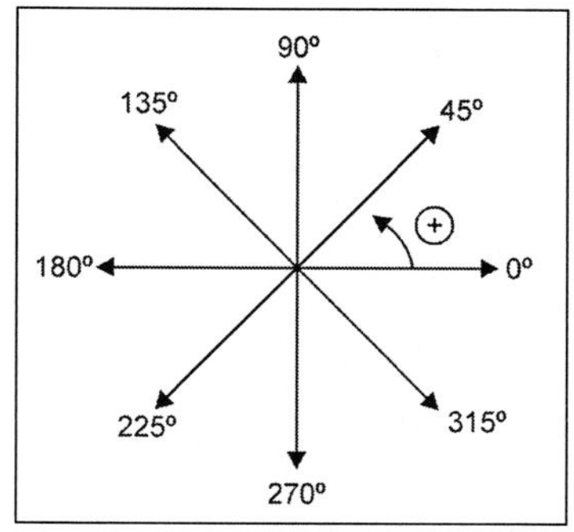

Figura 3.18 Convenção para sentido positivo de ângulos.

3.3.1 Arco por Três Pontos - 3-Point

No painel **Draw** selecione **Arc, 3-Point.**

```
Command: _arc Specify start point of arc or [Center]: P1.
Specify second point of arc or [Center/
End]: P2.
Specify end point of arc: P3.
```

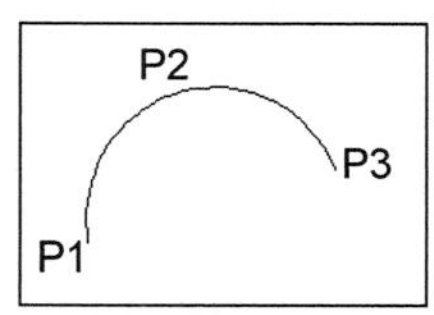

Figura 3.19 Arco por três pontos.

3.3.2 Arco Definido por Início, Centro e Fim - Start, Center, End

No painel **Draw** selecione **Arc, Start, Center, End.**

```
Command: _arc Specify start point of arc or [Center]: P1.
Specify second point of arc or [Center/
End]: _c Specify center point of arc: P2.
Specify end point of arc or (hold
Ctrl to switch direction) [Angle/chord
Length]: P3.
```

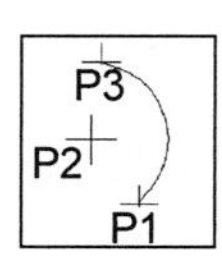

Figura 3.20 Arco por início, centro e fim.

3.3.3 Arco Definido por Início, Centro e Ângulo de Varredura - Start, Center, Angle

Após a definição de início e centro, deve-se informar o ângulo de varredura via teclado ou pela abertura determinada pelo ponto inicial com relação à horizontal.

No painel **Draw** selecione **Arc, Start, Center, Angle**.

`Command:` _arc Specify start point of arc or [Center]: P1.
`Specify second point of arc or [Center/End]:` _c Specify center point of arc: P2.
`Specify end point of arc (hold Ctrl to switch direction) or [Angle/chord Length]:` _a Specify included angle (hold Ctrl to switch direction) : 120.

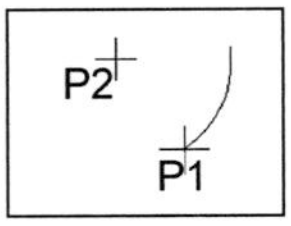

Figura 3.21 Arco pelo início, centro e ângulo de varredura.

3.3.4 Arco Definido pelo Início, Centro e Tamanho da Corda - Start, Center, Length

Esse comando desenha arcos no sentido horário se a corda especificada for positiva e no sentido anti-horário se for negativa. Uma observação importante é que a corda não pode ser maior que duas vezes o raio do arco, determinado pela diferença entre o ponto inicial e o central.

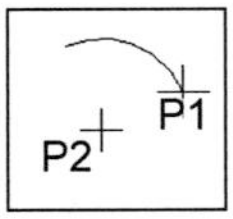

Figura 3.22 Arco pelo início, centro e tamanho da corda.

No painel **Draw** selecione **Arc, Start, Center, Length**.

`Command:` _arc Specify start point of arc or [Center]: P1.
`Specify second point of arc or [Center/End]:` _c Specify center point of arc (hold Ctrl to switch direction) : P2.
`Specify end point of arc or [Angle/chord Length]:` _l Specify length of chord: P3.

As demais opções do menu são variações da ordem dos pontos dados. Isso vai depender dos pontos conhecidos pelo usuário na hora de desenhar um arco. Veja que são cobertas muitas possibilidades.

3.3.5 Linha e Arcos Contínuos

Para desenhar arcos tangentes a uma linha ou arco, tecle <ENTER> ao entrar no comando **Arc** ou **Line** no momento em que o AutoCAD pede o ponto inicial. O comando sempre se refere à última entidade desenhada, seja ela um arco ou uma linha. Quando a última entidade desenhada for um arco, pode-se, em seguida, desenhar uma linha tangente ao último ponto desse arco teclando <ENTER> ao entrar no comando **Line**.

Se for desenhar um arco, para fazer outro tangente a ele é só entrar no comando **Arc** e na solicitação do ponto inicial teclar <ENTER>.

3.4 Comando Polygon

Com o comando **Polygon** é possível gerar polígonos regulares de três até 1.024 lados. A entidade polígono é uma polilinha fechada, conforme o Item 3.7. Os modos de criação de um polígono são pelo centro ou pelo tamanho do lado. A interação com o comando é descrita a seguir.

No painel **Draw** clique em **Polygon**.

```
Command: _polygon Enter number of sides
<4>: 5<ENTER>.
Specify center of polygon or [Edge]: P1.
Enter an option [Inscribed in circle/
Circumscribed about circle] <I>: I.
Specify radius of circle: P2.
```

A distância P1-P2 determina o raio de um círculo que circunscreve um polígono de cinco lados inscrito nesse círculo.

Para gerar um polígono circunscrito a um círculo (Figura 3.23) siga as etapas:

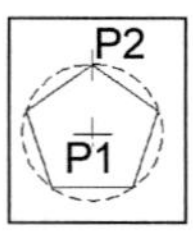

Figura 3.23 Polígono inscrito.

No painel **Draw** clique em **Polygon**.

```
Command: _polygon Enter number of sides <4>:
5<ENTER>.
Enter an option [Inscribed in circle/
Circumscribed about circle] <I>: c.
Specify radius of circle:
Specify radius of circle: P2.
```

A distância P1-P2 estabelece o raio de um círculo a ser inscrito ao polígono gerado.

Um polígono pode ainda ser gerado em função do tamanho do lado. O polígono será desenhado no sentido anti-horário.

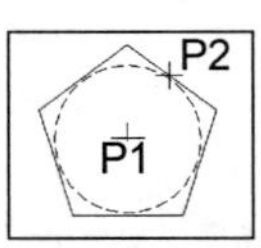

Figura 3.24 Polígono circunscrito.

```
Command: Polygon Enter number of sides <6>:
Specify center of polygon or [Edge]: E.
Specify first endpoint of edge: P1.
Specify second endpoint of edge: P2.
```

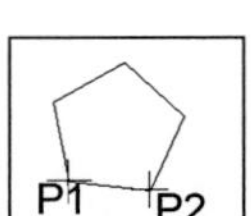

Figura 3.25 Polígono definido pelo tamanho do lado.

3.5 Comando Rectangle

O comando **Rectangle** permite o desenho de retângulos determinados por dois vértices (Figura 3.26).

No painel **Draw** clique em **Rectangle**.

```
Command: _rectang.
Specify first corner point or [Chamfer/
Elevation/Fillet/Thickness/Width]: P1.
Specify other corner point or [Area/
Dimensions/Rotation]: P2.
```

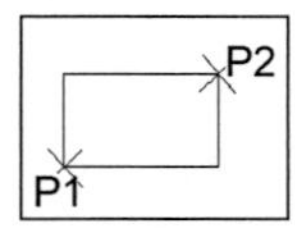

Figura 3.26 Comando Rectangle.

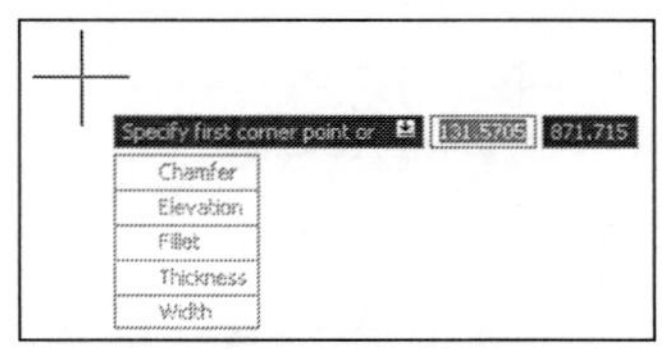

Figura 3.27 Opções de retângulo.

Se ao entrar no comando você não der o primeiro canto e clicar na seta para baixo, as outras opções são:

- **Chamfer:** desenha retângulos chanfrados. As distâncias são estabelecidas pela resposta às seguintes perguntas:

```
Specify first chamfer distance for
rectangles<40.00>:
Specify second chamfer distance for
rectangles<40.00>:
```

- **Elevation:** estabelece uma elevação para os retângulos a serem desenhados. Para ajustar a elevação, basta responder à pergunta:

```
Specify elevation for rectangles
<0.00>:
```

- **Fillet:** desenha retângulos com os cantos arredondados. O raio de arredondamento é estabelecido ao responder à pergunta:

```
Specify fillet radius for rectangles
<30.00>:
```

- **Thickness:** estabelece uma altura (em relação ao eixo Z) para os retângulos a serem desenhados. Para ajustar esse valor, responda à questão:

```
Specify thickness for rectangles
<20.00>:
```

- **Width:** desenha retângulos com uma determinada espessura de linha. Para ajustar esse valor, responda:

```
Specify line width for rectangles
<0.00>:
```

Depois de clicar o primeiro ponto e antes de clicar o segundo, digite seta para baixo para abrir as opções definidas em seguida:

- **Area:** permite entrar com a área do retângulo e a largura ou comprimento.

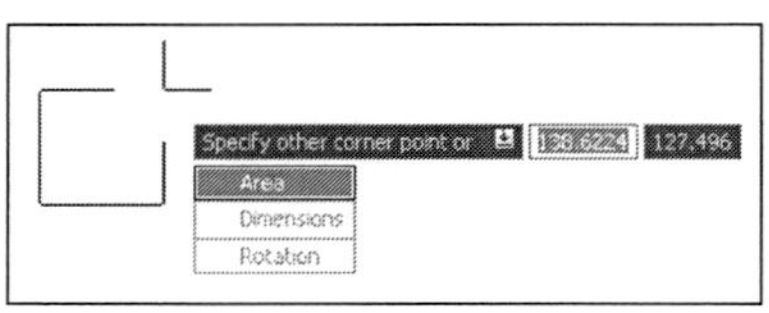

Figura 3.28 Opções de retângulo.

- **Dimensions:** permite inserir as medidas de largura e profundidade para o retângulo.
- **Rotation:** cria um retângulo com um ângulo de rotação.

3.6 Comando Ellipse 

A entidade elipse é uma polilinha (item 3.7) composta por vários arcos. Existem vários caminhos para a geração de uma elipse.

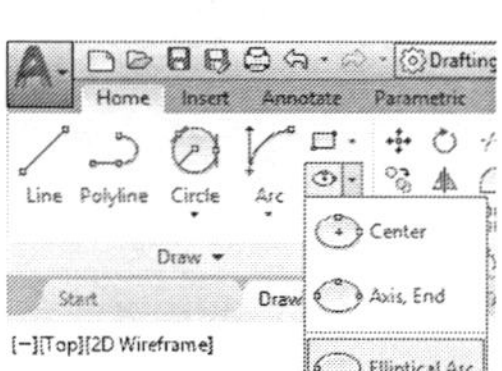

Figura 3.29 Comando Ellipse.

3.6.1 Elipse Definida pelo Centro e Dois Semieixos - Center

No painel **Draw** selecione **Ellipse, Center.**

```
Command: _ellipse Specify axis endpoint of ellipse or
[Arc/Center]: _c.
Specify center of ellipse: P1.
Specify endpoint of axis: P2.
Specify distance to other axis or
[Rotation]: P3.
```

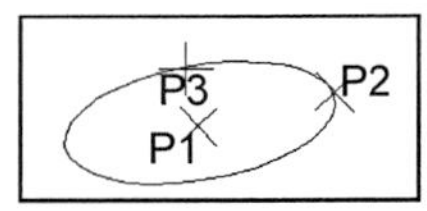

Figura 3.30 Elipse definida pelo centro e dois semieixos.

3.6.2 Elipse Definida pelos Eixos e Excentricidade

Os pontos P1 e P2 definem um dos eixos da elipse. Para especificar o tamanho médio do segundo eixo, dado pelo ponto P3, o cálculo é feito a partir do ponto médio entre P1 e P2 e do ponto P3.

No painel **Draw** selecione **Ellipse, Axis, End.**

```
Command: _ellipse Specify axis endpoint of ellipse or
[Arc/Center]: P1.
Specify other endpoint of axis: P2.
Specify distance to other axis or
[Rotation]: P3.
```

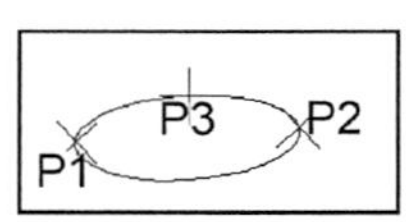

Figura 3.31 Elipse definida por eixos e excentricidade.

3.6.3 Arco Elíptico - Arc

No painel **Draw** selecione **Elliptical Arc.**

```
Command: _ellipse Specify axis endpoint of ellipse or
[Arc/Center]: _a.
Specify axis endpoint of elliptical arc
or [Center]: P1.
Specify other endpoint of axis: P2.
Specify distance to other axis or
[Rotation]: P3.
Specify start angle or [Parameter]: 0.
Specify end angle or [Parameter/Included
angle]: 270.
```

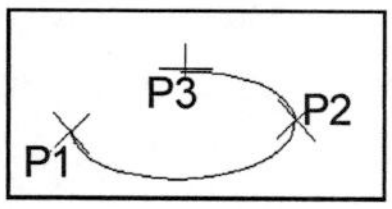

Figura 3.32 Arco elíptico.

3.7 Comando Pline

Esse comando cria um conjunto de linhas e arcos continuamente. Uma das características dessa entidade é que o conjunto desenhado é considerado um só elemento.

3.7.1 Linhas pelo Comando Pline

O comando **Pline** tem uma interação parecida com a do comando **Line**. Ele solicita pontos e por meio deles cria os segmentos. A polilinha tem características diferentes da linha. Depois de dar o primeiro ponto, ao digitar seta para baixo aparecem várias maneiras de continuar essa linha, conforme a Figura 3.33. No painel **Draw** clique em **Pline**.

```
Command: _pline.
Specify start point:
Current line-width is 0.0000
Specify next point or [Arc/Halfwidth/
Length/Undo/Width]: P1.
Specify next point or [Arc/Close/
Halfwidth/Length/Undo/Width]: P2.
```

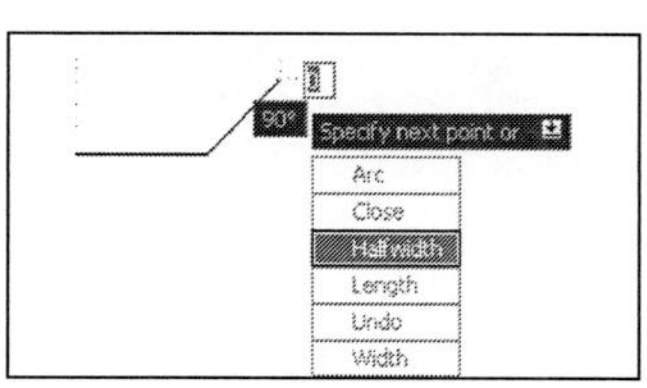

Figura 3.33 Geração de linhas pelo comando Pline.

- **Arc:** aciona o modo de geração de arcos e ativa um novo menu com as opções de desenho de arcos.

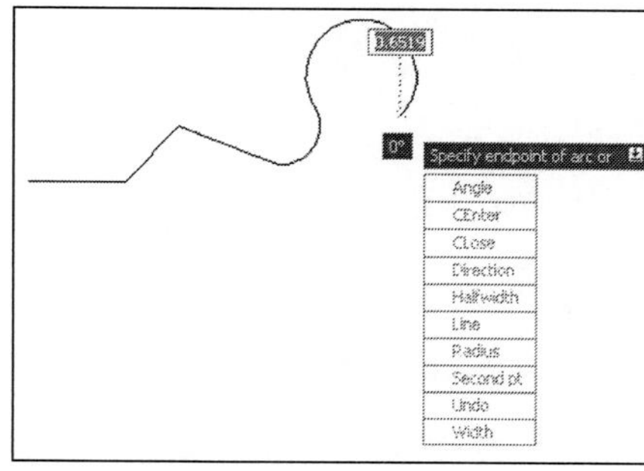

Figura 3.34 Geração de arcos pelo comando Pline.

- **Close:** possibilita a união do último segmento de reta com o primeiro, semelhante ao Close do comando Line.
- **Halfwidth:** especifica o valor de metade da espessura de uma Pline. Essa função solicita as espessuras média, inicial e final. A Figura 3.35 traz um exemplo.

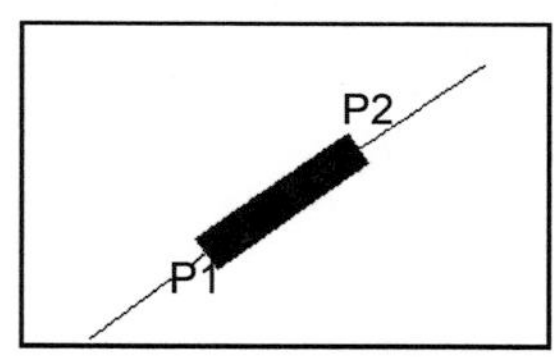

Figura 3.35 Determinação da espessura média de uma Pline.

- **Length:** possibilita a geração de um segmento de reta com a mesma direção do anterior e com comprimento especificado pelo usuário. Se o modo de geração for o de arcos, o segmento de reta é tangente ao último ponto do arco.
- **Undo:** elimina o mais recente segmento adicionado à Pline atual. Pode ser ativado várias vezes até eliminar toda a Pline. Semelhante ao Undo do comando Line.
- **Width:** determina a espessura total de uma Pline. A Figura 3.36 ilustra o descrito. Nessa função, é possível informar as espessuras inicial e final.

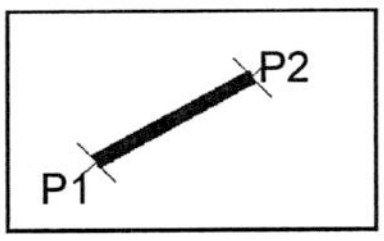

Figura 3.36 Pline com espessura.

3.7.2 Geração de Arcos pelo Comando Pline

Ao escolher a opção **Arc** do comando **Pline**, surge um novo menu com interação particular para geração de arcos.

As opções **Width**, **Halfwidth** e **Undo** levam ao mesmo resultado, conforme descrito para os segmentos de reta, desenhados pelo comando **Pline**. O restante das opções produz os efeitos descritos em seguida:

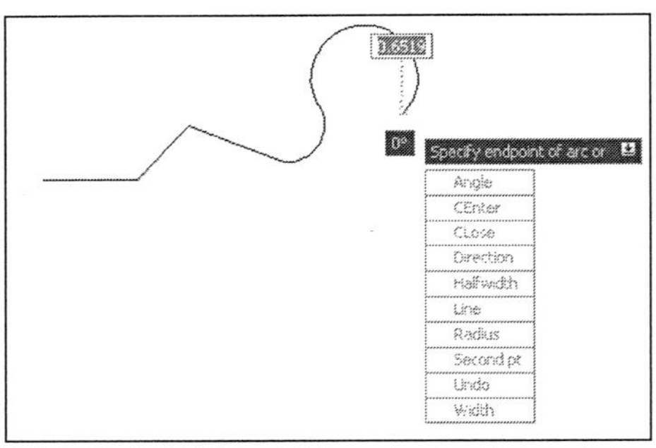

Figura 3.37 Opções do modo Arc.

- **Angle:** solicita o ângulo de varredura do arco. Após a escolha do ângulo, é possível determinar o centro, o raio ou o ponto final do arco.
- **Center:** normalmente, um arco de Pline é tangente ao segmento anterior e o centro é calculado automaticamente. A opção Center determina o centro do arco. Após essa determinação, o último ponto para a definição deste pode ser o ângulo de varredura, o comprimento da corda ou o ponto final.
- **Close:** possibilita a união do último ponto da Pline com o primeiro, só que o fechamento é feito com um arco, uma vez que o modo ativo nesse instante é de geração de arcos.
- **Direction:** estabelece a direção tangente ao ponto inicial do arco a ser desenhado. A direção pode ser especificada em ângulo. Após a especificação, o comando solicita o ponto final do arco.
- **Line:** descarta o modo Arc e volta ao modo Line, descrito anteriormente.
- **Radius:** permite a geração de um arco com um raio conhecido. Para a definição completa de arco, o comando solicita o ângulo de varredura ou o ponto final.
- **Second pt:** estabelece o lugar geométrico do segundo ponto, que define um arco. O arco se define pela determinação do ponto final.

3.8 Comando Point

É possível desenhar pontos de diferentes formas e tamanhos, que são determinados pelo **Point Style,** acessado pelo menu superior **Format**, em seguida **Point Style**, ou digitando-se **Ddptype**. O comando **Point** é acessado pelo painel Draw. Nessa janela escolhem-se o tipo e o tamanho do ponto, o qual pode ser desenhado como um pontinho na tela ou caracterizado com uma das outras formas indicadas em seguida. As variáveis **Pdmode** e **Pdsize** controlam o tipo e o tamanho do ponto, respectivamente.

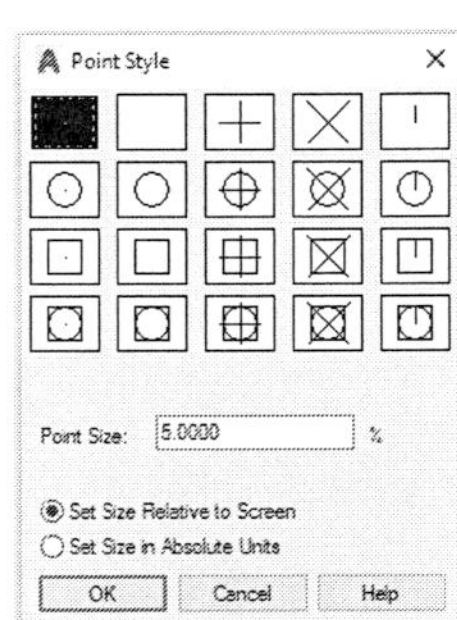

Figura 3.38 Escolha do tipo e do tamanho do ponto.

Para especificar o tipo de ponto, clique em uma das figuras do quadro e, para o tamanho, coloque um valor no campo **Point Size**. A variável

Pdsize é um número real que controla o tamanho do ponto a ser desenhado (isso não vale para os tipos de pontos 0 e 1).

Se o valor de **Pdsize** for positivo, determina-se um tamanho absoluto para o ponto, que corresponde à opção **Set Size in Absolute Units**. Se for negativo, é interpretado como uma porcentagem em relação ao tamanho da tela, sendo proporcional à visualização (**Zoom**) do desenho (opção **Set Size Relative to Screen**). O tamanho do ponto é controlado pela variável **Pdsize**.

Após a escolha do tamanho e da forma do ponto a ser desenhado, ele continua a ser gerado de forma igual até que sejam alteradas as variáveis **Pdmode** e **Pdsize** pela escolha do tipo e tamanho do ponto.

O AutoCAD permite que exista apenas um valor ativo para cada uma dessas variáveis. Dessa forma, quando ocorrer uma regeneração do desenho, todos os pontos serão transformados no valor das variáveis ativas no instante.

No painel **Draw** clique em **Point**.

```
Command: _point.
Current point modes: PDMODE=0 PDSIZE=0.0000.
Specify a point: P1.
Specify a point: P2.
Specify a point: P3.
Specify a point: P4.
```

Para encerrar o desenho dos pontos, tecle <ESC>, que cancela o comando.

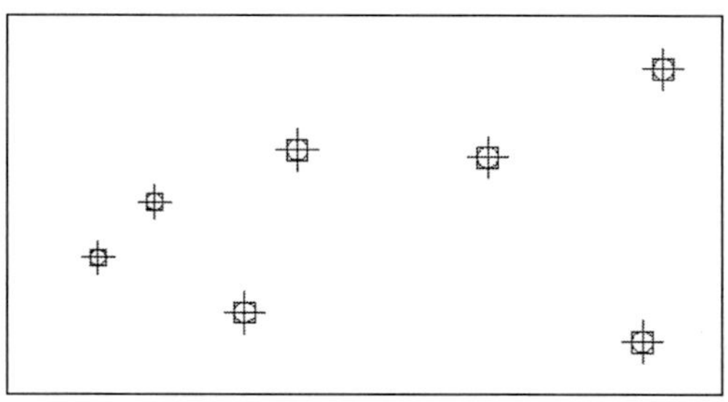

Figura 3.39 Desenho de pontos.

3.9 Comando Hatch

O comando **Hatch** é acessado pelo painel **Draw** e abre uma aba temporária **Hatch Creation**, como mostra a Figura 3.40. Depois de criada a hachura, devemos clicar em **Close** no canto direito dessa aba para encerrar o comando.

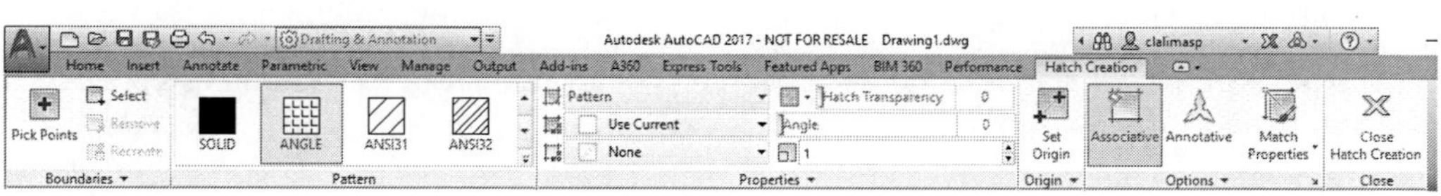

Figura 3.40 Aba Hatch Creation.

No AutoCAD, a área a ser hachurada precisa ter os limites muito bem definidos. Deve ser uma região totalmente fechada, sem nenhuma abertura nos cantos. O comando **Hatch** se encarrega de achar a moldura automaticamente, facilitando o trabalho. Se os limites não estiverem fechados, surgem mensagens de alerta, como mostra a Figura 3.41.

Neste exemplo, a figura não está fechada, portanto a mensagem diz que a figura contém um espaço entre as linhas finais; o círculo em vermelho no canto superior/inferior direito do desenho indica esse espaço. Para resolver o problema e hachurar a área mesmo assim, é preciso aumentar a tolerância do GAP (espaço); com isso a hachura é desenhada.

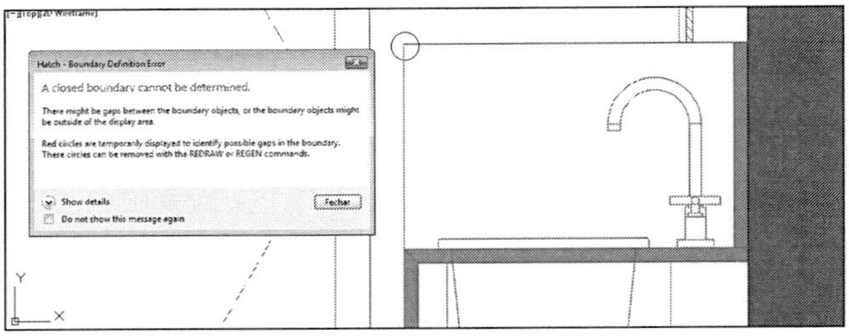

Figura 3.41 Erro ao hachurar uma área aberta.

Para criar hachuras em áreas do desenho, ele deve estar bem preciso, sem aberturas ou falhas. Você deve criar um layer (Capítulo 7) para as hachuras, de forma que possa especificar uma cor diferente do desenho para elas e imprimir com outra espessura de linha. A seguir, veremos os passos para criar a hachura.

Na aba **Hatch Creation**, selecione os parâmetros nos painéis conforme a sequência apresentada, antes de clicar em um ponto dentro da área a ser hachurada.

Boundaries: nesse painel indica-se a forma de seleção da área a ser hachurada. O padrão é **Pick Points** para clicarmos um ponto dentro da área a ser hachurada, mas podemos selecionar **Select**, que permite escolher um objeto. As outras opções são:

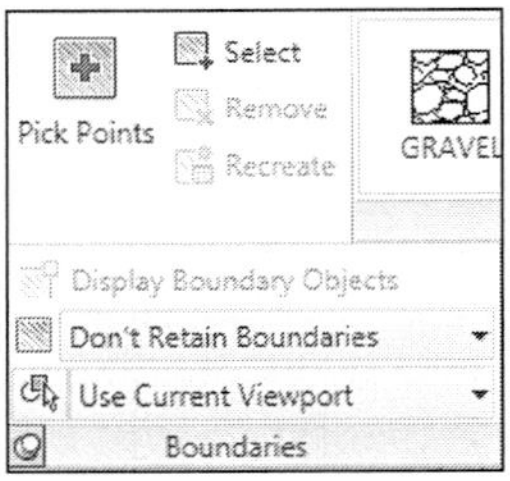

Figura 3.42 Painel Boundaries.

- **Pick points:** pede para selecionar um ponto interno da figura a ser hachurada por meio do prompt: **Select internal point** na linha de comandos.

  Deve-se simplesmente marcar com o cursor um ponto dentro da área que se quer hachurar e o AutoCAD automaticamente gera um Preview para identificar a área selecionada.

  - **Select objects:** usa a seleção de objetos normal do AutoCAD (Capítulo 5).
  - **Remove:** remove ilhas selecionadas nas opções **Pick points/Select objects**.
  - **Recreate:** recria a moldura para uma área selecionada com uma polilinha.

- **Pattern:** nesse painel selecionamos um padrão da hachura clicando nos botões com as setas acima e abaixo. O AutoCAD traz vários padrões que representam muitos materiais (Figura 3.43).

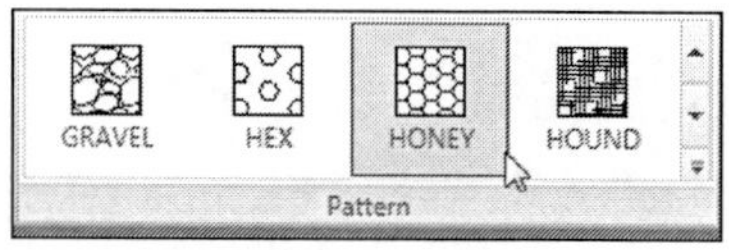

Figura 3.43 Painel Pattern.

- **Properties:** nesse painel escolhem-se a cor da hachura e a cor do fundo da área hachurada, a escala, o ângulo, a transparência e a espessura da pena. Veja na Figura 3.44 as funções de cada botão.

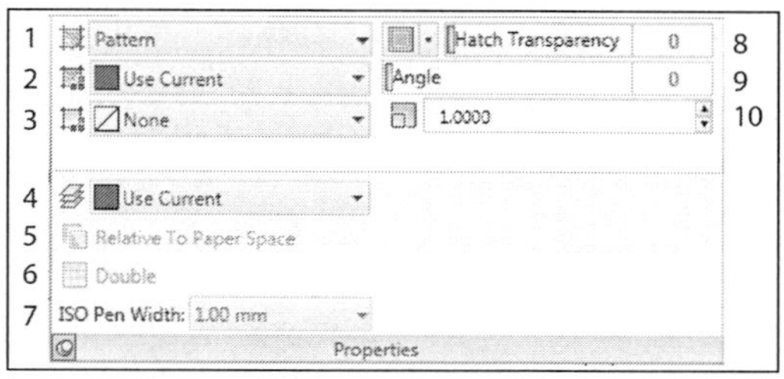

Figura 3.44 Painel Properties.

- **Hatch Type:** nesse campo escolhemos entre os quatro tipos de hachura a seguir:
  - **Solid:** define uma hachura sólida e pinta a área selecionada.
  - **Gradient:** especifica hachuras com padrão gradiente. Podemos escolher uma ou duas cores simultaneamente nos botões.

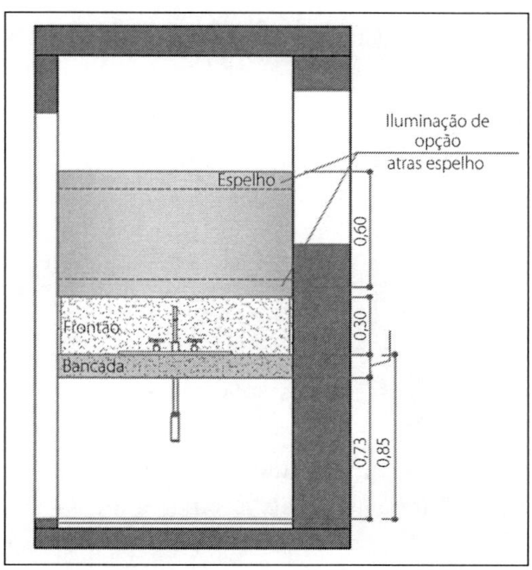

Figura 3.45 Hachura com padrão Gradient.

- **Pattern:** liga os padrões predefinidos.
- **User Defined:** escolhe padrões do usuário com linhas horizontais e verticais.
- **Hatch Color:** a cor da hachura.

- **Background Color:** cor do fundo da hachura.
- **Hatch layer Override:** layer da hachura.
- **Relative to Paper:** concede uma escala para a hachura relativa ao Paper Space. Ao usar essa opção, é possível ter a hachura apropriada ao seu layout. Ela só é habilitada quando se está no modo Layout.
- **Double:** essa opção só é habilitada pela escolha da opção User Defined. Faz a hachura com um ângulo determinado pelo usuário na opção Angle, como se esse ângulo fosse espelhado para um lado. Por exemplo, se for definido o ângulo de 45 graus, a hachura é feita com esse ângulo e ele será espelhado, gerando ângulos cruzados.
- **ISO Pen Width:** determina a espessura da pena para desenhos com especificações Iso.
- **Hatch Transparency:** define um grau de transparência para a hachura.
- **Angle:** só é habilitada se for escolhida a opção User Defined ou Pattern no botão Type. Permite dar um ângulo às hachuras. Se ela já foi criada em ângulo, acrescenta-se a ela o ângulo especificado aqui.
- **Scale:** apenas é habilitada ao escolher a opção Pattern. Fornece uma escala para a hachura, o que é muito importante quando se usa uma das hachuras do AutoCAD, pois a escala da hachura vai depender do desenho.

DICA

Depois de clicar numa área para hachurar e surgir o preview na tela, clique nos botões para aumentar ou diminuir a escala e o resultado já aparece na tela.

- **Spacing:** só é habilitada pela escolha da opção **User Defined**. Define o espaço entre as linhas para a hachura com linhas horizontais.
- **Origin:** nesse painel, coloca-se a origem da hachura em relação ao desenho, da seguinte forma: a hachura inicia no ponto indicado nas figuras.

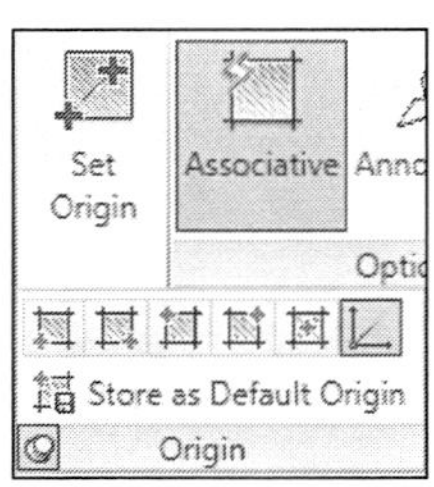

Figura 3.46 Painel Origin.

- **Options:** nesse painel indicamos o comportamento da hachura, a tolerância GAP no caso de termos uma área aberta a ser hachura e que esteja exibindo a mensagem de alerta, como exemplificado no início.

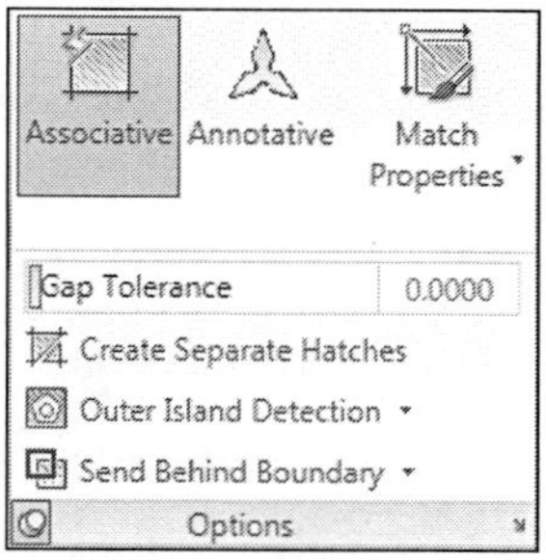

Figura 3.47 Painel Options.

- **Associative:** se esse botão estiver selecionado, o AutoCAD associa a hachura ao desenho. Essa é a característica mais importante desse comando. Se o usuário deixar essa opção sempre ligada, a hachura será associativa, o que facilita a realização de alterações em um desenho hachurado.

  Se essa opção não for habilitada, a hachura não será associada ao desenho. Isso significa que, se for necessário fazer uma alteração em uma área hachurada, a hachura não acompanhará as alterações.
- **Annotative:** clicando-se nesse botão, a hachura terá um comportamento diferente, que lhe possibilitará ser impressa em diferentes escalas do desenho sem que se altere a escala da hachura. Esse item será visto no Capítulo 14.
- **Match Properties:** seleciona uma hachura que já esteja no desenho e usa-a com suas propriedades (padrão, escala etc.) para a nova área a ser hachurada.
- **Gap Tolerances:** distância de tolerância para quando houver uma área a ser hachura que esteja aberta.
- **Create Separate Hatches:** cria hachuras separadas. Significa que, selecionados dois objetos diferentes para hachurar, as hachuras comportam-se como se tivessem sido feitas separadamente.
- **Outer Island Detection:** uma forma de detecção de ilhas em desenhos que contêm áreas internas com outros desenhos. O AutoCAD cria a hachura na ordem conforme a lista, alternando entre as áreas, hachurando só a mais externa ou passando por cima de todo o desenho.

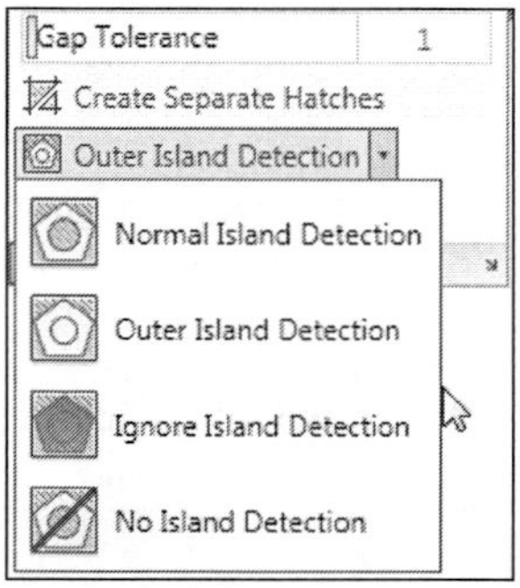

Figura 3.48 Detecção de ilhas.

- **Send Behind Boundary:** lista possibilidades de ordem para um padrão de hachura em relação ao desenho. Dessa forma é possível colocar a hachura na frente ou atrás de outros objetos do desenho, utilizando as seguintes opções:

- **Do not assign:** não associa nenhuma ordem à hachura.
- **Send to back:** a hachura fica atrás de todos os objetos desenhados.
- **Bring to front:** a hachura fica na frente de todos os objetos desenhados.
- **Send behind boundary:** a hachura fica atrás da borda.
- **Bring in front of boundary:** a hachura fica na frente da borda.
- **Close:** esse botão encerra o comando e fecha a aba temporária **Hatch Creation**.

Depois de definir todos os parâmetros, clique com o cursor dentro da área a ser hachurada e note que a hachura escolhida já é inserida na área, como mostra a Figura 3.49. Se a escala não estiver de acordo, clique no painel **Properties** no botão da escala para diminuir ou aumentar. O resultado já aparece na tela conforme se clica no botão (Figura 3.50).

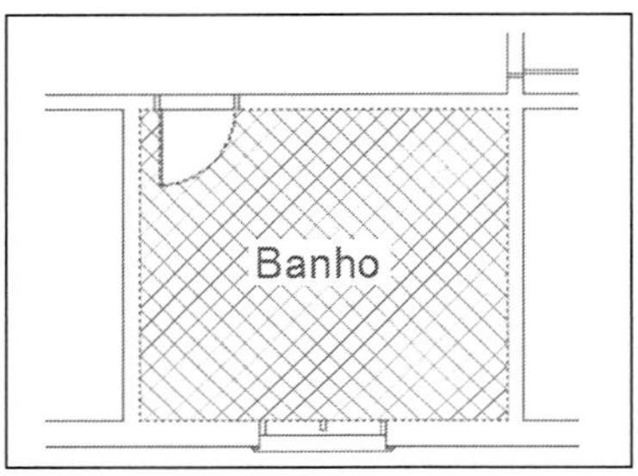

Figura 3.49 Preview da hachura.

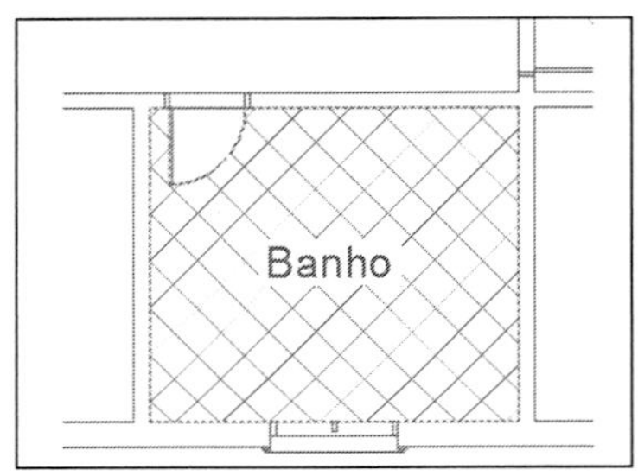

Figura 3.50 Alteração da escala.

Se houver uma área complementar à área a ser hachurada, como neste exemplo em que temos a porta, clique dentro dessa área e ela será acrescentada à área anterior, conforme mostra a Figura 3.51. Se estiver tudo de acordo, clique no botão **Close**.

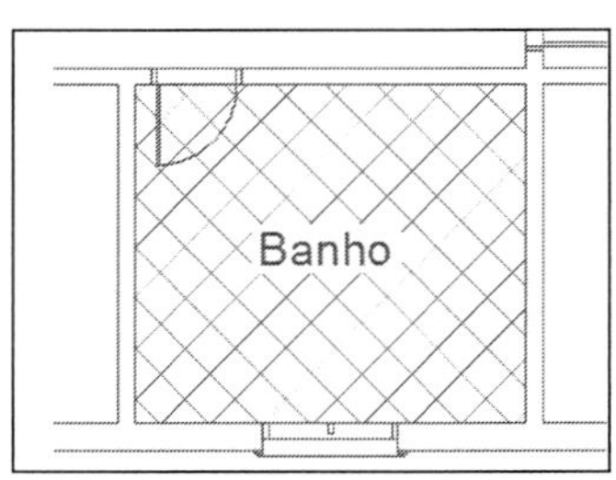

Figura 3.51 Hachura completa.

A outra interface do comando **Hatch** é acessada pelo painel **Options,** na aba **Hatch Creation,** clicando-se no ícone da seta no canto inferior direito do painel, conforme a Figura 3.52.

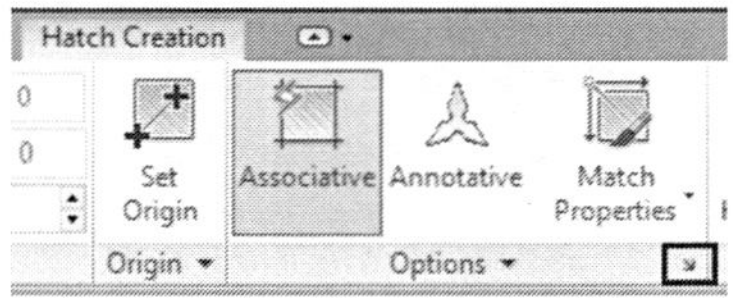

Figura 3.52 Painel Options.

Ao clicarmos nesse botão, aparece a janela de diálogo da Figura 3.53, que apresenta todas as configurações da hachura novamente.

Essa janela tem um modo de visualização resumido e outro completo. Para alternar entre os dois modos, clique na seta do canto inferior direito da janela.

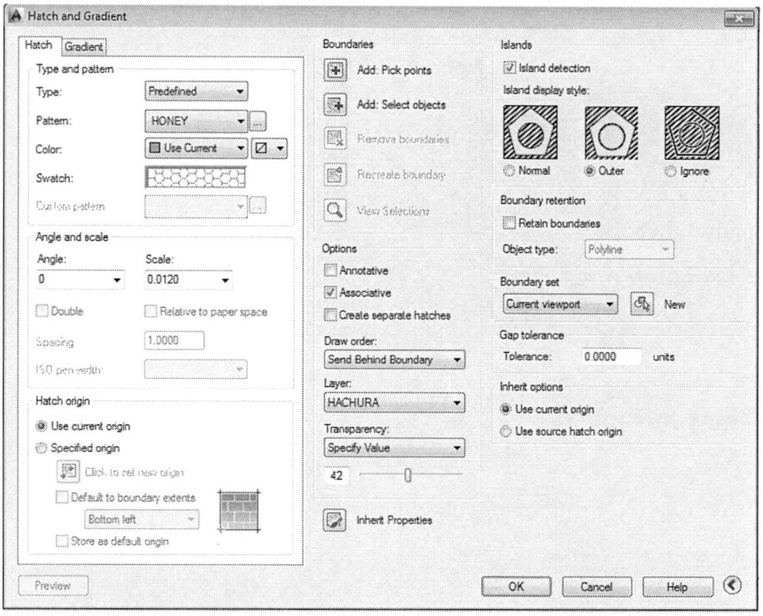

Figura 3.53 Janela de diálogo do comando Hatch.

Em seguida, veja alguns exemplos práticos para hachurar uma figura. Para executar esses exercícios, você precisa baixar os arquivos do site da editora, conforme as instruções no início do livro.

Exemplo 1: hachurar uma área fechada.

1. Abra o desenho **residencia_hachura.dwg.**
2. No painel **Draw** clique em **Hatch.**
3. Em seguida, surge a aba **Hatch Creation.**
4. No painel **Pattern** selecione o padrão **ANSI37.**
5. Clique na parte interna de Cozinha e complete clicando na área das portas.
6. Note que a escala estará muito grande ou pequena.
7. Clique no botão da escala para diminuir/aumentar até ficar proporcional ao desenho.
8. Complete os outros banheiros e a área de serviço com a mesma hachura.
9. Para finalizar clique em **Close.**

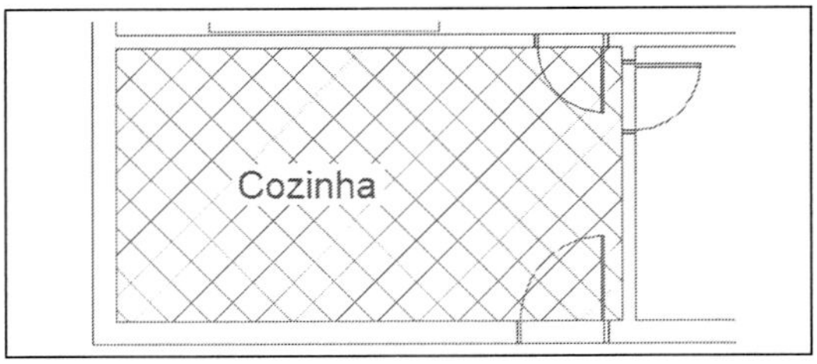

Figura 3.54 Hachuras.

Exemplo 2

1. Repita o comando **Hatch**.
2. Selecione o padrão **LINE**.
3. Hachure os três dormitórios.
4. Clique nas áreas das portas.
5. Defina a escala.
6. Clique em **Close** para encerrar.

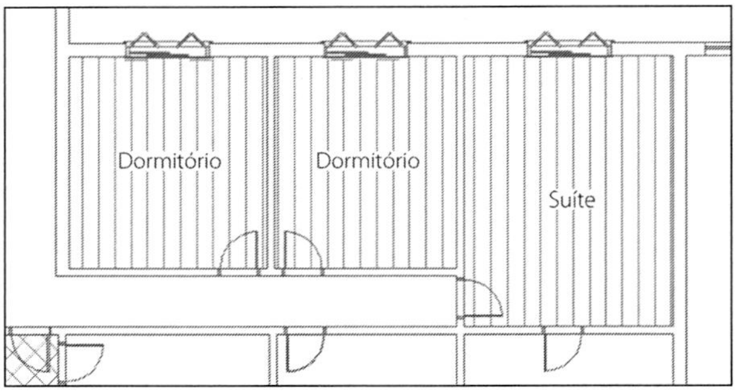

Figura 3.55 Hachuras.

Exemplo 3: uso de hachura sólida.

Vamos marcar o jardim utilizando hachura do tipo **sólida** (Figura 3.56).

1. Selecione o padrão **SOLID** e mude a cor para verde.
2. Clique nas duas áreas do jardim e finalize.
3. Para finalizar salve o arquivo.

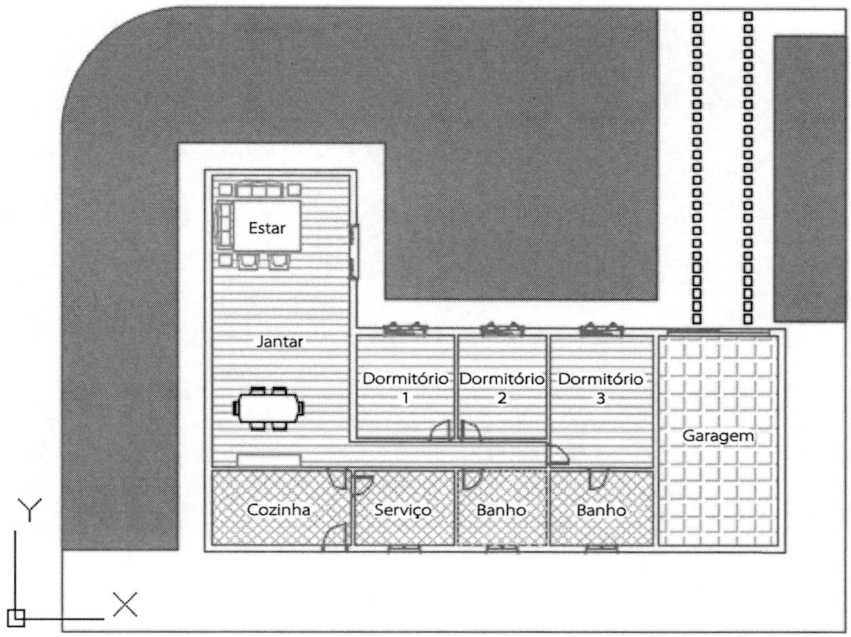

Figura 3.56 Hachura sólida para representar o jardim.

3.9.1 Edição de Hachuras

A maior vantagem das hachuras associativas é sua flexibilidade de edição, sendo possível modificar uma hachura que já esteja no desenho ou alterar um desenho em que as hachuras se ajustem à nova forma dele. Edita-se a hachura com um clique em cima dela (Figura 3.57) ou com o comando **Hatchedit**, acessado pelo painel **Modify,** que abre a janela de diálogo **Hatch Edit**.

Depois de clicar na área hachurada, tem-se a aba temporária **Hatch Editor**. Por meio dos painéis da aba **Hatch Editor**, basta selecionar os novos parâmetros que a hachura é alterada. Finalize com **Close**.

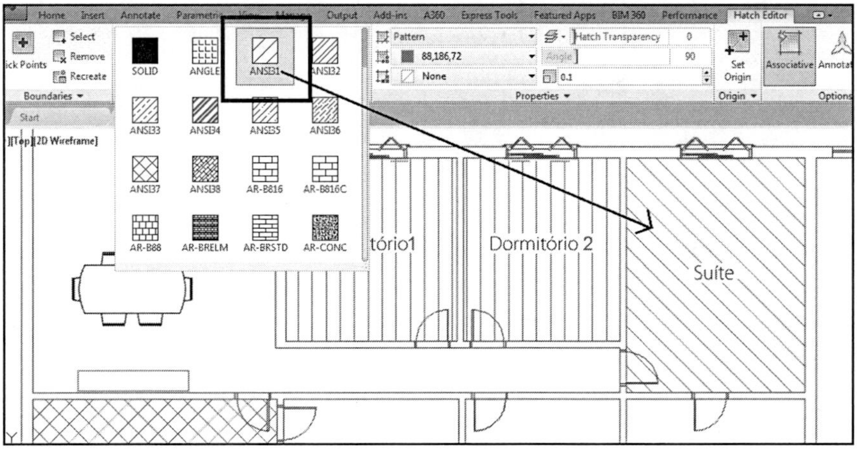

Figura 3.57 Hatch Editor.

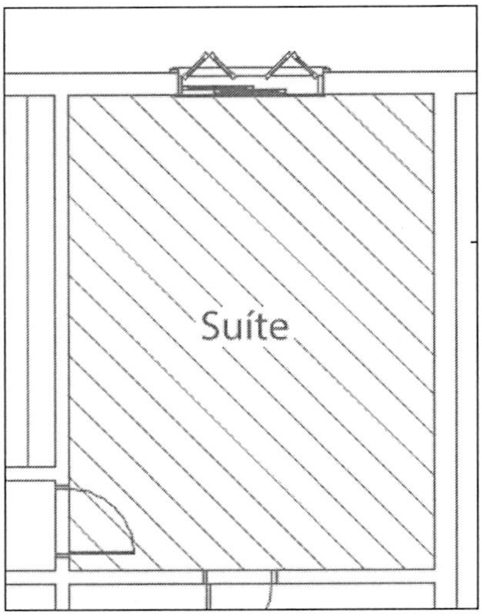

Figura 3.58 Hachura alterada.

Com os **Grips** é possível alterar a borda da hachura, se ela não for associativa. Basta clicar num deles e arrastar o cursor, como mostra a Figura 3.59.

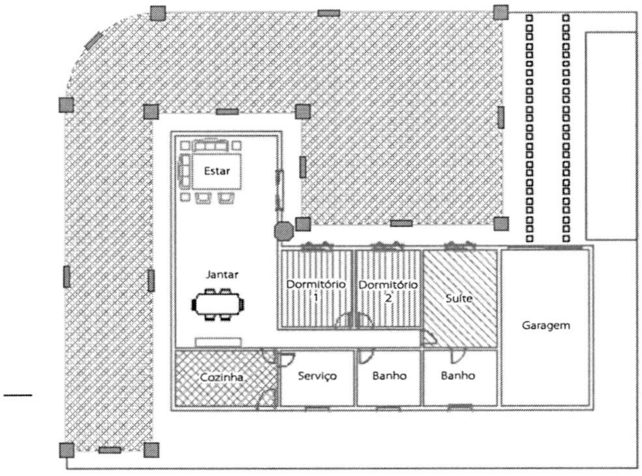

Figura 3.59 Edição de borda de hachuras com Grips.

Selecionando-se **Hatch Edit** pelo painel **Modify**, surge a janela de diálogo da Figura 3.60, que permite alterar os parâmetros de uma hachura da mesma forma. Após alterar os parâmetros, o AutoCAD apaga a hachura existente e desenha a nova. A janela de diálogo é igual à janela acessada pelo painel **Options** descrito anteriormente. Selecionam-se todas as opções desejadas, clica-se em **Preview** e em **OK**.

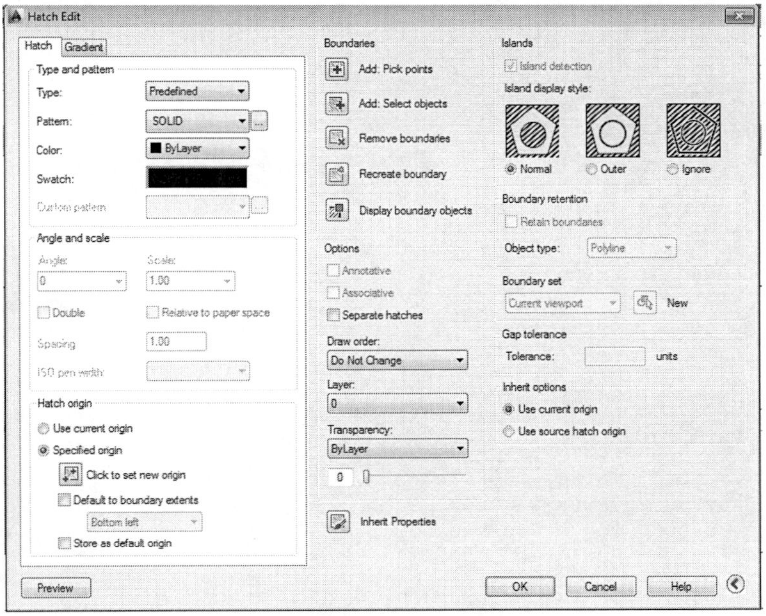

Figura 3.60 Comando Hatch Edit.

EXERCÍCIOS

Neste exercício, vamos usar o comando Line com o Snap para fazer o desenho da Figura 3.61.

1. Abra o desenho feito no Capítulo 2. Ajustamos a tela para adequar a este exercício.

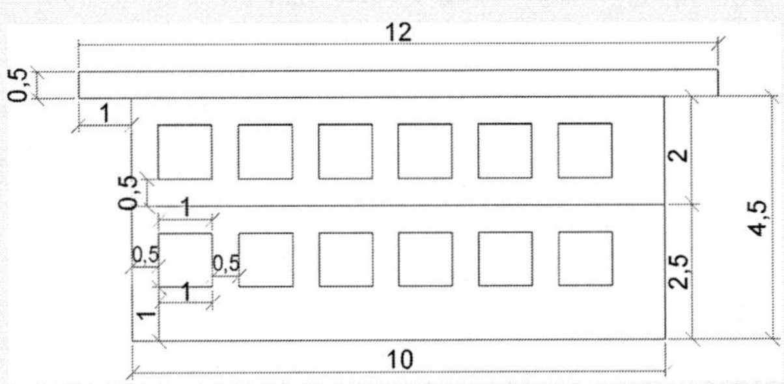

Figura 3.61 Exercício.

2. Comece o desenho com linha.
3. Faça a parte externa e, com o auxílio da **Snap** para definir as medidas, desenhe as janelas.
4. As cotas são somente para dar as medidas e não serão feitas neste exercício.
5. Com o comando **Save As** salve o desenho como **capitulo3**.

Este exercício pode ser baixado do site da editora.

CAPÍTULO 4

Desenho com Precisão

OBJETIVOS

- Apresentar o sistema de coordenadas do AutoCAD
- Desenhar com precisão
- Entrar com medidas no desenho
- Usar ferramentas de auxílio ao desenho

A área gráfica do AutoCAD é um plano cartesiano X,Y,Z e usa o sistema de coordenadas cartesianas para determinar a localização de pontos na tela. Esse sistema é chamado de WCS (World Coordinate System) ou sistema global de coordenadas, usado basicamente para desenho em 2D. Existe ainda o UCS (User Coordinate System), sistema de coordenadas do usuário empregado para o desenho em 3D. Ao entrar no AutoCAD, você está no sistema WCS.

Quando o AutoCAD solicitar a distância entre dois pontos, temos três possibilidades para entrada de medidas:

1. Clicar um ponto na tela aleatoriamente.
2. Entrar com medidas usando as coordenadas polares, relativas, absolutas.
3. Usar a interface Dinâmica (Capítulo 2).

O uso da interface dinâmica habilitando o botão **DYN** na linha de status permite visualizar as medidas de distância e ângulo das linhas, agilizando o processo de desenho, permitindo precisão e rapidez.

Ao definir a distância pelas coordenadas, consegue-se mais precisão do que simplesmente clicar em dois pontos aleatoriamente com o mouse. Esses pontos podem ser obtidos com as coordenadas **absolutas**, **relativas** ou **polares**, as quais são explicadas detalhadamente em seguida.

4.1 Coordenadas Absolutas

Elas são baseadas na origem do plano cartesiano X,Y. A Figura 4.2 mostra o plano cartesiano X,Y, em que a coordenada X especifica a distância horizontal e a Y, a vertical. A coordenada absoluta é um par de números que especifica X,Y nessa ordem e determina um único ponto no sistema cartesiano. Por exemplo, o ponto P é determinado pelas coordenadas (6,4), o P1, por (–4,3), e a origem, pelos pontos (0,0).

Antes de prosseguir com os exemplos, verifique se o botão **DYN** na linha de status está ligado; se estiver, desligue-o clicando nele.

Para desenhar uma linha com coordenadas absolutas, entre com os dados:

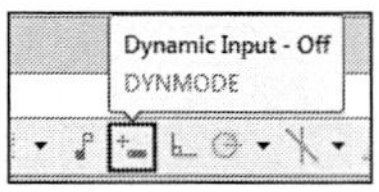

Figura 4.1 Linha de status - botão DYN.

No painel **Draw** clique em **Line**.

```
Command: Line.
Specify first point or: 4,3.
Specify next point or[Undo]: 6,4.
Specify next point or[Undo]: <ENTER>.
```

> **OBSERVAÇÃO**
>
> Se a linha não estiver visível, clique duas vezes no botão scroll do mouse para ativar o Zoom All.

O AutoCAD traça uma linha unindo esses pontos, conforme a Figura 4.3. Esse sistema pode ser usado para criar desenhos, todavia é preciso ter em mente todo o plano cartesiano para saber a localização dos pontos, o que não é muito prático. A maior utilidade da entrada de coordenadas absolutas é entrar com os pontos de um levantamento topográfico; depois de fornecidos os pontos, cria-se uma linha para uni-los.

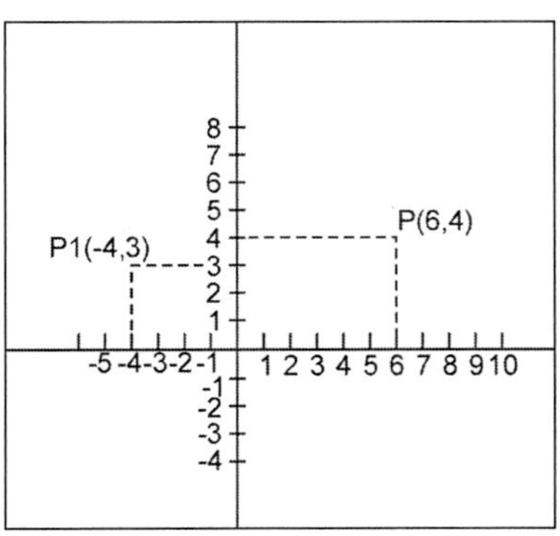

Figura 4.2 Coordenadas absolutas.

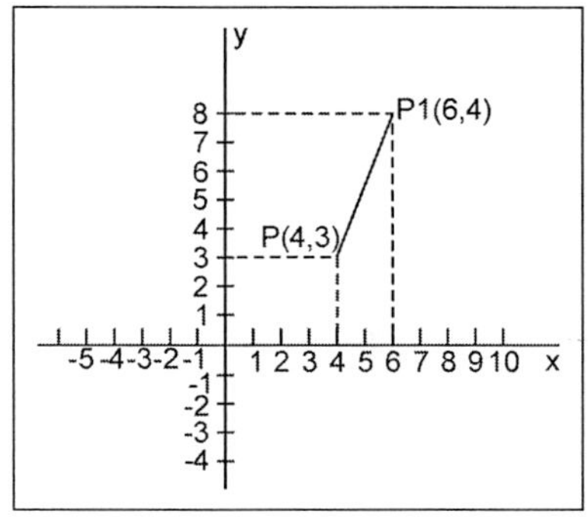

Figura 4.3 Desenho com coordenadas absolutas.

4.2 Coordenadas Relativas

São especificadas em relação ao último ponto dado. Após entrar com algum ponto via coordenada absoluta ou clicar em um ponto na tela com o mouse, indica-se o próximo ponto em relação a esse último da seguinte forma: **@X,Y,Z.** O ponto Z refere-se à altura em relação ao eixo XYZ. Neste livro o estudo é somente em 2D, portanto a coordenada Z não é utilizada.

No painel **Draw** clique em **Line.**

```
Command: Line.
Specify first point or: 50,70.
Specify next point or[Undo]: @40,20.
Specify next point or[Undo]: @30,10.
Specify next point or: <ENTER>.
```

Nesse caso o sinal de @ faz parte da sintaxe do comando. Entre com o deslocamento no eixo X, em seguida com o deslocamento no eixo Y. O deslocamento no eixo X é a diferença entre o X do ponto final e o X do ponto inicial. O deslocamento no eixo Y é a diferença entre o Y do ponto final e o Y do ponto inicial. Portanto, define-se a coordenada relativa pela fórmula apresentada em seguida:

@delta x, delta y, delta z, em que:

- delta x = x (ponto final) – x (ponto inicial)

- delta y = y (ponto final) – y (ponto inicial)
- delta z = z (ponto final) – z (ponto inicial)

Para desenhar, por exemplo, um retângulo de cinco unidades na base e três na altura, forneça os seguintes dados:

No painel **Draw** clique em **Line.**

```
Command: Line.
Specify first point or: 4,3.
Specify next point or[Undo]: @5,0.
Specify next point or[Undo]: @0,3.
Specify next point or[Undo]: @–5,0.
Specify next point or[Undo]: @0,–3
Specify next point or: [Undo]<ENTER>.
```

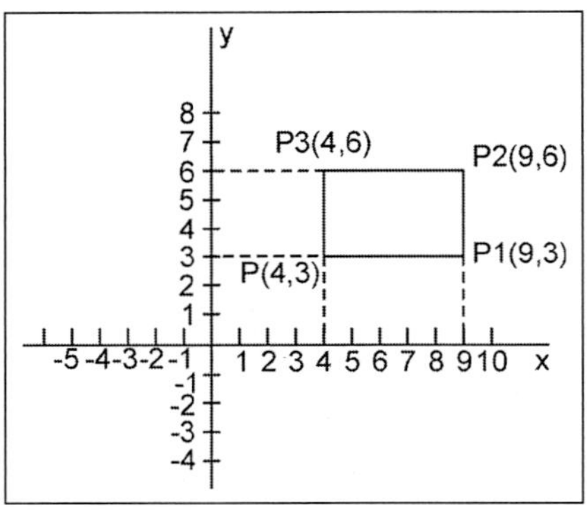

Figura 4.4 Coordenadas relativas.

Como o próprio nome já diz, essas coordenadas são relativas ao último ponto, portanto a preocupação é apenas com as distâncias com as quais se quer entrar, e elas são dadas a partir do último ponto. Esse sistema é bem mais simples de trabalhar, pois dispensa o uso de cálculos de pontos no sistema cartesiano, como no caso das absolutas.

Observe os números anteriores. Se o deslocamento no eixo X é para a direita, o seu valor é positivo, pois o X do ponto final sempre é maior do que o do ponto inicial. Quando se faz a subtração, o resultado é sempre positivo. No caso de o deslocamento no eixo X ser para a esquerda, o seu valor é negativo, pois o X do ponto final é sempre menor que o do ponto inicial. Ao fazer a subtração, o resultado é sempre negativo.

4.3 Coordenadas Polares

São especificadas a partir de uma distância do último ponto conhecido e um ângulo que dá a direção do próximo ponto. Após entrar com algum ponto via coordenada absoluta ou marcar um ponto na tela com o mouse, insira a coordenada polar da seguinte forma:

No painel **Draw** clique em **Line.**

```
Command: Line.
Specify first point or: marque um ponto
na tela.
Specify next point or[Undo]: @2<0.
Specify next point or: [Undo] @4<90.
Specify next point or: <ENTER>.
```

Nesse caso o sinal de @ também faz parte da sintaxe do comando. Em seguida forneça o deslocamento e depois o ângulo. O deslocamento é sempre um valor positivo, pois determina a distância entre os pontos e o sentido é dado pelo ângulo.

No uso de ângulos para as coordenadas polares, o AutoCAD baseia-se no comando **Units.** Se o sentido dos ângulos foi mudado, preste atenção, pois será usado o sentido escolhido. Se não houve alteração, o AutoCAD conta os ângulos no sentido anti-horário, com o ângulo zero na posição do ponteiro de três horas do relógio, como indica a Figura 4.5.

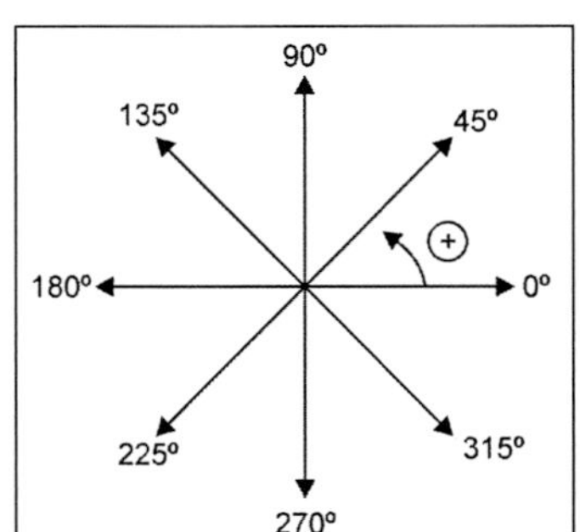

Figura 4.5 Sentido de contagem de ângulos.

É possível definir a coordenada polar pela fórmula descrita em seguida:

@deslocamento < ângulo, em que:

- deslocamento = distância desejada entre os pontos
- ângulo = entre com o ângulo para dar a direção

Para desenhar o exemplo anterior, um retângulo de cinco unidades na base e três na altura, entre com os dados:

No painel **Draw** clique em **Line**.

```
Command: Line.
Specify first point or: 4,3.
Specify next point or[Undo]: @5<0.
Specify next point or[Undo]: @3<90.
Specify next point or[Undo]: @5<180.
Specify next point or[Undo]: @3<270.
Specify next point or: <ENTER>.
```

Usando as coordenadas polares, só é preciso preocupar-se com o ângulo, pois a distância é sempre positiva, um valor já conhecido na hora de desenhar.

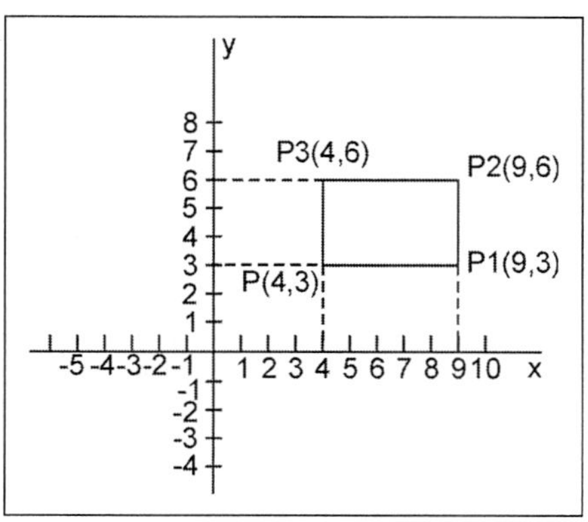

Figura 4.6 Coordenadas polares.

4.4 Entrada de Medidas pela Interface Dinâmica

Se ligarmos o botão **DYN** na linha de status, teremos outra interface para entrada de dados e medidas. Portanto, ligue esse botão na linha de status.

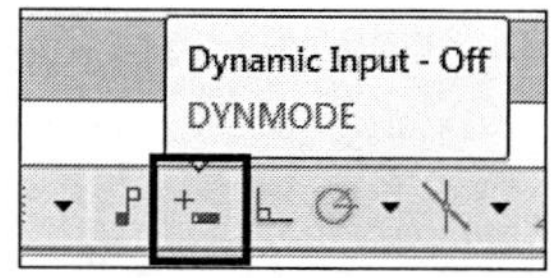

Figura 4.7 Linha de status - botão DYN.

Ao ligar o **DYN**, quando entramos no comando **Line**, surge o prompt na linha do cursor, mostrando as coordenadas do ponto onde o cursor passa e podemos clicar o ponto inicial. Depois de clicarmos o ponto inicial surgem a medida da linha conforme arrastamos o mouse e o ângulo que essa linha faz em relação ao ângulo zero, conforme mostram as Figuras 4.8 e 4.9.

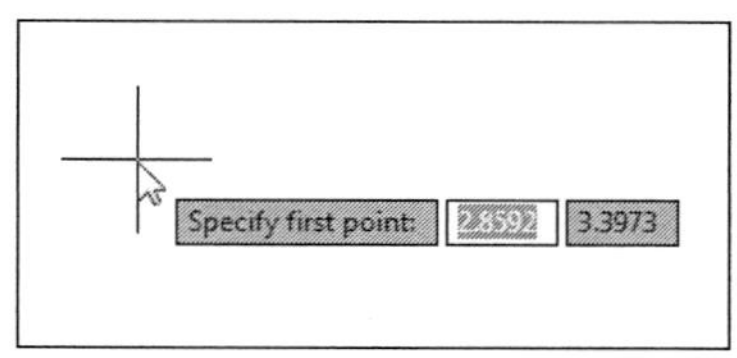

Figura 4.8 Interface dinâmica.

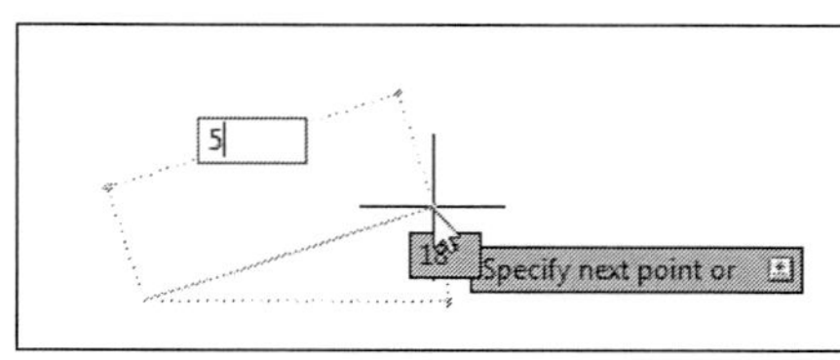

Figura 4.9 Interface dinâmica.

Nessa interface basta digitarmos a medida do desenho que ela entra na caixa da medida, conforme a Figura 4.9, depois de digitar 5. Isso significa que ele vai desenhar uma linha com cinco unidades no ângulo exibido, no caso 18 graus. Podemos então ligar o botão **Ortho** na linha de status para que a linha seja ortogonal, como na Figura 4.10.

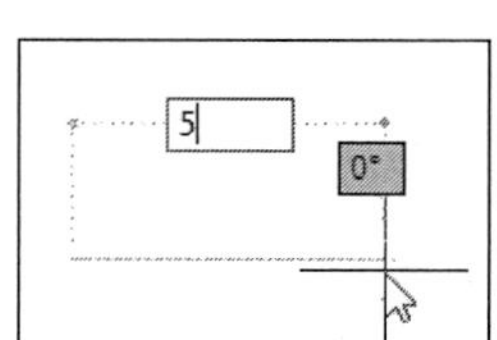

Figura 4.10 Entrada de medida horizontal.

Depois de digitar 5 tecle **Enter** e teremos uma linha com unidades ortogonal ao plano de desenho. Em seguida mova o cursor para cima e note a linha na vertical. Digite 3 para criar uma linha vertical com três unidades.

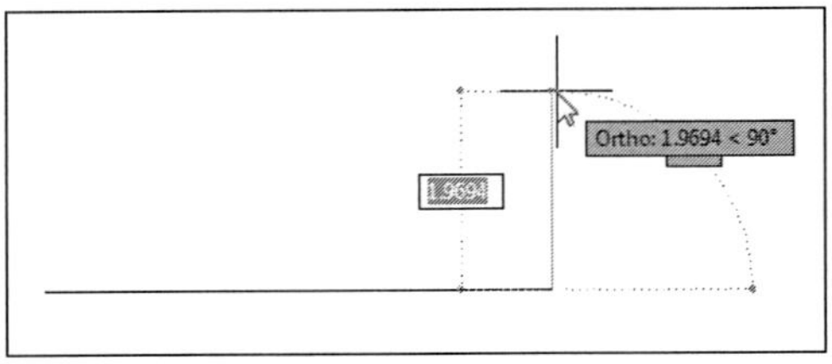

Figura 4.11 Linha vertical.

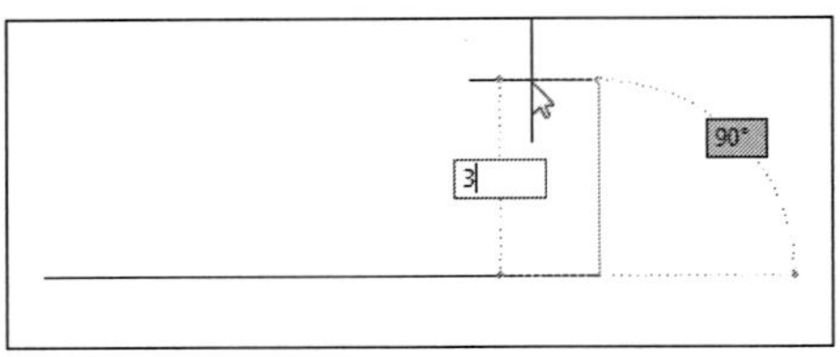

Figura 4.12 Entrada de medida vertical.

Dessa forma podemos criar as linhas com o auxílio do **Ortho** e **Dyn**, agilizando a entrada de medidas. Podemos a qualquer momento desligar o **Ortho** e entrar com ângulos novamente.

Podemos ainda entrar com a medida e o ângulo usando a interface dinâmica. Digite o valor da medida, em seguida tecle <TAB>; o cursor insere a medida digitada na caixa da distância e passa para a caixa do ângulo. Depois digite o valor do ângulo e tecle <ENTER>.

4.5 Osnap - Ferramentas de Desenho

Osnap significa ***Object Snap***, ou seja, posicionamento forçado do cursor em um objeto, que nesse caso é um ponto específico em uma entidade. O AutoCAD possibilita selecionar pontos com absoluta precisão ao se desenhar ou editar um desenho. Por exemplo, ele acha com exatidão o ponto médio de uma linha, o centro de um círculo etc. Usa-se o **Osnap** quando o AutoCAD pede um ponto.

Acompanhe as opções que podem ser habilitadas pela linha de status no botão **Osnap**.

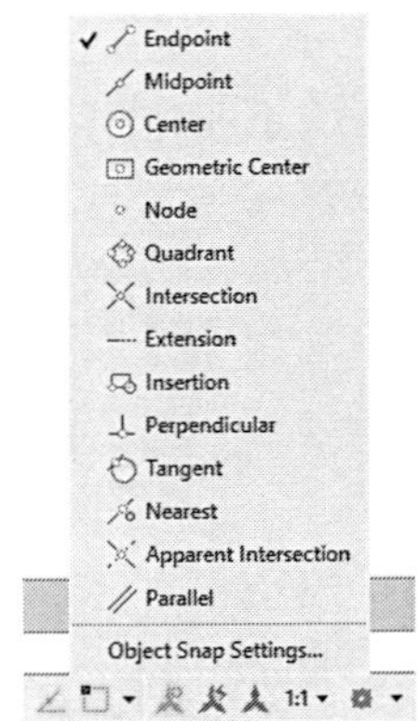

Figura 4.13 Linha de status do botão Osnap.

 **Endpoint:** acha o ponto final de uma linha, polilinha ou arco (Figura 4.14).

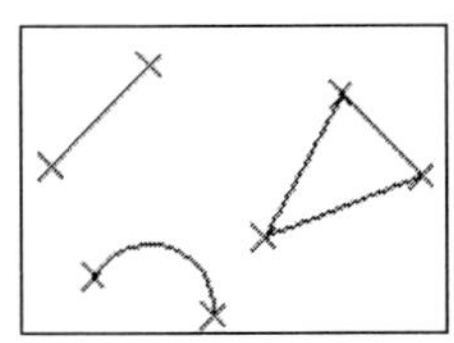

Figura 4.14 Seleção dos pontos finais de linhas e de arcos.

 **Midpoint:** encontra o ponto médio de uma linha ou de um arco (Figura 4.15).

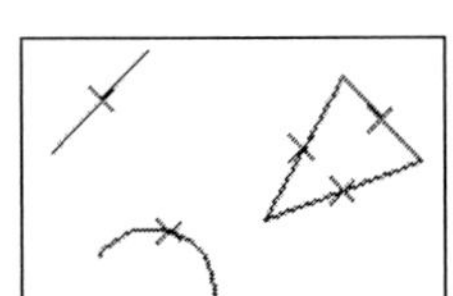

Figura 4.15 Seleção dos pontos médios.

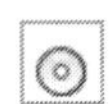 **Center:** localiza o centro de um círculo ou de um arco (Figura 4.16).

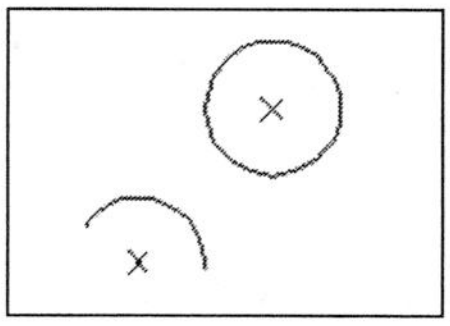

Figura 4.16 Seleção do centro de um círculo e de um arco.

Quadrant: acha os quadrantes de círculos e de arcos (Figura 4.17).

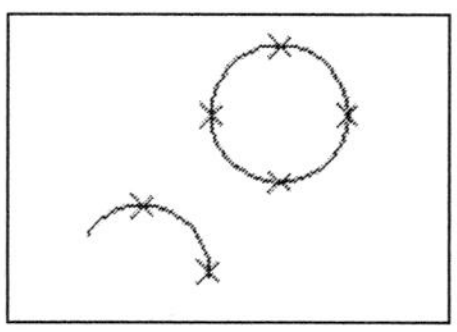

Figura 4.17 Seleção dos quadrantes de arcos e de círculos.

Intersection: localiza a interseção de duas ou mais linhas, de arcos, de círculos (Figura 4.18).

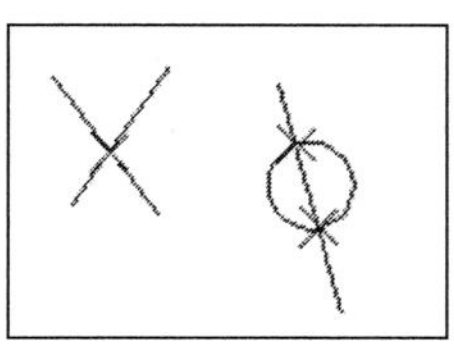

Figura 4.18 Seleção das interseções.

Nearest: marca o ponto em cima da entidade selecionada. Não é o ponto final nem o ponto médio, mas um ponto na linha para o usuário clicar (Figura 4.19).

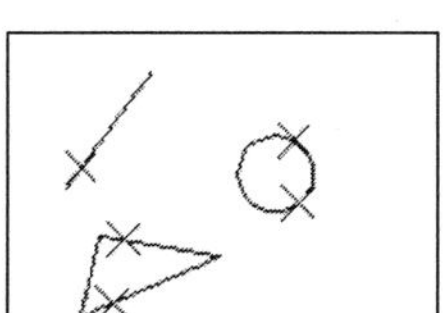

Figura 4.19 Marcação dos pontos em cima das entidades.

Perpendicular: marca um ponto que forma uma perpendicular à entidade do último ponto (Figura 4.20).

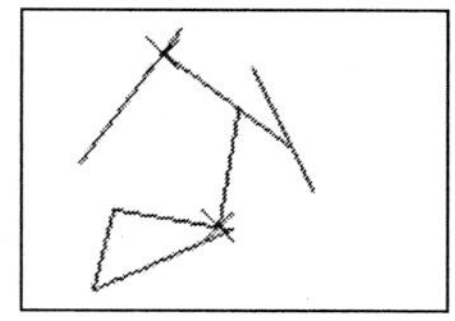

Figura 4.20 Seleção das perpendiculares.

Tangent: acha um ponto tangente a um círculo ou a um arco (Figura 4.21).

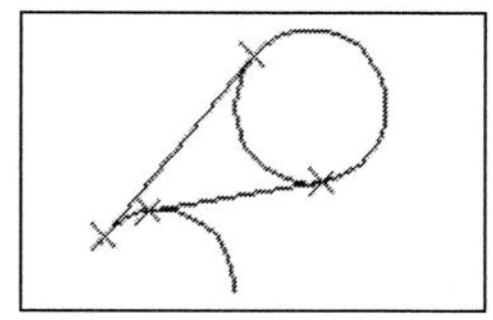

Figura 4.21 Marcação das tangentes.

Node: encontra um ponto desenhado com o comando Point (Figura 4.22).

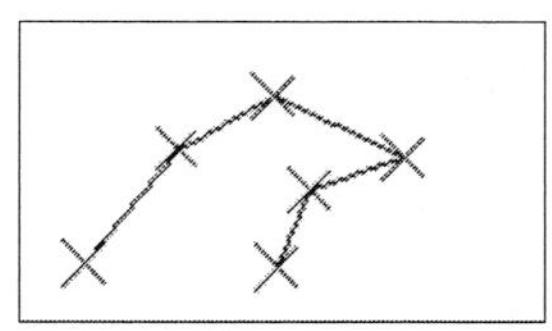

Figura 4.22 Seleção dos pontos.

Insert: localiza o ponto de inserção de um texto ou de um bloco (Figura 4.23).

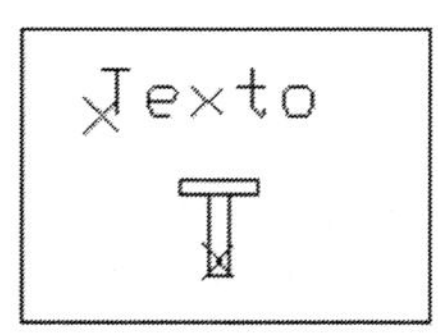

Figura 4.23 Seleção dos pontos de inserção.

Geometric Center: encontra o centro geométrico de uma polilinha **fechada** (Figura 4.24).

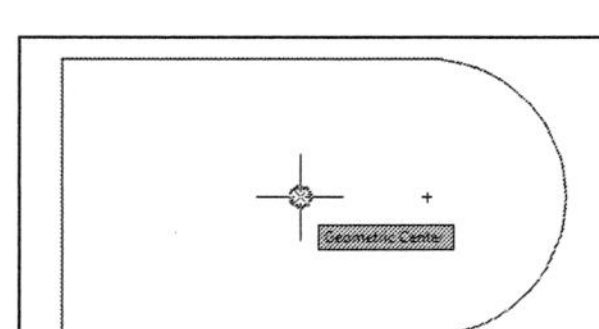

Figura 4.24 Seleção do centro geométrico da polilinha.

 **Extension:** desenha uma linha a partir de um ponto na extensão de outra linha já existente.

 **Parallel:** seleciona uma linha à qual você vai desenhar outra linha paralela.

Para usar o **Osnap**, proceda da seguinte forma:

Habilite as opções desejadas ativando o **Osnap** pela linha de status e clique nas opções. Algumas já estarão habilitadas por padrão. As que estiverem habilitadas têm uma marca ao lado. Por exemplo, **Endpoint**. Com elas habilitadas, ao desenhar, por exemplo, uma linha, se encostar no ponto final de outra linha, note que um ícone verde surge na ponta do cursor, o qual parece um ímã. Ele tem uma etiqueta que indica o tipo de ponto, acusando a captura do ponto desejado. Clique nele e veja que o ponto foi capturado com precisão.

Para cada tipo de ponto o AutoCAD gera um ícone diferente, correspondente ao ponto solicitado. Em centro de círculos ou de arcos, posicione o cursor em cima da linha do círculo ou do arco. Essa ferramenta é muito poderosa e importante para que o desenho tenha total precisão, toda vez que for necessário achar um dos pontos citados.

`Command:` Line.
`From point:` passe o cursor sobre outra linha.

Coloque o cursor perto do ponto final de uma linha; nesse momento surge o ícone de um quadrado. O ponto final é selecionado com total precisão; clique no botão do mouse com o cursor em cima desse ponto.

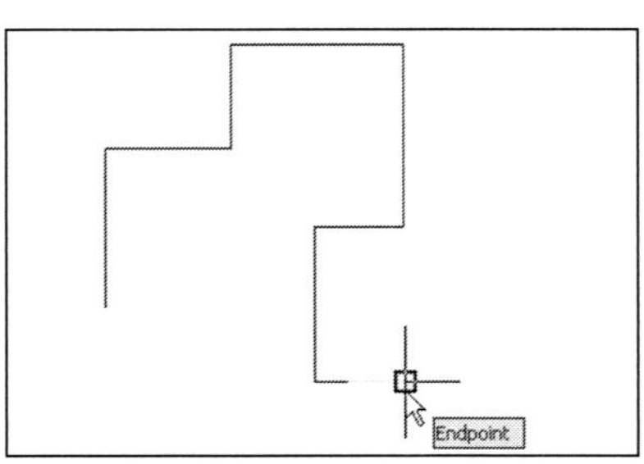

Figura 4.25 Osnap na opção Endpoint.

To point: continue desenhando a linha normalmente; pode usar o **Osnap** de novo e quantas vezes for necessário.

Outra forma de utilizar o **Osnap** e também acessar outras ferramentas de precisão é pelo botão direito do mouse. Toda vez que o AutoCAD pedir um ponto e ele for um dos mencionados anteriormente, clique no ícone correspondente ao ponto desejado apertando a tecla <SHIFT> junto com o botão direito do mouse, escolha o tipo de ponto no menu flutuante e leve o cursor próximo ao ponto.

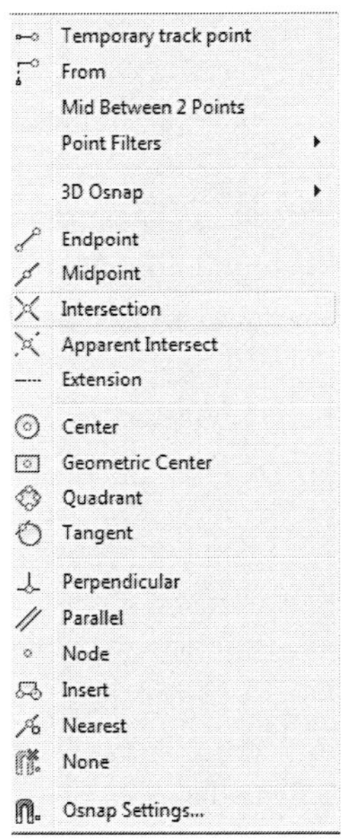

Figura 4.26 Osnap pelo botão direito do mouse.

Nessa forma temos ainda outras opções de precisão a seguir:

 **From:** permite utilizar algum ponto conhecido como referência durante um comando de desenho, de edição etc.

Mid Between 2 Points: localiza um ponto na extensão no meio de dois pontos selecionados.

 **None:** desabilita as funções **Osnap** ativas no momento.

4.6 Funções Polar e Otrack

Essas duas funções podem ser ligadas ou desligadas na linha de status do AutoCAD.

- **Polar:** se estiver ligada ao se deslocar o cursor na solicitação de pontos, o cursor é atraído para um ângulo notável sempre que passar perto desse ângulo. Na tela surge uma linha pontilhada — *track* (trilha) — que indica a direção e uma *tooltip* (etiqueta) que mostra o valor do ângulo e da distância. Esse ângulo pode ser definido clicando-se com o lado direito do mouse no botão **Polar**, na linha de status, e selecionando-se **Settings**.

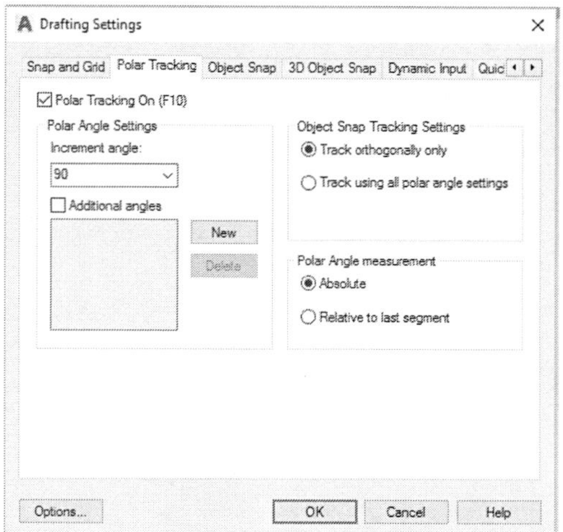

Figura 4.27 Seleção de um ângulo para a função Polar.

- **Otrack:** se estiver ligada, o AutoCAD gera uma trilha e acha pontos notáveis entre dois ou mais pontos de outras entidades. No exemplo seguinte há um ponto que é a projeção da linha de um retângulo com a linha de outro retângulo. Para isso, a opção **Endpoint** deve estar selecionada no **Osnap**, e este e a função **Otrack**, ligados. Após entrar no comando **Line**, encoste o cursor nos **Endpoints** das duas linhas para gerar a trilha. Finalmente, basta clicar e o ponto das projeções é marcado.

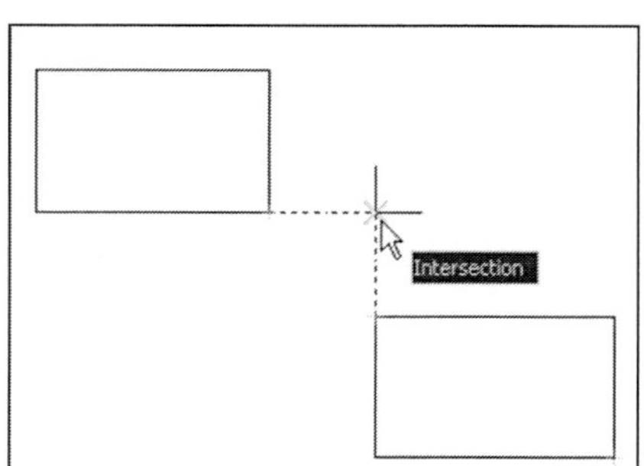

Figura 4.28 Seleção de um ponto pela função Otrack.

EXERCÍCIOS

Neste exercício vamos utilizar os três tipos de coordenadas.

Com o comando Line e as coordenadas absolutas, relativas e polares, faça os desenhos conforme as distâncias especificadas e feche o desenho com Close. Não se esqueça de definir os limites antes de começar.

1. Use as coordenadas absolutas (X,Y).

P1 (1,4)

P2 (1,6)

P3 (2,6)

P4 (2,8)

P5 (1,8)

P6 (1,10)

P7 (9,10)

P8 (9,8)

P9 (8,8)

P10 (8,6)

P11 (9,6)

P12 (9,4)

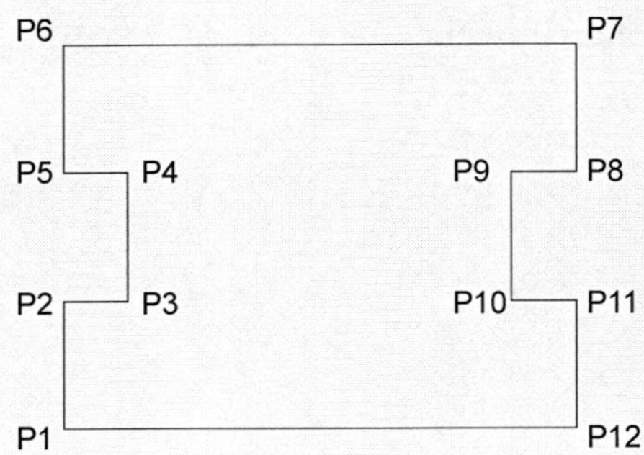

2. Use as coordenadas relativas.

Para iniciar clique em qualquer ponto na tela. Depois use a fórmula @delta x, delta y.

Distância entre os pontos:

P1 e P2 = 2

P2 e P3 = 1

P3 e P4 = 2

P4 e P5 = 1

P5 e P6 = 2

P6 e P7 = 8

P7 e P8 = 2

P8 e P9 = 1

P9 e P10 = 2

P10 e P11 = 1

P11 e P12 = 2

P12 e P1 = 8

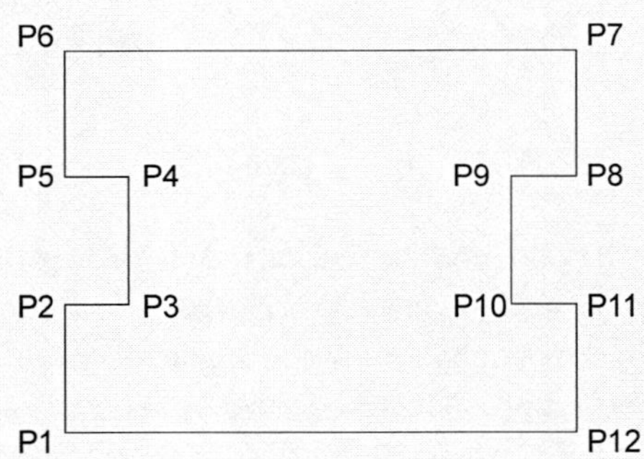

3. Use as coordenadas polares.

Para iniciar clique em qualquer ponto na tela. Depois use a fórmula @deslocamento<ângulo.

Distâncias entre os pontos:

P1 e P2 = 4

P2 e P3 = 2

P3 e P4 = 3

P4 e P5 = 3

P5 e P6 = 2

P6 e P7 = 2

P7 e P8 = 2

P8 e P1 = 2

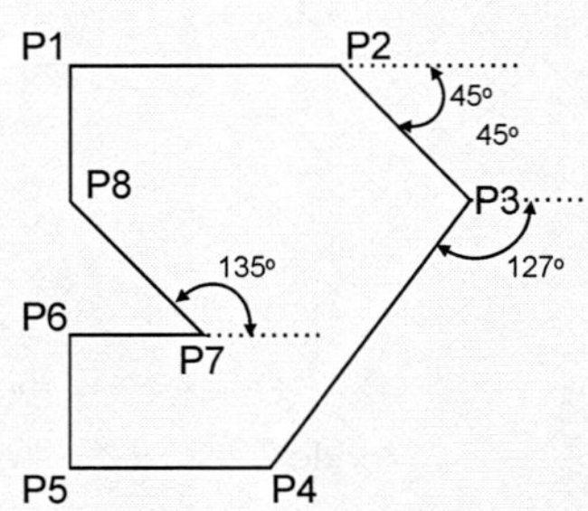

4. Com o comando **Save As** salve o desenho como **capitulo4**.

CAPÍTULO 5

Modificação do Desenho e Seleção de Objetos

OBJETIVOS

- Usar comandos de modificação do desenho
- Selecionar objetos

5.1 Seleção de Objetos

O AutoCAD oferece várias maneiras de selecionar objetos. Objeto é uma entidade como linha, círculo, polilinha etc. Os comandos de edição são usados em alguma entidade que já foi criada, por isso há a necessidade de selecionar os objetos. Essa seleção deve ser feita sempre que surge no AutoCAD o prompt **Select objects:**.

No momento da seleção, o cursor também muda. Em vez de linhas ortogonais, surge um pequeno cursor em forma de quadrado, que serve para selecionar um objeto por vez. Basta posicionar o cursor em cima da entidade que o usuário deseja selecionar e clicar no mouse. A entidade fica com a linha destacada e indica que o cursor está em cima dela. Ao clicar na entidade, ela fica sombreada para mostrar que está selecionada.

É possível selecionar diversas entidades com esse método, e todas ficam sombreadas. Para finalizar a seleção, tecle <ENTER> e o comando prossegue com outros prompts. Se quiser acompanhar o exemplo, pode abrir o arquivo **ANDAR TIPO.dwg**, disponível no site da editora.

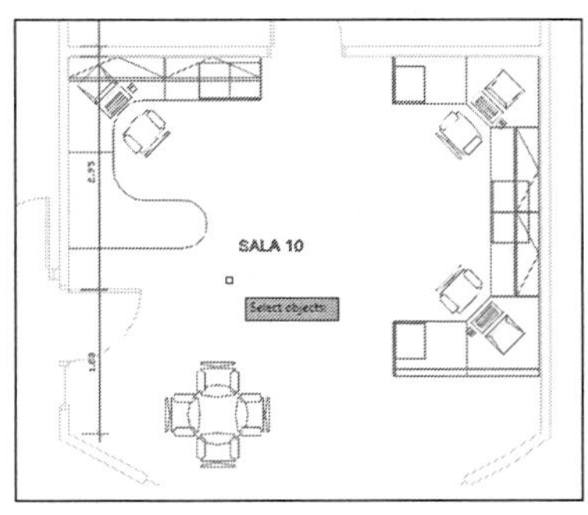

Figura 5.1 Seleção de entidades.

5.1.1 Seleção por Lasso

Essa opção está habilitada por padrão. A seleção é feita por meio de uma linha semelhante a um "laço" que envolve os objetos.

Veja o desenho da Figura 5.2 na tela.

Ao selecionar o comando **Erase**, clique num ponto na tela e crie uma moldura em volta do objeto a ser selecionado. Ao selecionar todos os objetos, tecle Enter.

```
Command: Erase.
Select objects: P1.
Crossing Lasso - Press Spacebar to
cycle options1 found
Select objects: P2.
```

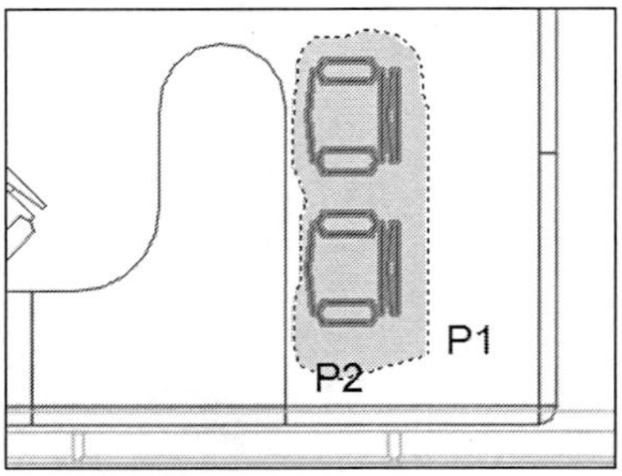

Figura 5.2 Seleção de objetos por Lasso.

Essa opção vem ativada por padrão, mas pode ser desativada pelo comando **Options.** Digite **OP** e, na janela **Options** na aba **Selection**, desative a opção **Allow press and drag for Lasso.**

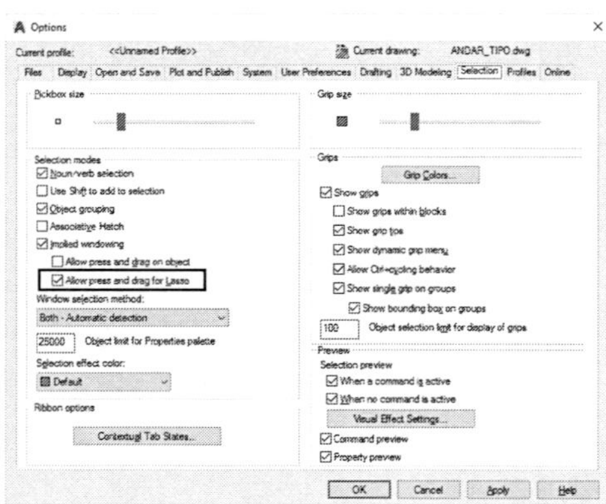

Figura 5.3 Desativar a seleção por Lasso.

5.1.2 Seleção por Janela - Window/Crossing

Para selecionar várias entidades ao mesmo tempo, usamos as opções **Window** ou **Crossing.**

A opção **Window** permite fazer uma janela em volta dos objetos a serem selecionados de uma só vez. Para fazer a janela, no prompt **Select objects:** clique em um ponto da tela no canto superior esquerdo da figura a ser selecionada, em seguida clique na diagonal oposta, envolvendo todas as entidades que deseja escolher, como mostra a Figura 5.4.

Ao arrastar o mouse para selecionar o outro canto, surge uma janela azul-clara e todas as entidades que estão dentro dela são marcadas, portanto ficam destacadas. Para escolher mais alguma entidade, e só selecionar com o cursor ou usar **Window** novamente; senão, tecle <ENTER> para continuar o comando.

Veja o desenho da Figura 5.4 na tela.

```
Command: Erase.
Select objects: P1.
Specify opposite corner: P2.
Select objects: <ENTER>.
```

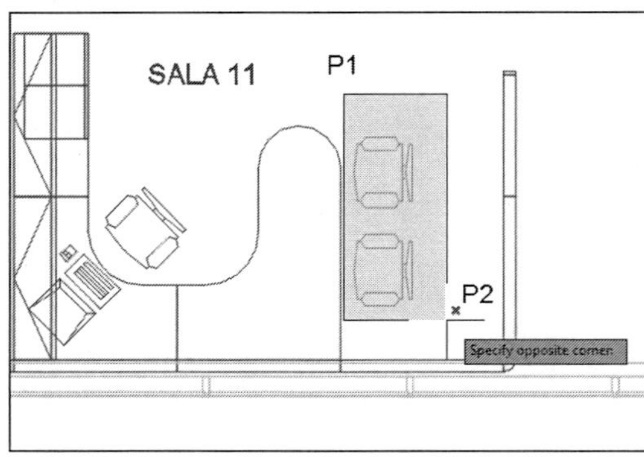

Figura 5.4 Seleção de objetos por Window.

A opção **Crossing** é parecida com a **Window,** pois também cria uma janela, porém seleciona todas as entidades que estão dentro da janela e ainda outras que se encostarem nela. Para usar a opção **Crossing** no prompt **Select objects:**, clique em um ponto da tela no canto inferior direito da figura a ser selecionada e na diagonal oposta, envolvendo todas as entidades que deseja. Note que essa janela é tracejada e verde, e tudo que ela toca é demarcado.

Observe o desenho da Figura 5.5.

```
Command: Erase.
Select objects: P1.
Specify opposite corner: P2.
Select objects: <ENTER>.
```

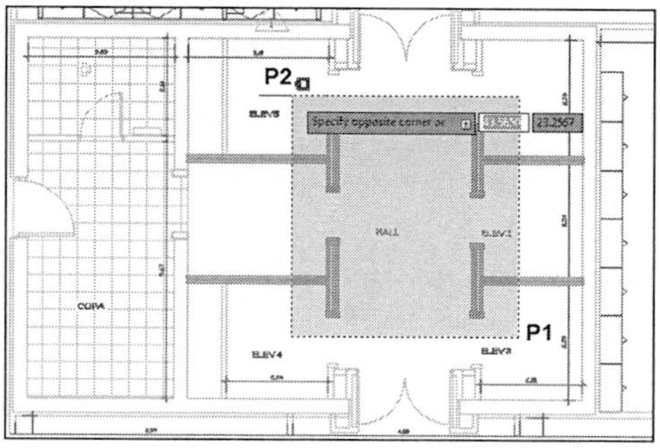

Figura 5.5 Seleção de objetos por Crossing.

Apesar de as linhas das paredes não estarem inteiramente dentro da janela, elas também são selecionadas (Figura 5.6).

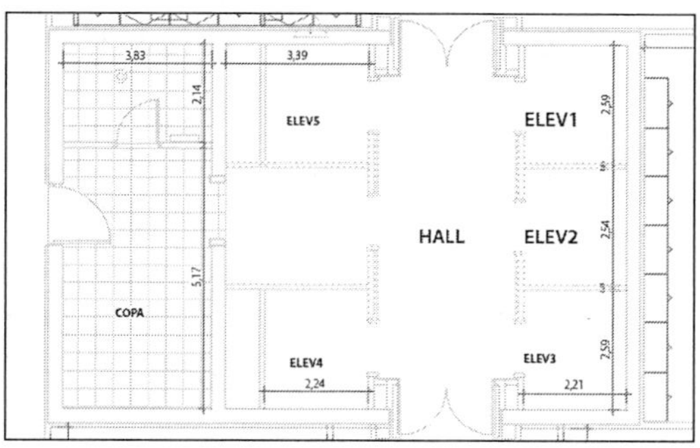

Figura 5.6 Resultado da seleção de objetos por Crossing.

OBSERVAÇÃO

Para usar as opções **Crossing** e **Window**, desabilite a opção Lasso como visto anteriormente e clique num ponto da tela que não tenha nenhum objeto desenhado. Nesta versão, se você mudar o valor da váriável **PICKAUTO** para 2, pode clicar em cima de qualquer objeto e ativar os modos **Crossing** e **Window**.

5.1.3 Seleção por Polígonos - Wpolygon/Cpolygon

Há ainda as opções **Wpolygon** e **Cpolygon** que são parecidas com as anteriores, só que, em vez de janelas, são mais versáteis e permitem a geração de um polígono em volta dos objetos a serem selecionados. O **Wpolygon** (**Window Polygon - WP**) seleciona somente as entidades que se encontram dentro do polígono; o **Cpolygon** (**Crossing Polygon - CP**), as que estão dentro do polígono e as cortadas por ele. Para usar o **CP** clique nos pontos da direita para a esquerda; para **WP** os pontos devem ser dados da esquerda para a direita. Faça o desenho da Figura 5.7.

```
Command: Erase.
Select objects: digite cp<ENTER>.
First polygon point: P1.
Specify endpoint of line or: P2.
Specify endpoint of line or: P3.
Specify endpoint of line or: P4.
Specify endpoint of line or: P5.
Specify endpoint of line or: P6.
Specify endpoint of line or: P7.
Specify endpoint of line or: P8.
Specify endpoint of line or: P9
Specify endpoint of line or: P10
Select objects: <ENTER>.
```

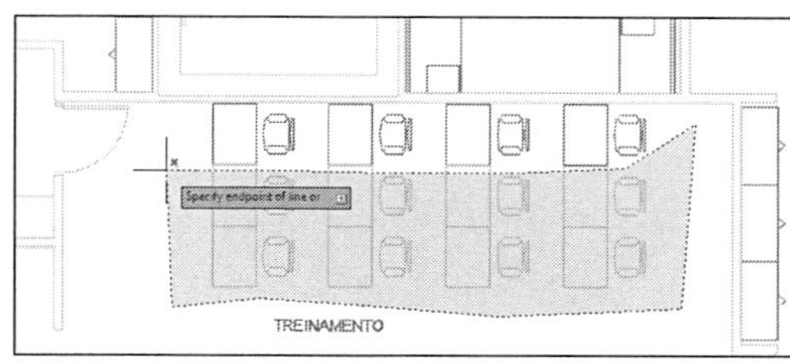

Figura 5.7 Seleção de objetos por Cpolygon.

5.1.4 Seleção por Fence

Essa opção possibilita selecionar entidades por meio de uma linha que passa por cima delas. Para usar essa opção no prompt **Select objects:**, entre com **F** e o AutoCAD pede os pontos da linha.

Faça o desenho da Figura 5.8.

```
Command: Erase.
Select objects: digite F <ENTER>.
Specify first fence point or pick/drag
cursor:
Specify next fence point or [Undo]: P1.
Specify next fence point or [Undo]: P2.
Specify next fence point or
[Undo]:<ENTER>.
Select objects: <ENTER>.
```

Neste exemplo, todas as linhas que representam paredes são selecionadas.

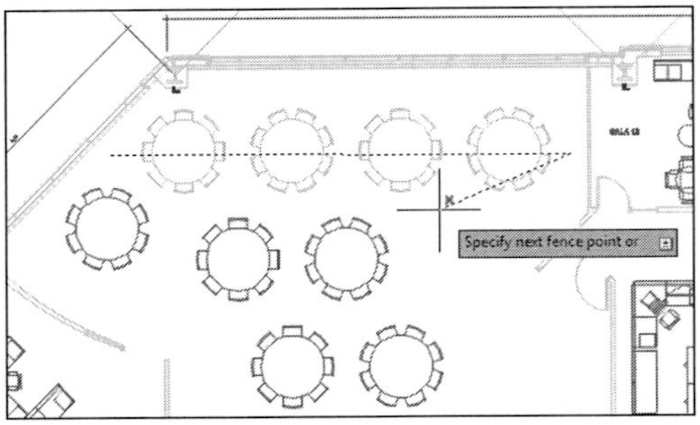

Figura 5.8 Seleção de objetos por Fence.

5.1.5 Seleção da Última Entidade Desenhada - Last

O AutoCAD guarda a sequência de tudo o que foi desenhado e permite selecionar automaticamente a última entidade desenhada utilizando a opção **Last**. Para usar essa opção, entre com L no prompt **Select objects:** e a última entidade desenhada é selecionada sem precisar colocar o cursor em cima dela. Para finalizar, tecle <ENTER>.

No painel **Modify** entre no comando **Erase**.

```
Command: Erase.
Select objects: digite L <ENTER>.
Select objects: <ENTER>.
```

5.1.6 Seleção da Entidade Previamente Selecionada - Previous

Caso tenha selecionado alguma entidade ou várias para, por exemplo, mover e em seguida rotacioná-las, não é necessário selecioná-las novamente para a segunda operação. Basta usar a opção **Previous** no prompt **Select objects:** da segunda operação.

No painel **Modify** entre no comando **Move**.

```
Command: Move.
Select objects: P <ENTER>.
Select objects: <ENTER>.
```

5.1.7 Seleção de Todos os Objetos do Desenho - All

Para selecionar todas as entidades do desenho, não é preciso usar o cursor. Entre com **All** no prompt **Select objects:** e tudo que estiver no desenho é automaticamente selecionado.

No painel **Modify** entre no comando **Move**.

```
Command: Move.
Select objects: all.
Select objects: <ENTER>.
```

5.1.8 Seleção de Objetos Semelhantes - Select Similar

A ferramenta **Select Similar** permite que você selecione um objeto e automaticamente inclua todos os objetos do mesmo tipo e com as mesmas propriedades em uma nova seleção. Essa ferramenta é acessada pelo botão direito do mouse quando um objeto é selecionado.

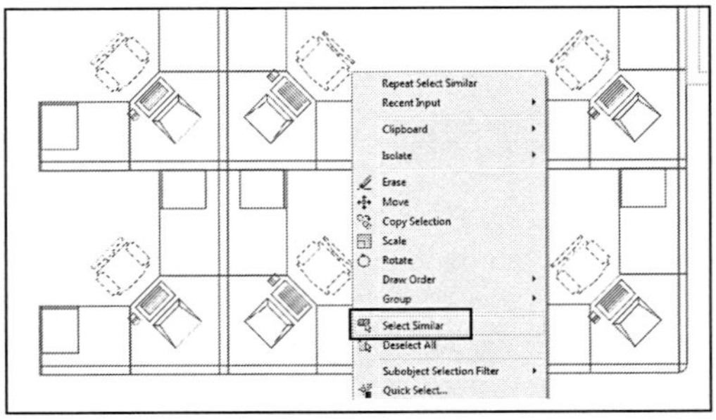

Figura 5.9 Seleção de objetos similares.

Quando é acessada pelo teclado, a opção **Select Similar** permite filtrar as propriedades (Capítulo 7) a selecionar. Se somente a propriedade **LAYER** estiver selecionada, ao se escolher um círculo, por exemplo, o AutoCAD seleciona todos os círculos no mesmo layer do que foi selecionado.

```
Command: Selectsimilar
Select objects or [SEttings]: se
```

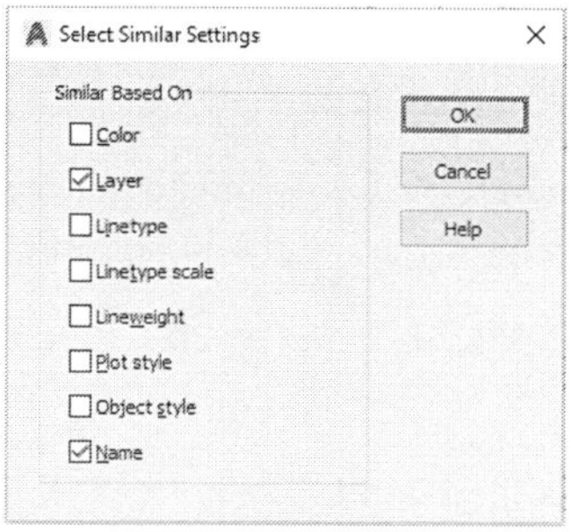

Figura 5.10 Janela de diálogo de propriedades de seleção de similares.

A ferramenta **Select Similar** também permite escolher mais de um objeto para criar o filtro de seleção. Por exemplo, se o filtro LAYER estiver habilitado e forem selecionados dois círculos em diferentes layers, o AutoCAD seleciona todos os círculos em ambos os layers. Se, por exemplo, forem escolhidos um círculo e uma linha, o AutoCAD seleciona todos os círculos no mesmo layer do círculo selecionado e todas as linhas do mesmo layer da linha escolhida. Além da seleção por propriedades básicas, podemos criar a seleção por estilo de objeto e nome. O estilo de objeto se aplica a **estilo de texto, leaders, mleaders, tables, dimensions, tolerances** e **multlines**. Os nomes se aplicam a **XREFs** e blocos, incluindo arquivos DWG, PDF, DGN.

5.1.9 Remover Entidades da Seleção e Adicioná-las - Remove/Add

Muitas vezes, ao selecionar alguma entidade, o cursor sem querer encosta em outra e a seleciona. É possível cancelar o comando com <ESC> ou remover essa entidade da seleção. Para isso, usa-se a opção **Remove** ou **R** no prompt **Select objects:** e o AutoCAD, em vez de selecionar as entidades, passa a tirá-las da seleção feita. Nesse caso, o prompt muda para **Remove objects**, com o qual é possível usar qualquer uma das opções citadas de seleção de objetos. Caso haja necessidade de selecionar mais alguma entidade, volte o prompt para **Select objects:**. Selecione **Add** ou A e o prompt volta a pedir **Select objects:**.

No painel **Modify** entre no comando **Move**.

`Command:` Move.
`Select objects:` P1 (selecione alguma entidade).
`Select objects:` P2 (selecione outra entidade).
`Select objects:` P3 (selecione outra entidade).
`Select objects:` r.
`Remove objects:` P4 (escolha uma das entidades selecionadas).

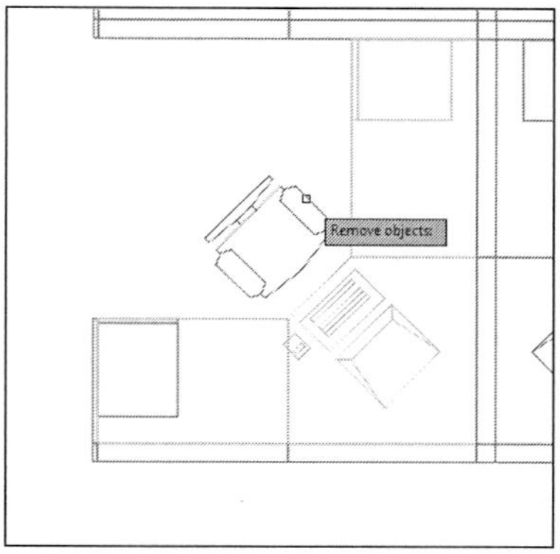

Figura 5.11 Remoção de entidades selecionadas.

5.1.10 Criação de Objetos com Base em Objetos Existentes

A ferramenta **Add Selected** permite que rapidamente se criem objetos a partir da seleção de um objeto no desenho. Por exemplo, se ao usar a ferramenta **Add Selected** você selecionar uma polilinha, o AutoCAD entra no comando **Pline** com as propriedades básicas desse objeto, tais como **layer, color, linetype, linetype scale, plotstyle, lineweight, transparency** e **material** vindas do objeto selecionado. Selecione uma linha, texto, arco, círculo, qualquer objeto, clique com o botão direito do mouse e selecione **Add Selected**, em seguida o AutoCAD entra no comando do objeto selecionado com as mesmas propriedades dele; neste exemplo, arco.

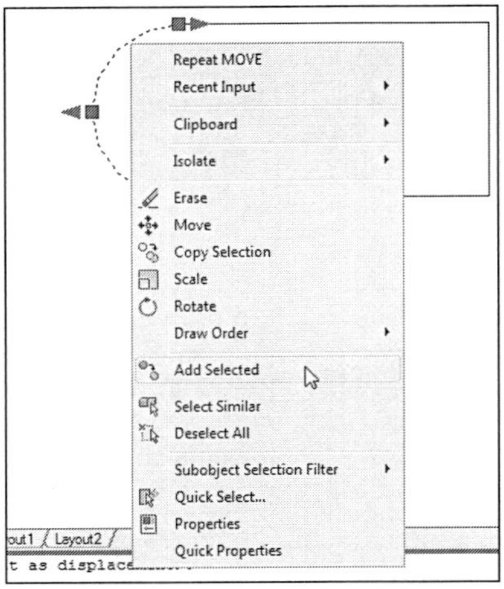

Figura 5.12 Ferramenta Add Selected.

5.2 Comandos de Edição

Os comandos de edição encontram-se no painel **Modify** da aba **Home** e no menu superior **Modify**, se ele estiver habilitado (Figura 5.13) Eles também podem ser acessados pelo teclado ao se digitar o nome do comando.

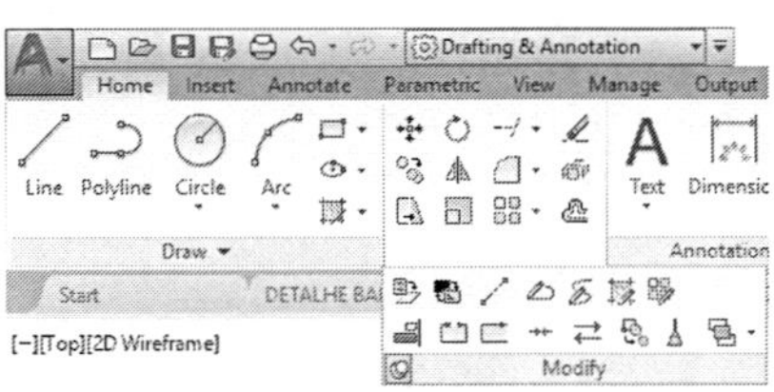

Figura 5.13 Painel Modify.

5.2.1 Comando Erase

O comando **Erase** apaga objetos do desenho.

No painel **Modify** entre no comando **Erase**.

`Command:` Erase.
`Select objects:` P1.
`Specify opposite corner:` P2.
`Select objects:` <ENTER>.

No prompt **Select objects:** selecionam-se os objetos a serem apagados por uma das opções de seleção de objetos vistas anteriormente.

5.2.2 Comando Move

Esse comando move os objetos já desenhados de uma posição para outra no desenho.

No painel **Modify** entre no comando **Move**.

`Command:` Move.
`Select objects:` P1.
`Specify opposite corner:` P2.
`Select objects:` <ENTER>.
`Specify base point or [Displacement] < Displacement >:` especifique o ponto base P3.
`Second point of displacement or <use first point as displacement>:` entre com o ponto para o qual deseja mover P4.

No prompt **Select objects:** use um dos modos de seleção. Em seguida, pede-se o ponto base, ou seja, uma referência de onde o desenho vai ficar preso ao cursor. É possível entrar com qualquer ponto, de preferência perto ou em cima do desenho, ou usar o **Osnap**.

Solicita-se o segundo ponto para o qual o desenho deve ir. Entre com outro ponto em qualquer lugar na tela ou use o **Osnap** se quiser mover para um ponto conhecido em outra entidade. A figura é levada de um ponto a outro e os pontos de referência são os que você marcou. Uma imagem da figura original é mantida até que se marque o segundo ponto.

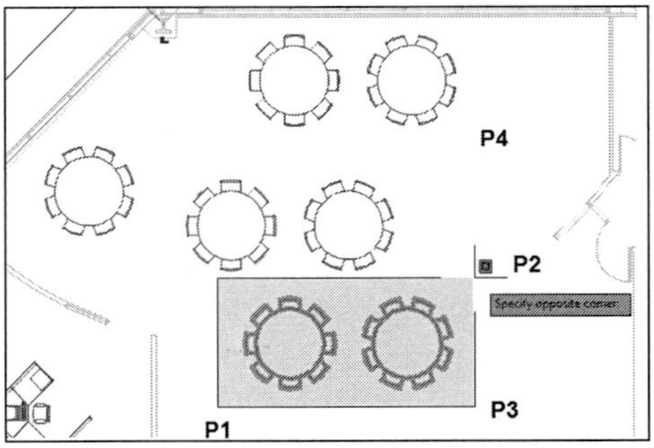

Figura 5.14 Comando Move.

5.2.3 Comando Copy

O comando **Copy** copia objetos já desenhados. No prompt **Select objects:** escolha um dos métodos de seleção. Pressione <ENTER> e o AutoCAD pede para informar o ponto base.

No painel **Modify** entre no comando **Copy**.

```
Command: Copy.
Select objects: Pl.
Specify opposite corner: P2.
Select objects: <ENTER>.
Specify base point or [Displacement/mOde]
< Displacement>: especifique o ponto base P3.
Specify second point or [Array]<use
first point as displacement>: entre com o
ponto para o qual deseja copiar P4.
Specify second point or: P5.
Specify second point or [Array/Exit/
Undo] <Exit>: <ENTER>.
```

O comando **Copy** repete a cópia do objeto até que você tecle <ENTER> para encerrar as cópias. No exemplo da Figura 5.15, o ponto P4 se refere à segunda cópia do objeto.

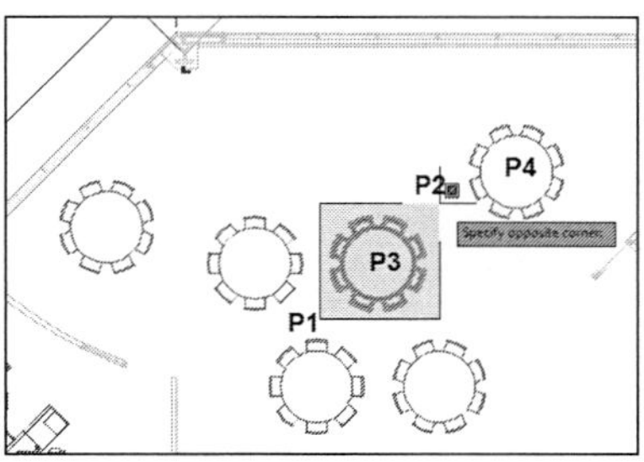

Figura 5.15 Comando Copy.

A opção **Array** entre colchetes permite fazer uma cópia múltipla de elementos alinhados ortogonalmente ou não, sendo possível definir a distância entre eles. Selecionando-se **Array**, surge o seguinte prompt:

```
Command: Copy.
Select objects: Pl.
Specify opposite corner: P2.
Select objects: <ENTER>.
Current settings: Copy mode = Multiple.
Specify base point or [Displacement/
mOde] <Displacement>: P3.
Specify second point or [Array] <use
first point as displacement>: A.
Enter number of itens to Array: 5.
Specify second point or Fit: P4 (define a
distância entre os elementos).
Specify second point or [Array]:
<ENTER>.
Specify second point or [Array/Exit/
Undo] <Exit>: <ENTER>.
```

A Figura 5.16 exibe as várias possibilidades do **Array**, conforme os pontos definidos.

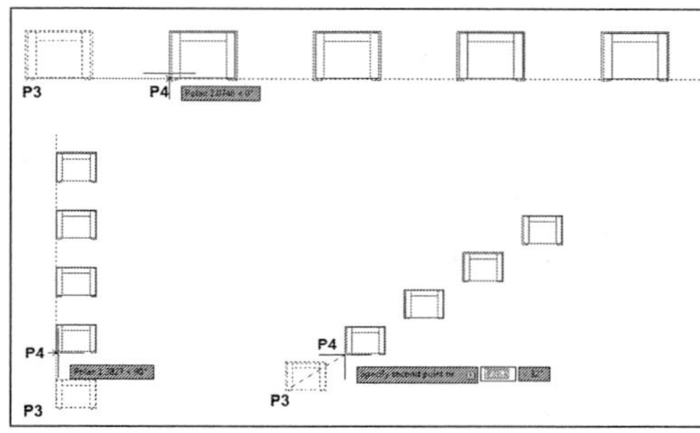

Figura 5.16 Comando Copy com Array.

5.2.4 Comando Rotate

O comando **Rotate** rotaciona objetos que já foram desenhados.

No painel **Modify** entre no comando **Rotate**.

```
Command: Rotate.
Select objects: P1.
Specify opposite corner: P2.
Select objects: <ENTER>.
Specify base point: P3.
Specify rotation angle or [Copy/
Reference] <0>: 30<ENTER>.
```

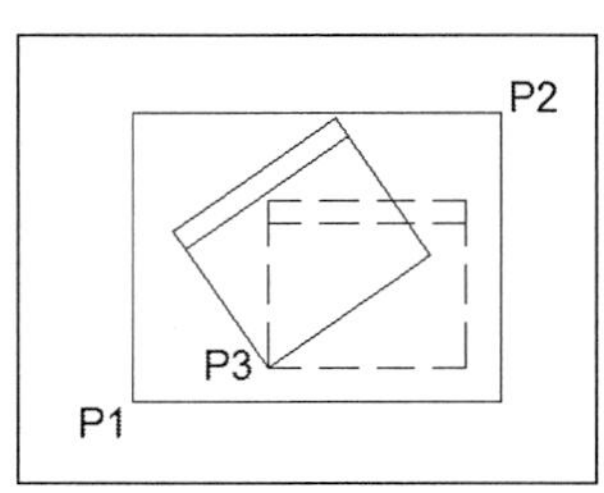

Figura 5.17 Comando Rotate.

Após selecionar os objetos, tecle <ENTER> e o AutoCAD pede um ponto base, que é uma referência por onde será feita a rotação. Marque um ponto qualquer, de preferência no desenho, utilizando **Osnap** (**endpoint**, **intersection** etc.). Finalmente, dê o ângulo de rotação para os objetos.

Esse ângulo solicitado é sempre somado ao ângulo anterior. Por exemplo, se uma figura foi rotacionada 20 graus e depois 15 graus em relação a zero, ela fica rotacionada 35 graus.

Suponha que uma figura esteja rotacionada 15 graus e é preciso deixá-la a 90 graus. Se entrar com 90, ele soma esse ângulo aos 15; é possível rotacionar 75 graus, ou usar a opção **Reference** que é dada ao se pedir o ponto base. Essa opção permite entrar com um ângulo de referência e depois com o ângulo desejado.

Muitos comandos do AutoCAD têm mais de uma opção. Quando isso acontece, a opção default é sempre a solicitada. Para escolher outra opção, digite seta para baixo ao ver o sinal, como indica a Figura 5.18.

Nesse caso, o default consiste em entrar com o ângulo de rotação. Em vez de entrar com o ângulo, vamos usar outra opção.

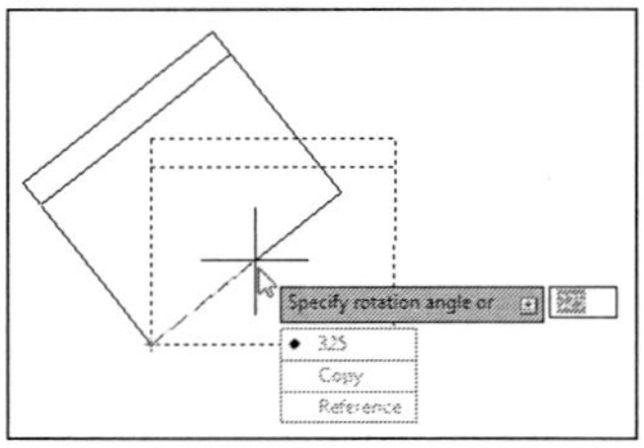

Figura 5.18 Sinal de botão de seta para baixo.

Para isso, digitamos seta para baixo e depois selecionamos com o mouse ou com a seta a opção **Reference**.

No painel **Modify** entre no comando **Rotate**.

`Command`: Rotate.
`Select objects`: P1.
`Specify opposite corner`: P2.
`Select objects`: <ENTER>.
`Specify base point`: P3.
`Specify rotation angle or`: seta para baixo até Reference.
`Specify the reference angle<0>`: 15.
`Specify new angle`: 90.

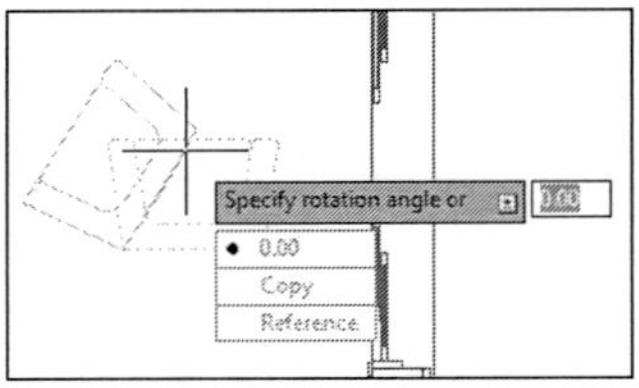

Figura 5.19 Opção Reference.

5.2.5 Comando Scale

O comando **Scale** altera o tamanho dos objetos. É possível dar um fator de escala para aumentar ou diminuir uma entidade.

No painel **Modify** entre no comando **Scale** (Figura 5.20).

`Command`: Scale.
`Select objects`: P1.
`Specify opposite corner`: P2.
`Select objects`: <ENTER>.
`Specify base point`: P3.
`Specify scale factor or [Copy/Reference]`: dê um fator de escala ou selecione uma das opções (Copy ou Reference).

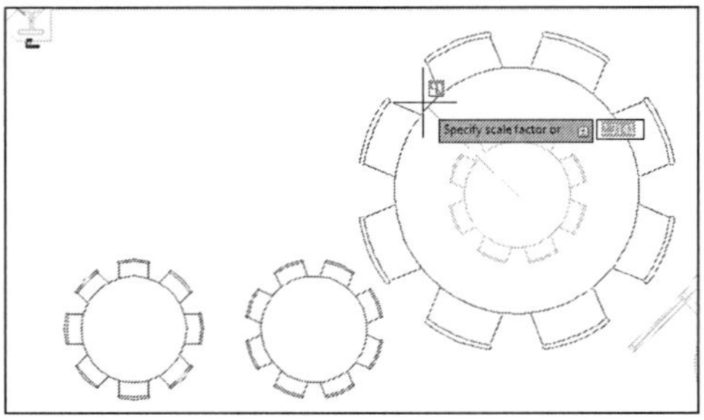

Figura 5.20 Comando Scale.

Quando o AutoCAD pede um fator de escala, entre com um valor maior que 1 para aumentar e menor que 1 para diminuir.

A opção **Reference** possibilita usar um comprimento de referência e todo o desenho se altera em relação ao comprimento de referência. Por exemplo, alterar uma linha com 1.87 unidade para ficar com duas unidades. A opção **Copy** faz a escala em uma cópia do objeto selecionado.

No painel **Modify** entre no comando **Scale**.

Command: Scale.
Select objects: P1.
Specify opposite corner: P2.
Select objects: <ENTER>.
Specify base point: P3.
Specify scale factor or: digite seta para baixo e selecione Reference.
Specify reference length <1>: 1.87.
Specify new length: 2.

5.2.6 Comando Trim

Esse comando corta linhas que se cruzam.

No painel **Modify** entre no comando **Trim**.

Command: Trim.
Current settings: Projection=UCS, Edge=None.
Select cutting edges ...
Select objects or <select all>: selecione todos os objetos P1 e P2.
Select objects: <ENTER>.
Select objects to trim or shift-select to extend or [Fence/Crossing/Project/Edge/eRase/Undo]: P3.
Select objects to trim or shift-select to extend or [Fence/Crossing/Project/Edge/eRase/Undo]: P4.
Select objects to trim or shift-select to extend or [Fence/Crossing/Project/Edge/eRase/Undo]: P5.
Select objects to trim or shift-select to extend or [Fence/Crossing/Project/Edge/eRase/Undo]: P6.
Select objects to trim or shift-select to extend or [Fence/Crossing/Project/Edge/eRase/Undo]: <ENTER>.

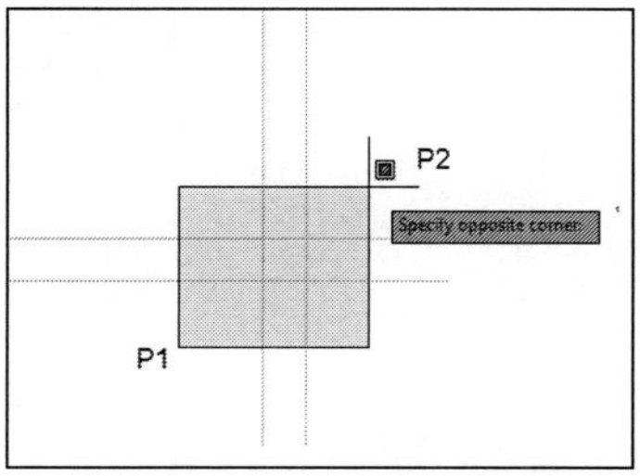

Figura 5.21 Comando Trim - seleção.

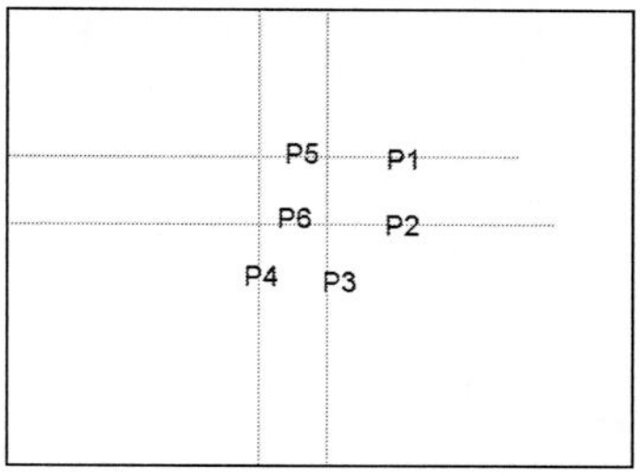

Figura 5.22 Linha a cortar -.

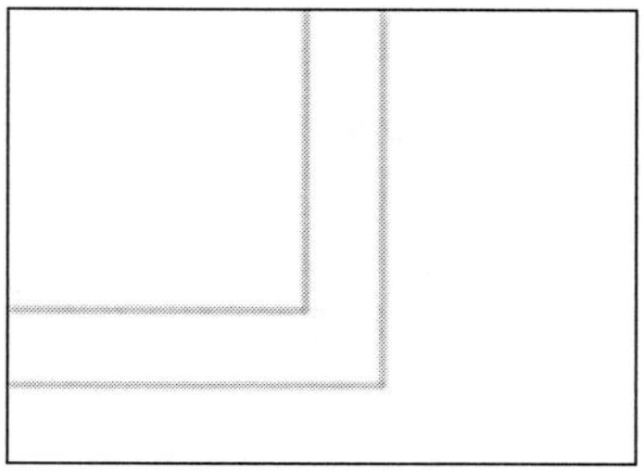

Figura 5.23 Resultado.

A opção **Undo** reverte a última ação do comando **Trim** quando o resultado não for o esperado.

5.2.7 Comando Mirror

Faz o espelhamento de uma figura. Quando um desenho é simétrico, é possível desenhar só a metade e depois espelhar.

No painel **Modify** entre no comando **Mirror**.

Command: Mirror.
Select objects: P1.
Specify opposite corner: P2.
Select objects: <ENTER>.
Specify first point of mirror line: P3 (selecione o ponto médio da linha).
Specify second point of mirror line: P4 (selecione o ponto médio da linha).
Delete source objects>[Yes/No] <N>: deseja apagar o desenho original? <ENTER>.

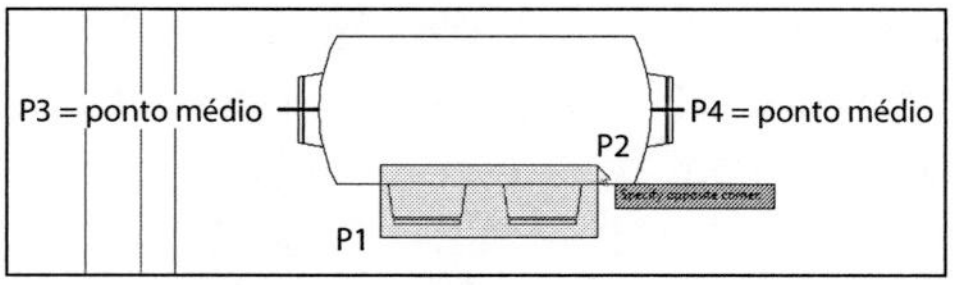

Figura 5.24 Comando Mirror.

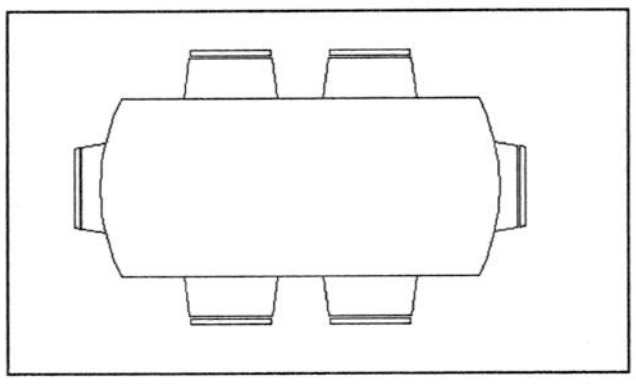

Figura 5.25 Comando Mirror - resultado.

5.2.8 Comando Stretch

Esse comando estica ou encurta uma figura como se ela fosse um elástico. Se for preciso aumentar um desenho apenas em um sentido, é possível esticá-lo.

Nesse comando, utilize somente a opção **Crossing** para selecionar os objetos, como na Figura 5.26.

No painel **Modify** entre no comando **Stretch**.

```
Command: Stretch.
Select objects to stretch by crossing-
window or crossing-polygon...
Select objects: P1.
Specify opposite corner: P2.
Select objects: <ENTER>.
Specify base point of displacement: P3.
Specify second point of displacement <or
use first point as displacement>: P4.
```

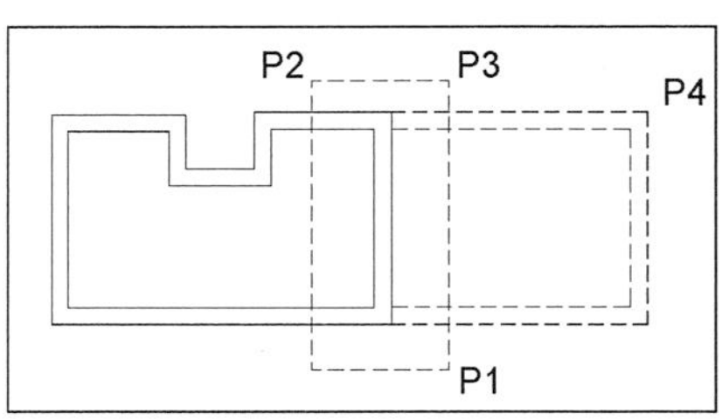

Figura 5.26 Comando Stretch.

5.2.9 Comando Array

O comando **Array** faz cópias ordenadas de uma figura tanto em uma organização ortogonal (linhas e colunas) como circular, ou seguindo um caminho definido por uma curva. É possível ainda fazer cópias no eixo Z, ou seja, gerar objetos em outros níveis acima do nível 0 (Z = 0). Há três tipos de **Array**, sendo **Rectangular**, **Polar** e **Path**.

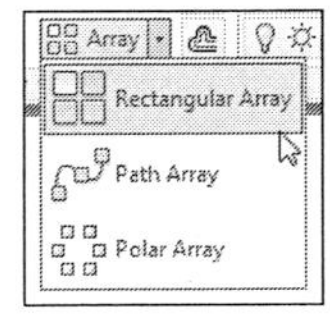

Figura 5.27 Opções de Array.

Rectangular Array

O **Array** pode ser associativo ou não. Isso significa que, se ele for associativo, todos os objetos gerados na cópia fazem parte de um conjunto, ou seja, serão manipulados posteriormente todos de uma só vez. Se o **Array** não for associativo, os objetos gerados são independentes uns dos outros e podem ser editados separadamente. No painel **Modify**, entre no comando **Rectangular Array** e siga os passos na linha de comandos, conforme descrito a seguir. Se preferir, abra o arquivo **exemplo_array** que pode ser baixado do site da editora.

```
Command: _arrayrect
Select objects: selecione o objeto
Select objects: <ENTER>
Type = Rectangular  Associative = Yes
Select grip to edit array
or[ASsociative/Basepoint/COUnt/Spacing/
COLumns/Rows/Levels/eXit]<eXit>:
```

Neste ponto, depois de selecionar o objeto, é gerado um **Array** retangular imediatamente em três linhas por quatro colunas, conforme indica a Figura 5.28.

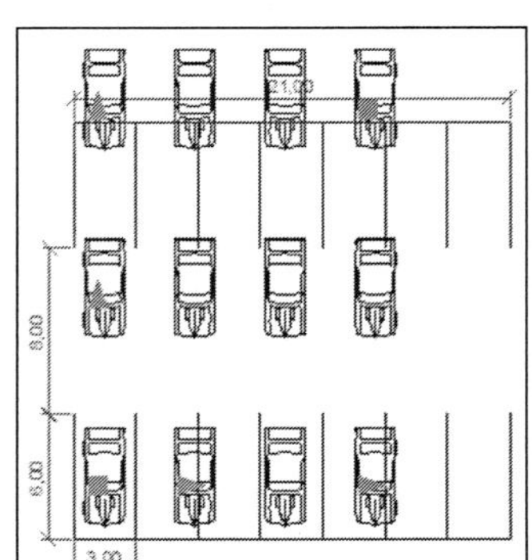

Figura 5.28 Seleção da entidade e "preview" do Array.

Grips multifuncionais nos objetos do **Array** permitem a edição dinâmica de cada tipo de **Array** (**Retangular**, **Polar** ou **Path**), sendo possível controlar o número de linhas e colunas, e a distância entre elas, com os **Grips** ou pelas opções na linha de comandos ou, ainda, pela interface da **Ribbon** de contexto que surge ao entrar no comando. A Figura 5.29 exibe a função de cada **Grip**.

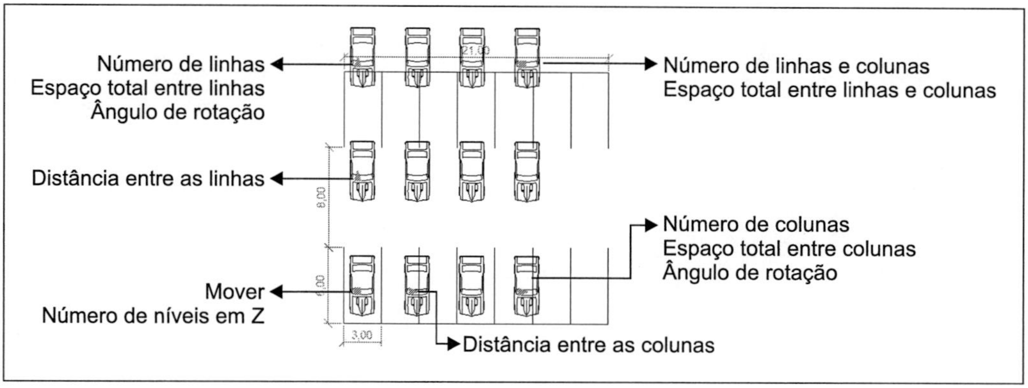

Figura 5.29 Grips multifuncionais.

Veremos a seguir como interagir usando os **Grips**.

Para preencher as vagas de estacionamento da Figura 5.30, precisamos de duas linhas e sete colunas, e a distância entre as colunas é de 3 metros e entre as linhas é de 14 metros. A referência do **Array** é o centro do objeto selecionado por padrão, mas isso pode ser alterado.

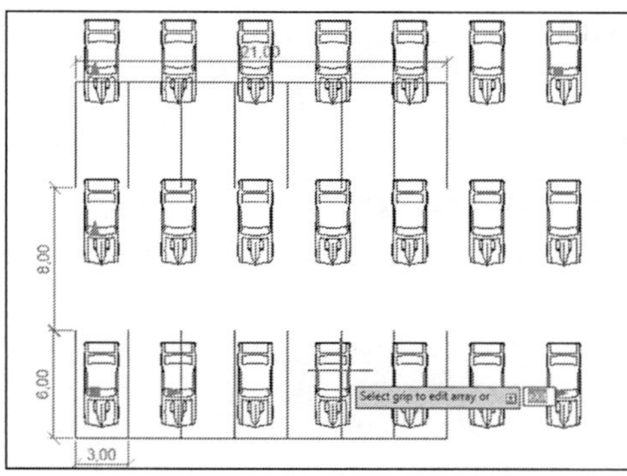

Figura 5.30 Criação de sete colunas.

- Clique no **Grip** de número de colunas e digite 7 (Figura 5.30).
- Clique no **Grip** de distância entre as colunas. Note que se abre uma caixa de edição; digite 3. A Figura 5.30 já está com a distância correta.
- Clique no Grip de número de linhas e digite 2. O número de linhas diminui para 2 (Figura 5.32).

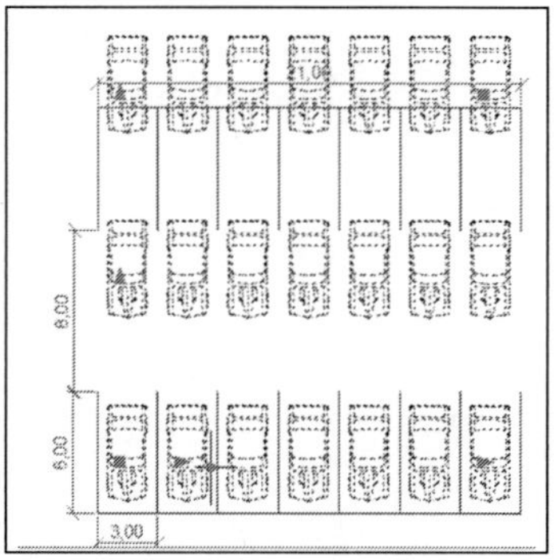

Figura 5.31 Definição da distância entre as colunas.

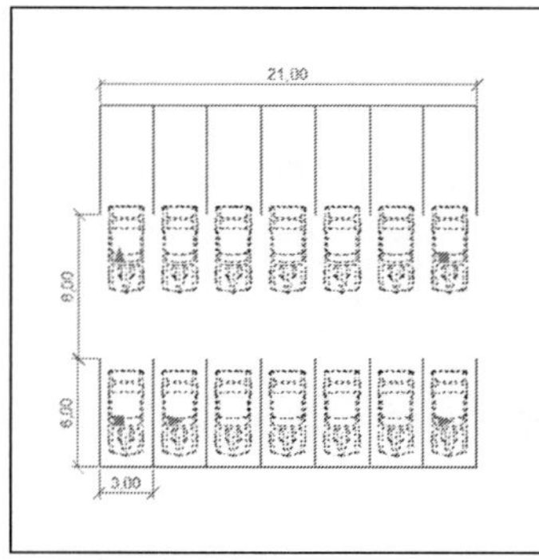

Figura 5.32 Definição do número de linhas.

- Clique no **Grip** de distância entre as linhas. Nesse caso, como temos somente duas linhas, surgem as opções disponíveis para o **Grip**. Selecione **Row Spacing** para distância entre as linhas e digite 14. Pronto! As cópias já estão criadas nas distâncias desejadas.

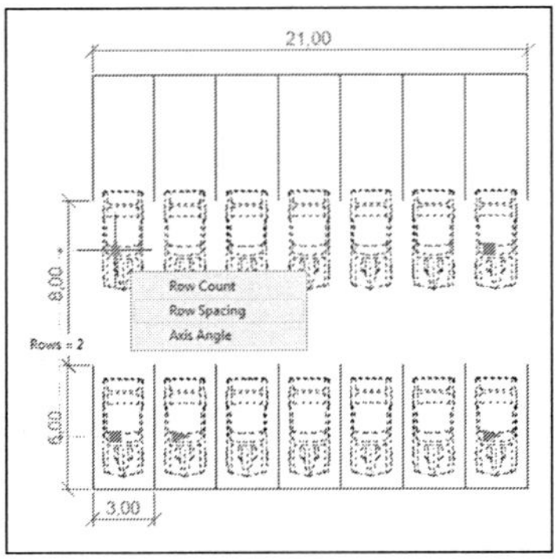

Figura 5.33 Definição da distância entre as linhas.

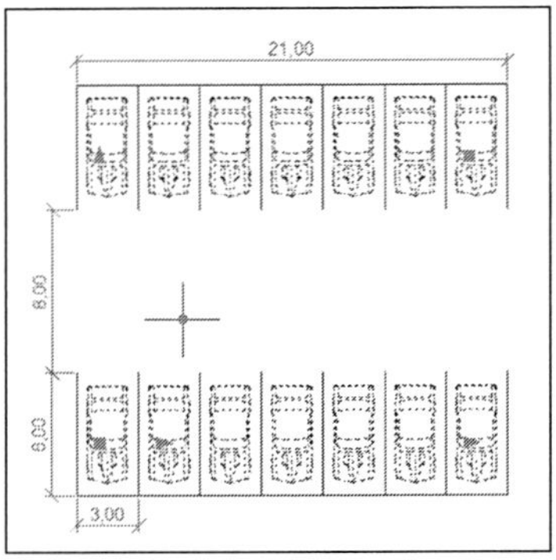

Figura 5.34 Resultado.

Para encerrar, clique no botão **Close Array** na **Ribbon**.

A interação com o comando é mais ágil quando se utilizam os **Grips**, mas você também pode fazer a interação pela linha de comandos, usando as seguintes opções:

```
Associative/Basepoint/COUnt/Spacing/COLumns/Rows/Levels/eXit
```

- **Associative:** determina se o **Array** será associativo ou não pela resposta à pergunta a seguir. Se for associativo, todos os objetos do **Array** são considerados um só elemento para manipulação. Se não for, os objetos gerados são independentes e podem ser manipulados separadamente. Por exemplo, você pode apagar um dos objetos.

```
Create associative array [Yes/No] <Yes>:
```

- **Basepoint:** permite mudar o ponto base do **Array** na pergunta seguinte. Se você selecionar **centroid**, que é a opção padrão, o ponto base é o centro do objeto. A opção **Key point** permite selecionar qualquer ponto no objeto como ponto base por meio de um ícone em vermelho que exibe o ponto selecionado.

```
Specify base point or [Key point] <centroid>:
```

- **Count:** permite definir o número de linhas e colunas por meio da interação seguinte:

```
Enter the number of columns or [Expression] <4>:
Enter the number of rows or [Expression] <3>:
```

- **Spacing:** define a distância entre as linhas e as colunas por meio da interação seguinte:

```
Specify the distance between columns or [Unit cell] <23.9443>:
Specify the distance between rows <36.2510>:
```

- **Columns:** permite definir o número de colunas e a distância entre colunas usando a interação seguinte:

```
Enter the number of columns or [Expression] <4>:
Specify the distance between columns or [Total/Expression] <3.0000>:
```

- **Rows:** indica o número de linhas e a distância entre elas por meio da interação seguinte:

```
Enter the number of rows or [Expression] <8>:
Specify the distance between rows or [Total/Expression] <14.0000>:
```

- **Levels:** permite definir o número de níveis no eixo Z e a distância entre os níveis por meio da interação seguinte:

```
Enter the number of levels or [Expression] <1>:
Specify the distance between levels or [Total/Expression] <1.0000>:
```

- **eXit:** encerra o comando.

Você pode usar a tecla <CTRL> para trocar de função dos **Grips**, passando por todas as opções. Selecione o **Grip**, em seguida pressione <CTRL> e note que são apresentadas outras funções para o **Grip** selecionado. No exemplo seguinte, selecionamos o **Grip** do canto inferior direito e pressionamos <CTRL> até que a opção **Specify axis angle** surgisse, como mostram as Figuras 5.35 e 5.36, permitindo dar uma inclinação ao **Array**.

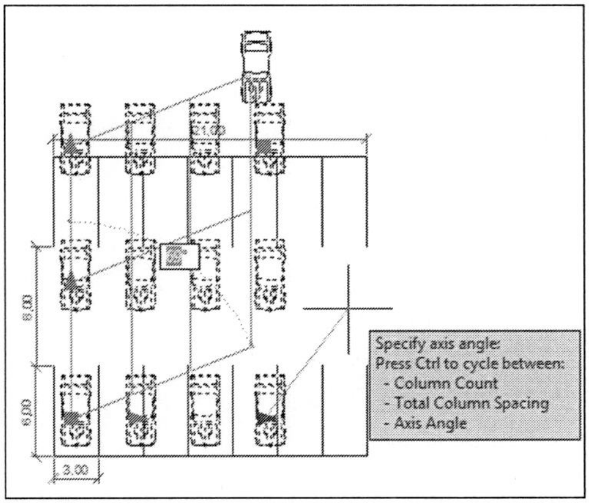

Figura 5.35 Seleção da opção Specify axis angle.

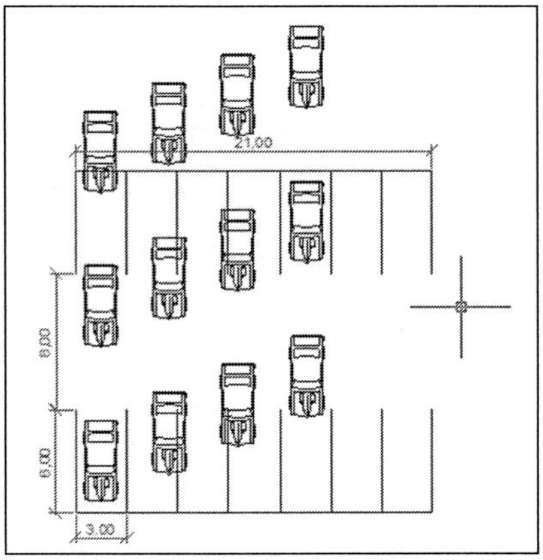

Figura 5.36 Resultado.

O **Array** também pode ser controlado pela **Ribbon** contextual exibida ao se entrar no comando, conforme Figura 5.37.

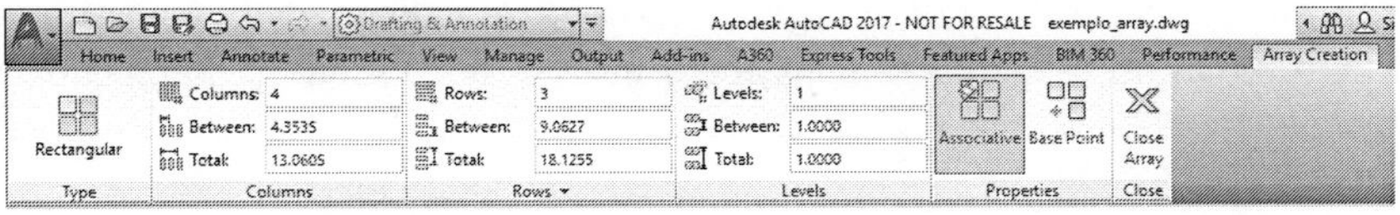

Figura 5.37 Ribbon contextual do comando Array.

- **Painel Columns:** configura número de colunas, distância entre as colunas e distância total.
- **Painel Rows:** configura número de linhas, distância entre as linhas e distância total.
- **Painel Levels:** configura número de níveis, distância entre os níveis e altura total.
- **Painel Properties:** permite selecionar se o **Array** será associativo ou não e redefinir o **Base Point**.

Depois de criar o **Array**, podemos editar e modificar as distâncias e a quantidade de itens pelos **Grips** ou pela aba contextual da **Ribbon**, como apresenta a Figura 5.38. Ao selecionar um dos itens do **Array**, ela é exibida.

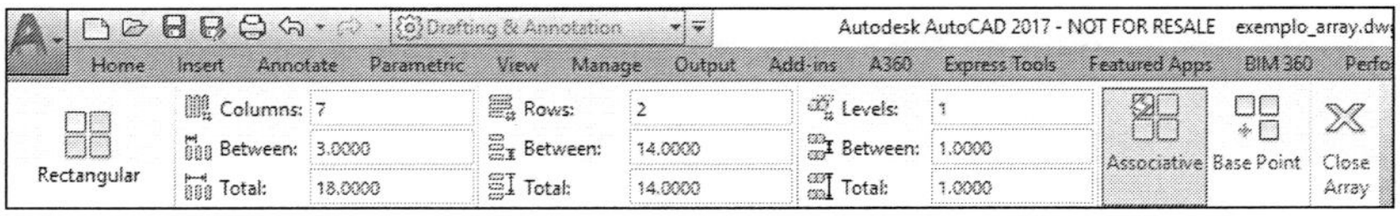

Figura 5.38 Aba contextual de edição do Array para o modo retangular.

As opções são:

- **Painel Columns:** referente às colunas.

  Botão 1: número de colunas

  Botão 2: distância entre as colunas

  Botão 3: distância total entre a primeira e a última coluna

- **Painel Rows:** referente às linhas.

  Botão 1: número de linhas

  Botão 2: distância entre as linhas

  Botão 3: distância total entre a primeira e a última linha

- **Painel Levels:** referente aos níveis para gerar cópias no eixo Z.

  Botão 1: número de níveis

  Botão 2: distância entre os níveis

  Botão 3: distância total entre o primeiro e o último nível

- **Base Point:** permite mudar o ponto base.
- **Edit Source:** seleciona o objeto e edita. Se o **Array** for associativo, todos os objetos são alterados da mesma forma; por exemplo, mudar a escala, rotacionar. Depois de editar devemos selecionar **Save Changes** na aba contextual para salvar e sair ou **Discard Changes** para descartar as alterações.
- **Reset Array:** essa opção desfaz o **Array** anterior.
- **Replace Item:** permite trocar um item por outro objeto. A Figura 5.39 apresenta o resultado da cópia de um mesmo veículo. Podemos editar e substituir um ou mais por outro modelo. O modelo deve estar inserido no desenho.

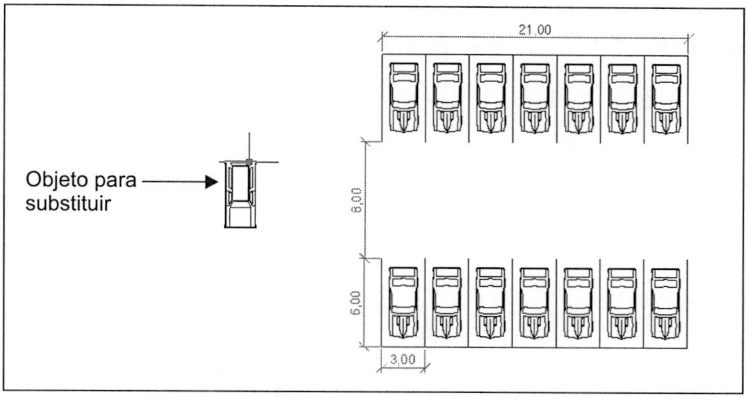

Figura 5.39 Substituição de itens.

Command: _arrayedit
Enter an option [Source/REPlace/Base point/Rows/Columns/Levels/RESet/eXit] <eXit>: _rep
Select replacement objects: selecione o objeto que vai substituir os outros.
Select replacement objects: <ENTER>
Select base point of replacement objects or [Key Point] <centroid>: marque o ponto base.
Select an item in the array to replace or [Source objects]: selecione um item para ser substituído.
Select an item in the array to replace or [Source objects]: selecione outro item.
Select an item in the array to replace or [Source objects]: <ENTER>
Enter an option [Source/REPlace/Base point/Rows/Columns/Levels/RESet/eXit] <eXit>: <ENTER>

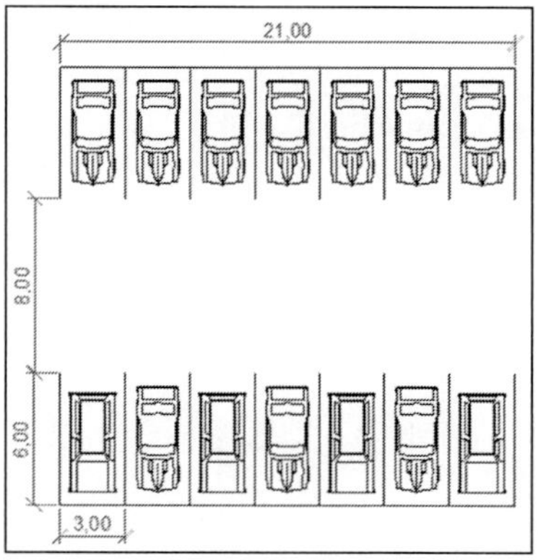

Figura 5.40 Resultado após a substituição.

Ao selecionarmos um item do **Array**, surgem os **Grips** no conjunto. Podemos editar as linhas e colunas com os **Grips** da mesma forma usada para criar o **Array**.

Polar Array

O **Array** polar faz a cópia de uma matriz em volta de um ponto que pode ser qualquer um ou um ponto conhecido, por exemplo, o centro de um círculo. Nesse caso, use o **Osnap**. O número de itens inclui o desenho original. O ângulo pode ser qualquer um e o default é 360 graus.

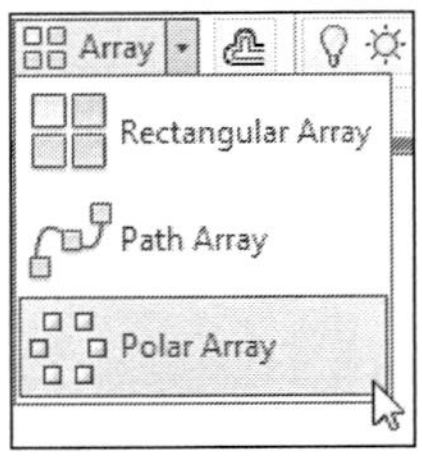

Figura 5.41 Polar Array.

```
Command: _arraypolar
Select objects: selecione um objeto, neste exemplo a cadeira.
Select objects: <ENTER>
Type = Polar  Associative = Yes
Specify center point of array or [Base point/Axis of rotation]: clique no centro do círculo P1.
Select grip to edit array or [ASsociative/Base point/Items/Angle between/Fill angle/ROWs/Levels/Rotate items/eXit<eXit>:
```

No **Array Polar** os objetos são exibidos imediatamente depois que você marca o centro, num padrão circular com seis unidades. Em seguida, da mesma forma que no **Array Retangular**, os **Grips** são exibidos e podemos alterar a quantidade de itens e o ângulo entre os itens (Figuras 5.42 e 5.43).

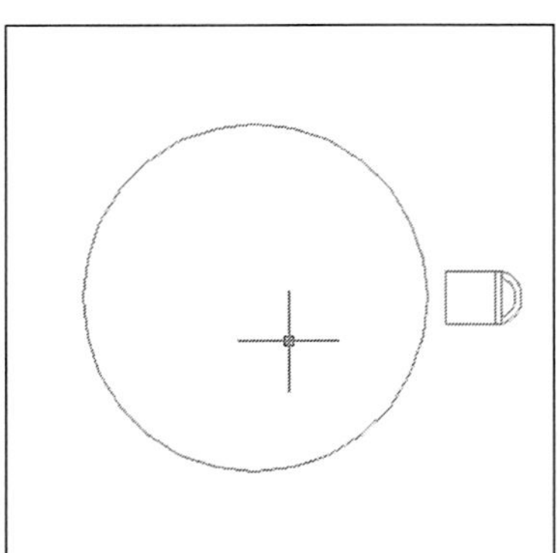

Figura 5.42 Figura original.

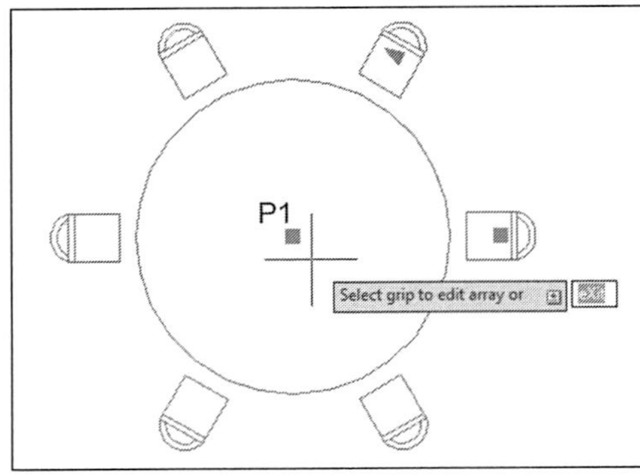

Figura 5.43 Resultado após a seleção do centro.

Ao clicar nos **Grips**, podemos alterar o raio, o ângulo entre os itens, o número total de itens e o ângulo para preencher ou mover o conjunto, conforme a Figura 5.44. Pressionando-se <CTRL>, o **Grip** também muda de função, de acordo com o **Grip** selecionado.

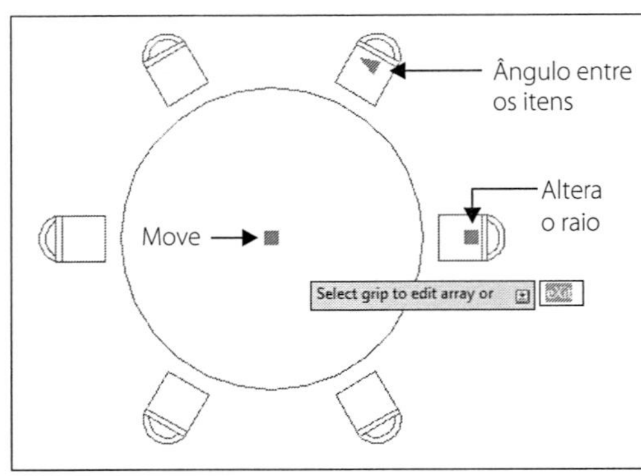

Figura 5.44 Grips do Array Polar.

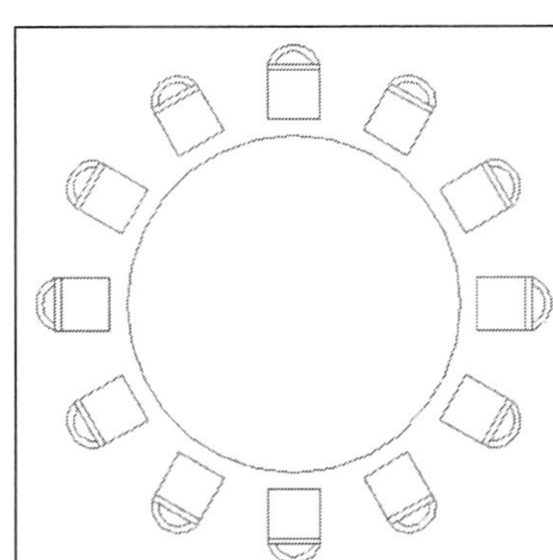

Figura 5.45 Resultado após especificar 12 itens.

Pela linha de comandos ou pela **Ribbon** de contexto também podemos definir as quantidades, os ângulos e o número de linhas conforme a interação seguinte:

```
Associative/Base point/Items/Angle
between/Fill angle/ROWs/Levels/Rotate
items/eXit<eXit>:
```

- **Associative:** determina se o **Array** será associativo ou não pela resposta à pergunta seguinte. Se for associativo, todos os objetos do **Array** são considerados um só elemento para manipulação. Se não for, os objetos gerados são independentes e podem ser manipulados separadamente. Por exemplo, você pode apagar um dos objetos.

```
Create associative array [Yes/No]
<Yes>:
```

- **Basepoint:** permite mudar o ponto base do **Array** na pergunta a seguir. Se você selecionar **centroid**, que é a opção padrão, o ponto base é o centro do objeto. A opção **Key point** permite selecionar qualquer ponto no objeto como ponto base por meio de um ícone em vermelho que exibe o ponto selecionado.

```
Specify base point or [Key point]
<centroid>:
```

- **Items:** define o número de itens.

```
Enter number of items in array or
[Expression] <6>:
```

- **Angle between:** define o ângulo entre os itens.

```
Specify angle between items or
[EXpression] <60>:
```

- **Fill angle:** indica o ângulo a preencher.

```
Specify the angle to fill (+=ccw,
-=cw) or [EXpression] <360>:
```

- **ROWs:** define o número de linhas e a distância entre elas.

```
Enter the number of rows or
[Expression] <1>:
Specify the distance between rows or
[Total/Expression] <0.6000>:
```

- **Levels:** define o número de níveis no eixo Z e a distância entre eles.

```
Enter the number of levels or
[Expression] <1>:
Specify the distance between levels
or [Total/Expression] <0.6000>:
```

- **Rotate items:** indica se os itens serão rotacionados; na maioria dos casos, eles são rotacionados.

```
Rotate arrayed items? [Yes/No]
<Yes>:
```

- **eXit:** encerra o comando.

Pela **Ribbon** temos a interface da Figura 5.46 com as mesmas funções, de forma que você pode usar os **Grips**, linhas de comandos ou definir os parâmetros, inserindo-os nas caixas disponíveis na interface.

Depois de criar o **Array**, da mesma forma que na opção anterior, podemos editar e modificar os ângulos e a quantidade de itens pelos **Grips** ou pela aba contextual da **Ribbon**, conforme a Figura 5.47 Selecionando-se um dos itens do **Array**, ela é exibida.

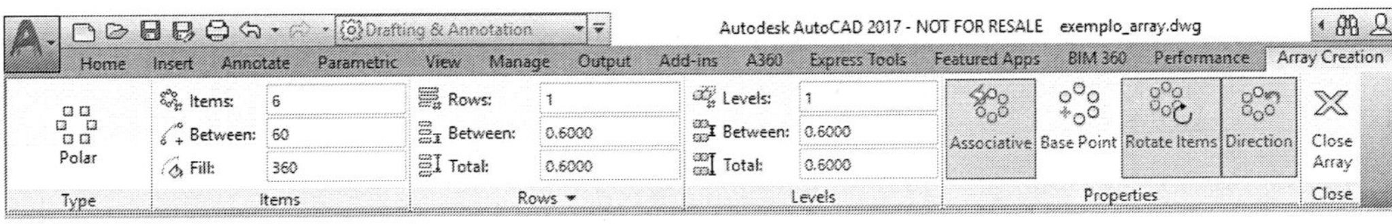

Figura 5.46 Ribbon contextual do Array Polar.

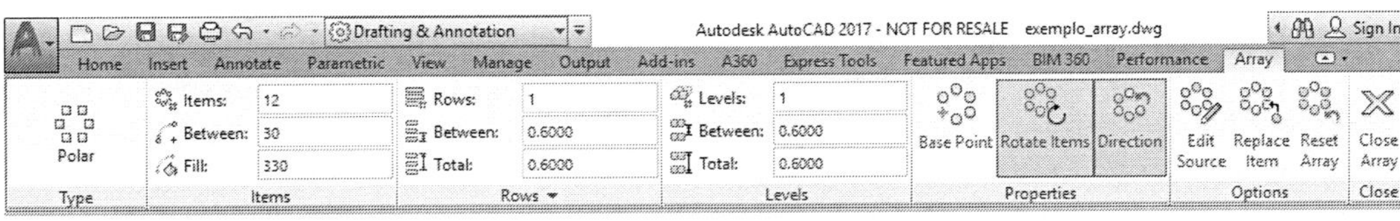

Figura 5.47 Aba contextual de edição do Array para o modo polar.

- **Painel Items:** referente ao número de itens.

  Botão 1: número de itens

  Botão 2: ângulo entre os itens

  Botão 3: ângulo total a preencher

No exemplo da Figura 5.48, mudamos o ângulo a preencher para 180 graus. Veja o resultado.

- **Painel Items:** referente ao número de linhas.

  Botão 1: número de linhas

  Botão 2: distância entre as linhas

  Botão 3: distância total entre as linhas

No exemplo da Figura 5.49, mudamos o número de linhas para 2. Observe o resultado.

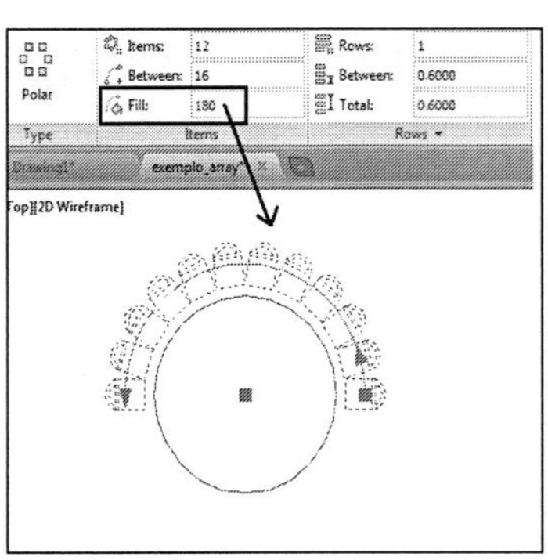

Figura 5.48 Array com ângulo total de 180 graus.

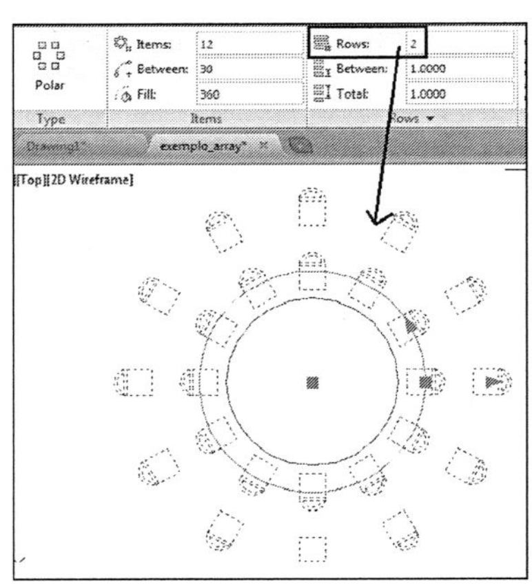

Figura 5.49 Array com duas linhas.

- **Rotate Items:** essa opção é ligada por padrão e rotaciona os itens. Caso ela seja desligada, o resultado é o da Figura 5.50, isto é, os objetos são desenhados sempre na mesma posição.

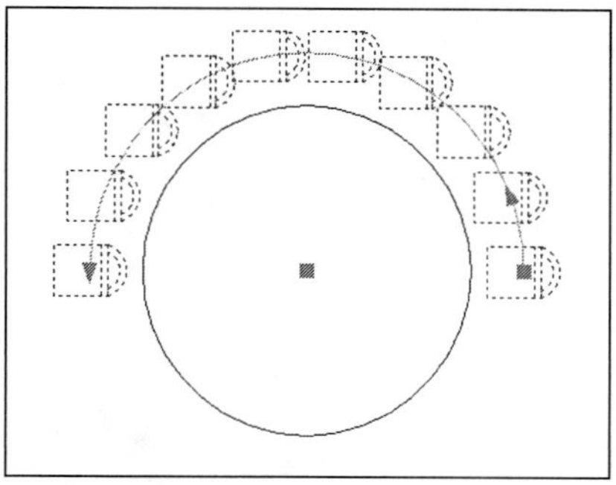

Figura 5.50 Array com duas linhas.

Path Array

O **Path Array** faz a cópia de uma matriz ao longo de um caminho, que pode ser uma polilinha, arco, spline ou linha. O número de itens inclui o desenho original. No exemplo a seguir copiamos uma árvore ao longo de uma calçada.

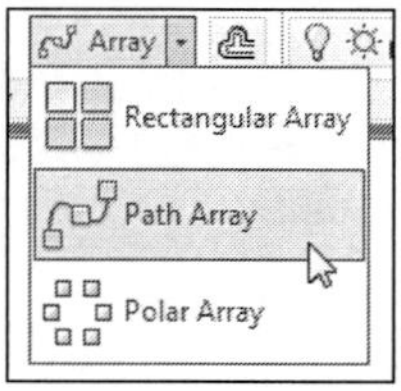

Figura 5.51 Path Array.

```
Command: ARRAYPATH
Select objects: 1 found
Select objects:
Type = Path  Associative = Yes
Select path curve:
ASsociative/Method/Base point/Tangent
direction/Items/ /Rows/Levels/Align
Itens/Z  direction /eXit<eXit>:
```

Nesse tipo de **Array**, depois de selecionar os objetos e um caminho para o **Path Array**, os objetos são exibidos uniformemente, imediatamente ao longo do caminho, e os **Grips** permitem a edição da mesma forma que os outros tipos de **Array**.

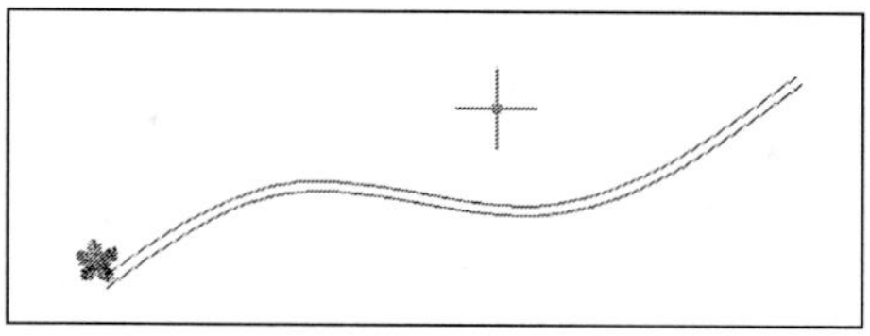

Figura 5.52 Figura original.

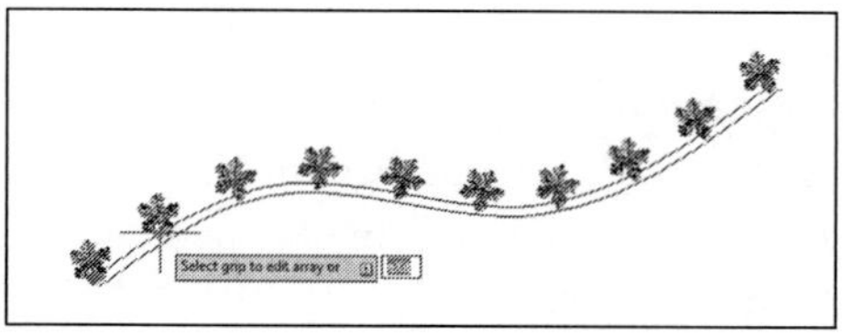

Figura 5.53 Resultado.

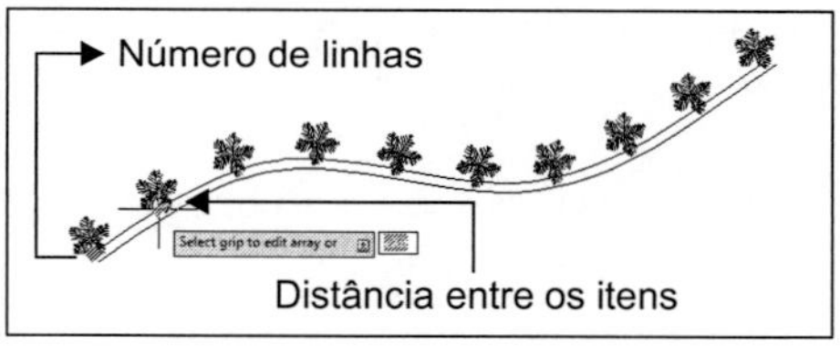

Figura 5.54 Grips multifuncionais.

Pela linha de comandos ou pela **Ribbon** de contexto também podemos definir as quantidades, ângulos e o número de linhas, conforme a interação seguinte:

```
ASsociative/Method/Base point/Tangent
direction/Items/ /Rows/Levels/Align
Itens/Z  direction /eXit<eXit>:
```

- **Associative:** determina se o **Array** será associativo ou não pela resposta à pergunta a seguir. Se for associativo, todos os objetos do **Array** são considerados um só elemento para manipulação. Se não for, os objetos gerados são independentes e podem ser manipulados separadamente. Por exemplo, você pode apagar um dos objetos.

```
Create associative array [Yes/No]
<Yes>:
```

- **Method:** define se o método será **Divide** ou **Measure**. Pelo método **Measure** o número de objetos e a distância entre eles não mudam; pelo método **Divide** a distância entre os objetos é dividida ao longo da curva.

```
Enter path method [Divide/Measure]
<Measure>:
```

- **Basepoint:** permite mudar o ponto base do **Array** na pergunta seguinte. Se você selecionar **end of path curve**, que é a opção padrão, o ponto base é o final da curva. A opção **Key point** permite selecionar qualquer ponto no objeto como ponto base por meio de um ícone em vermelho que exibe o ponto selecionado.

```
Specify base point or [Key point]
<end of path curve>:
```

- **Tangent direction:** permite definir a direção da curva pela direção de um ponto tangente a ela mediante a interação seguinte, em que indicamos dois pontos.

```
Specify first point of tangent
direction vector or [Normal]:
Specify second point of tangent
direction vector:
```

- **Items:** define o número de itens e a distância entre eles, conforme a interação seguinte:

```
Specify the distance between items
along path or [Expression] <5.5211>:
Maximum items = 9
Specify number of items or [Fill
entire path/Expression] <9>:
```

- **Rows:** determina o número de linhas, a distância entre elas e a elevação entre as linhas, conforme a interação seguinte:

```
Enter the number of rows or
[Expression] <1>: 2
Specify the distance between rows or
[Total/Expression] <10.4034>: 6
Specify the incrementing elevation
between rows or [Expression]
<0.0000>
```

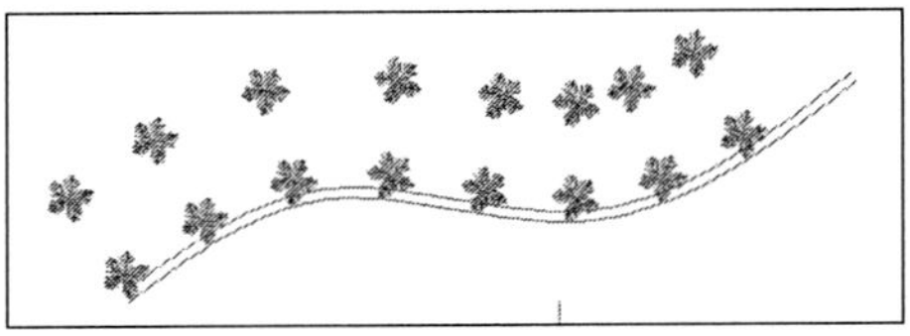

Figura 5.55 Array com dois níveis.

- **Levels:** permite definir o número de níveis no eixo Z e a distância entre eles, conforme a interação seguinte:

```
Enter the number of levels or
[Expression] <1>:
Specify the distance between levels
or [Total/Expression] <1.0000>:
```

- **Align Item:** indica se os itens estarão alinhados na cópia, conforme a interação seguinte:

```
Align arrayed items to path? [Yes/
No] <Yes>
```

- **Z direction:** define se os itens terão a mesma direção no eixo Z.

```
Maintain Z direction for all items
in the array? [Yes/No] <Yes>:
```

- **eXit:** encerra o comando.

Pela **Ribbon** temos a interface da Figura 5.56 com as mesmas funções, de forma que você pode usar os **Grips**, linhas de comandos ou definir os parâmetros, inserindo-os nas caixas da interface.

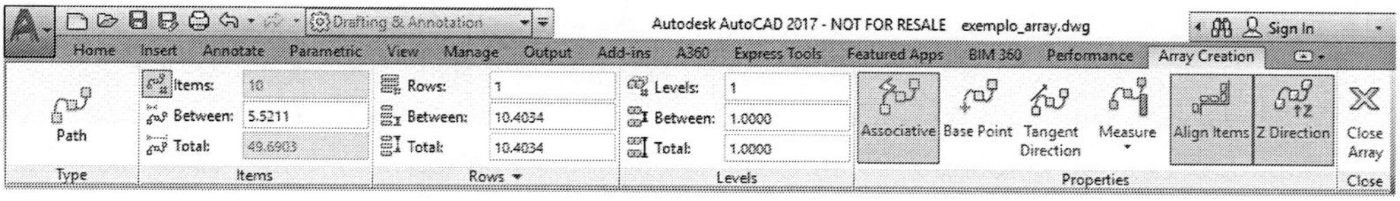

Figura 5.56 Ribbon contextual do Path Array.

Depois de criar o **Array**, ao selecionar um dos objetos, surge uma aba contextual semelhante às outras para edição.

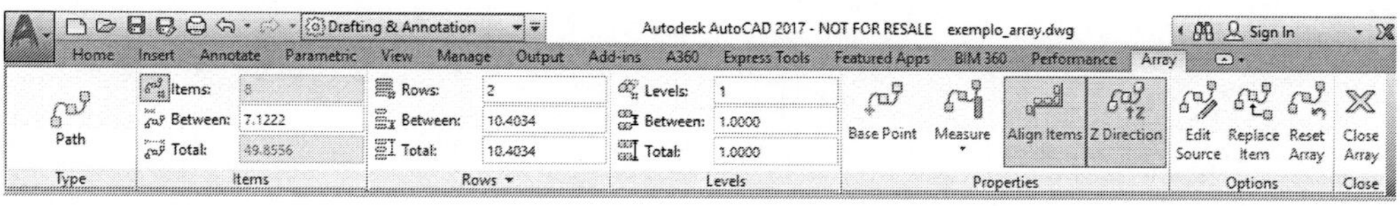

Figura 5.57 Aba contextual de edição do Path Array.

- **Divide:** nessa opção o **Array** é determinado pelo número de objetos e pelo comprimento do caminho. Por exemplo, se temos 50 objetos, ele os distribui com distâncias iguais ao longo do caminho.
- **Measure:** o número de objetos e o espaço entre eles não mudam e a distância entre os objetos é sempre mantida igual.
- **Align Items:** alinha os itens ao caminho.

No **Path Array**, se houver mudança na curva, o **Array** acompanha. Selecionamos a curva e editamos com os **Grips**, conforme indica a Figura 5.58.

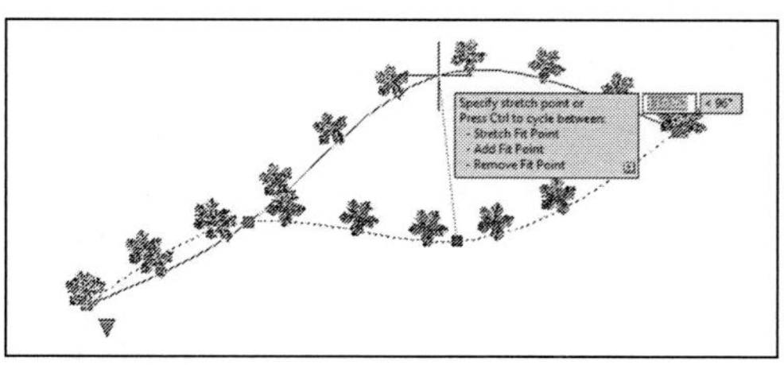

Figura 5.58 Seleção da curva com os Grips.

Figura 5.59 Resultado após a edição da curva.

5.2.10 Comando Break 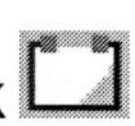

O comando **Break** abre um vão em uma linha, polilinha ou arco.

No painel **Modify** entre no comando **Break**.

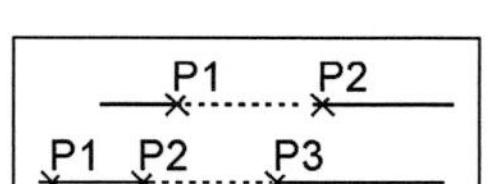

Figura 5.60 Comando Break.

Command: Break.
Select objects: P1.
Specify second point or: P2.

Ou:

Command: Break.
Select objects: P1.
Specify second break point or: seta para baixo: First point.
Specify first break point: P2.
Specify second break point or: P3.

Esse comando oferece duas opções para apagar parte de uma linha. No primeiro exemplo, o ponto usado para selecionar a linha já é considerado o primeiro ponto da quebra, portanto insira o segundo ponto. No segundo exemplo, o primeiro ponto só seleciona a linha, então insira os outros pontos. Para entrar com uma distância conhecida de três unidades entre os pontos, use as coordenadas relativas ou polares, como no exemplo:

Command: Break.
Select objects: P1.
Specify second point or: First.
Specify first break point or: P2.
Specify second break point or: @3<0.

Outra opção é fazer um corte em uma linha para dividi-la em dois segmentos. Nesse caso, clique no botão do ícone . Ao terminar, note que a linha se divide. Experimente movê-la.

Command: Break.
Select objects: P1.
Specify first break point or: P2.

5.2.11 Comando Extend

O comando **Extend** estende uma linha, polilinha ou arco até outra linha.

No painel **Modify** entre no comando **Extend**.

Command: Extend.
Select objects boundary edges...: P1.
Select objects or <select all>: <ENTER>.
Select object to extend or shift-select to trim or [Fence/Crossing/Project/Edge/Undo]: P2.
Select object to extend or shift select to trim or [Fence/Crossing/Project/Edge/Undo]: P3.
Select object to extend or shift select to trim or [Fence/Crossing/ Project/Edge/Undo]:<ENTER>.

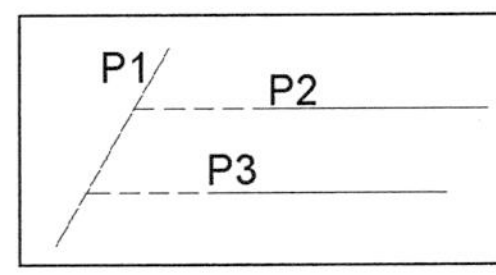

Figura 5.61 Comando Extend.

Selecionam-se duas linhas. A primeira é a linha até a qual a outra linha será estendida, e a segunda é a linha a ser estendida. A seleção deve ser nessa ordem; caso contrário, não funciona. É possível também selecionar todas as linhas de uma só vez e depois marcar as que serão estendidas. A opção **Undo** reverte a última ação do comando **Extend** quando o resultado não for o esperado. **Project** e **Edge** são as opções a serem usadas no ambiente tridimensional, e **Edge** permite fazer a extensão até a projeção de uma linha.

5.2.12 Comando Fillet

O comando **Fillet** arredonda os cantos entre duas linhas ou polilinhas.

No painel **Modify** entre no comando **Fillet**.

Command: Fillet.
Select first object or [Undo/Polyline/Radius/Trim/Multiple]: seta para baixo, selecione radius.
Specify fillet radius: 10.
Select first object or [Undo/Polyline/Radius/Trim/Multiple]: P1.
Select second object or shift-select to apply corner: P2.

O comando possui quatro opções, que são **Polyline/Radius/Trim/Multiple.** O default é **Select objects:.**

Antes de arredondar, é preciso definir o raio na opção **Radius** (Figura 5.62) e depois fornecer o valor desejado. Definido o raio, o valor digitado passa a ser o default até que você mude, portanto, se desejar arredondar vários cantos com o mesmo raio, repita o comando e selecione as linhas.

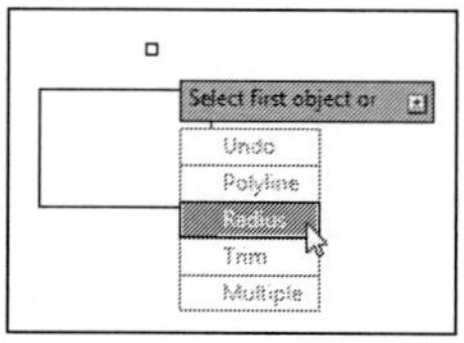

Figura 5.62 Comando Fillet.

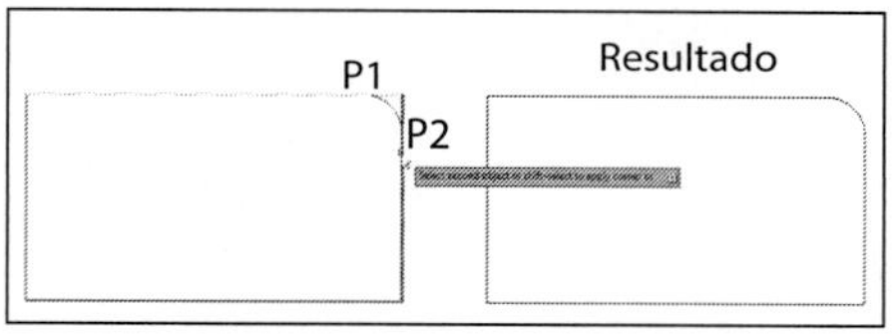

Figura 5.63 Comando Fillet.

- **Polyline:** selecione essa opção se quiser arredondar todos os cantos da figura de uma só vez e com o mesmo raio. A figura deve ser desenhada com o comando **Pline** em vez de **Line**.

```
Command: Fillet.
Select first object or [Undo/
Polyline/Radius/Trim/Multiple]: seta
para baixo - Polyline.
Select 2D polyline: P1.
```

- **Trim:** decide se o AutoCAD vai ou não aparar as entidades que sofrem ação do comando **Fillet**.
- **Multiple:** seleciona vários cantos em seguida, sem interromper o comando.

5.2.13 Comando Chamfer

Ele faz chanfros em cantos de duas linhas ou polilinhas.

No painel **Modify** entre no comando **Chamfer** (Figura 5.64).

```
Command: Chamfer.
Select first line or Undo/Polyline/
Distance/Angle/Trim/mEthod/Multiple]:
seta para baixo, selecione Distance.
Specify first chamfer distance
<10.00>: 25.
Specify second chamfer distance
<25.00>: <ENTER>.
Select first line or[Undo/Polyline/
Distance/Angle/Trim/mEthod/Multiple]: P1.
Select second line or shift-select to
apply corner: P2.
```

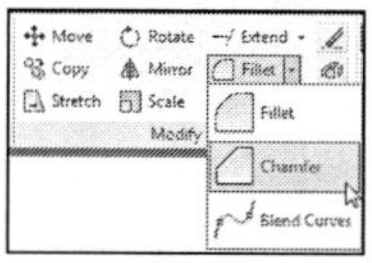

Figura 5.64 Comando Chamfer.

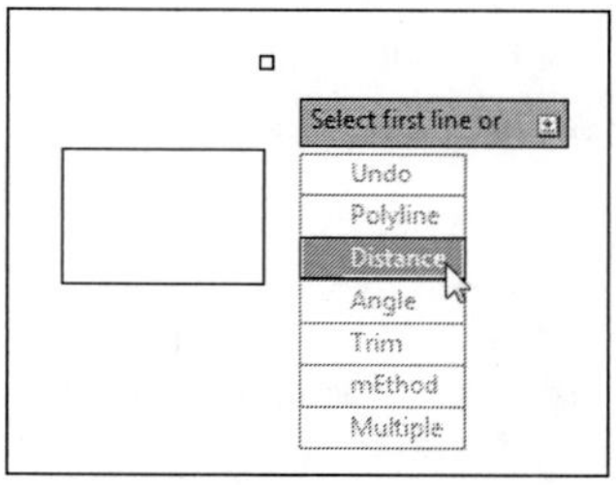

Figura 5.65 Comando Chamfer.

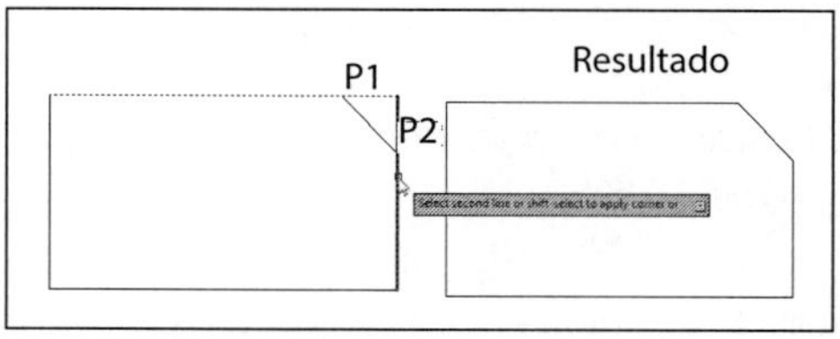

Figura 5.66 Comando Chamfer.

O comando possui diversas opções, que são **Undo/Polyline/Distance/Angle/Trim/Method/Multiple**. Escolha **Distance** para inserir as distâncias do chanfro. O AutoCAD vai pedir duas distâncias, as quais não precisam ser iguais. Entre com o valor das distâncias desejadas. Os valores fornecidos passam a ser default até que se mude, por isso, se tiver outro canto para chanfrar com o mesmo valor, basta repetir o comando.

Em uma figura em que todos os cantos são chanfrados com o mesmo valor, desenhe com **Pline** e considere a mesma regra do comando

Fillet: todos os cantos são chanfrados de uma vez só ao selecionar a opção **Polyline**.

- **Undo:** desfaz a última ação.
- **Angle:** define o chanfro por meio de uma distância e de um ângulo (em relação à primeira linha selecionada).
- **Trim:** controla se o AutoCAD vai ou não aparar as entidades que sofrem ação do comando **Fillet**.
- **Method:** permite escolher entre os métodos **Distance** e **Angle**.
- **Multiple:** seleciona vários cantos em seguida, sem interromper o comando.

5.2.14 Comando Offset

Esse comando cria uma entidade paralela a outra em linhas, polilinhas, círculos e arcos.

No painel **Modify** entre no comando **Offset**.

```
Command: Offset.
Specify offset distance or [Through/
Erase/Layer] <Through>: <ENTER>.
Select object to offset or [Exit/Undo]
<Exit>: P1.
Specify through point or [Exit/
Multiple/Undo] <Exit>: P2.
```

Ao entrar nesse comando, ele pede a distância da paralela ou um ponto (**Through**). Na opção **Through**, após selecionar uma entidade, a paralela é gerada em um ponto escolhido pelo usuário.

Depois de clicar na linha ele exibe um **preview** do resultado e uma caixa em que você pode digitar o valor da distância, como mostra a Figura 5.67 Os resultados variam dependendo do objeto selecionado.

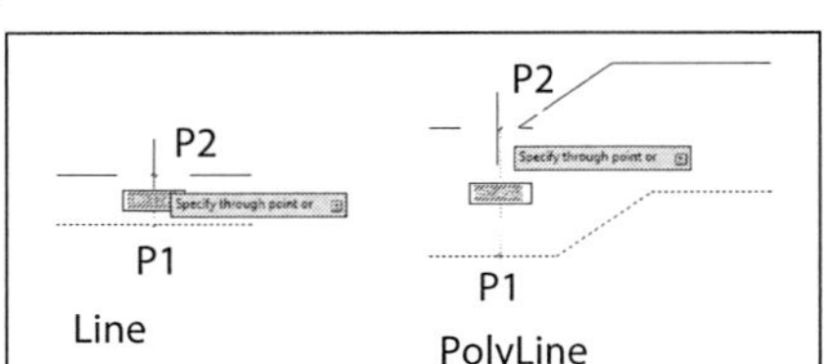

Figura 5.67 Offset em um ponto qualquer.

Para dar a distância, entre com o valor e selecione o objeto e o lado em que será gerada a paralela.

Para marcar o lado, clique no botão do cursor de um dos lados da entidade para gerar uma paralela à entidade que você selecionou no lado que foi marcado. Por exemplo, para criar uma parede de 0.25 fazemos uma polilinha e em seguida o **Offset** de 0.25.

```
Command: Offset.
Specify offset distance or [Through/
Erase/Layer] <Through>: 0.25 <ENTER>.
Select object to offset or [Exit/Undo]
<Exit>: selecione a polilinha
Specify point on side to offset or
[Exit/Multiple/Undo] <Exit>: clique um
ponto do lado externo dela.
Select object to offset or [Exit/
Multiple/Undo] <Exit>: <ENTER>.
```

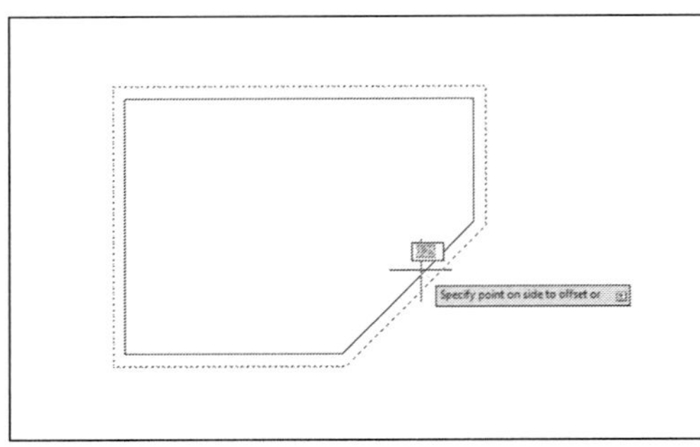

Figura 5.68 Offset com distância definida.

5.2.15 Comando Pedit

O comando **Pedit** edita polilinhas, incluindo elipses, retângulos e polígonos. O ícone do comando está na expansão do painel **Modify** ou, então, no menu superior **Modify**, **Object**, **Polyline**.

```
Command: Pedit.
Select polyline or [Multiple]: selecione
uma polilinha.
```

Ao selecionar a polilinha, as opções são:

- **Open:** abre a polilinha no seu ponto inicial se ela estiver fechada (Figura 5.69).

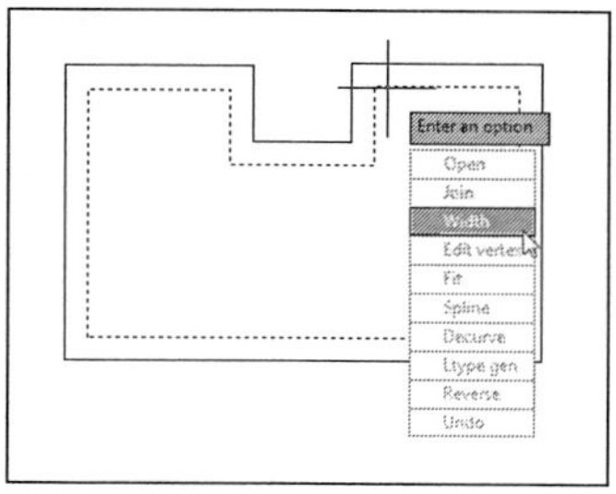

Figura 5.69 Edição de polilinhas.

- **Close:** fecha a polilinha no seu ponto inicial se ela estiver aberta (Figura 5.70).

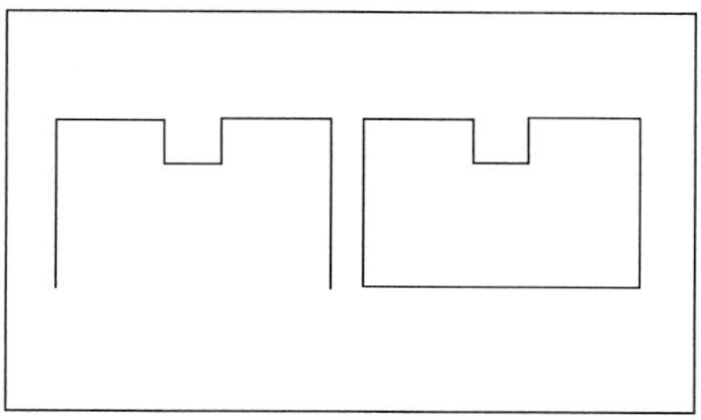

Figura 5.70 Opções Open e Close.

- **Join:** une duas ou mais polilinhas, transformando-as em uma só. As polilinhas precisam ser consecutivas, ou seja, uma deve começar no ponto final da outra (Figura 5.71).

`Command:` Pedit.
`Select polyline or[Multiple]:` P1 e selecione Join.
`Select objects:` P2.
`Select objects:` P3.
`Select objects:` <ENTER>.

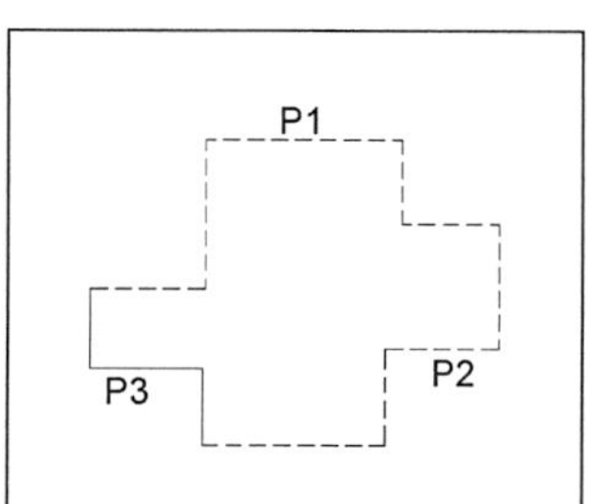

Figura 5.71 União de polilinhas.

- **Width:** altera a espessura de uma polilinha inteira (Figura 5.72).

`Command:` Pedit.
`Select polyline or[Multiple]:` selecione a polilinha e selecione Width.
`Specify new width for all segments:` 0.3 <ENTER>.

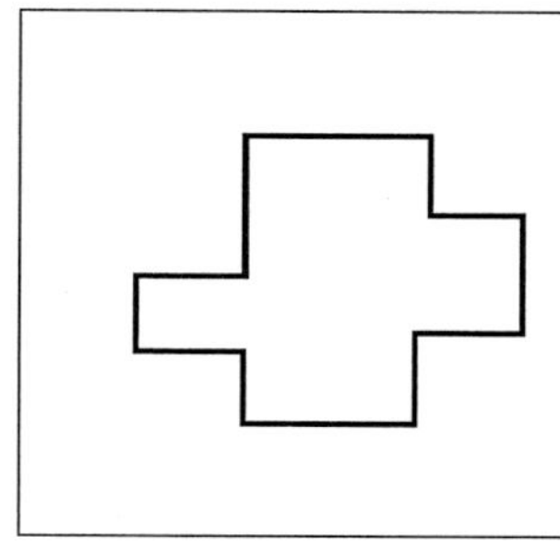

Figura 5.72 Alteração da espessura da polilinha.

- **Fit:** faz um ajuste de curvas na polilinha. No exemplo construiu-se a polilinha da esquerda e o resultado após a opção **Fit** está à direita.

`Command:` Pedit.
`Select polyline or[Multiple]:` selecione a polilinha e selecione Fit <ENTER>.

Figura 5.73 Opção Fit.

- **Spline:** faz outro tipo de ajuste de curvas, mais suave que o anterior.

`Command:` Pedit.
`Select polyline or[Multiple]:` selecione a polilinha e selecione Spline <ENTER>.

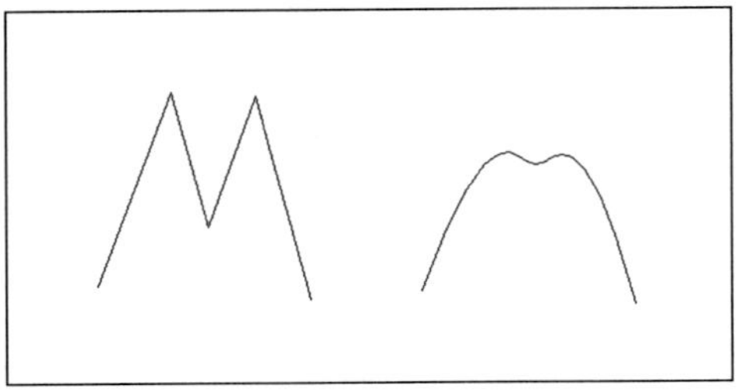

Figura 5.74 Opção Spline.

- **Decurve:** elimina os arcos das polilinhas e une os vértices com segmentos de reta.

`Command:` Pedit.
`Select polyline or[Multiple]:` selecione a polilinha e selecione Decurve <ENTER>.

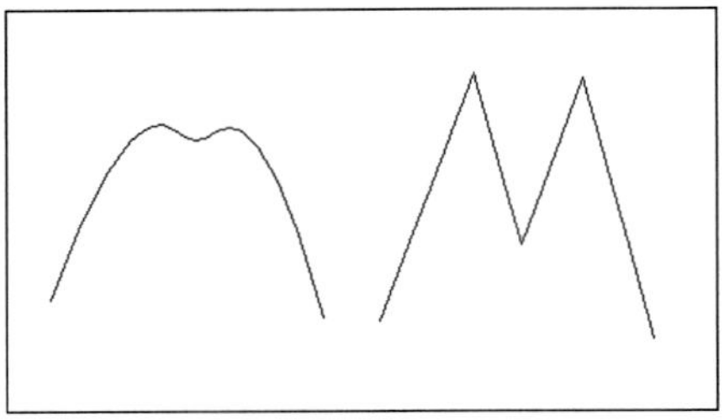

Figura 5.75 Opção Decurve.

- **Ltype gen:** ajusta os cantos das polilinhas se o tipo de linha for tracejado, para que não fique um espaço nos cantos.
- **Reverse:** inverte o sentido da polilinha.
- **Undo:** desfaz a última edição feita.
- **Edit Vertex:** edita os vértices da polilinha.

5.2.16 Comando Explode

O comando **Explode** transforma polilinhas, retângulos, elipses, polígonos, blocos e hachuras em entidades individuais. Ao explodir uma polilinha que tem espessura, ela perde essa espessura. Só se deve explodir uma dessas entidades quando for absolutamente necessário, pois algumas perdem suas propriedades, principalmente os blocos.

No painel **Modify** selecione **Explode**.

`Command:` Explode.
`Select objects:` selecione a entidade que deseja explodir.
`Select objects:` selecione a entidade que deseja explodir.
`select objects:` <ENTER>.

Após selecionar e sair do comando, a entidade já está desmanchada. Aparentemente nada mudou, mas ao usar o comando **List** depois de explodir uma polilinha, por exemplo, veja que agora ela passou a ser uma line (linha). Use o comando **List** depois da explosão para verificar o que mudou. Ao passar o cursor sobre as entidades explodidas, note que os segmentos estão separados.

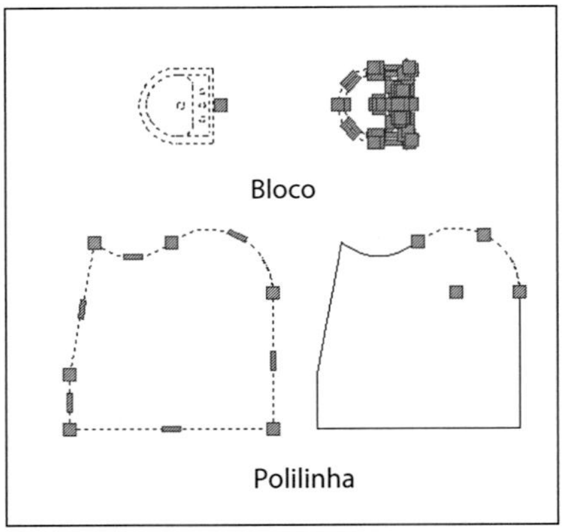

Figura 5.76 Entidade explodida.

5.2.17 Comandos U e Redo

U: no AutoCAD todos os comandos usados ficam guardados no programa na ordem em que foram usados e é possível desfazer tudo. Isso é muito útil quando se erra algum comando ou para testar alguma possibilidade em um desenho e depois retornar. Para voltar um comando, usa-se o U, que desfaz comando por comando até o início do desenho se for repetido várias vezes.

`Command:` U.

Redo: desfaz um **U** ou **Undo**, mas somente um. Se por engano você desfez mais operações do que desejava, ele refaz uma só. Deve ser usado imediatamente após um **U** ou **Undo** e encontra-se na barra de acesso rápido, como mostra a figura a seguir, ou você pode digitar **Redo**.

Na barra de acesso rápido, os comandos **Undo** e **Redo** apresentam uma lista dos últimos comandos utilizados, permitindo escolher a operação a desfazer.

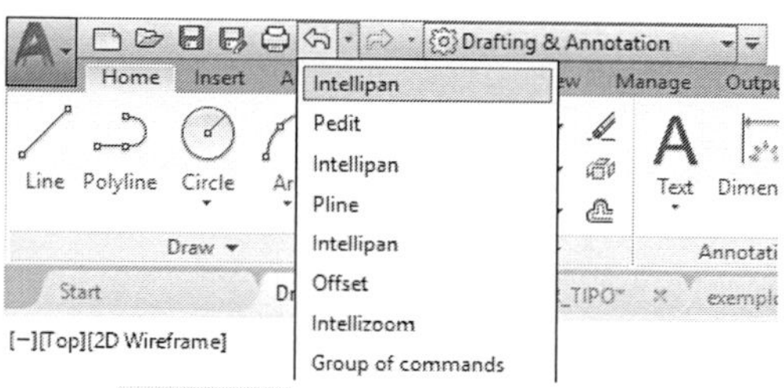

Figura 5.77 Comandos Undo e Redo.

5.2.18 Uso dos Grips

Os **Grips** permitem selecionar entidades no AutoCAD para editá-las. Ao clicar em um objeto, eles já são selecionados. Depois de selecionar uma entidade, entre com o comando de edição apresentado na linha de comandos.

Com os **Grips** é possível usar os comandos **Stretch**, **Move**, **Rotate**, **Scale**, **Mirror** e **Copy**.

Grips são pequenas marcas em forma de quadrados que aparecem nas entidades em alguns pontos de controle, como pontos finais e médios de linhas, centros de círculos, vértices de polilinhas e pontos de inserção de blocos. Eles são muito práticos e fáceis de usar.

1. Coloque o cursor em cima de qualquer entidade e clique sem ter acessado nenhum comando. Veja que aparecem na entidade pequenos quadradinhos azuis em alguns pontos (Figura 5.78).

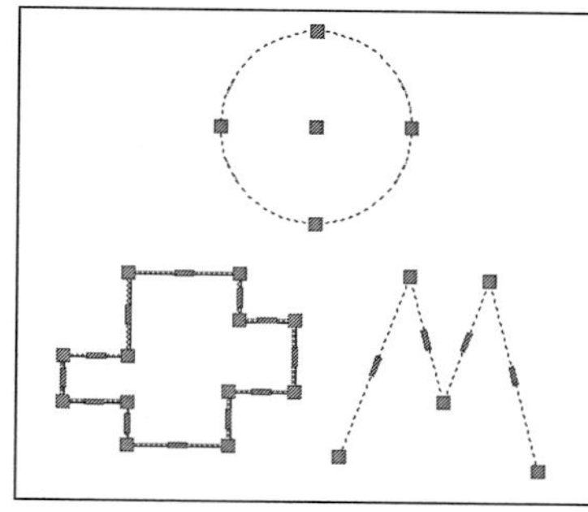

Figura 5.78 Localização dos Grips.

2. Após selecionar a entidade, escolha um dos pontos para ser usado como base da edição, o qual fica na cor vermelha para destacar o ponto base, e na linha de comandos surge o comando **Stretch** (Figura 5.79).

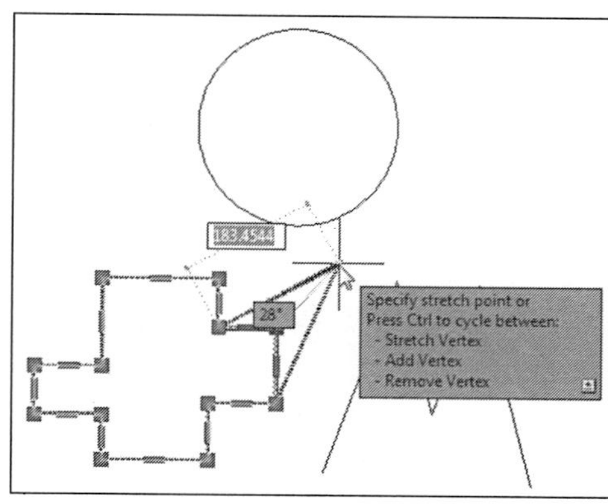

Figura 5.79 Grips selecionados.

O comando **Stretch** é o primeiro que aparece na linha de comandos. Se não quiser usá-lo, aperte a barra de espaço no teclado e ele muda para **Move** e assim por diante. Pressione a barra de espaço para que surjam os comandos. A utilização dos comandos é a mesma explicada no início deste capítulo.

Se selecionarmos uma polilinha, os **Grips** são apresentados nos pontos médios e vértices. Esses **Grips** são chamados de multifuncionais por exibirem outras ferramentas de edição. Ao passar o cursor sobre cada ponto, são exibidas as edições permitidas no ponto, como mostram as Figuras 5.80 e 5.81.

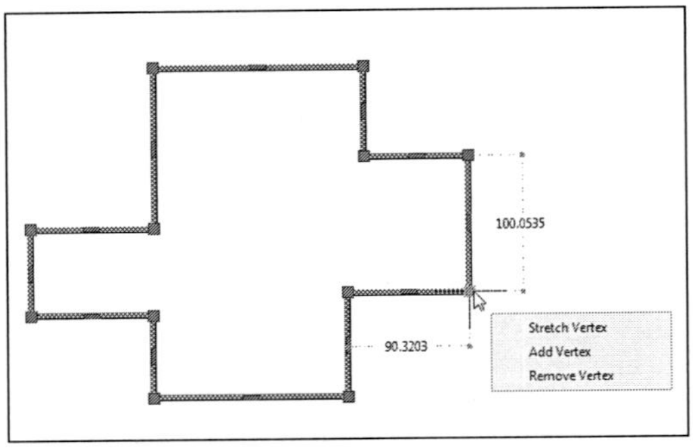

Figura 5.80 Grips selecionados em polilinha.

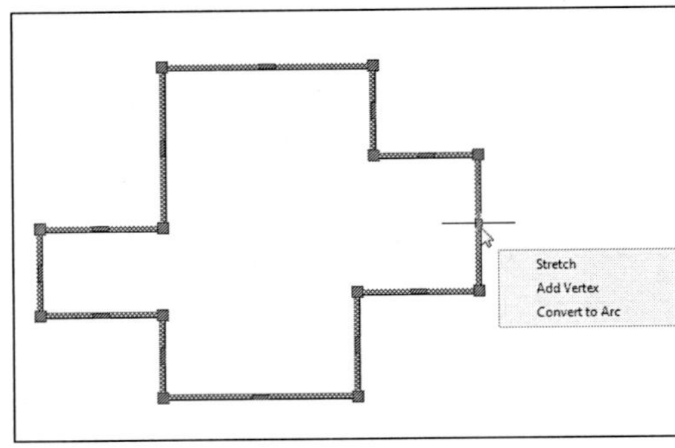

Figura 5.81 Grips selecionados em polilinha.

Cada ponto permite diferentes tipos de edição, por exemplo o ponto médio permite converter o segmento em arco. Para isso, clique no botão direito do mouse e selecione **Convert to Arc**, como mostra a Figura 5.82.

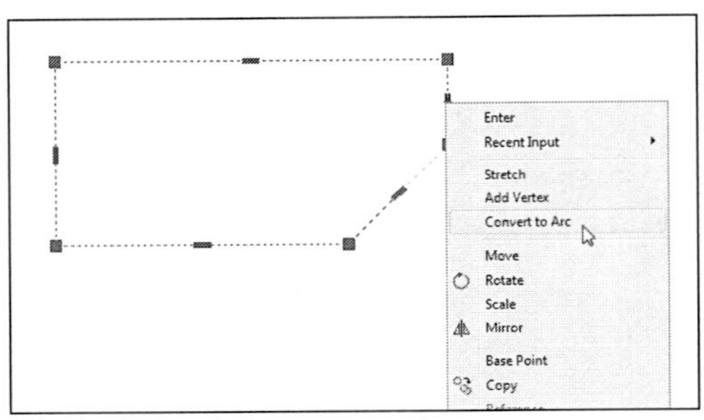

Figura 5.82 Seleção de Convert to Arc.

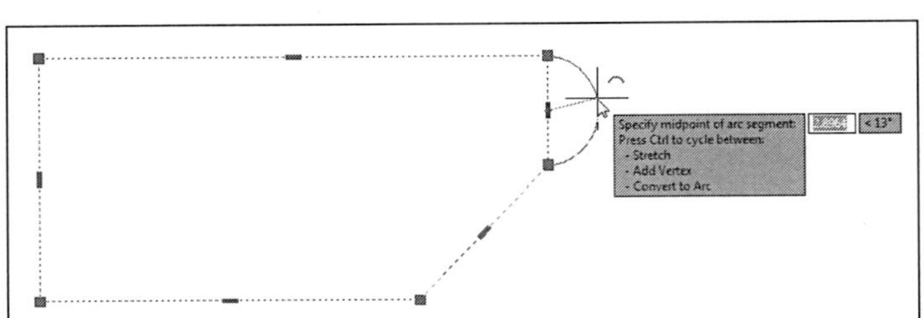

Figura 5.83 Geração do arco.

Outros objetos também podem ser editados com os **Grips** multifuncionais pela escolha de comandos com o botão direito do mouse. As Figuras 5.84 e 5.85 trazem alguns exemplos.

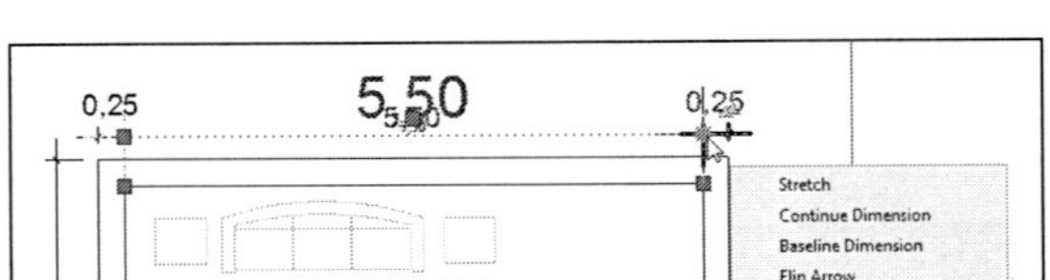

Figura 5.84 Grips em cotas.

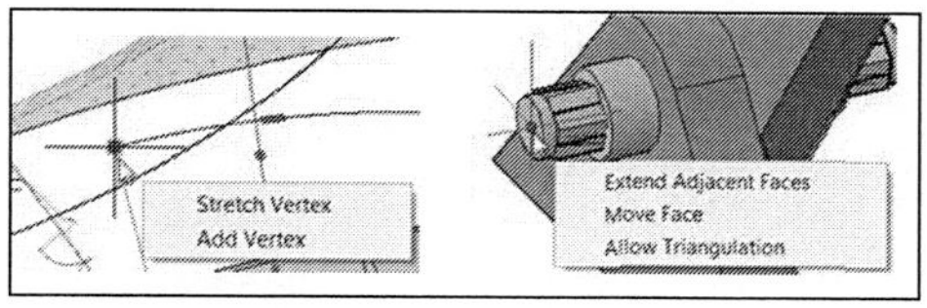

Figura 5.85 Grips em objetos 3D.

Caso tenha selecionado os **Grips** por engano, tecle <ESC> para cancelar. Os **Grips** podem ainda ser desabilitados totalmente ou customizados pelo comando **Options,** acessado pelo Menu de Aplicação, ou no menu superior, opção **Tools**. Ao selecionar essa opção, surge a janela da Figura 5.86, na qual se escolhe a guia **Selection**. A opção **Show Grips** está marcada. Para desabilitar, clique nela. É possível ainda escolher outras cores e o tamanho dos **Grips**.

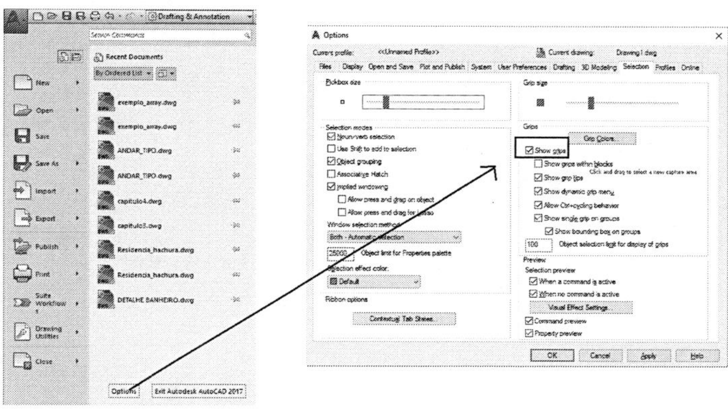

Figura 5.86 Configuração dos Grips.

EXERCÍCIOS

Vamos desenhar uma casa com sala, quarto, cozinha e banheiro, como mostra a figura a seguir. Acompanhe os passos descritos em seguida.

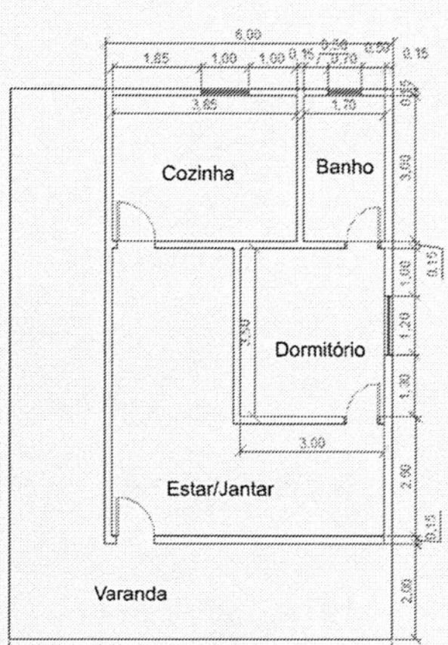

1. Inicie um novo desenho.
2. Ajuste os limites do desenho para 30 x 20.
3. Dê **Zoom All** para acertar todo o limite na tela.
4. Desenhe um retângulo com 6.00 x 9.45 unidades.
5. Faça um **Offset** no retângulo de 0.15 unidade para dentro do retângulo.
6. Faça explodir a polilinha interna criada com o **Offset**.
7. Com o comando **Offset**, faça uma linha paralela à superior com três unidades de distância para baixo. Em seguida faça uma paralela a essa que se formou com 0.15 unidade para

baixo também, a fim de criar as paredes da cozinha e do banheiro.

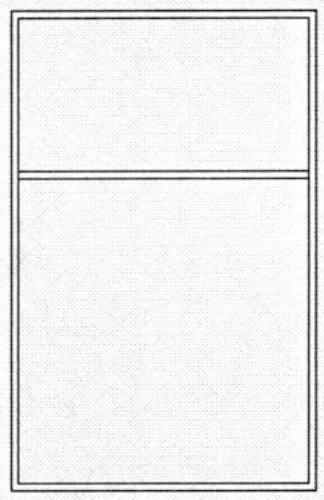

8. Faça um **Offset** na linha da direita com 1.7 unidade para a esquerda, como ilustra a figura seguinte. Faça outro **Offset** na linha criada com 0.15 unidade para a esquerda. Criou-se a parede que divide o banheiro da cozinha. Agora é preciso cortar a parte dessa linha que sobrou.

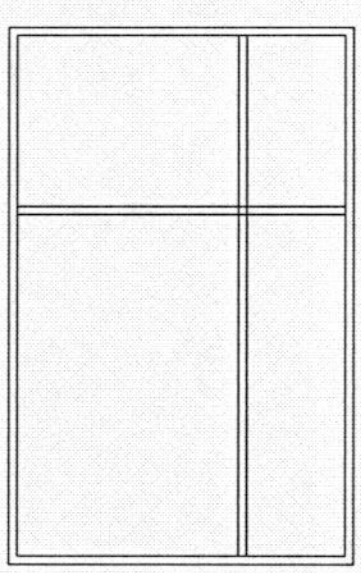

9. Com o comando **Trim** selecione todas as linhas, como indica a próxima figura, e depois as duas partes de baixo para cortá-las nos pontos A e B. O resultado deve ser igual à figura seguinte.

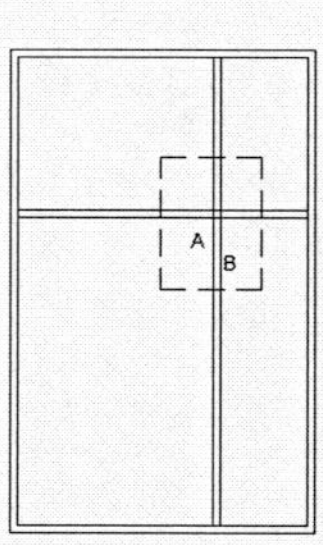

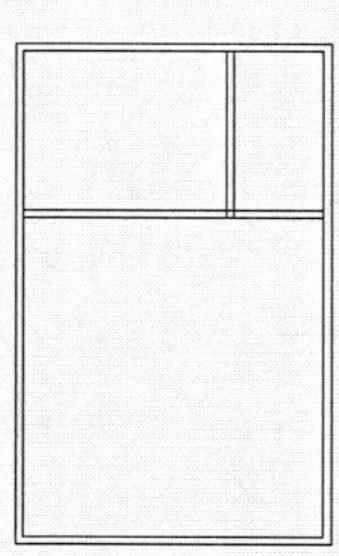

10. Faça outra parede com um **Offset** na linha de baixo com 2.35 unidades para cima. Veja a figura seguinte. Faça outro **Offset** na linha criada com 0.15 unidade para cima. Criou-se a parede que divide o dormitório e a sala.

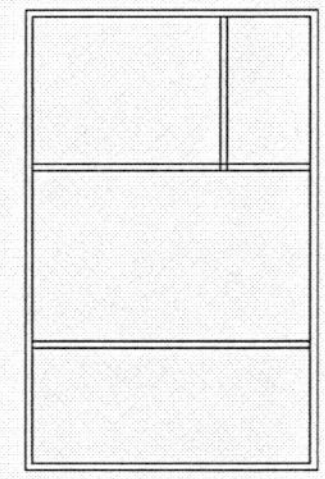

11. Repita o procedimento para a linha de cima para abrir totalmente a parede.

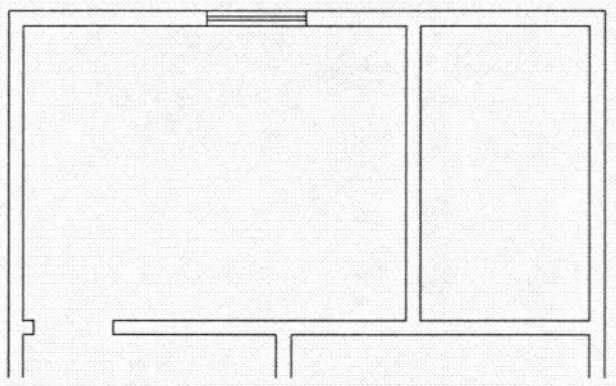

12. Vamos desenhar a porta, como indica a figura seguinte. Comece no ponto F e desenhe um retângulo de 0.8 por 0.05 unidade com o comando **Line**.

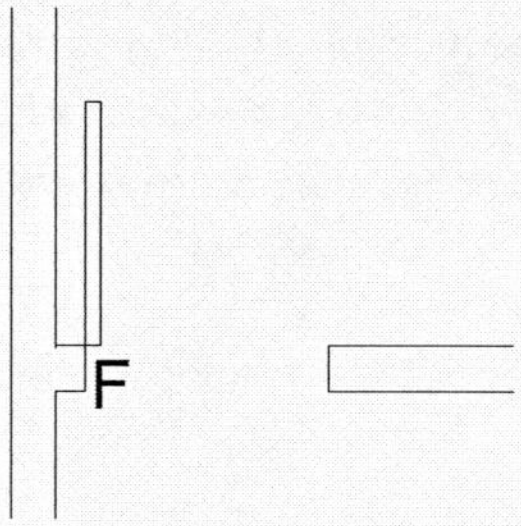

13. Para concluir a porta, faça um arco passando pelos pontos GHI, como na figura seguinte. Entre no comando **Arc**, pelo menu superior **Draw** selecione **Arc** e depois a opção **Start, Center, End**. Dê os pontos nessa ordem.

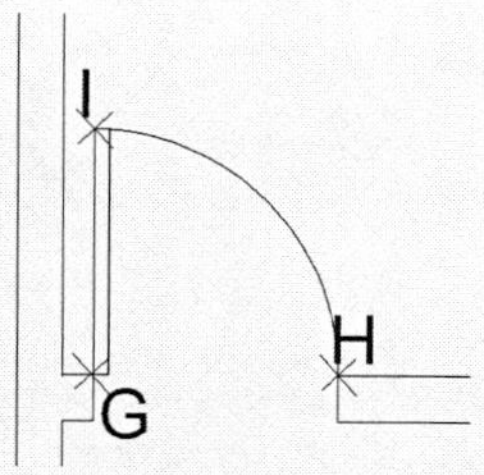

14. Repita as operações da porta e da janela e faça as janelas e as portas dos outros ambientes. Repare na figura seguinte.

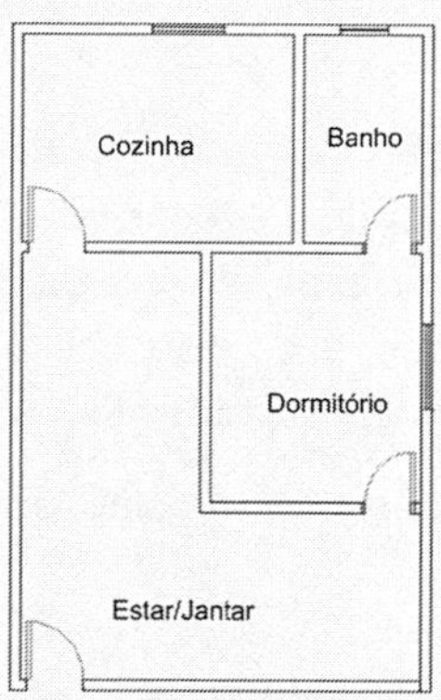

15. Faça a varanda. Com o comando **Line** comece uma linha no ponto J, vá até o ponto K com duas unidades, depois até o L com oito, em seguida para o M com 11.45 e feche no N com endpoint ou duas unidades.

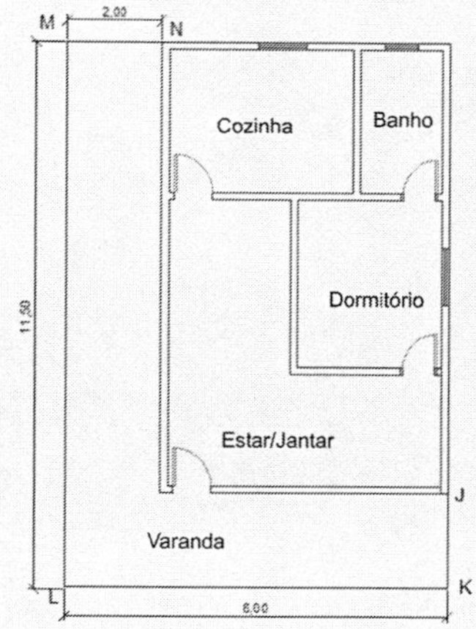

16. O desenho está pronto. Vamos cotar no capítulo que trata de dimensionamento e escrever no capítulo que estuda texto.

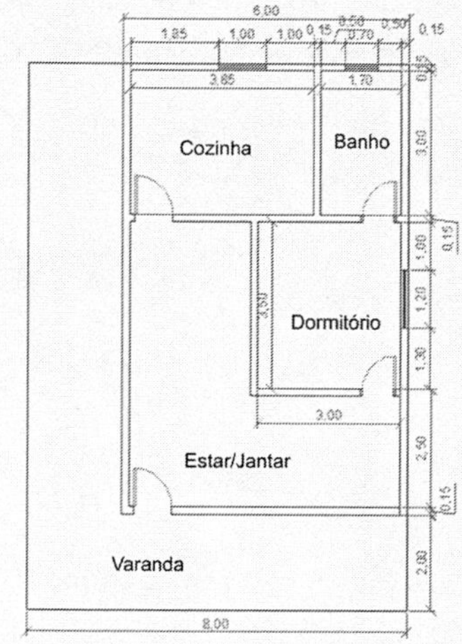

17. Com o comando **Save As** salve o desenho como **capitulo5**.

CAPÍTULO 6

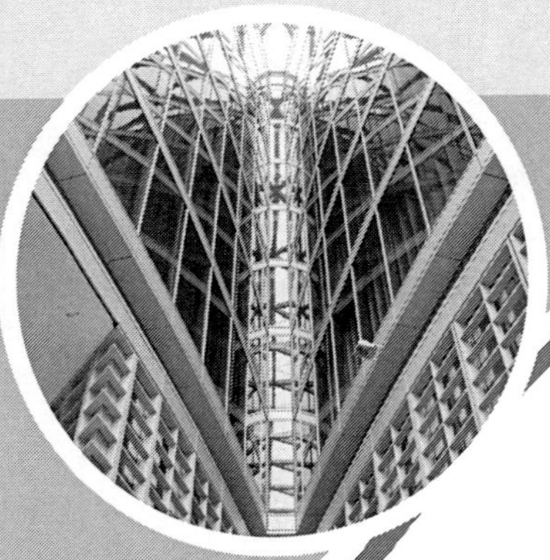

Textos

OBJETIVOS

- Inserir texto no desenho
- Criar estilos de texto
- Alterar texto

6.1 Comando Mtext

O comando **Mtext** permite inserir no desenho várias linhas de texto que são consideradas pelo AutoCAD uma única entidade, um único parágrafo. Possibilita ainda controlar atributos de texto — tais como cor, fonte, altura da letra — para cada parte do texto selecionada, como em um editor de textos como MS-Word. O AutoCAD traz também suporte a fontes truetype.

Ele pode ser acessado pela aba **Home** no painel **Annotation** ou na aba **Annotate** no painel **Text** (Figura 6.1).

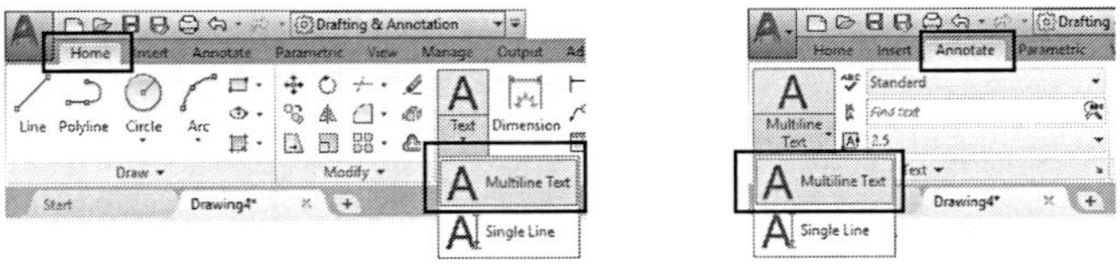

Figura 6.1 Comando Mtext - abas Home e Annotate.

No painel **Text** da aba **Annotate** selecione **Multiline Text** pelo ícone.

Solicitam-se dois pontos na tela, como mostra a Figura 6.2.

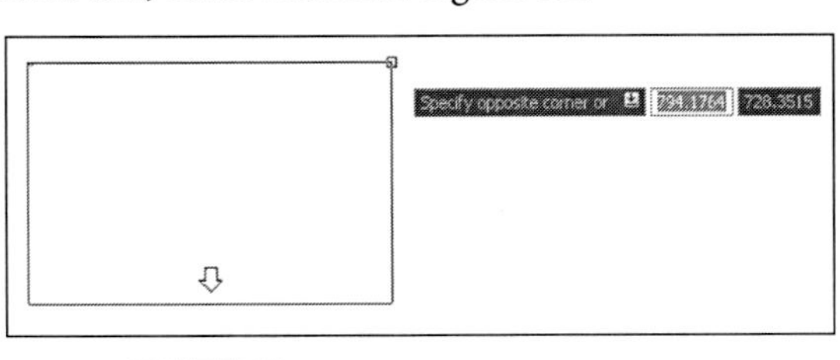

Figura 6.2 Especificação dos dois pontos.

Aparece a janela da Figura 6.3, na qual se digita o texto na área de baixo.

Clique em  para encerrar.

OBSERVAÇÃO

Esse texto pode ser apagado, copiado, rotacionado, movido e escalado com os comandos de edição estudados no Capítulo 5.

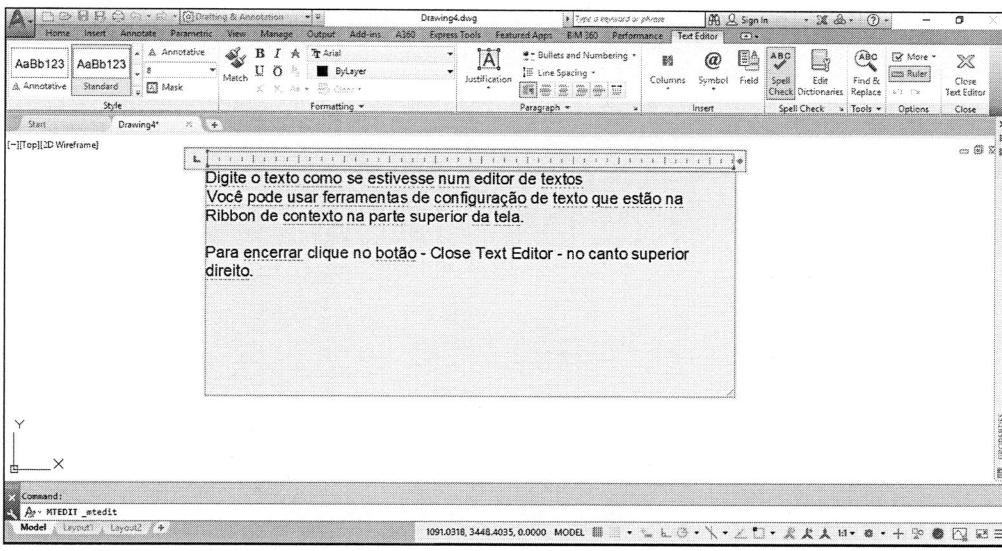

Figura 6.3 Janela do comando Mtext.

A **Ribbon** da parte superior da tela se modifica, oferecendo as seguintes opções de configuração do texto:

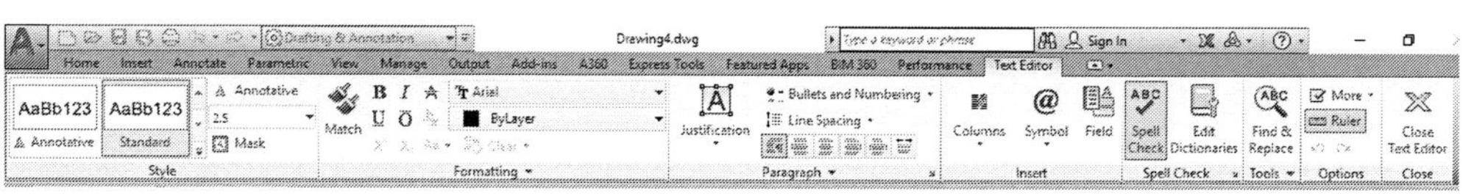

Figura 6.4 Barra do comando Mtext.

- No painel **Style**, temos os estilos criados no desenho. Neste exemplo está selecionado **Standard**. Escolhem-se o estilo de texto a ser usado, que já deve ter sido criado anteriormente com o comando **Style**, a ser visto no Item 6.4, e a altura da letra no campo numérico ao lado.
- No painel **Formating**, definem-se o tipo e a cor da letra. Ao lado estão os botões (**B**) negrito, (*I*) itálico e (U) sublinhado, que servem para alterar os caracteres ao se utilizar o editor de textos. A escolha pode ser feita antes de inserir o texto, ou, depois de digitado, é possível selecioná-lo para realizar a alteração. Para selecionar o texto, posicione o cursor no início, clique no botão esquerdo do mouse e arraste o cursor até o fim do texto.

- No painel **Paragraph** indica-se a justificação/alinhamento do texto.
- No painel **Insert** definem-se o número de colunas e a inserção de símbolos.
- No painel **Spell Check** estão os comandos de verificação ortográfica e a configuração do dicionário conforme o idioma.
- No painel **Tools** está a ferramenta para procurar e substituir texto.
- No painel **Options** estão algumas configurações do comando.

6.2 Edição de Textos Criados com Mtext

Para editar os textos criados com o **Mtext**, use o comando **Ddedit**, digitando na linha de comandos, ou clique duas vezes com o mouse sobre o texto. Ao entrar no comando **Ddedit** e selecionar um texto, surge a mesma janela de diálogo do comando **Mtext**, na qual é possível editar todos os parâmetros vistos anteriormente. Para corrigir o texto ele deve ser marcado passando-se o cursor sobre ele como num editor de textos. Também podem ser usados os **Grips** para alterar a largura do texto, movê-lo e rotacioná-lo.

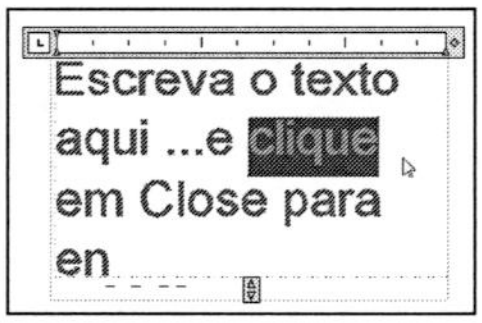

Figura 6.5 Janela do comando Mtext.

6.3 Textos Simples de uma Linha A| - Single Line

Outra maneira de inserir texto no AutoCAD é pelo comando **Dtext**, no painel **Text** da aba **Annotate**. Ao entrar no comando, surge na linha de comandos:

```
Command: _text
Current text style: "Standard"
Text height: 2.5000
Anonnotative: No
Specify start point of text or [Justify/Style]:
```

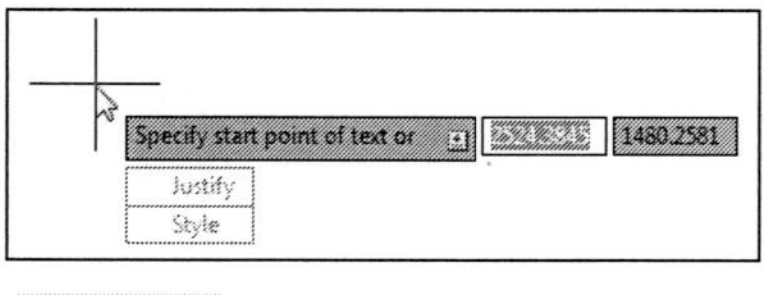

Figura 6.6 Textos simples de uma linha.

Podemos fornecer o ponto inicial e digitar o texto ou, antes de dar o ponto inicial, selecionar a opção **Style**, que possibilita a mudança do estilo de texto ativo que será visto no Item 6.4, ou a opção **Justify**, que permite escolher uma opção de alinhamento dos textos que serão vistos em seguida. Ao fornecer o ponto inicial, a interação é:

```
Specify height <10.00>: digite o valor da altura da letra.
Specify rotation angle of text <0>: digite o valor do ângulo do texto.
```

Agora digite o texto na caixa que aparece na tela, conforme a Figura 6.7.

Figura 6.7 Textos simples de uma linha.

6.3.1 Texto Definido pela Opção Justify

Ao selecionar a opção **Justify**, surge uma lista de opções de alinhamento de texto (Figura 6.8).

```
Command: _text
Current text style: “Standard”
Text height: 2.5000
Annotative: No
Specify start point of text of [Justify/Style]:
```

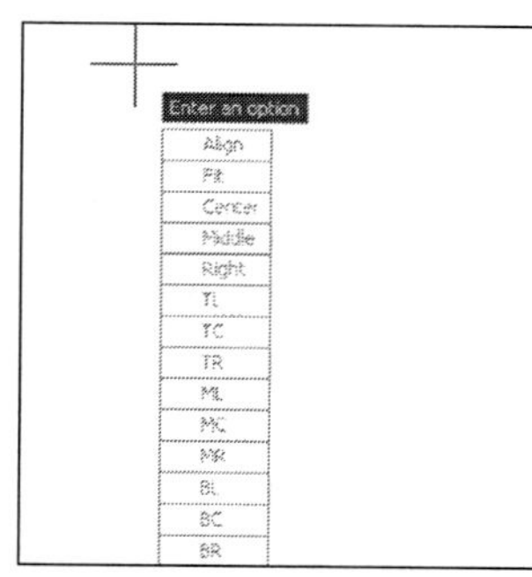

Figura 6.8 Opções de alinhamento de texto.

As respostas possíveis são as seguintes:

- **A (Align):** coloca o texto alinhado entre dois pontos predeterminados. O comando ajusta automaticamente a altura e a largura do texto, com base nos dois pontos anteriormente definidos.
- **F (Fit):** semelhante à opção **Align**, porém ajusta-se apenas a largura do texto. A altura do texto pode ser definida durante a interação do comando.
- **C (Center):** possibilita a geração de um texto a partir de seu ponto central em relação à horizontal.
- **M (Middle):** gera um texto a partir de seu ponto médio em relação à horizontal e à vertical.
- **R (Right):** gera um texto pela determinação de seu ponto final.
- **TL/TC/TR/ML/MC/MR/BL/BC/BR:** essas opções alinham um texto de acordo com o significado das abreviações citadas em seguida:
    - **TL = Top Left:** ponto superior esquerdo
    - **TC = Top Center:** ponto superior central
    - **TR = Top Right:** ponto superior direito
    - **ML = Middle Left:** ponto médio esquerdo

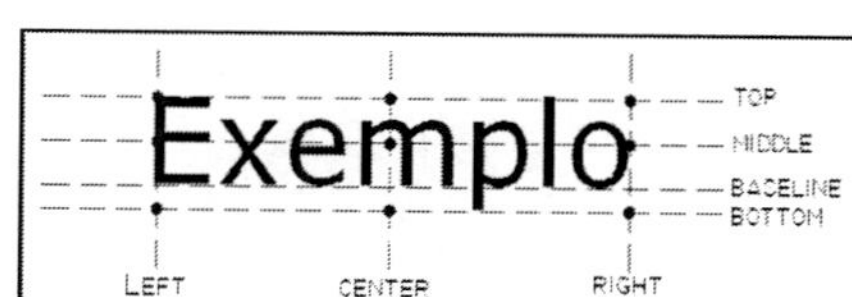

Figura 6.9 Posições de alinhamento.

- **MC = Middle Center:** ponto médio central
- **MR = Middle Right:** ponto médio direito
- **BL = Bottom Left:** ponto inferior esquerdo
- **BC = Bottom Center:** ponto inferior central
- **BR = Bottom Right:** ponto inferior direito

OBSERVAÇÃO

Esse tipo de texto é mais útil e fácil de usar do que o inserido pelo comando **Mtext**, para colocar pequenas palavras ou frases curtas no desenho.

6.3.2 Edição de Textos Criados com Dtext

Para editar os textos criados com o comando **Dtext**, use o comando **Ddedit** ou clique duas vezes com o mouse em cima do texto. Acessando-se comando **Ddedit** e selecionando-se um texto, surge uma janela com o texto a ser editado. Faça as alterações e clique em **OK** para sair.

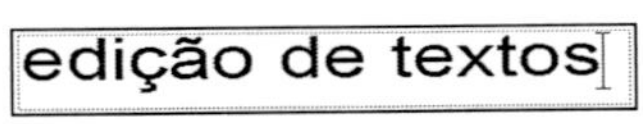

Figura 6.10 Edição de textos.

6.4 Criação de Estilos de Texto - Comando Style

Para definir a fonte associada a um texto específico, é necessário inicialmente determinar um estilo com o comando **Style**, acessível pelo painel **Text** da aba **Annotate**, como indica a Figura 6.11, ou pelo menu superior **Format**, opção **Text Style**. Um estilo de texto contém as seguintes informações:

- nome do estilo;
- nome da fonte associada;
- altura dos caracteres;
- fator de largura dos caracteres;
- inclinação dos caracteres em relação à vertical;
- texto escrito espelhado em relação à vertical;
- texto escrito espelhado em relação à horizontal;
- orientação da escrita (vertical ou horizontal).

O comando **Style** cria e modifica os estilos de texto. Ao entrarmos nesse comando, abre-se a janela de diálogo da Figura 6.11.

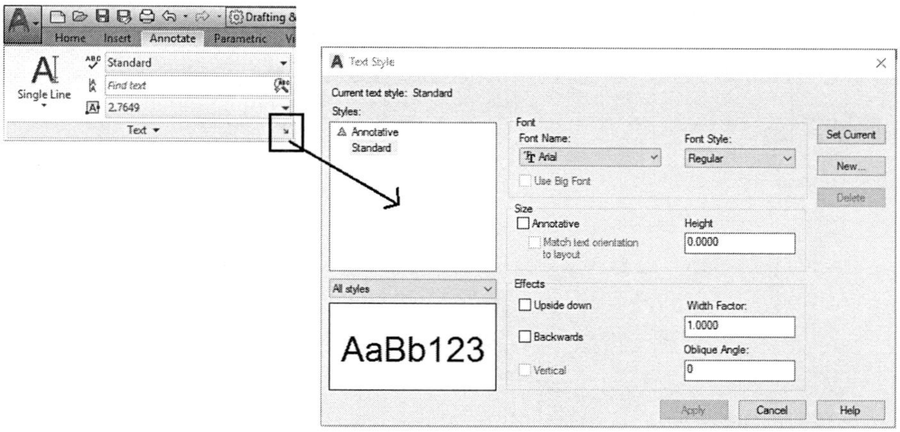

Figura 6.11 Comando Style.

Nessa janela, informam-se os seguintes parâmetros:

Figura 6.12 Criação de um estilo.

- **Styles:** nome do estilo. Esse quadro lista os nomes dos estilos de texto existentes para seleção.
- **New:** cria um estilo de texto. Ao selecioná-lo, surge a janela da Figura 6.12 para fornecer o nome do estilo criado.
- **Delete:** apaga um estilo de texto. Primeiro selecione o estilo no quadro **Style Name**, depois clique em **Delete**.
- **Font Name:** nesse quadro, escolhe-se a fonte a ser usada.
- **Font Style:** é possível escolher o estilo da fonte.
- **Annotative:** essa opção define a propriedade "**annotative**", a qual permite que o texto mude de escala de acordo com a escala de uma viewport no **Paper Space**, que veremos em mais detalhes no Capítulo 14.
- **Height:** valor da altura da letra. Definindo-se zero (0), a altura é solicitada no comando **Dtext**. Definindo-se um valor nessa opção, ele fica constante ao se utilizar o estilo com esse valor.
- **Effects:** indica a orientação do texto.
- **Backwards:** o texto fica espelhado em relação à vertical.

Figura 6.13 Espelhamento do texto em relação à vertical.

- **Upside down:** o texto fica espelhado em relação à horizontal.

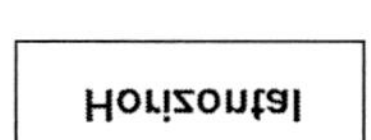

Figura 6.14 Espelhamento do texto em relação à horizontal.

- **Vertical:** a geração do texto acontece na vertical (Figura 6.15).
- **Width Factor:** fator de expansão na largura do texto (Figura 6.16).
- **Oblique Angle:** inclinação do texto em relação à vertical (Figura 6.17).

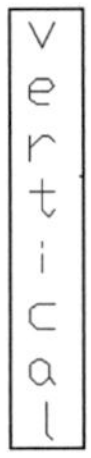

Figura 6.15 Orientação em relação à horizontal ou à vertical.

Figura 6.16 Fator de largura.

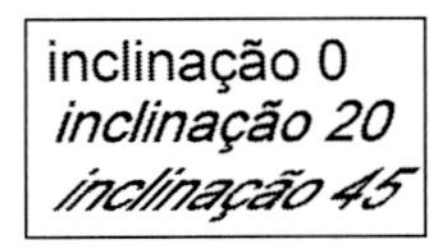

Figura 6.17 Ângulo de inclinação.

- **Preview:** essa janela apresenta o texto com todas as características escolhidas nas opções anteriores, para se visualizar o resultado.

Após selecionar as características do novo estilo, pressione os botões **Apply** e **Close** para fechar a janela. A partir desse momento, todo o texto gerado se baseia nas características do estilo criado.

Para alterar o estilo ativo, antes de escrever com os comandos **Dtext** ou **Mtext** ative um dos estilos no painel **Text**, como na Figura 6.18, ou use a opção **Style** dos comandos **Dtext** ou **Text**.

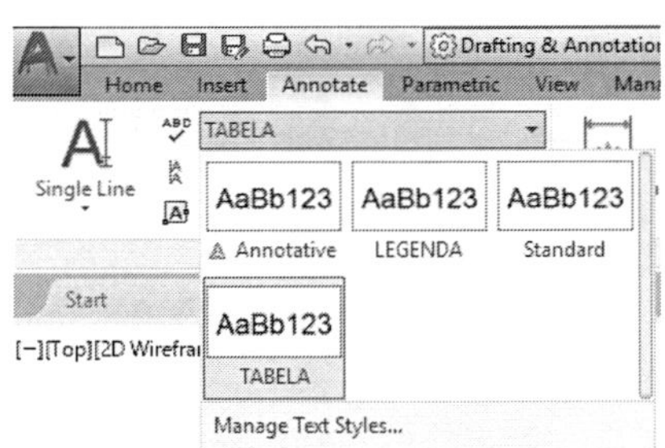

Figura 6.18 Seleção do estilo.

6.4.1 Alteração de um Estilo de Texto Existente

A alteração de um estilo é feita com o comando **Style**. Ao entrar na janela de diálogo, selecione o estilo a ser alterado na opção **Style Name** e altere os parâmetros como se criasse um estilo. Selecione o botão **Apply** e depois **Close**. Note que o botão **Cancel** muda para **Close** após selecionar-se **Apply**.

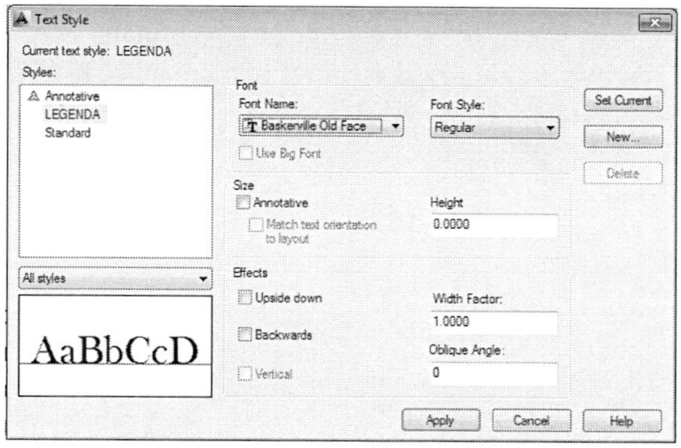

Figura 6.19 Alteração de um estilo.

Com exceção da fonte associada ao estilo e à orientação (horizontal ou vertical), é possível fazer alterações sem afetar os textos já existentes no desenho. Quando se altera a fonte ou a orientação de um estilo existente, ao ocorrer uma regeneração, o texto que pertence ao estilo alterado também sofre modificação, o que é válido se o comando **Regenauto** estiver ligado (**On**). Alterações na altura do texto, fator de largura e ângulo oblíquo não afetam os textos existentes; só aparecem nos textos criados após essa alteração.

6.5 Shapes

Shapes são objetos que podemos usar como blocos ou arquivos de fontes de texto carregáveis. Os blocos são mais fáceis de utilizar do que os **Shapes**, mas estes são mais eficientes para o AutoCAD armazenar e inserir. Os **Shapes** são úteis quando é necessário inserir um elemento simples muitas vezes ou quando a velocidade é importante. Podemos definir, criar e compilar os arquivos de **Shapes** (SHX) e fonte para usar símbolos personalizados e fontes de texto nos desenhos.

Os **Shapes** são criados com base em um código de referência que você pode encontrar no Help do AutoCAD; não vamos descrevê-lo por ser extenso e estar disponível com o programa. Por meio desse código, o **Shape** é criado com um editor de textos simples, como o Bloco de Notas do Windows, por exemplo. Em seguida, o arquivo deve ser compilado com o comando **Compile**, que gera um arquivo (SHX) de mesmo nome. Depois, com o comando **Load**, carrega-se o arquivo compilado (SHX) contendo o **Shape**. Utilize, então, o comando **Shape** para inserir o **Shape** por meio do arquivo em seu desenho. Você pode especificar escala e rotação para cada forma de inseri-lo. Os arquivos de fontes de texto SHP são um tipo especial de arquivo de **Shape**, sendo definidos da mesma maneira feita para estes últimos.

Se o arquivo de definição de **Shape** estabelecer uma fonte de texto, use o comando **Style** para criar um estilo de texto.

Ao receber um arquivo do AutoCAD e abri-lo, se uma mensagem informar que um tipo específico de fonte não está disponível, pede-se para substituí-lo por outro, para não haver problema no seu desenho. Nesse caso, você deve pedir os arquivos de fonte (SHX) à pessoa que lhe enviou o arquivo, para obter a leitura correta do desenho. De posse dos arquivos corretos, use o comando **Load** para carregar as fontes no seu desenho. A Figura 6.20 mostra a janela **Select Shape File**, que permite selecionar o arquivo SHX. Depois de carregado, ele fica disponível no comando **Text Style**, para criação de um estilo utilizando a fonte ou para a leitura correta dos textos do desenho aberto.

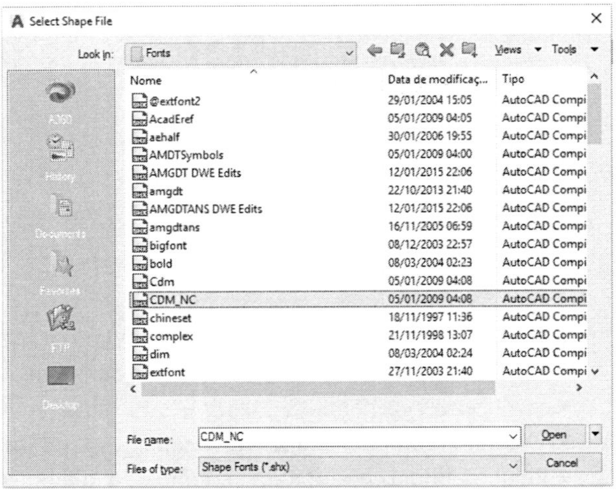

Figura 6.20 Janela de seleção de um arquivo SHX.

EXERCÍCIOS

Inserção de texto e de hachura:

1. Abra o exercício feito no capítulo anterior: **capitulo5.dwg**.
2. Vamos escrever no desenho. Crie um estilo de texto com o nome **Desenho**, fonte **Arial** e altura 0.30. Com o comando **Dtext** escreva os nomes dos ambientes do desenho, conforme a figura em seguida.
3. Hachure o banheiro. Para a hachura sair perfeita, é preciso fazer uma linha fechando a área do banheiro.

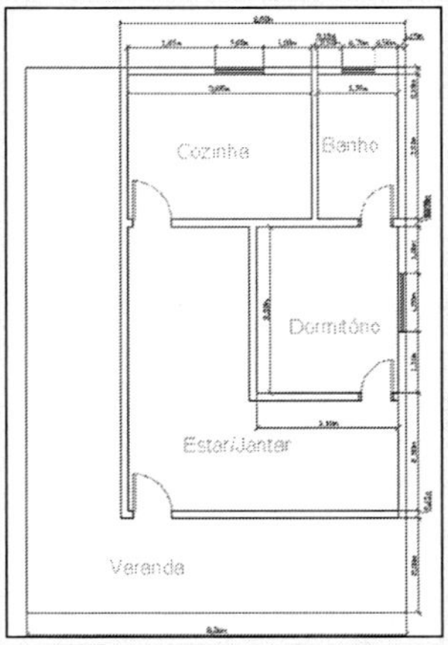

4. Com o comando **Line** crie uma linha fechando a abertura da porta, como na figura.

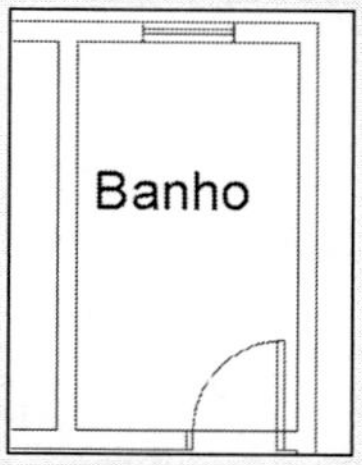

5. Entre no comando **Hatch**, selecione o padrão **Honey** e mude a escala para 0.02. Clique marcando um ponto dentro do banheiro e outro na área da porta. Veja se está correto, como na figura, e clique em **OK**.

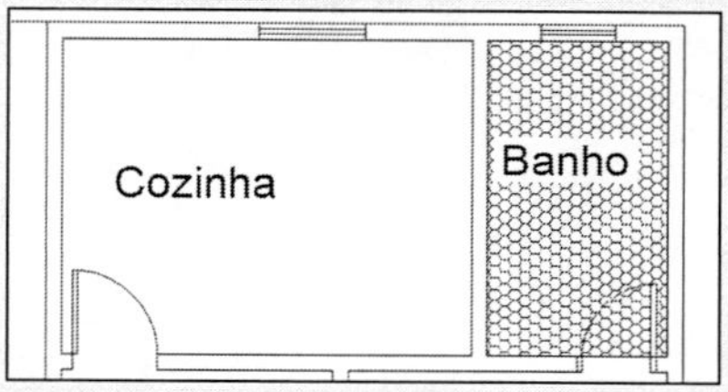

6. Note que o texto não foi hachurado, pois ele detecta o texto automaticamente. Para hachurar o piso da cozinha, use o padrão Net e a escala de 0.05, e repita os passos usados para o banheiro.

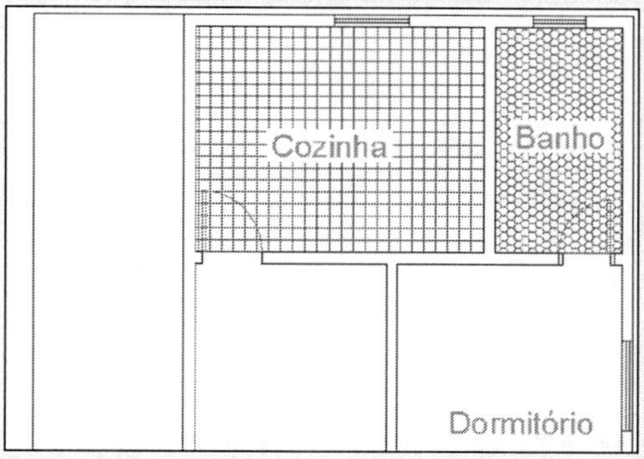

7. O desenho deve estar semelhante ao da figura anterior.

8. Com o comando **Save As** salve o desenho como **capitulo6**.

CAPÍTULO 7

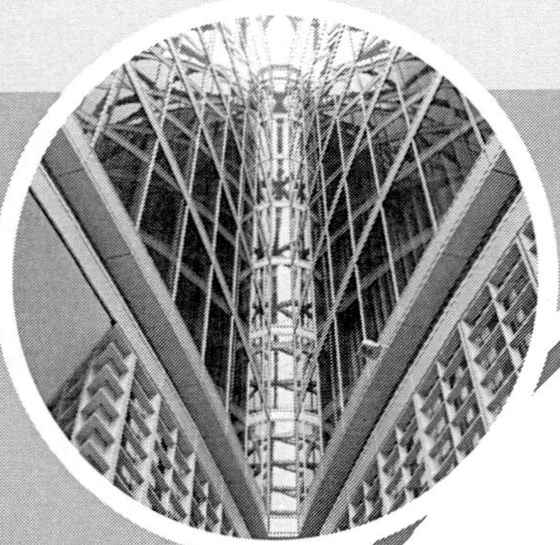

Propriedades dos Objetos

OBJETIVOS

- Apresentar as propriedades dos objetos
- Criação de níveis de trabalho - layers
- Alteração das propriedades dos objetos
- Propriedade anotativa

7.1 Introdução

As principais propriedades de um objeto são layer, cor, tipo de linha, entre outras. Este capítulo explica como mudar essas propriedades e criar os níveis de trabalho, layers, que servem para organizar o desenho e determinar, por meio de sua cor, a espessura de impressão das linhas. Os comandos que gerenciam os layers estão no painel **Layers**, habilitado na aba **Home** (Figura 7.1).

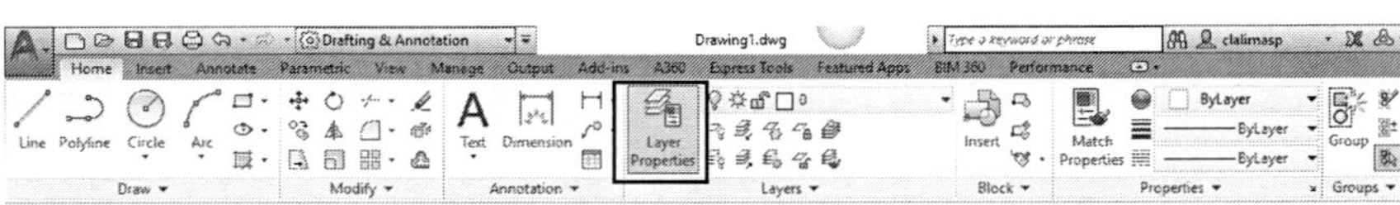

Figura 7.1 Comando Layer.

7.2 Níveis de Trabalho - Comando Layer

Os níveis de trabalho são camadas transparentes e superpostas de um desenho nas quais é possível organizar e agrupar diversas informações sobre esse desenho. Para melhor compreensão do significado dos níveis de trabalho, vamos fazer uma analogia.

Imagine um desenho qualquer, traçado em papel transparente, de forma que sua execução seja dividida em partes e cada parte, executada em uma folha separada. Após completar todas as folhas e sobrepô-las, temos o desenho completo. Os níveis de trabalho do AutoCAD equivalem a cada uma das folhas que compõem o desenho.

Não há limites para o número de níveis de trabalho. Todas as variáveis e propriedades que atuam em um desenho agem em todos os níveis da mesma forma. Por exemplo, ao se acionar o comando **Zoom**, ele atua em todos os níveis ao mesmo tempo.

7.2.1 Propriedades dos Níveis de Trabalho

Um nível de trabalho tem as seguintes propriedades:

- **Nome:** a todo nível associa-se um nome, que pode ser composto de um conjunto de até 31 caracteres alfanuméricos, inclusive alguns especiais, tais como "$" (dólar), "-" (hífen) e "–" (traço).
- **Visibilidade:** um nível de trabalho pode ser visível (**On**) ou invisível (**Off**). Só são impressos os visíveis.
- **Cores e tipos de linha:** quando se gera um nível de trabalho, associam-se a ele a cor branca e a linha contínua, que são os padrões do AutoCAD. É possível associar qualquer tipo e cor de linha a um nível de trabalho. A identificação de cada uma das cores é feita por um número inteiro de 1 a 255. As cores numeradas de 1 a 7 também podem ser identificadas por nomes.

O AutoCAD possui uma série de tipos de linha diferentes da contínua, que estão armazenados nos arquivos **acad.lin** e **acadiso.lin**.

- **Nível ativo:** quando se cria uma entidade, ela necessariamente vai pertencer a um determinado nível de trabalho. Nível ativo ou corrente é aquele no qual os novos elementos são desenhados. Seu nome aparece na janela da Figura 7.2. Nesse caso, o nome é **paredes**.

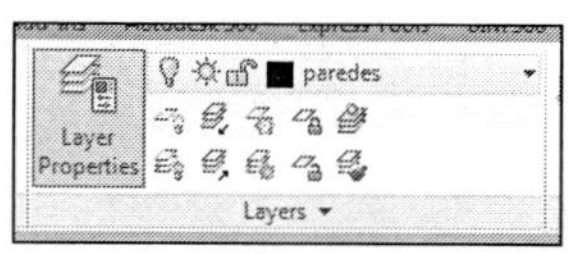

Figura 7.2 Nível de trabalho ativo ou corrente.

- **Condições iniciais:** quando se inicia um desenho, necessariamente já existe o nível de trabalho 0 (zero), o qual assume a cor branca e a linha contínua. Não é possível apagar esse nível ou alterar seu nome, apenas modificar sua cor e seu tipo de linha.

7.2.2 Novo Layer

Ao se entrar no comando **Layer** clicando no ícone , surge a paleta, como ilustra a Figura 7.3.

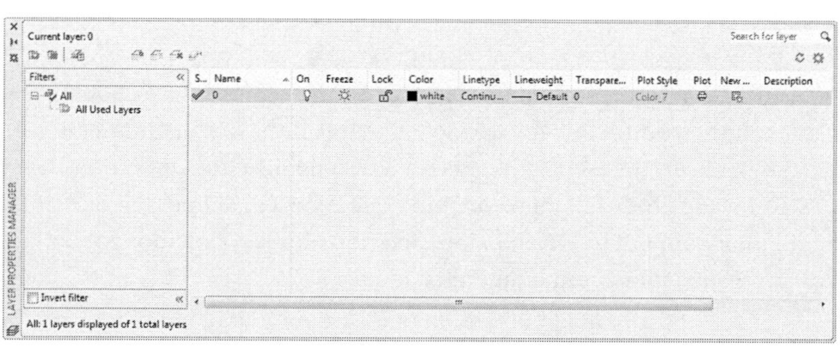

Figura 7.3 Comando Layer.

Para a criação de um nível de trabalho, é preciso clicar em **New** e escrever o nome do layer na nova linha inserida na janela maior, na qual aparece como sugestão o nome **Layer1** e assim por diante. Basta digitar os nomes e teclar vírgula para criar outros layers numa mesma sequência.

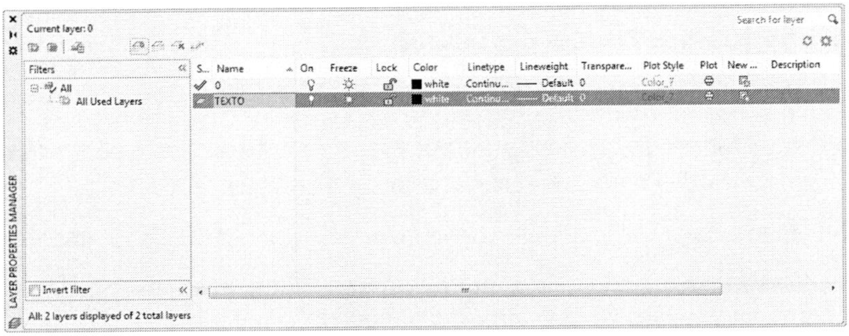

Figura 7.4 Comando Layer.

7.2.3 Cor e Tipo de Linha do Layer

Ao criarmos um layer, obtemos por default cor branca e linha no padrão **Continuous**. Para a escolha da cor ou tipo de linha para um nível de trabalho específico, clique em cima do quadradinho que representa a cor na coluna **Color** ou na palavra **Continuous** na coluna **Linetype**, após selecionar o layer.

Abre-se uma nova janela de diálogo sobrepondo-se à anterior para a escolha da cor ou do tipo de linha, como indicam as Figuras 7.5 e 7.6, respectivamente.

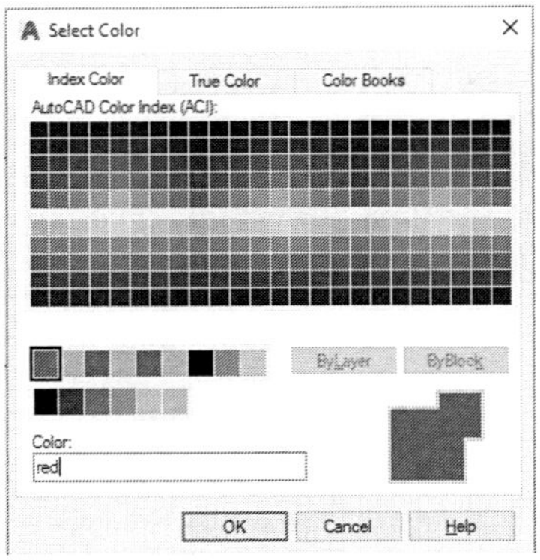

Figura 7.5 Escolha da cor .

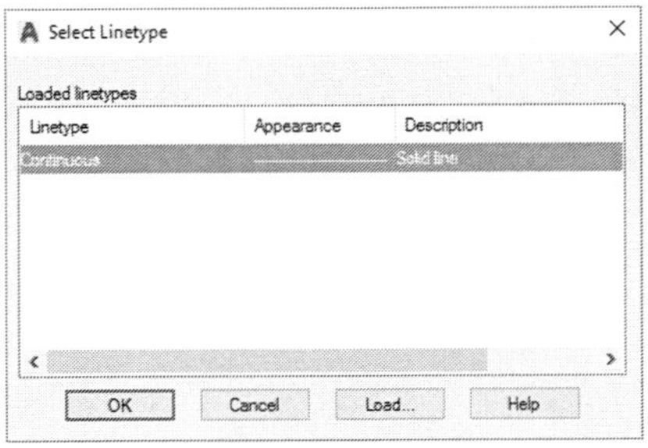

Figura 7.6 Escolha do tipo de linha.

O AutoCAD possui vários tipos de linha de acordo com normas internacionais. Nesse primeiro quadro só aparece a linha contínua. Para selecionar outras linhas, primeiramente carregue-as com o botão **Load...** . Ao se clicar nesse botão, aparece a janela de diálogo apresentada na Figura 7.7. No quadro maior estão listados todos os tipos de linha que o AutoCAD possui. Selecione um ou mais tipos clicando no nome e no botão **OK**. Os tipos selecionados são movidos para a janela anterior e permanecem lá, carregados junto com o desenho.

Os tipos de linha do AutoCAD estão gravados em um arquivo com extensão .lin e podem ser editados com um editor de textos e o bloco de notas do Windows. Ademais, é possível criar outros tipos de linha em um arquivo com extensão .lin e carregar no AutoCAD com o botão **File...** .

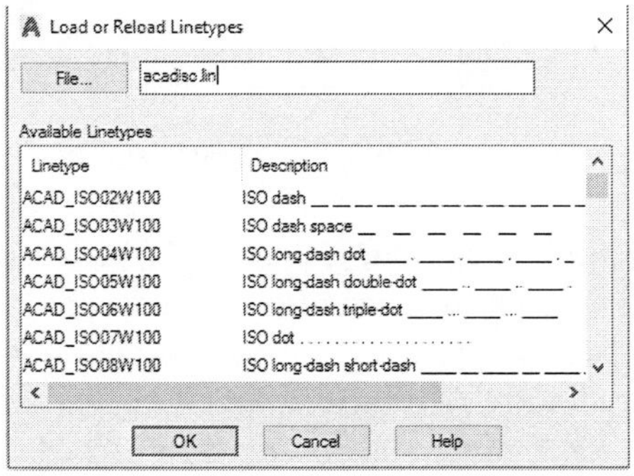

Figura 7.7 Tipos de linha do AutoCAD.

7.2.4 Estados do Layer

Para alterar a condição de um layer, basta selecioná-lo. Feito isso, surge uma barra azul por cima dele, indicando a seleção. Escolha uma das opções: **On/Off**, **Thaw/Freeze**, **Lock/Unlock**. Ao selecionar uma delas, o estado do layer se altera, e nas colunas seguintes surgem novos desenhos que representam o estado do layer correspondente à escolha.

- **On/Off:** corresponde à primeira coluna em que se tem **On**. Se o layer estiver ligado (**On**), ou seja, se o desenho da lâmpada estiver branco, significa que todas as entidades dele serão exibidas na tela. Para desligar o layer, clique na lâmpada, que fica azul, e suas entidades não aparecem na tela. Só são impressas as entidades visíveis. Para ligar o layer novamente, clique na lâmpada e ela volta a ficar branca.

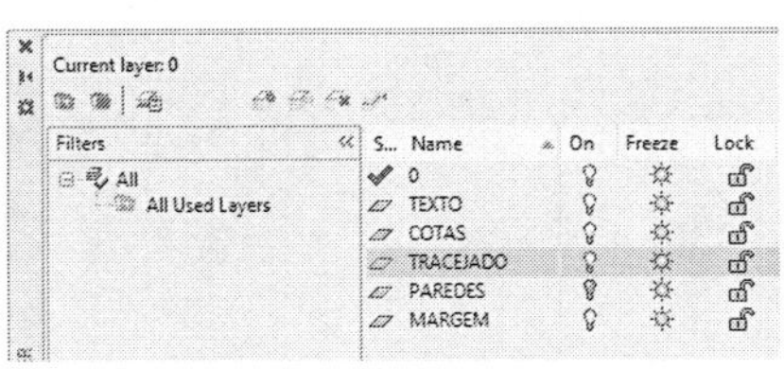

Figura 7.8 Desligar um layer.

- **Freeze/Thaw:** corresponde à segunda coluna, na qual consta **Freeze** ou o sol em amarelo. Para congelar um layer, clique no sol e surge um símbolo de neve. Ao congelar um layer, suas entidades ficam invisíveis na tela, e para o programa é como se nunca tivessem sido desenhadas. O resultado é a manipulação mais rápida do desenho na tela, por haver menos entidades. Para descongelar, clique no símbolo de neve, o qual volta a ser sol, e as entidades aparecem na tela.

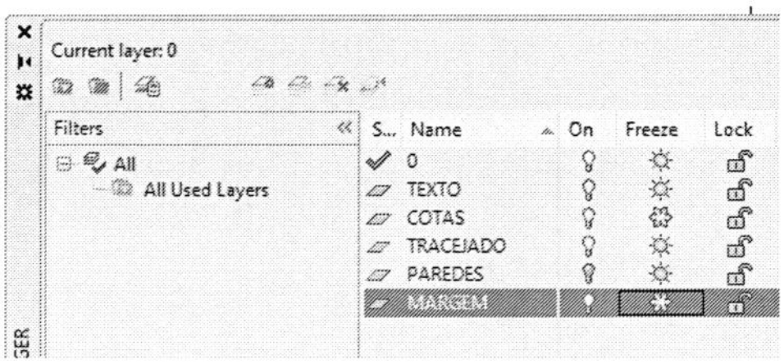

Figura 7.9 Congelar um layer.

- **Lock/Unlock:** refere-se à terceira coluna, que tem a letra (L). Quando se trava um layer, não é possível editar suas entidades. Por exemplo, se você tem um desenho complexo e não deseja que algumas entidades sejam acidentalmente alteradas, mas quer mantê-las visíveis, pode travar esses layers. Basta clicar no desenho do cadeado e ele se fecha, indicando que o layer está travado. Para destravar, clique novamente no cadeado e ele se abre, liberando o layer para edição.

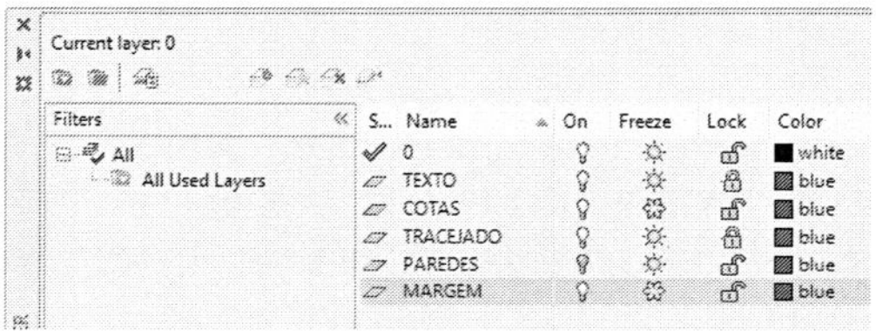

Figura 7.10 Travar um layer.

É possível selecionar mais de um layer simultaneamente para, por exemplo, mudar todos eles para a mesma cor ou congelá-los. Basta usar o modo de seleção do Windows, isto é, ao se pressionar <SHIFT>, selecionam-se todos os itens abaixo, e ao se pressionar <CTRL> é possível fazer a seleção descontínua de itens. Para selecionar todos os layers, clique dentro do quadro de layers com o botão direito do mouse e aparece um quadro com as opções **Select All** e **Clear All**.

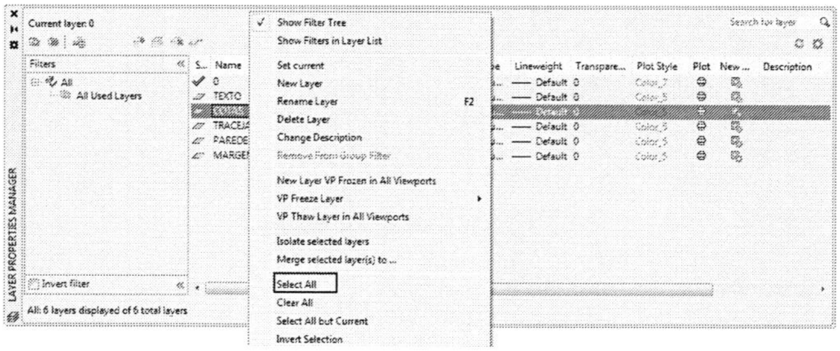

Figura 7.11 Seleção de todos os layers.

Para escolher o layer corrente, selecione um deles e clique com o botão da parte superior da janela **Current**. Não se pode deixar corrente um layer congelado ou que seja xref-dependent.

As outras propriedades dos layers são:

- **Lineweight:** possibilita selecionar uma espessura para as linhas desse layer. Clicando-se em **Lineweight**, surge o quadro da Figura 7.12 para a seleção da espessura da linha.

- **Plotstyle:** associa um estilo de impressão (Capítulo 14) ao layer. Se o estilo usado baseia-se em cores, não pode ser alterado.
- **Plot:** controla se as entidades do layer serão ou não impressas. Clicando-se no ícone da impressora, as entidades do layer não são impressas e o ícone passa a ser a impressora com uma marca.
- **New Vp Freeze:** determina que, ao se criar uma viewport, o layer em questão esteja congelado nela.
- **Transparency:** essa propriedade permite tornar os layers transparentes. Ao clicarmos no botão, surge a janela da Figura 7.13, na qual podemos definir o grau de transparência numa escala de 0-90.

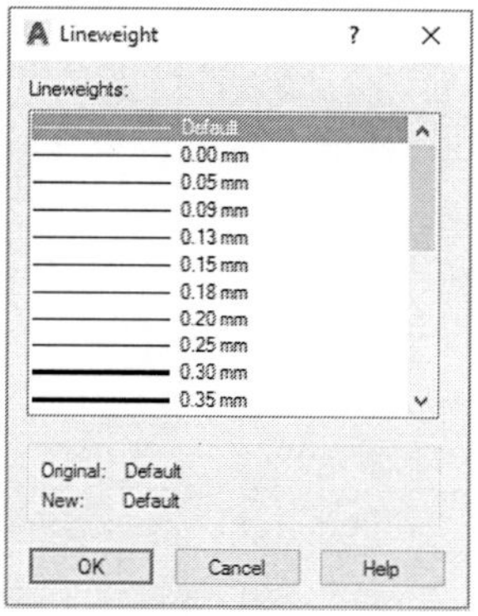

Figura 7.12 Escolha da espessura da linha.

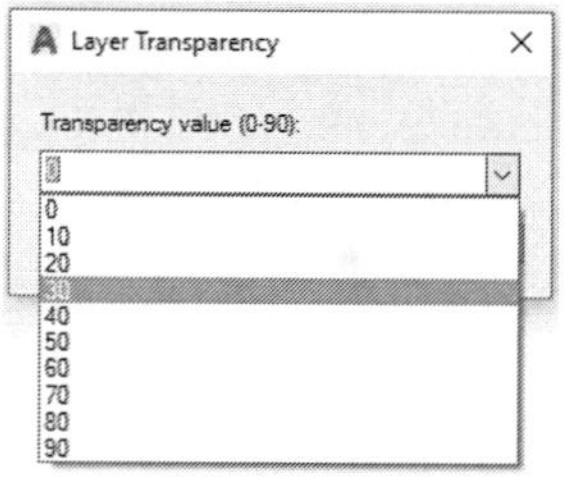

Figura 7.13 Seleção da transparência.

OBSERVAÇÃO

Antes de fazer qualquer alteração em um layer, deve-se selecioná-lo com o clique do mouse. O resultado aparece na tela imediatamente, sem a necessidade de sair do comando.

Neste exemplo, mudamos a transparência da hachura e do texto. Ao mudar a transparência, precisamos ativá-la pelo botão **TPY** na linha de **Status**, como mostra a Figura 7.14.

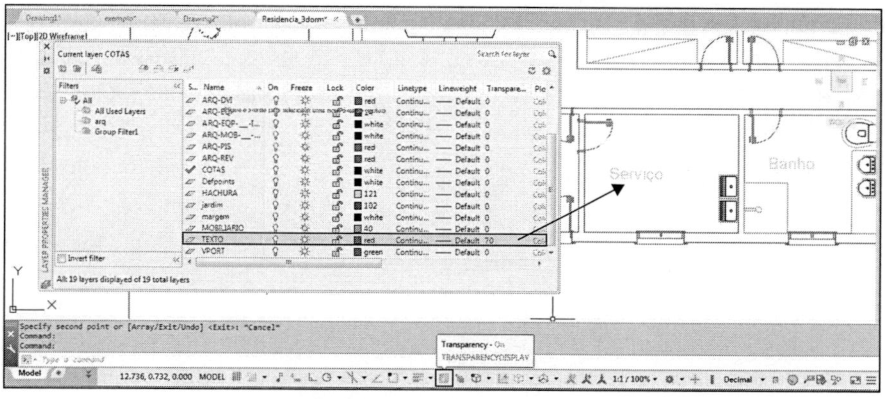

Figura 7.14 Ativação da transparência.

Os outros botões na parte superior (Figura 7.15) têm as seguintes funções:

Figura 7.15 Botões da paleta de Layer Properties Manager.

- **New** : cria um layer.
- **Delete** : apaga o layer selecionado. Válido apenas para layers sem nenhuma entidade.
- **Current** : torna corrente o layer selecionado. No layer corrente, as novas entidades são criadas. Apesar de ser possível criar muitos layers, só um deles por vez será o corrente. Para a criação das entidades em outros layers, é preciso mudar o layer corrente.
- **New Layer VP Frozen in All Viewports** : cria um layer que já é congelado em todas as viewports do **Paper Space**.

Podemos ainda juntar dois ou mais layers num terceiro layer. Basta selecioná-los, clicar no botão direito do mouse (Figura 7.16) e escolher **Merge selected layer(s) to...** . Na janela que se abre, selecione o layer para o qual os layers selecionados devem ir.

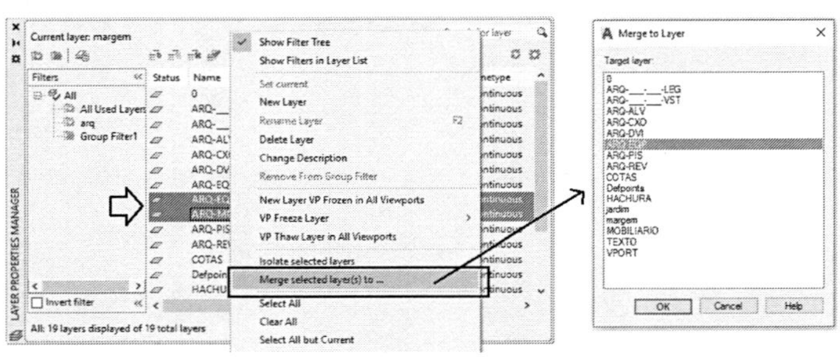

Figura 7.16 Merge to Layer.

7.2.5 Gerenciador do Estado dos Layers

No canto superior esquerdo da paleta do comando **Layer**, há três botões que permitem gerenciar os layers por grupos e propriedades, bem como filtros de seleção para facilitar o trabalho (Figura 7.16).

1. **Layer States Manager** : esse botão aciona o quadro que permite salvar as configurações atuais dos layers de um desenho para posterior recuperação. É importante salvar configurações de layers caso precise usá-las novamente em todos os níveis, durante etapas diferentes de finalização ou plotagem de um desenho (Figura 7.17).

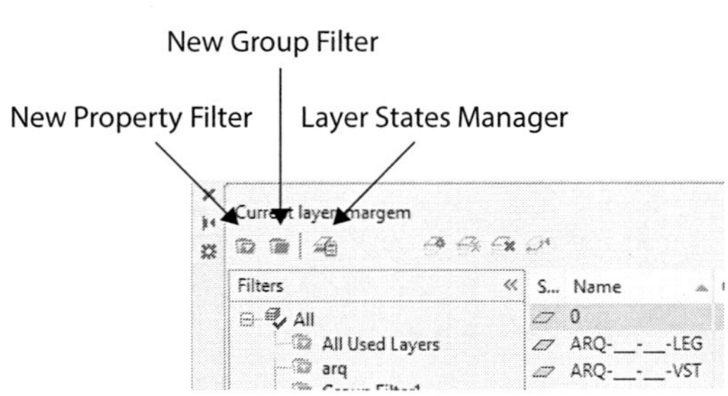

Figura 7.17 Gerenciadores de layers.

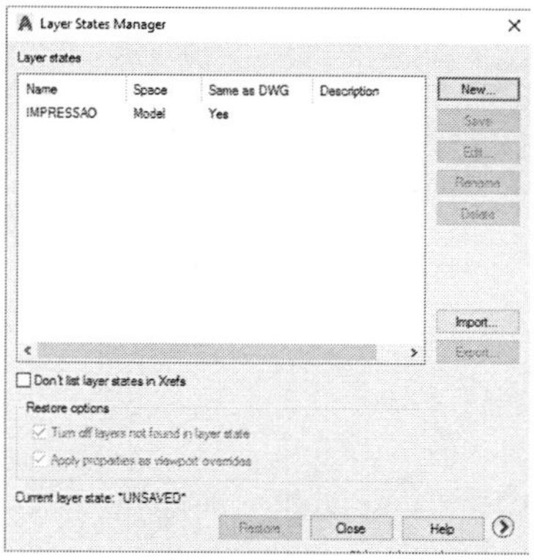

Figura 7.18 Salvar o estado dos layers.

As configurações compreendem o estado dos layers como **Locked/Unlocked**, e as propriedades como cor e tipo de linha. Ao salvar um estado de configuração de layer, é possível selecionar os estados ou propriedades a serem recuperados posteriormente. Quando um estado é restaurado, o desenho surge com a mesma aparência de quando foi salvo.

Para criar um estado de layer, clique em **New** e dê um nome para o estado, em seguida selecione as características que devem ser preservadas para recuperação.

Os outros botões são:

- **Delete:** apaga um estado.
- **Import:** recupera um arquivo de estado de layer salvo pela opção **Export**.
- **Export:** gera um arquivo com extensão .las e tem as opções de estado de layer, o qual pode ser usado em outro desenho.
- **Restore:** restaura um estado previamente criado com a opção **New**. Para restaurar, selecione o estado e clique em **Restore**.

2. **New Property Filter:** cria um filtro de layers que têm nomes ou outras propriedades em comum. Os filtros servem para restringir a exibição dos nomes dos layers na lista geral de layers criados no desenho. Em desenhos muito grandes, os filtros servem para exibir apenas os layers a serem utilizados. Por exemplo, é possível criar um filtro chamado ALVENARIA, que mostre somente os layers com a palavra ARQ-ALV no nome, como indica a Figura 7.19. Para inserir layers no filtro ALVENARIA, clique no botão , digite o nome do filtro ALVENARIA e, no campo **Name**, digite "**ARQ-ALV**". Note que todos os layers que começam com esse nome são listados na parte inferior da janela. Em seguida, clique em **OK**.

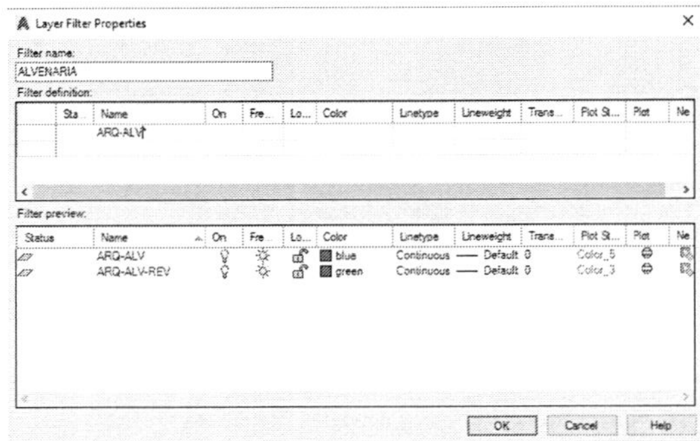

Figura 7.19 Criação de filtros de propriedades de layers.

Ao criar o filtro ALVENARIA, a árvore de visualização no quadro à esquerda exibe o filtro, como se vê na Figura 7.20.

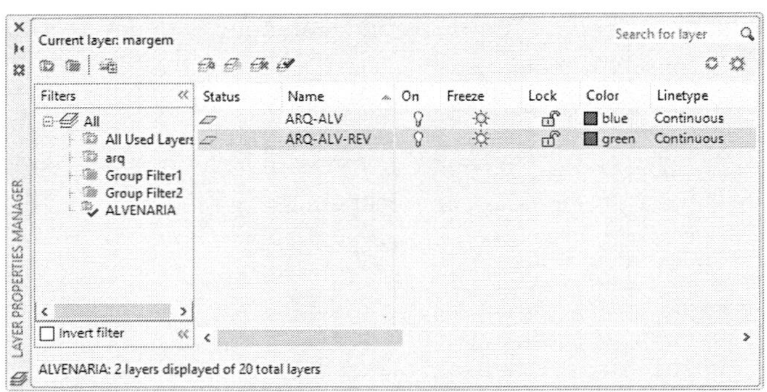

Figura 7.20 Visualização de filtros de layers.

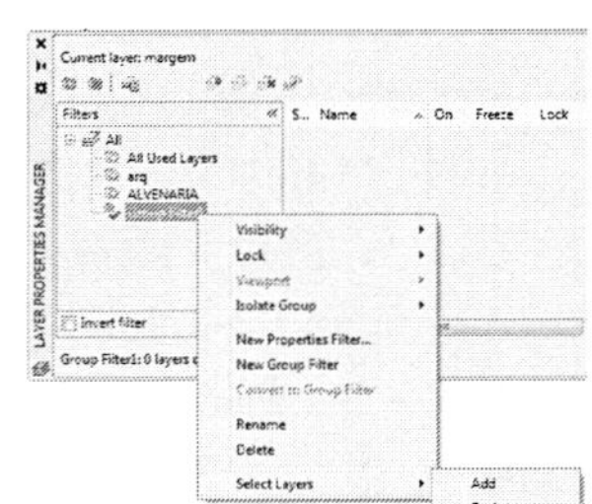

Figura 7.21 Criação de filtros de grupos de layers.

Nessa árvore constam as seguintes opções:

- **All:** mostra todos os layers criados.
- **All Used Layers:** exibe os layers usados.

3. **New Group Filter** : cria filtro de layers com vários níveis, independentemente de seus nomes ou propriedades. Para criar esse tipo de filtro, clique no botão , dê um nome ao filtro e pressione o botão direito do mouse para selecionar os layers no desenho pela opção **Select Layers**.

7.3 Manipulação dos Layers pelo Painel Layers da Aba Home

É possível trabalhar com os layers por meio do painel Layers (Figura 7.22). Ao se clicar no botão da seta, abrem-se os layers do desenho e é possível manipular o estado dos layers e a cor, como indicado em seguida.

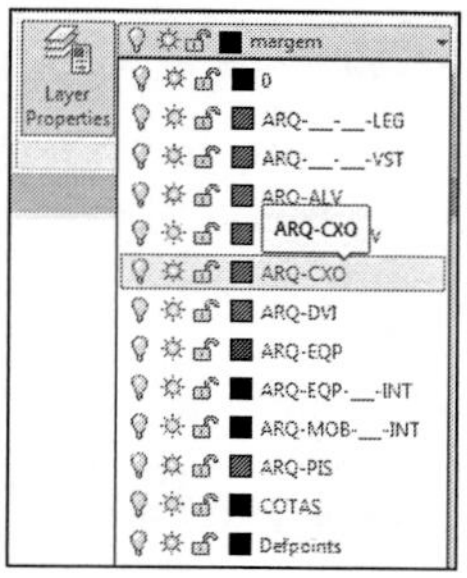

Liga/Desliga (On/Off)

Congela/Descongela (Freeze/Thaw)

Trava/Destrava (Lock/Unlock)

Troca a cor do layer

Figura 7.22 Alteração do estado dos layers.

7.4 Outras Formas de Manipulação de Layers

Make Object Layer Current

Também é possível tornar um layer corrente a partir de um objeto já inserido nele. Selecione o ícone no painel, como ilustra a Figura 7.22, e veja o prompt na linha de comando:

```
Select object whose layer will become
current: selecione um objeto qualquer do
layer que deseja tornar corrente.
```

Note que o layer desse objeto ficou corrente.

Layer Previous

Para voltar ao layer previamente usado, selecione o outro ícone no painel e o layer anterior passa a ser corrente.

Layer Isolate

Permite isolar um layer, ou seja, somente os objetos do layer selecionado ficam visíveis; os outros desligam-se ou ficam travados. Ao selecionar a opção **Settings**, podemos definir se os objetos ficam desligados ou travados. A opção **Fade** especifica o grau de visibilidade dos objetos.

```
Command: _Layiso.
Current setting: Lock layers, Fade=50.
Select objects on the layer(s) to be
isolated or [Settings]:
Select objects on the layer(s) to be
isolated or [Settings]: s.
Enter setting for layers not isolated
[Off/Lock and fade] <Lock and fade>:
Enter fade value (0-90) <50>: 30.
```

Layer Unisolate

Restaura a opção anterior dos layers.

Layer Match

Permite que você mude um objeto de layer pela seleção dos layers.

```
Command: _Laymch.
Select objects to be changed: selecione o
objeto a mudar de layer.
Select objects: 1 found.
Select objects: <ENTER>.
Select object on destination layer or
[Name]: selecione um objeto do layer para o qual vai
mudar.
One object changed to layer "desenho"
```

7.5 Comando Color

Além da opção **Color** do comando **Layer**, o AutoCAD possui o comando **Color** que associa cores às entidades, independentemente daquela escolhida para o nível de trabalho. Ele pode ser acessado pelo painel **Properties**, conforme a Figura 7.23, ou pelo menu **Format**, opção **Color**.

Figura 7.23 Comando Color.

> **OBSERVAÇÃO**
>
> É aconselhável que o trabalho seja feito com as cores definidas **ByLayer**, pois gera-se um desenho mais organizado.

Nessa janela, basta selecionar a cor desejada ou as opções **ByLayer** e **ByBlock** e mudar a cor. Após a seleção, as entidades passam a ser desenhadas com a cor escolhida.

- **ByLayer:** significa que as entidades serão geradas com a cor do nível de trabalho ativo. Por exemplo, se a cor do nível de trabalho Desenho for vermelha, as entidades são desenhadas em vermelho.
- **ByBlock:** desenha objetos na cor branca até que eles sejam agrupados em um bloco, não importa a cor do nível de trabalho ativo em qualquer instante.

O comando **Color** possui supremacia em relação à cor escolhida para o nível de trabalho. Após especificar uma cor como ativa, toda entidade desenhada, independentemente do nível de trabalho ativo, possui a cor determinada pelo comando **Color**.

As entidades somente são geradas com a cor do nível de trabalho ativo quando o comando **Color** estiver ajustado para a opção **ByLayer**.

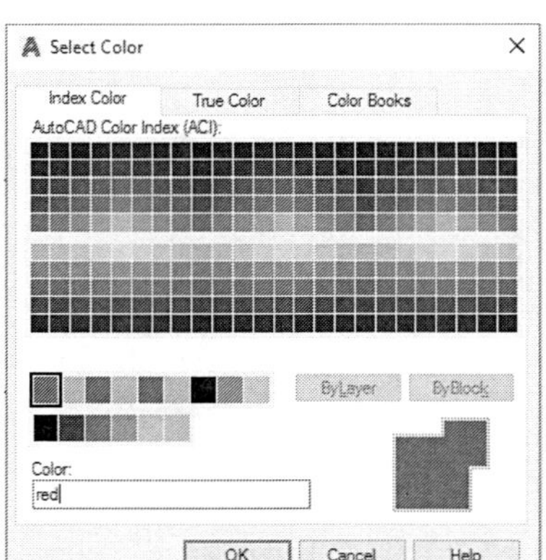

Figura 7.24 Comando Color.

7.6 Comando Linetype

Além da opção **Linetype** do comando **Layer**, o AutoCAD possui o comando **Linetype** que possibilita usar os diversos tipos de linha disponíveis, independentemente daquelas escolhidas pelos níveis de trabalho.

Ativa-se esse comando pelo ícone no painel **Properties** ou pelo menu **Format**, na opção **Linetype**.

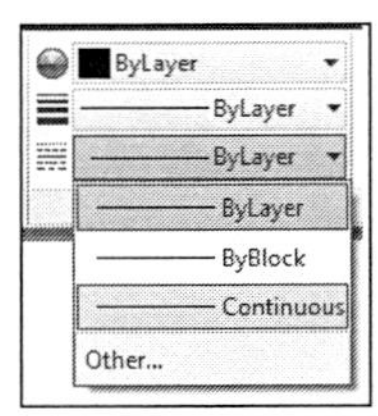

Figura 7.25 Comando Linetype.

- **ByLayer:** as entidades assumem o tipo de linha do layer no qual são geradas.
- **ByBlock:** as entidades assumem o tipo contínuo de linha até serem agrupadas em um bloco.

O botão **Load** carrega outros tipos de linha como no comando **Layer**. Após carregar alguns tipos de linha, pode-se selecionar um deles para tornar corrente. Selecione um tipo e clique no botão **Current**. A partir desse momento, todas as linhas do desenho são criadas com o tipo selecionado, não importa o layer em que estiverem. Para fazer com que os tipos de linha acompanhem o tipo de linha do layer, selecione **ByLayer** e clique no botão **Current**.

Os tipos de linha que forem carregados pela opção **Load** também ficam disponíveis no painel de propriedades dos objetos, conforme a Figura 7.26.

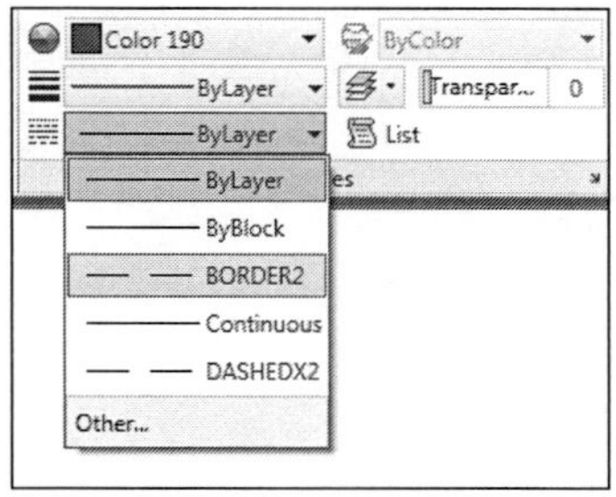

Figura 7.26 Alteração do tipo de linha corrente.

7.7 Escala dos Tipos de Linha - Comando Ltscale

É necessário alterar a escala para os tipos de linha que não são contínuos, pois, de acordo com os limites do desenho, uma linha tracejada, por exemplo, pode parecer contínua. Isso acontece porque a escala em que as linhas foram geradas é adequada para um limite específico. Para alterar a escala, digite **Ltscale** no prompt **Command:**

```
Command: Ltscale.
Enter new linetype scale factor <1.000>:
```

A resposta ao comando deve ser um número maior que 0. O valor atual é usado como parâmetro constante, que pode ser mantido ao pressionar <ENTER>.

Quando a escala de linha for alterada, ocorre uma regeneração do desenho para reajustamento, a menos que o comando **Regenauto** esteja desligado.

7.8 Alteração das Propriedades dos Objetos - Comando Properties

Para alterar as propriedades de um objeto, utiliza-se o comando **Properties**, que permite também modificar as características próprias desses objetos. Esse comando é acessado pelo painel **Palettes**, exibido com a aba **View**.

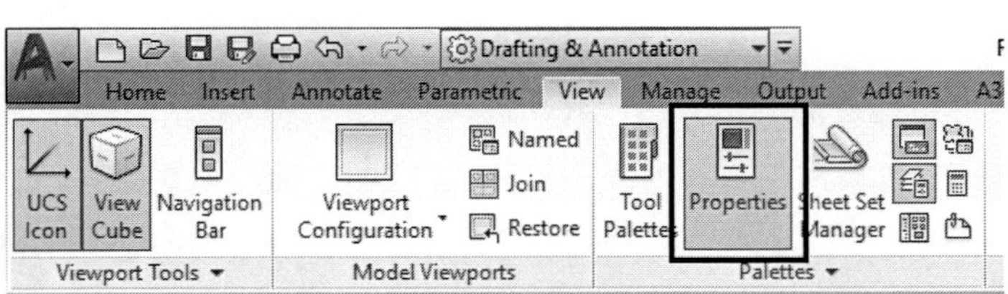

Figura 7.27 Aba View - Painel Palettes.

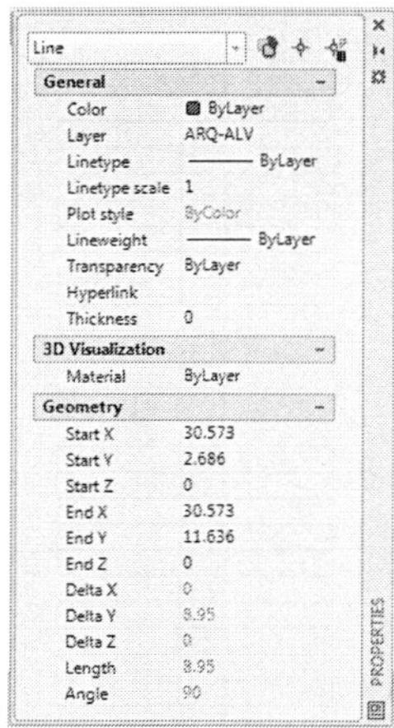

Figura 7.28 Properties.

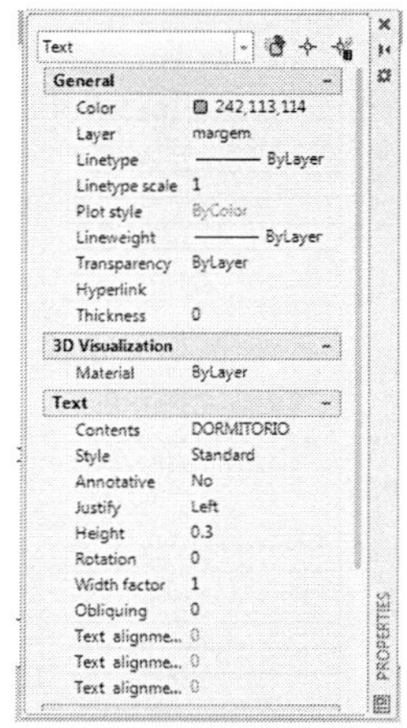

Figura 7.29 Properties.

As propriedades que podem ser alteradas são referentes a layer, cor, tipo, características geométricas, estilos, entre outras. Surgem diferentes propriedades de acordo com a entidade selecionada. Nos exemplos apresentados em seguida temos **Line** e **Mtext**.

Para mudar o **Layer** de um objeto, clique no canto superior da linha em que está o layer para abrir uma lista dos layers do desenho (Figura 7.30). Selecione o layer desejado e clique com o cursor. Proceda da mesma forma para as outras entidades. Para alterar os campos numéricos, clique com o mouse no campo e digite o novo valor como em um editor de textos. Se selecionar um círculo, pode mudar seu raio, **Radius**, ou diâmetro digitando o novo valor. Perceba que você pode dinamicamente ter um preview de objetos e propriedades antes de aplicar as modificações. Por exemplo, se você selecionar um objeto e, na paleta **Properties**, passar o cursor sobre a propriedade **Color**, conforme o cursor se desloca pela lista de cores a cor do objeto se altera. O mesmo acontece com espessuras de linha com **Lineweight** (Figura 7.31).

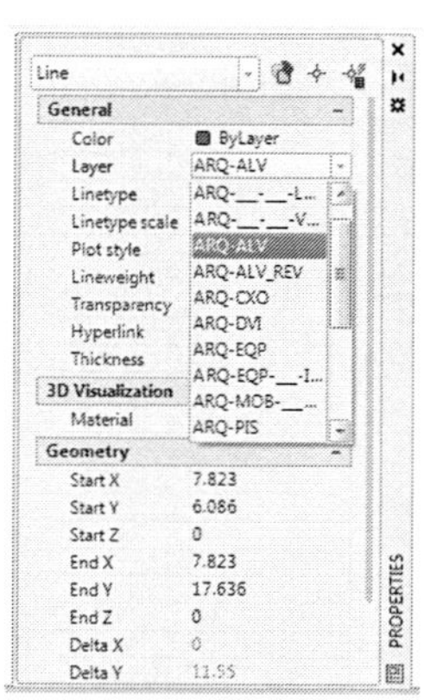

Figura 7.30 Alteração do layer.

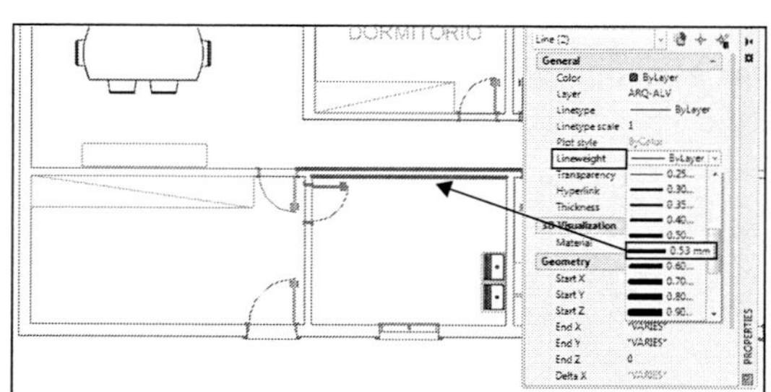

Figura 7.31 Visualização da alteração das propriedades.

7.9 Quick Properties

Existe outra paleta com apenas algumas propriedades, a **Quick Properties** (propriedades rápidas). Ela pode ser habilitada ou desabilitada pelo botão na linha de status, como mostra a Figura 7.32. Se estiver habilitada, toda vez que se clicar em uma entidade, ela é exibida, como na Figura 7.33. Ela pode ser personalizada clicando-se no botão do canto superior para aumentar a produtividade, reduzindo-se os passos para encontrar as propriedades de um objeto.

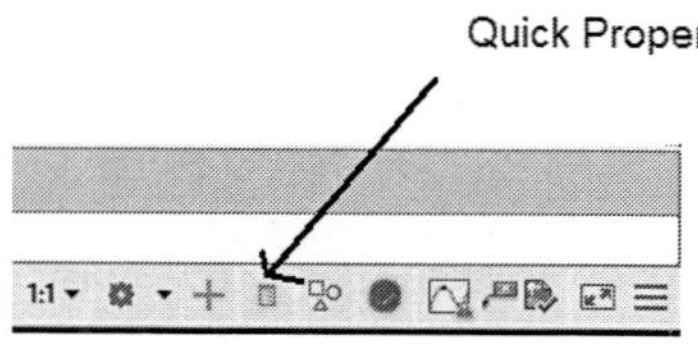

Figura 7.32 Botão Quick Properties.

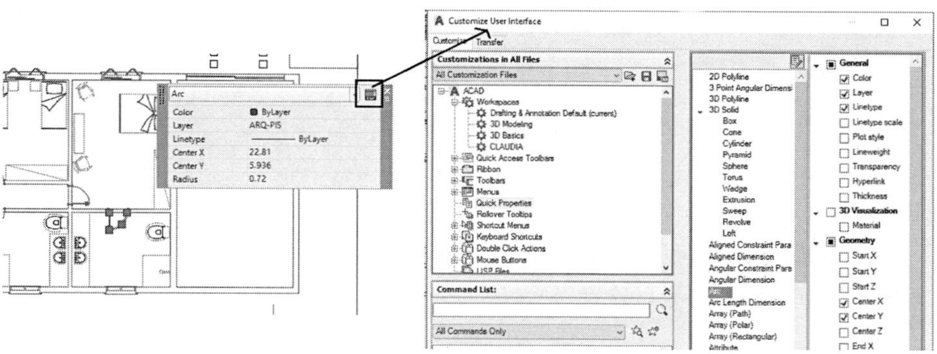

Figura 7.33 Quick Properties.

7.10 Propriedade Anotativa (Annotative)

Essa propriedade permite imprimir textos, cotas, hachuras e outras entidades em diferentes escalas de desenho sem que sua escala original seja modificada. Se temos um desenho com textos, cotas e hachuras e vamos imprimi-lo em diferentes escalas, usamos essa propriedade para que esses objetos sejam impressos sempre do mesmo tamanho em todas as escalas. As entidades que podem ter a propriedade **Annotative** são **Text**, **Mtext**, **Dimensions**, **Hatches**, **Tolerances**, **Multileaders**, **Leaders**, **Blocks** e **Attributes**. Essa propriedade aparece na paleta **Properties** quando se tem uma das entidades citadas selecionada.

A Figura 7.34 apresenta um texto com estilo **Annotative** e a paleta correspondente à seleção desse texto. Quando uma entidade tem a propriedade **Annotative** marcada com **Yes**, ao passarmos o cursor sobre ela aparece um ícone que confirma a existência da propriedade no texto. As escalas de impressão e a utilização dessa propriedade serão vistas em detalhes no Capítulo 14.

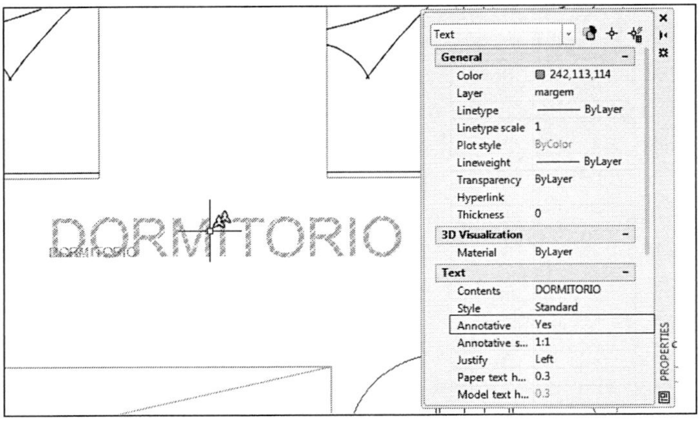

Figura 7.34 Texto com propriedade Annotative.

EXERCÍCIOS

Criação de layers:

1. Abra o exercício do capítulo anterior: **capitulo6.dwg**.
2. Entre no comando **Layer** e crie os seguintes layers: paredes, texto, cotas, hachura e portas. Para cada um escolha uma cor diferente.
3. Com o comando **Properties** mude as entidades de layer da seguinte forma: o desenho das paredes para o layer paredes, o texto para o layer texto, a porta para o layer porta e a hachura para o layer hachura.
4. Com o comando **Save As** salve o desenho como **capitulo7**.

CAPÍTULO 8

Visualização do Desenho

OBJETIVOS

- Visualizar o desenho de diferentes formas
- Visualizar o detalhe
- Criar vistas do desenho
- Alterar a visibilidade de alguns objetos

8.1 Comando Zoom

O comando **Zoom** aproxima ou afasta partes do desenho. Ele pode ser acionado primeiramente com o botão scroll do mouse ou por meio do ícone à direita da tela gráfica, como mostra a Figura 8.1.

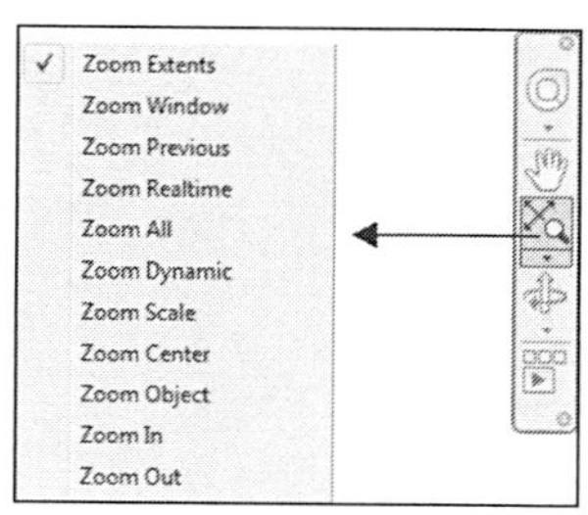

Figura 8.1 Zoom.

A seguir veremos as principais opções do comando **Zoom**.

8.1.1 Zoom All

Essa opção revela o que está desenhado nos limites definidos pelo usuário, porém, se houver alguma entidade desenhada fora dos limites, ela aumenta a área e a exibe também. Se em algum momento parecer que o desenho sumiu, use o **Zoom All** para mostrar tudo que esteja desenhado.

Para seguir esses exemplos, você pode abrir qualquer desenho ou, se preferir, utilizar o arquivo ANDAR TIPO.dwg, que pode ser baixado do site da editora.

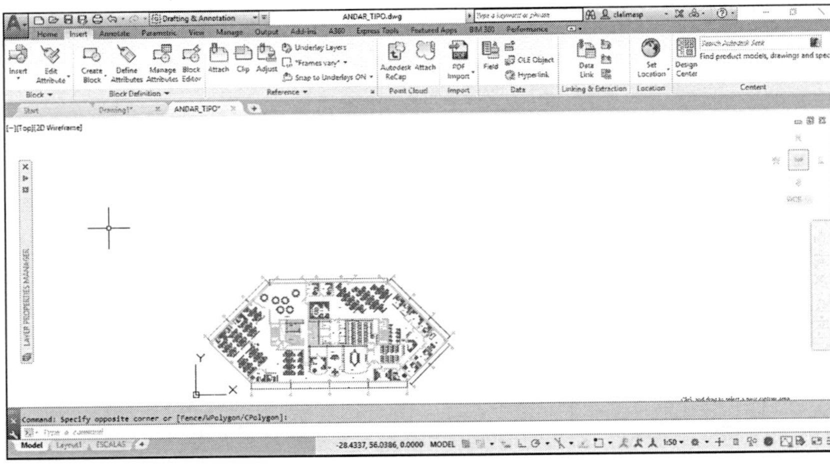

Figura 8.2 Zoom All.

8.1.2 Zoom Extents

Apresenta toda a extensão do desenho na menor tela possível, exibindo o que foi desenhado. Às vezes, o efeito é semelhante ao **Zoom All.**

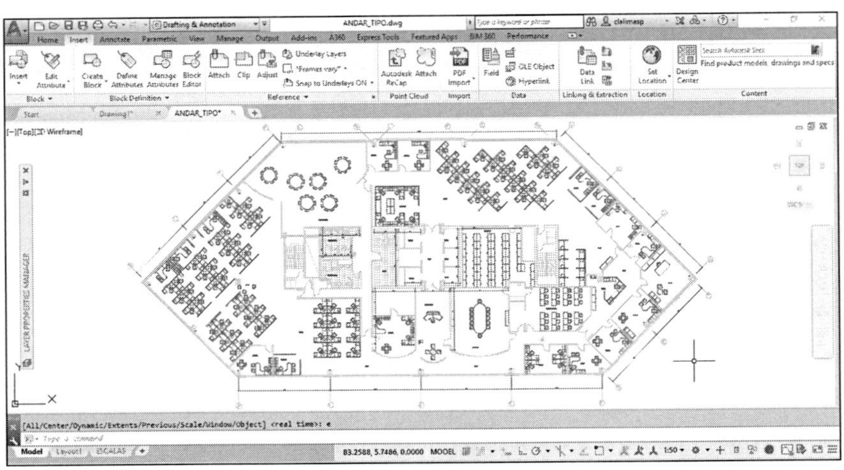

Figura 8.3 Zoom Extents.

8.1.3 Zoom Window

O **Zoom Window** delimita uma janela em volta de uma área para que seja possível vê-la em detalhes. Após selecionar a opção **Window**, são solicitados os dois cantos da janela conforme a interação a seguir. Entre com dois pontos em volta da área que pretende ver em detalhe.

```
Command: Zoom.
Specify first corner: P1.
Specify opposite corner: P2.
```

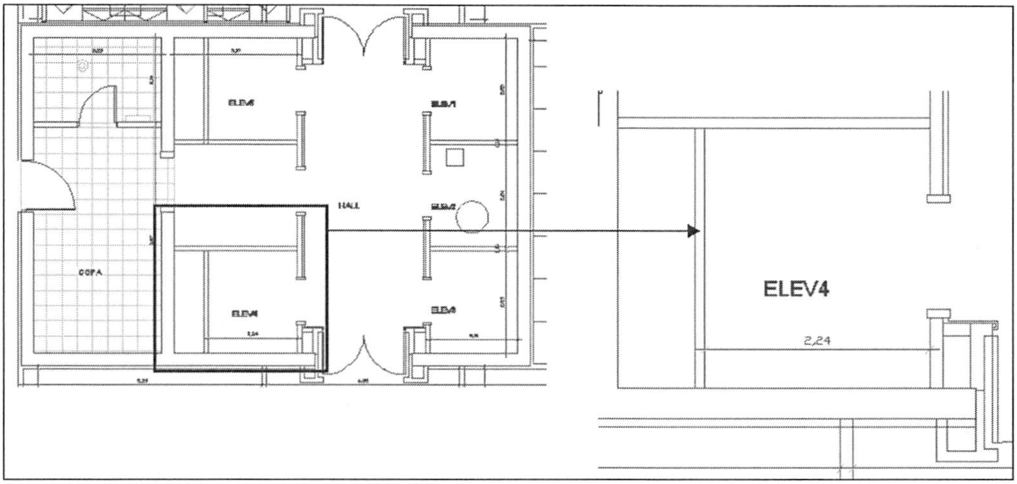

Figura 8.4 Zoom Window.

8.1.4 Zoom Previous

O **Zoom Previous** volta um **Zoom**, ou seja, exibe a vista anterior à atual. É possível dar diversos **Zoom Previous** e as vistas anteriores retornam.

> **OBSERVAÇÃO**
>
> No botão scroll do mouse é possível dar **Zoom** ao rolar o botão e **Pan** ao apertar o botão e mover o mouse. Essa é a maneira mais ágil de usar o **Zoom**. A variável **Zoomfactor** controla a dimensão do **Zoom** ao rolar o botão scroll. Basta digitá-la na linha de comandos e mudar seu valor.

8.2 Comando Pan

Esse comando arrasta o desenho na tela sem alterar sua dimensão ou posição em relação às coordenadas. É como se o papel do desenho fosse puxado para qualquer lado. É útil para deslocar a tela e desenhar ao lado do que já está desenhado sem diminuir ou aumentar a área de tela.

Ele é acessado pressionando-se o botão scroll do mouse ou por meio do ícone da mãozinha à direita da tela gráfica como mostra a Figura 8.5.

Figura 8.5 Pan.

O botão scroll do mouse torna mais ágil o uso do **Pan**; pressiona-se o botão e move-se o mouse para qualquer um dos lados.

Ele pode ser combinado com o **Zoom** pelo menu flutuante que surge ao se clicar no botão direito do mouse e entrar no **Pan**.

1. Clique em **Pan**.
2. Ao aparecer o ícone da mão, aperte o botão esquerdo do mouse. Arraste o cursor para a esquerda e veja o desenho deslocar-se.
3. Para sair, tecle <ENTER> ou no botão direito do mouse; no menu flutuante que aparece, clique em **Exit**.

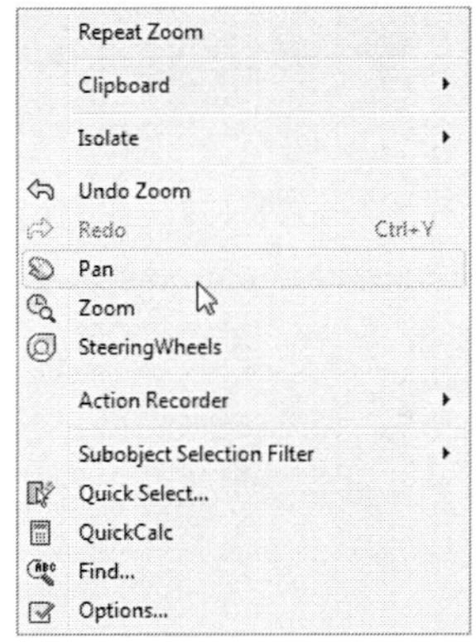

Figura 8.6 Menu flutuante.

OBSERVAÇÃO

Para usar o **Pan**, a variável **Mbuttonpan** deve ser = 1. Para acessá-la, digite na linha de comandos **MBUTTONPAN**.

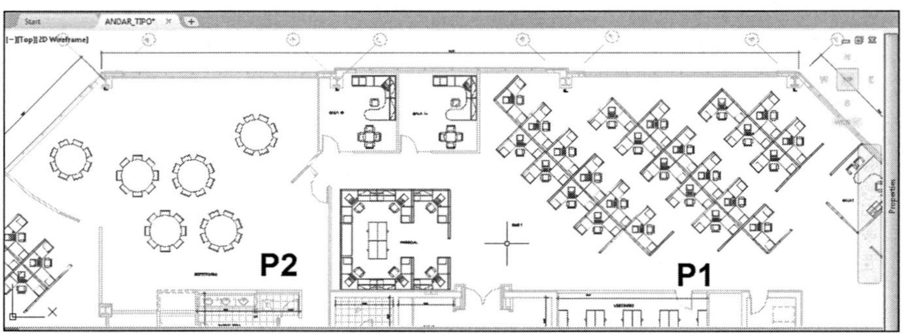

Figura 8.7 Antes do Pan.

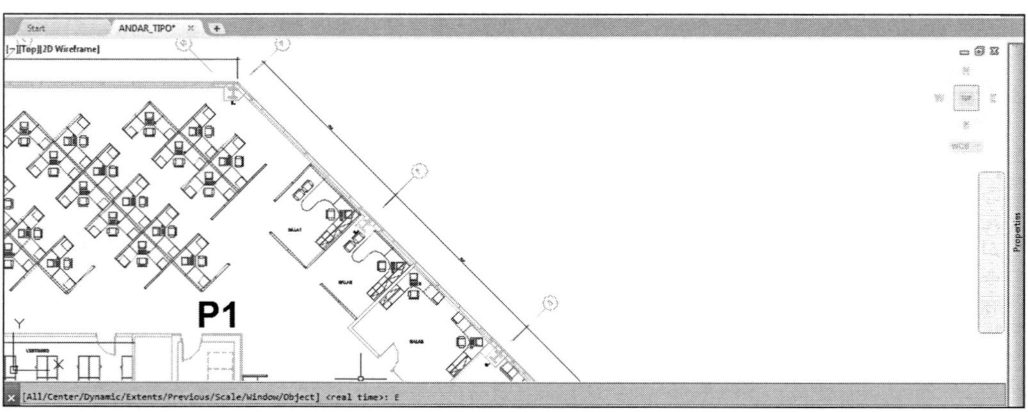

Figura 8.8 Depois do Pan.

8.3 Comando Redraw

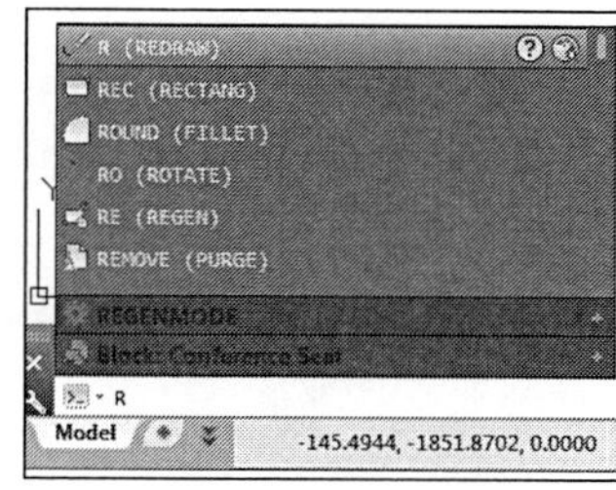

Figura 8.9 Comandos Redraw e Regen.

Dependendo da configuração do AutoCAD, pequenos pontinhos podem surgir na tela ao se apagar uma entidade ou marcar um ponto. Ao se plotar um desenho, esses pontos não são plotados, porém eles sujam a tela. Para removê-los, use o **Redraw**, na linha de comandos digite R <ENTER>.

8.4 Comando Regen

Esse comando regenera o desenho, o que significa, para o AutoCAD, recalcular o que foi desenhado e mostrar na tela o resultado de algumas alterações.

Quando se muda um tipo de ponto do desenho e já existem pontos desenhados, por exemplo, deve-se regenerar o desenho para que o AutoCAD recalcule tudo de acordo com os novos parâmetros. Não é possível ver o resultado de alguns comandos sem a regeneração. Se o desenho for muito grande, essa regeneração pode demorar um pouco. Na linha de comandos digite **Regen**.

8.5 Visibilidade dos Objetos

Temos outras formas de controlar a visibilidade dos objetos independentemente da visibilidade dos **Layers**. Podemos esconder ou isolar objetos.

8.5.1 Hide Objects - Como Esconder Objetos

Para esconder parte dos objetos após selecioná-los com o modo **Crossing** ou **Window**, clique com o botão direito do mouse e selecione **Isolate** → **Hide Objects**. Os objetos selecionados se tornam invisíveis.

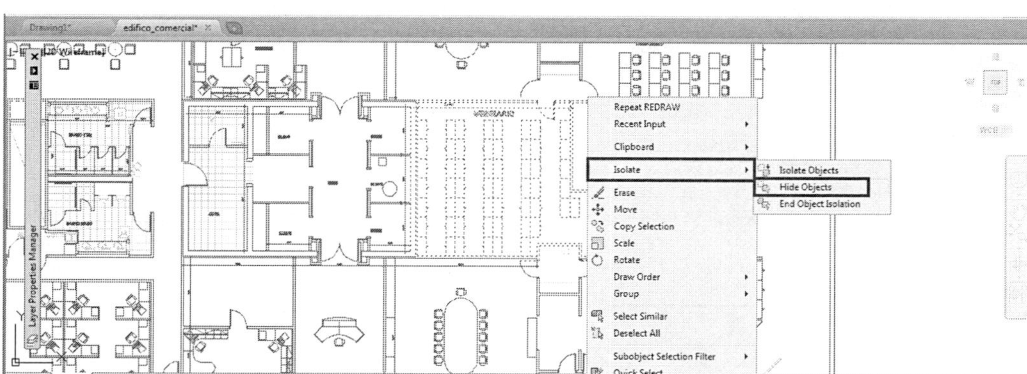

Figura 8.10 Escondendo objetos.

8.5.2 Isolate Objects - Como Isolar Objetos

Com a seleção de **Isolate Objects** somente os objetos selecionados ficam visíveis no desenho; os demais ficam invisíveis.

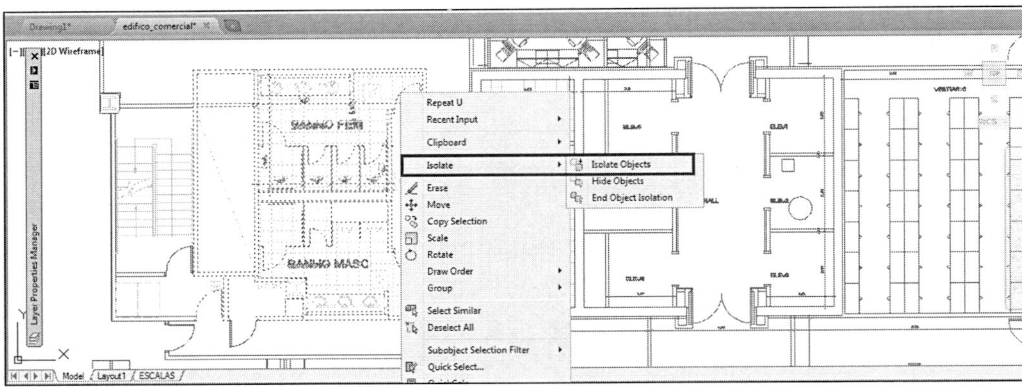

Figura 8.11 Isolando objetos.

Podemos usar uma combinação de **Isolate Objects** e **Hide Objects** para mostrar somente os objetos que são relevantes às tarefas em cada momento. Por exemplo, você pode usar **Isolate Objects** para selecionar uma área do desenho que você queira editar e usar o **Hide Objects** para esconder outros objetos dentro dessa área. Para retornar à situação original, clique com o botão direito do mouse sem a necessidade de selecionar nenhum objeto e selecione **End Object Isolation** para restaurar os objetos escondidos.

Na linha de status temos também um botão com uma lâmpada que permite retornar à situação original, exibindo-se todos os objetos, esconder objetos ou isolar mais objetos.

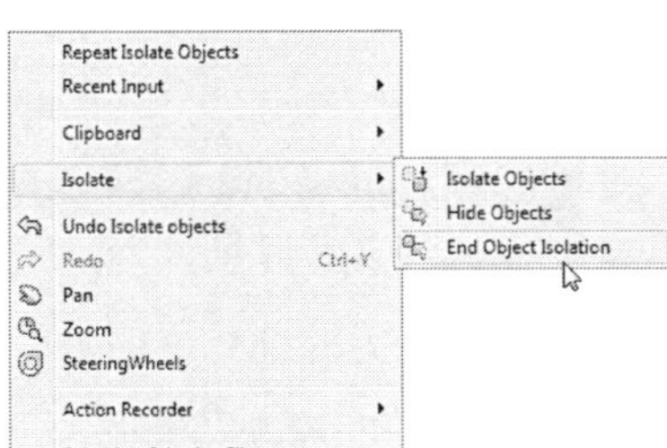

Figura 8.12 Restauração da visibilidade dos objetos.

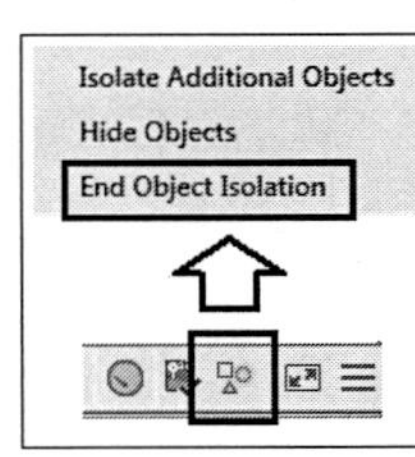

Figura 8.13 Botão da linha de status.

CAPÍTULO 9

Dimensionamento

OBJETIVOS

- Criar estilos de dimensionamento
- Cotar o desenho
- Editar as cotas

A forma como se cota um desenho é determinada por uma série de variáveis que controlam a aparência dessas variáveis.

Os elementos que constituem uma cota (setas, linha de cota, linha de chamada, textos etc.) são criados como uma só entidade. Os comandos de dimensionamento são divididos em três categorias:

- Comandos de desenho de cotas;
- Comandos de criação de estilo de dimensionamento;
- Comandos de edição de dimensionamento.

Os comandos de dimensionamento encontram-se no painel **Dimensions** da aba **Annotate** (Figura 9.2), no painel **Annotation** da aba **Home** resumidamente (Figura 9.1) ou no menu superior **Dimension** (Figura 9.3) se ele estiver habilitado.

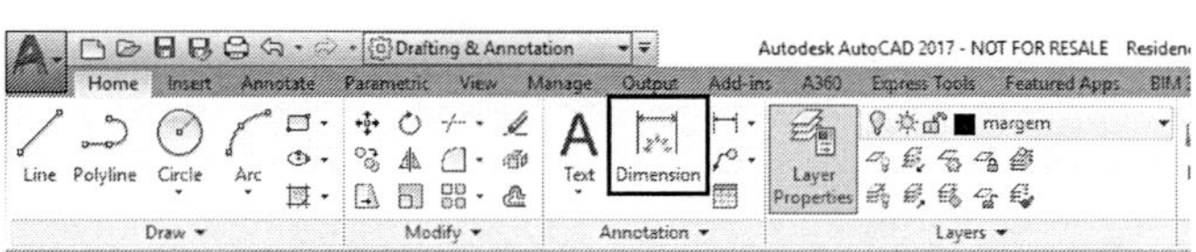

Figura 9.1 Painel Annotation.

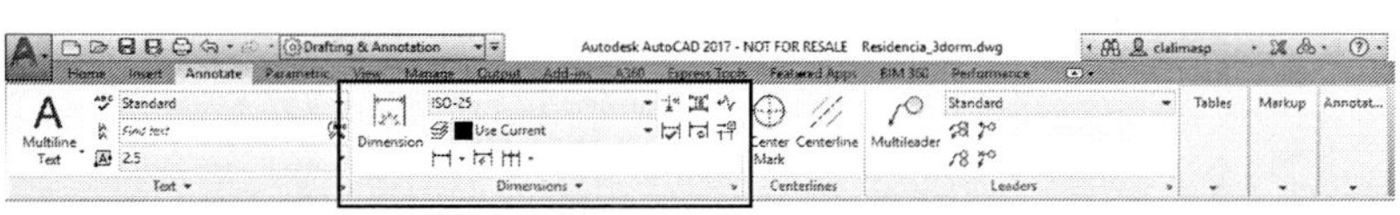

Figura 9.2 Painel Dimensions.

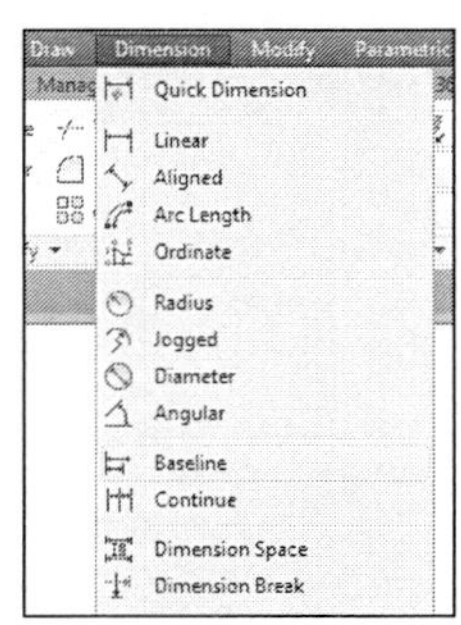

Figura 9.3 Menu superior Dimension.

9.1 Comando Dimlinear

As cotas lineares estão agrupadas no comando **Dimlinear**, que faz cotas tanto horizontais como verticais. As opções vertical e horizontal são fornecidas pela posição do cursor no desenho. Por exemplo, se o cursor está acima ou abaixo da linha selecionada, ele assume a horizontal; se está à esquerda ou à direita da linha selecionada, ele assume a vertical.

No dimensionamento, há muita influência da escala do desenho e do tamanho da área de trabalho. Por isso, para que não haja dúvidas quanto ao processo que descreveremos a seguir, abra um novo desenho antes de acompanhar os procedimentos desta parte, certifique-se de que os limites são de 420 x 297 unidades e de que esteja iniciando com um arquivo padrão do AutoCAD, chamado acadiso. Em seguida, faça um retângulo na tela com o comando **Rectangle**.

1. Primeiramente teste o tamanho das cotas.
2. Ligue a função **Osnap (F3)** na linha de status.
3. Clique no botão do comando **Linear Dimension**.

`Command:` Dimlinear.
`Specify first extension line origin or <select object>:` P1 (marque o ponto final do retângulo).
`Specify second extension line origin:` P2 (marque outro ponto à direita deste).
`Specify dimension line location or:` P3 (marque um ponto acima).
`Dimension text = 76,82.`

Veja que uma cota foi desenhada na tela, porém deve estar um pouco fora do tamanho desejado (Figura 9.4).

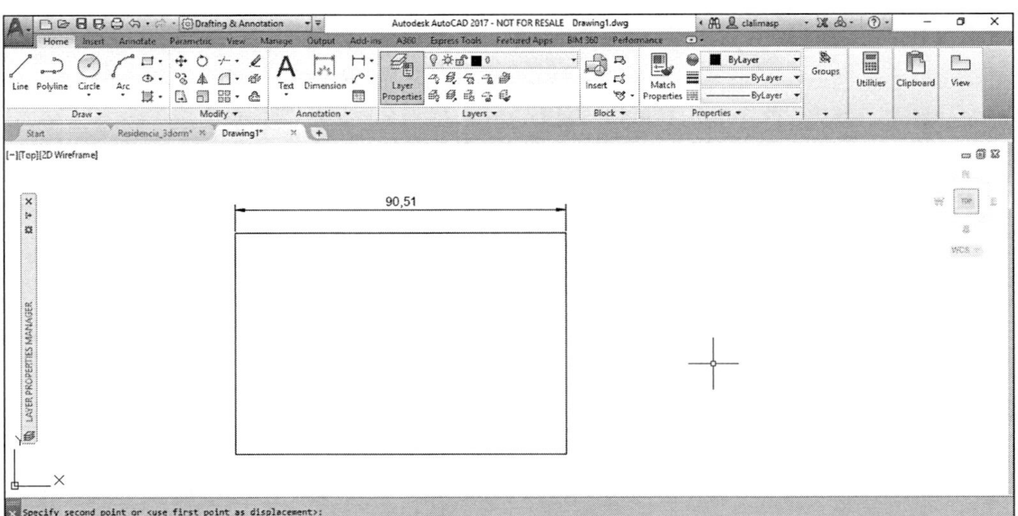

Figura 9.4 Cota linear.

O dimensionamento tem uma escala que varia de acordo com o tamanho do desenho e variáveis que podem ser alteradas para criar diversos tipos (estilos) de cota. Vamos mudar a escala dessa cota para que fique de acordo com a proporção desse desenho.

1. Clique no botão **Dimension Style**, como mostra a Figura 9.5.
2. Na janela que surge há o estilo corrente ISO-25 e, no quadro **Preview**, são expostas suas características. Clique em **New** para criar um estilo (Figura 9.5).
3. Crie um estilo com base no ISO-25 e dê a ele o nome ARQUITETURA. Para isso, basta digitar ARQUITETURA no campo **New Style Name** e clicar em **Continue** (Figura 9.6).

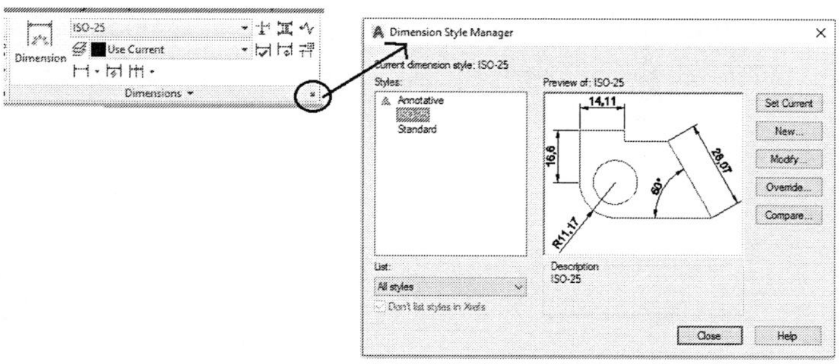

Figura 9.5 Criação de um estilo.

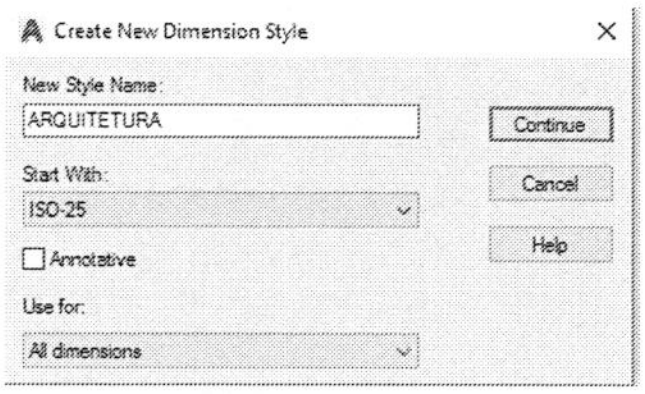

Figura 9.6 Criação de um estilo

4. Aparece a janela da Figura 9.7, na qual se informam todas as configurações das cotas. São muitas as possibilidades; por enquanto altere apenas a escala. Clique na guia **Fit** e no campo **Scale for dimension features** coloque o valor 0.5 para **Use overall scale of.** Clique em **OK**.
5. Na janela da Figura 9.8, no campo **Styles**, aparece o estilo de cota do exemplo criado. Selecione esse estilo e clique em **Set Current** ao lado direito do quadro para tornar o estilo corrente. Para encerrar, clique em **Close**.
6. Repita a operação anterior para verificar se o tamanho da cota está de acordo com o desenho.
7. Em seguida, clique no botão do comando **Linear Dimension**.

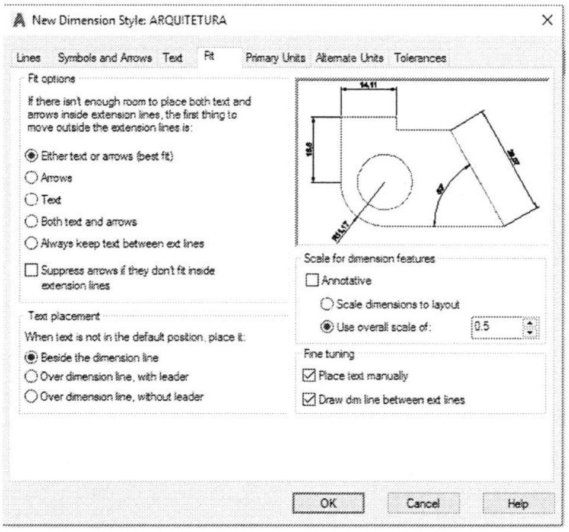

Figura 9.7 Alteração da escala das cotas.

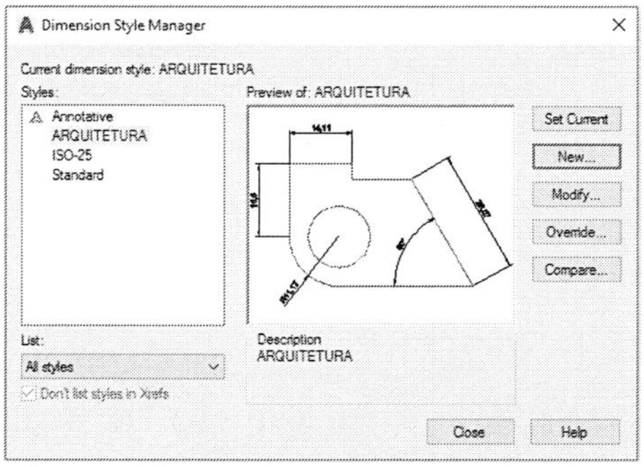

Figura 9.8 Seleção do estilo criado.

```
Command: Dimlinear.
Specify first extension line origin or <select
object>: P1
Specify second extension line origin: P2
Specify dimension line location or: P3
[Mtext/Text/Angle/Horizontal/Vertical/Rotated]:
Dimension text =70.71
```

OBSERVAÇÃO

Para marcar um ponto em dimensionamento, é necessário usar o **Osnap** no endpoint para pegar o ponto final das linhas com precisão.

O tamanho das cotas foi modificado. Com o estilo criado, a cota ficou com metade do tamanho do estilo anterior. Acesse o comando **Dimlinear** para cotar o retângulo. Clique no botão do comando **Linear Dimension**.

```
Command: Dimlinear.
Specify first extension line origin or < select object>: P1.
Specify second extension line origin: P2.
Specify dimension line location or: P3.
[Mtext/Text/Angle/Horizontal/Vertical/Rotated]:
Dimension text = 56.56
```

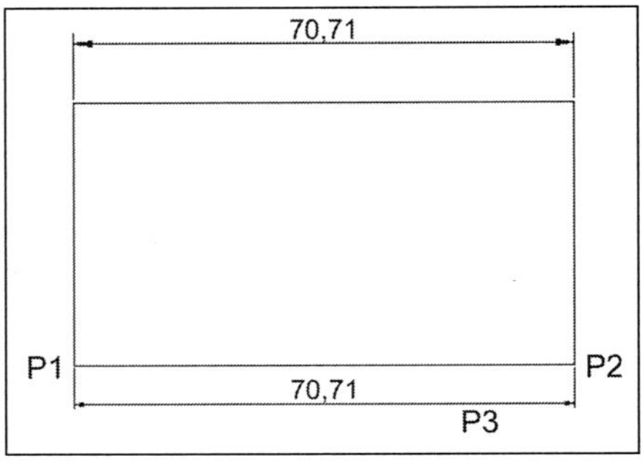

Figura 9.9 Comando Dimlinear.

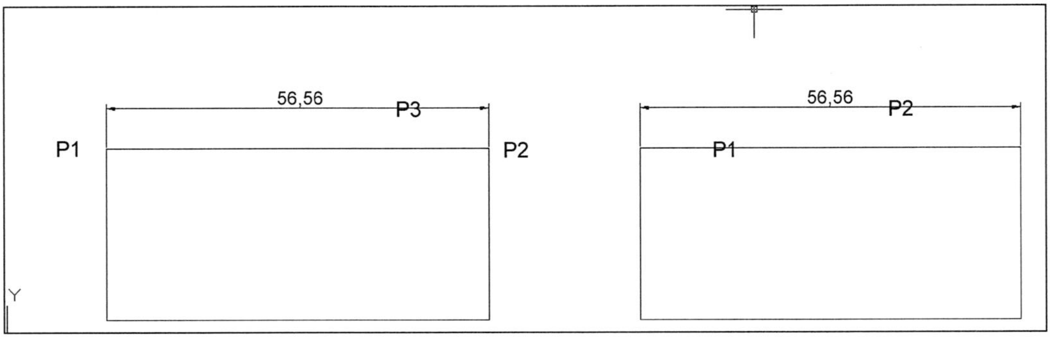

Figura 9.10 Comando Dimlinear.

No prompt **Specify first extension line origin or <select object>** há duas opções: informam-se o primeiro ponto da linha a ser cotada (P1) e o final (P2) ou pressiona-se <ENTER> e o AutoCAD pede para selecionar uma linha. Automaticamente o tamanho da linha é medido para fazer a cota de acordo com a Figura 9.10, lado direito.

```
Command: Dimlinear.
Specify first extension line origin or <select object>: <ENTER>.
Select object to dimension: selecione a linha horizontal do retângulo (P1).
Specify dimension line location or [Mtext/Text/Angle/Horizontal/Vertical/Rotated]: P2.
```

A Figura 9.10 ilustra os dois modos de dimensionamento, com dois pontos e com seleção automática da linha. Se a linha a ser cotada for vertical, o procedimento é o mesmo: basta selecionar os pontos na vertical ou a linha vertical.

As opções que surgem no prompt final são as seguintes:

- **33Text:** fornece um prompt com o valor atual e permite que esse valor seja alterado.
- **Angle:** concede um ângulo para o texto.
- **Horizontal/Vertical:** decide se a cota será horizontal ou vertical.
- **Rotated:** rotaciona a linha de cota com ângulo especificado pelo usuário.

9.2 Comando Dimaligned

Aligned

Esse comando cota linhas que não sejam verticais nem horizontais. Sua interação é quase a mesma do comando **Dimlinear**, porém, ao selecionar uma linha inclinada, por exemplo, ele gera uma cota paralela à linha.

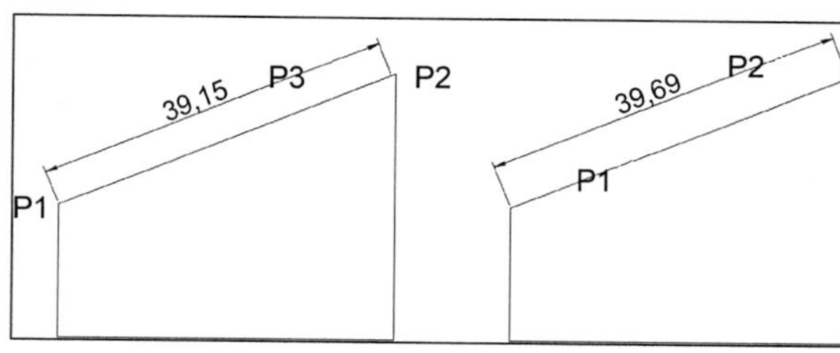

Figura 9.11 Dimensionamento alinhado.

1. Faça um desenho semelhante ao da Figura 9.11.
2. Clique no botão do comando **Aligned Dimension**.

```
Command: Dimaligned.
Specify first extension line origin or <select object>: P1.
Specify second extension line origin: P2.
Specify dimension line location or: P3.
[Mtext/Text/Angle]:
Dimension text = 421.06.
```

No **Dimaligned** também é possível dar os dois pontos da linha a ser cotada ou selecionar a linha como no comando **Dimlinear** (Figura 9.11).

```
Command: Dimaligned.
Specify first extension line origin or <select object>: <ENTER>.
Select object to dimension: P1.
Specify dimension line location or: P2.
```

9.3 Comando Dimbaseline Baseline

O comando **Dimbaseline** possibilita o dimensionamento linear a partir de uma linha de referência. Essa função deve ser acionada obrigatoriamente após um dimensionamento linear qualquer, pois a dimensão será cotada em relação à primeira linha de chamada do comando anterior.

Faça um desenho semelhante ao da Figura 9.12.

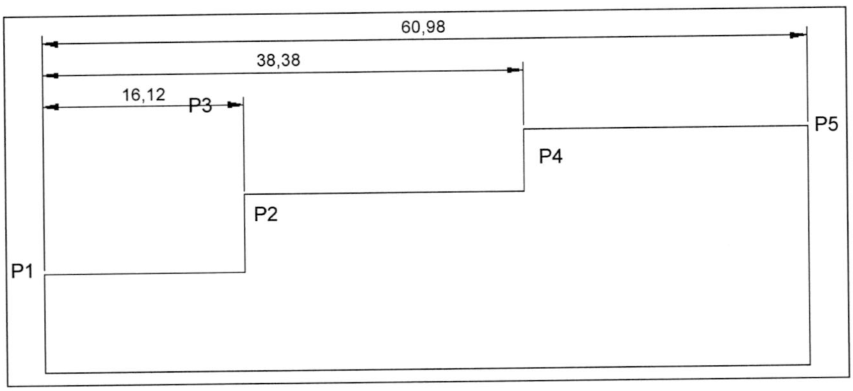

Figura 9.12 Dimensionamento a partir de uma referência.

Clique no botão do comando **Linear Dimension.**

```
Command: Dimlinear.
First extension line origin or <select object>: P1.
Specify second extension line origin: P2.
Specify dimension line location or: P3.
```

Clique no botão do comando **Baseline Dimension.**

```
Command: Dimbaseline
Specify a second extension line origin or [Undo/Select] <Select>: P4.
Specify a second extension line origin or [Undo/Select] <Select>: P5.
Specify a second extension line origin or[Undo/Select] <Select>: <ENTER>.
Select base dimension: <ENTER>.
```

Na opção **Baseline** não é necessário informar a origem da primeira linha de chamada, pois é a mesma do comando de dimensionamento linear executado anteriormente.

9.4 Comando Dimcontinue Continue

O comando **Dimcontinue** produz cotas alinhadas e contínuas em relação à segunda linha de chamada do comando de dimensionamento anterior. Como no **Dimbaseline**, esse comando deve ser sempre acionado depois de um outro comando de dimensionamento.

Faça um desenho semelhante ao da Figura 9.13.

Clique no botão do comando **Linear Dimension.**

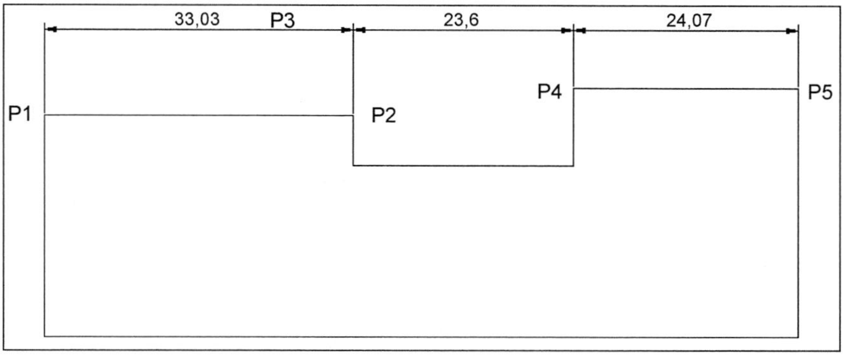

Figura 9.13 Dimensionamento linear contínuo.

Command: Dimlinear.
First extension line origin or <select object>: P1.
Specify second extension line origin: P2.
Specify dimension line location or: P3.

Clique no botão do comando **Continue Dimension.**

Command: Dimcontinue.
Specify a second extension line origin or [Undo/Select] <Select>: P4.
Specify a second extension line origin or [Undo/Select] <Select>: P5.
Specify a second extension line origin or [Undo/Select] <Select>: <ENTER>.
Select continued dimension: <ENTER>.

9.5 Comando Dimangular

O comando **Dimangular** cota ângulos. Ele pode ser usado de três maneiras diferentes, relacionadas em seguida:

- Selecionando-se duas linhas não paralelas;
- Selecionando-se um arco ou círculo;
- Selecionando-se três pontos.

A posição da cota varia conforme a posição do cursor.

1. Faça um desenho parecido com o da Figura 9.14.
2. Clique no botão do comando **Angular Dimension.**

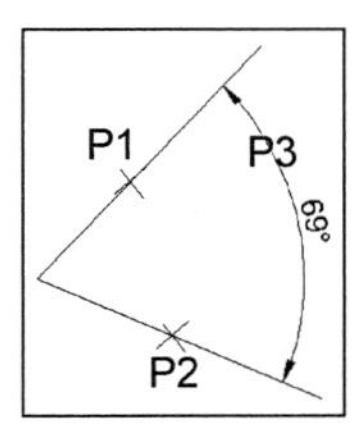

Figura 9.14 Dimensionamento angular.

Command: Dimangular.
Select arc, circle, line, or <specify vertex>: P1.
Select second line: P2.
Specify dimension arc line location or [Mtext/Text /Angle/ Quadrant]: P3.

Para cotar ângulos maiores do que 180 graus, use a opção **Specify vertex**.

1. Faça um desenho semelhante ao da Figura 9.15.

2. Clique no botão do comando **Angular Dimension**.

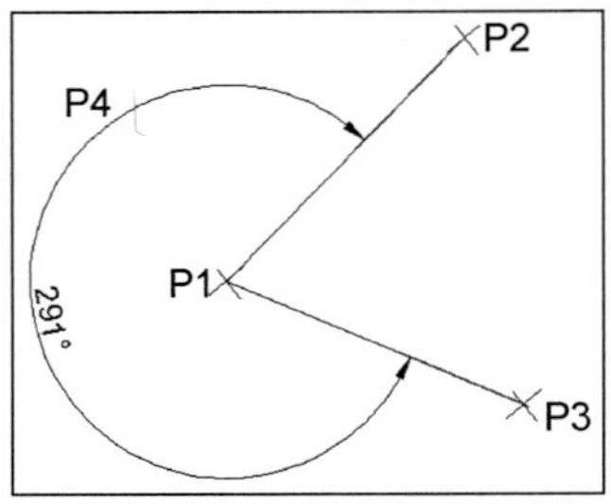

Figura 9.15 Dimensionamento angular com três pontos.

```
Command: Dimangular.
Select arc, circle, line, or <specify vertex>: <ENTER>.
Specify angle vertex: P1.
Specify first angle endpoint: P2.
Specify second angle endpoint: P3.
Specify dimension arc line location or [Mtext/Text/Angle/Quadrant]: P4.
```

O dimensionamento angular baseado em um arco tem como resposta o ângulo descrito pelo arco. O dimensionamento angular baseado em círculos tem como resposta o ângulo descrito por dois pontos selecionados no círculo.

9.6 Comando Dimradius

Radius

Esse comando pode ser utilizado para cotar raios de arcos ou círculos, e o símbolo de raio R é desenhado automaticamente. A posição da cota varia conforme a posição do cursor.

1. Faça um desenho similar ao da Figura 9.16.

2. Clique no botão do comando **Radius Dimension**.

```
Command: Dimradius.
Select arc or circle: P1.
Specify dimension line location or [Mtext/Text/ Angle]: P2.
```

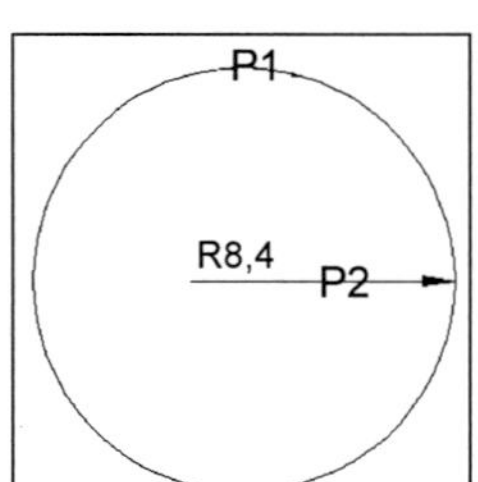

Figura 9.16 Dimensionamento de raios.

9.7 Comando Dimdiameter 

Esse comando dimensiona diâmetros. É similar ao **Dimradius.**

1. Faça um desenho similar ao da Figura 9.17.

2. Clique no botão do comando **Diameter.**

`Command:` Dimdiameter.
`Select arc or circle:` P1.
`Specify dimension line location or [Mtext/Text/Angle]:` P2.

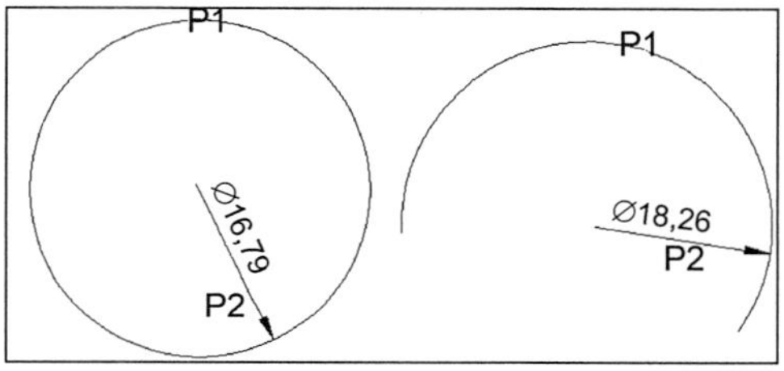

Figura 9.17 Dimensionamento de diâmetros.

9.8 Comando Centermark 

O comando **Centermark** estabelece uma marca no centro de um arco ou círculo. Após sua ativação, solicita-se a seleção de um arco ou do círculo. A marcação da posição do centro do arco ou do círculo é semelhante à gerada no dimensionamento de raios e círculos.

1. Faça um desenho similar ao da Figura 9.18.

2. Clique no botão do comando **Centermark** na aba Annotate

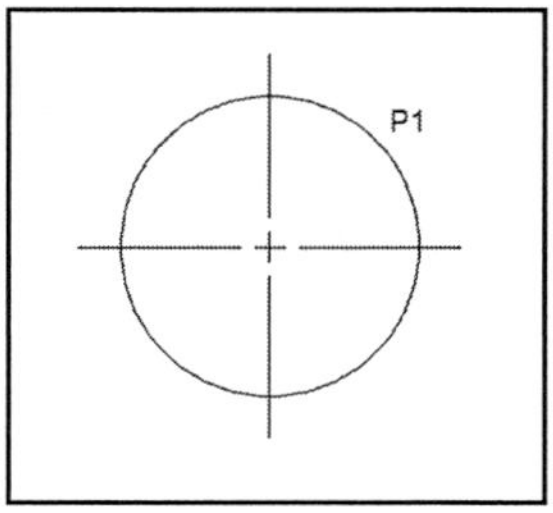

Figura 9.18 Marcação do centro de um círculo.

`Command:` Centermark
`Select circle or arc to add centermark:` P1.

Para controlar o tipo e as dimensões da linha de centro o AutoCAD usa as seguintes variáveis:

- **CENTEREXE:** controla quanto a linha de centro ultrapassa o circulo.

- **CENTERMARKEXE:** variável ON/OFF. Se ON, desenha a linha de centro; se OFF, desenha a marca de centro com linha curta.
- **CENTERLTYPE:** especifica o tipo de linha usado para a linha de centro.
- **CENTERLAYER:** especifica o layer para o desenho da linha de centro.
- **CENTERLTSCALE:** especifica a escala usada para o desenho da linha de centro.
- **CENTERCROSSSIZE:** deternina o tamanho da linha que marca o centro do círculo.
- **CENTERCROSSGAP:** determina a distância da linha do centro a linha que marca o centro do círculo.

9.9 Comando Dimjogged Jogged

Esse comando insere uma cota de raio em círculos e arcos com a linha de cota cortada.

Command: _Dimjogged.
Select arc or circle: selecione o círculo.
Specify center location override: selecione o centro.
Dimension text = 67,93.
Specify dimension line location or [Mtext/Text/Angle]: marque a posição da linha.
Specify jog location: marque a posição do corte.

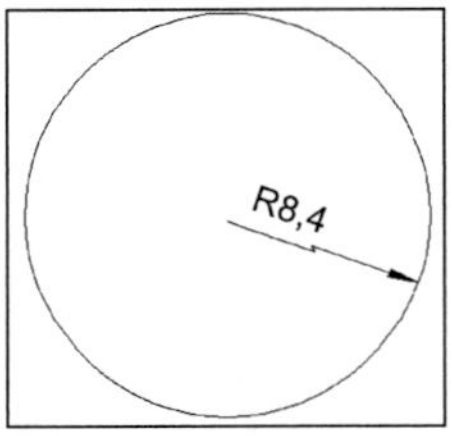

Figura 9.19 Raio de um círculo.

9.10 Comando Dimjogline

Essa opção permite inserir uma linha de interrupção em uma cota. É útil para representar uma medida que não tenha o mesmo comprimento entre as linhas de chamada.

Command: _Dimjogline.
Select dimension to add jog or [Remove]: P1.
Specify jog location (or press <ENTER>): P2.

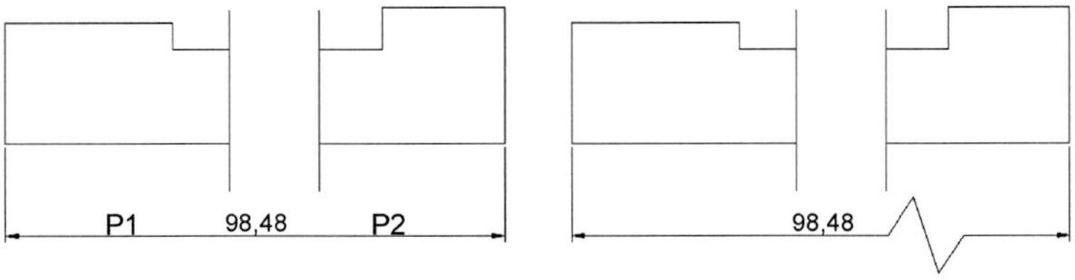

Figura 9.20 Interrupção em linha de cota.

9.11 Comando DIM - Cotas Automáticas

Dimension

Esta opção faz cotas automáticas. O comando **DIM** reconhece automaticamente os objetos e entra no tipo de cota apropriado. Ao passar o cursor sobre objetos, linhas ou círculos e arcos, podemos inserir cotas lineares, angulares, radiais, de diâmetro, de linha de base e contínuas. Um preview do tipo de cota é exibido para auxiliar na decisão.

O layer em que a cota será inserida também poderá ser definido escolhendo-se a opção **Layer**. O layer em questão já deve estar criado com o comando **Layer**.

```
Command: DIM
Select objects or specify first extension line origin or [Angular/Baseline/
Continue/Ordinate/aliGn/Distribute/Layer/Undo]: L
Enter layer name or select object to specify layer to place dimensions or . for
use current [?/eXit] <"0">: COTAS
Enter layer name or select object to specify layer to place dimensions or . for
use current [?/eXit] <"cotas">:
```

Se necessário, é possível alterar o tipo de cota com opções na linha de comando, e as opções também podem ser acessadas pelo botão direito do mouse, como mostra a Figura 9.21.

```
Command: DIM
Select objects or specify first extension line origin or [Angular/Baseline/
Continue/Ordinate/aliGn/Distribute/Layer/Undo]:
```

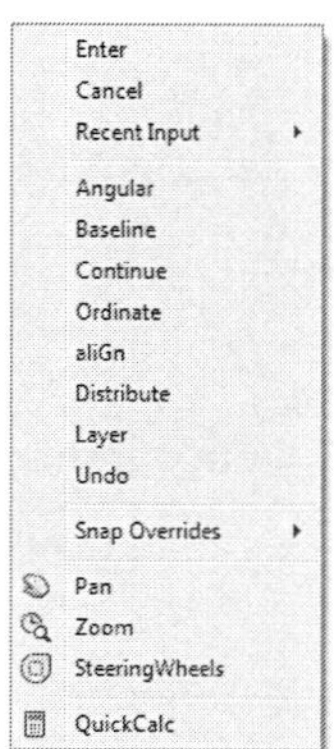

Figura 9.21 Acesso de opções pelo botão direto do mouse.

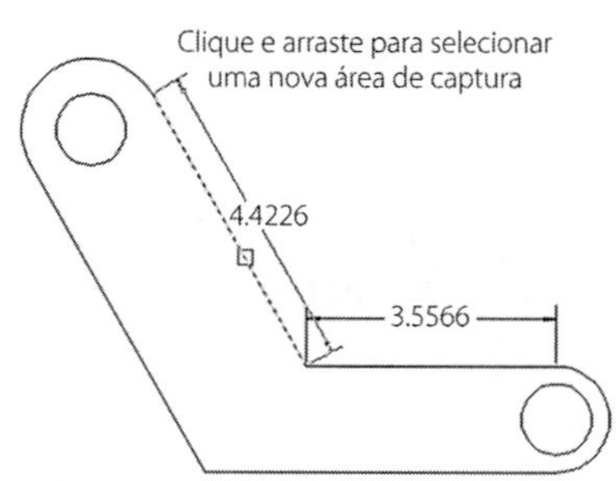

Figura 9.22 Cotas pela seleção de objeto.

Ao selecionar um arco ou círculo, ainda podemos escolher entre raio e diâmetro pela linha de comandos ou clicando com o botão direto do mouse.

```
Select circle to specify diameter or [Radius/Jogged/Center mark/Angular]: R
```

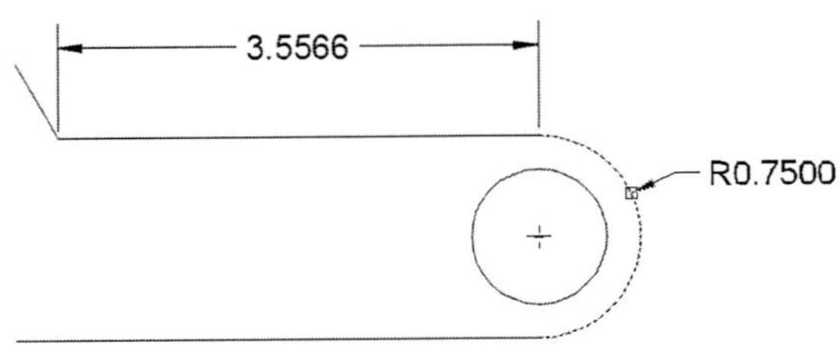

Figura 9.23 Cota de raio.

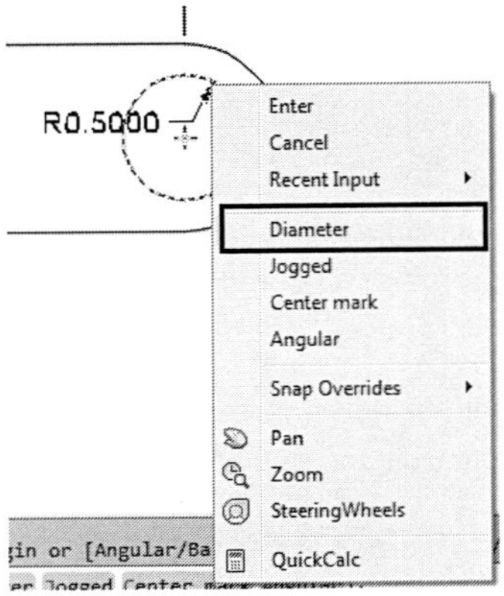

Figura 9.24 Opção de troca para Diameter.

9.12 Comando Multileader

Esse comando cria uma linha de chamada com seta, usada para fazer observações no desenho. É possível criar e modificar as linhas depois de inseridas. Esses comandos estão no painel **Leaders** da aba **Annotate**.

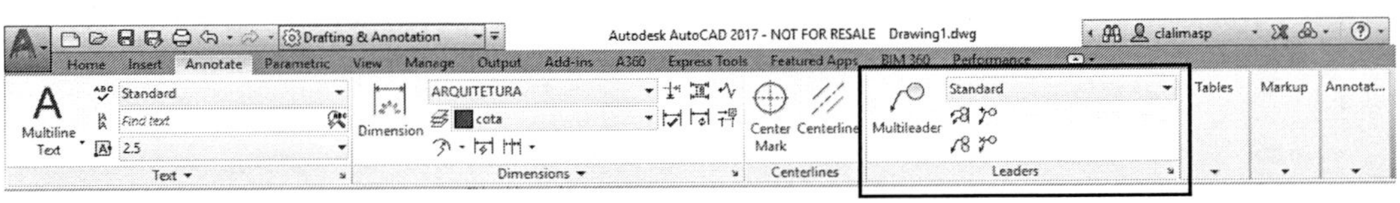

Figura 9.25 Aba Annotate - Multileader.

Essa opção cria a linha. É possível escolher entre iniciar com a linha (**Landing first**), com o texto (**Content first**) ou com a seta (**ArrowHead first**).

```
Command: Mleader.
Specify leader arrowhead location or [leader Landing first/Content
first/Options] <Options>: ponto inicial.
Specify leader landing location: ponto final.
Digite o texto no final.
```

Depois de marcar os pontos, o AutoCAD entra no modo **Mtext**. É preciso digitar o texto e em seguida acessar a aba contextual **Text Editor**. Para encerrar, clique em **Close Text Editor**, como mostra a Figura 9.26.

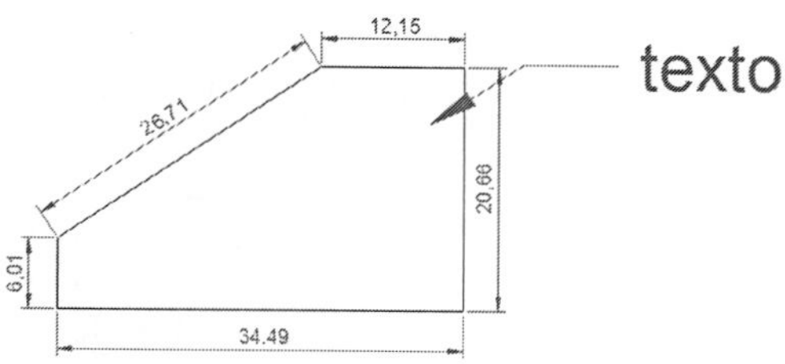

Figura 9.26 Inserção do texto no Mleader.

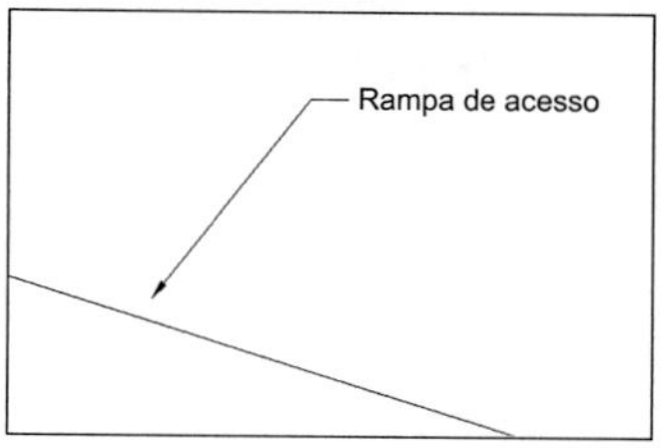

Figura 9.27 Inserção de linha de observação no desenho.

 Essa opção insere mais linhas em uma linha já inserida.

 Remove uma linha de uma série já inserida com a opção anterior.

 Muda a posição e o alinhamento das linhas já inseridas.

 Modifica a posição de várias linhas selecionadas.

Para criar estilos de **Multileaders**, clique no botão com a seta (Figura 9.28) e na janela de diálogo configure o estilo. Os estilos podem ter linhas retas ou com splines, e variam-se os tipos de linha e de seta. O quadro mostra o estilo corrente. Ele é acessado pelo menu superior **Format**.

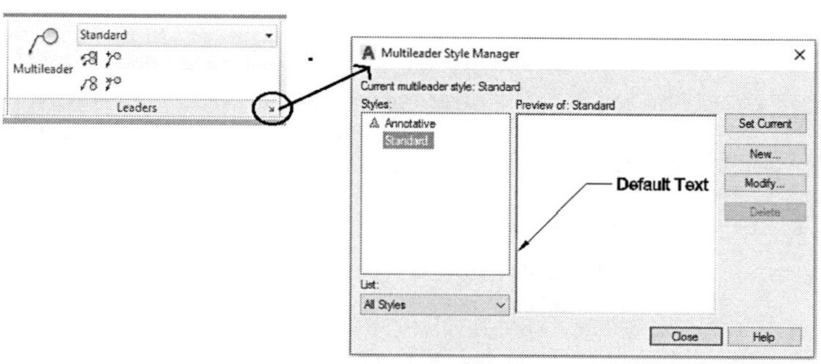

Figura 9.28 Criação de estilos de Multileaders.

9.13 Edição de Cotas

Após cotar o desenho, é possível alterar tanto o valor das cotas como sua posição na linha de cotas. As alterações podem ser feitas pelos comandos de edição ou **Grips**. No painel **Dimensions** da aba **Annotate** temos, na parte expandida, os comandos de edição da Figura 9.29.

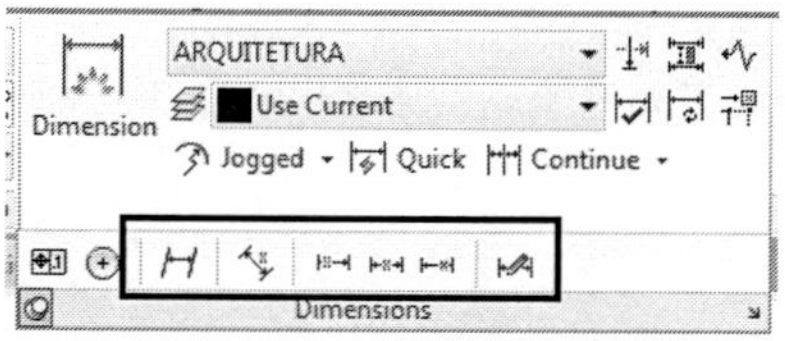

Figura 9.29 Comandos de edição de cotas.

Oblique: o AutoCAD tem como padrão criar suas dimensões lineares com as linhas de chamada perpendiculares às linhas dimensionadas. Com a opção **Oblique** é possível definir um ângulo de inclinação para as linhas de chamada, evitando-se, em alguns casos, a sobreposição a outras entidades desenhadas.

```
Command: Dimedit.
Enter type of dimension editing [Home/
New/Rotate/Oblique] <Home>: O.
Select Objects: selecione uma cota.
Select Objects: <ENTER>.
Enter obliquing angle (press <ENTER> for
none): 30.
```

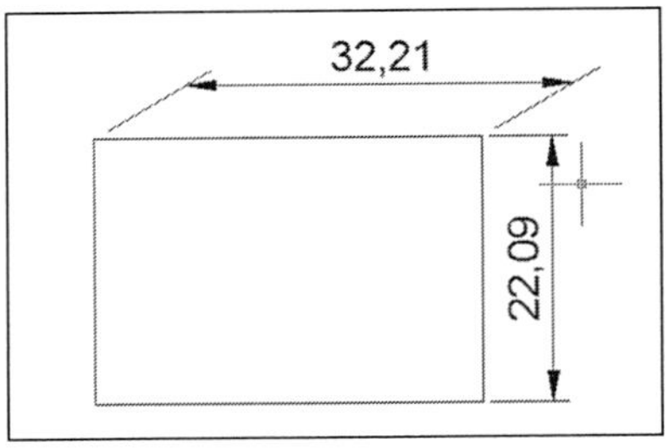

Figura 9.30 Alteração do ângulo da linha de cota.

Text Angle: permite dar um ângulo ao texto da cota. No exemplo da Figura 9.31, o ângulo é de 45 graus.

```
Command: _dimtedit
Select dimension:
Specify new location for dimension text
or [Left/Right/Center/Home/Angle]: _a
Specify angle for dimension text: 45
```

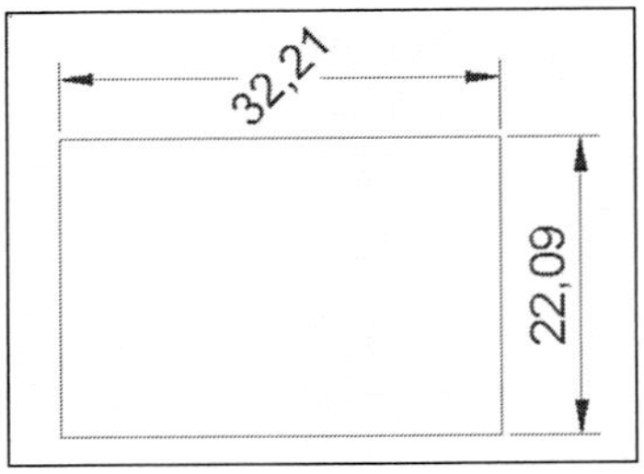

Figura 9.31 Alteração do ângulo do texto de cota.

Essas opções alinham o texto de acordo com as posições descritas em seguida. Basta clicar no texto da cota que ele muda de posição de acordo com as opções.

- **Left Justify:** posiciona o texto no canto esquerdo da linha de cota.
- **Right Justify:** posiciona o texto no canto direito da linha de cota.
- **Center Justify:** coloca o texto no centro da linha de cota.

9.14 Edição de Cotas com os Grips

As cotas também podem ser modificadas com os **Grips**, que vimos no Capítulo 5. Ao clicarmos em uma cota, surgem os **Grips** para edição nos pontos finais da linha de chamada e no texto. Ao pousarmos o mouse sobre o **Grip** do texto, surge uma janela com várias opções de edição da posição do texto. Mova o mouse para a opção desejada e clique.

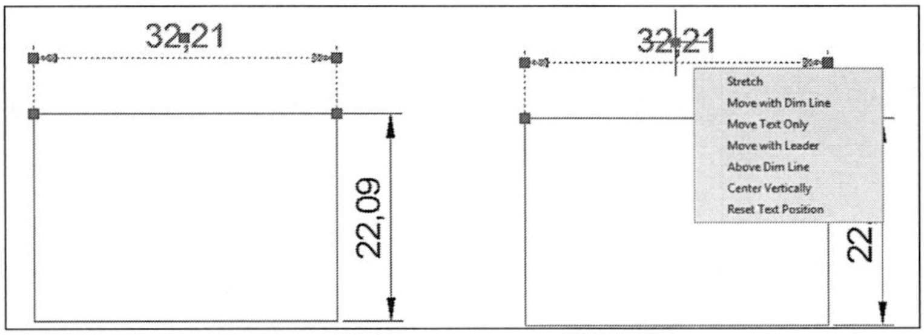

Figura 9.32 Seleção dos Grips no texto da cota.

- **Stretch:** move o texto e a linha de cota.
- **Move with Dim Line:** move o texto e a linha de cota.
- **Move Text Only:** permite mover somente o texto para outra posição.
- **Move with Leader:** move o texto e cria uma linha de chamada no texto.
- **Above Dim Line:** posiciona o texto acima da linha de cota.
- **Center Vertically:** centraliza o texto no meio da linha de cota.
- **Reset Text Position:** volta o texto à posição original.
- **Continue Dimension:** entra no modo de cotas contínuo.
- **Baseline Dimension:** entra no modo de cota com linha de base.

9.15 Edição do Valor das Cotas

O dimensionamento no AutoCAD é automático, ou seja, se você criou uma linha com 25 unidades, a cota terá um texto no valor de 25. A cota é fiel ao tamanho das entidades desenhadas, porém pode haver a necessidade de escrever outro valor para uma cota ou mesmo um texto no lugar da cota.

Para editar o valor da cota, clique duas vezes no texto da cota. A caixa do texto entra no modo de edição do comando **MTEXT**, visto no Capítulo 6, como mostra a Figura 9.33. Modifique o valor, apagando o existente e digitando o novo valor. Para encerrar, clique no botão **Close Text Editor** no canto direito da **Ribbon**.

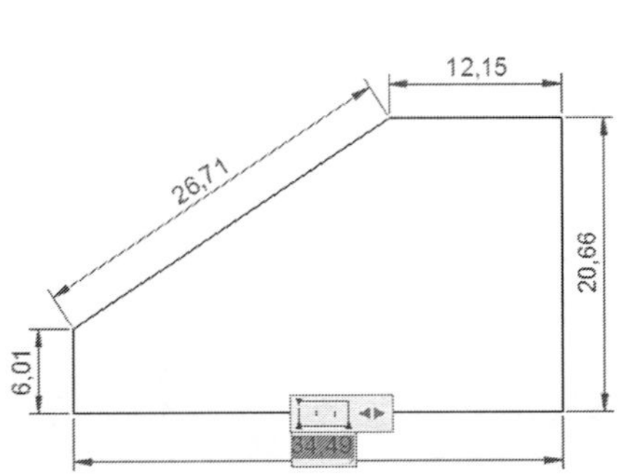

Figura 9.33 Edição do valor da cota.

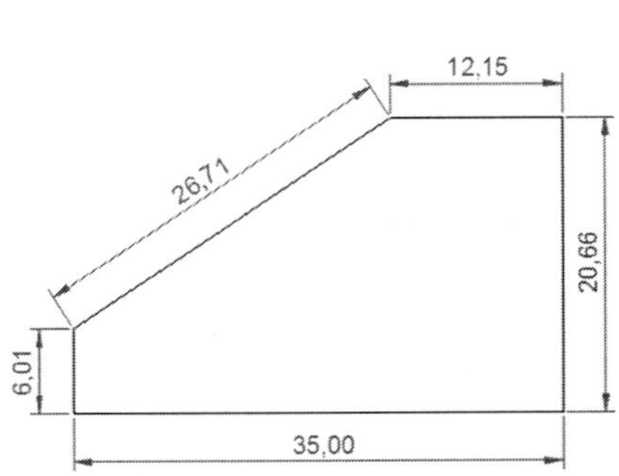

Figura 9.34 Valor da cota modificado.

OBSERVAÇÃO

Somente o texto foi modificado; o tamanho da linha mantém-se o mesmo. Não há associação entre a linha e o texto da cota.

9.16 Comando Dimspace

Essa opção altera as distâncias das linhas de cota quando se usa a opção **Baseline**, como mostra a Figura 9.35.

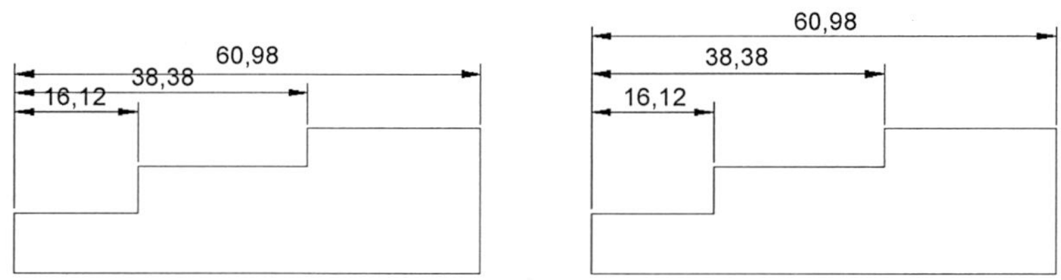

Figura 9.35 Alteração do espaço entre as cotas.

```
Command: Dimspace.
Select base dimension: selecione a cota mais abaixo (16.12).
Select dimensions to space: selecione uma cota acima.
Select dimensions to space: selecione uma cota acima.
Enter value or [Auto] <Auto>: tecle <ENTER> ou dê um valor.
```

9.17 Comando Dimbreak

Esse comando insere uma quebra em uma linha de chamada quando essa linha está em uma posição inconveniente no desenho. Veja a Figura 9.36.

```
Command: Dimbreak.
Select a dimension or [Multiple]: P1.
Select object to break dimension or [Auto/Restore/Manual] <Auto>: P2.
```

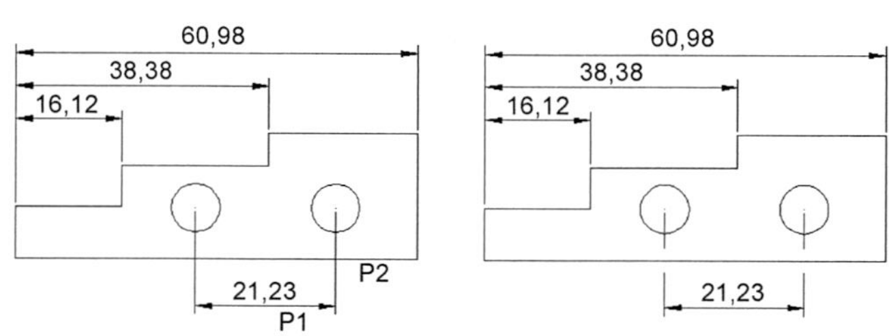

Figura 9.36 Inserção de quebra na linha de chamada.

9.18 Estilos de Dimensionamento

Como vimos, é possível criar vários estilos de dimensionamento de acordo com a configuração de cada projetista. Inclusive, pode-se ter mais de um estilo, conforme a necessidade. Para criar um estilo, clique na seta do painel da aba **Annotate**, como indica a Figura 9.37.

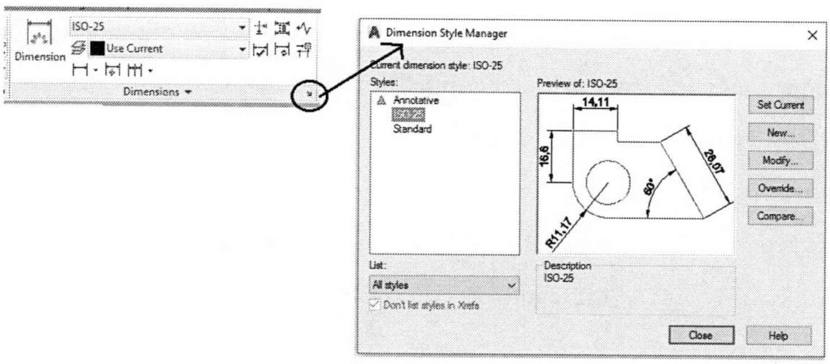

Figura 9.37 Criação de um estilo.

Clique em **New** e atribua um nome ao estilo. Em seguida, surge a janela **New Dimension Style - nome do estilo**; em cada aba da janela definem-se as configurações. A seguir, veremos as configurações de cada aba.

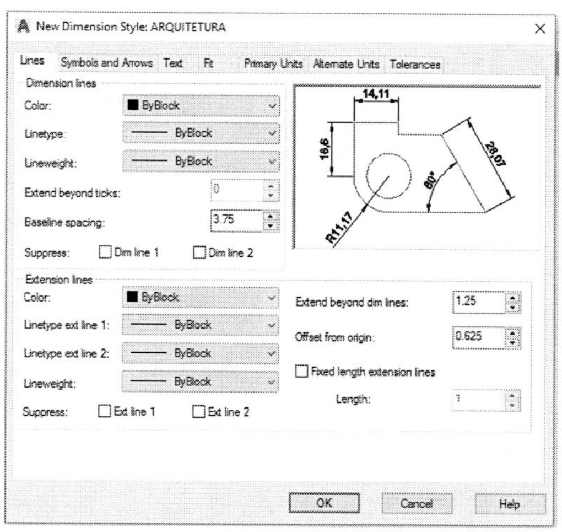

Figura 9.38 Aba Lines.

- **Dimension lines:** linha de cota.
  - **Color:** define a cor das linhas de cota.
  - **Linetype:** especifica o tipo das linhas de cota.
  - **Lineweight:** indica a espessura da linha de cota.
  - **Extend beyond ticks:** define quanto a linha de cota ultrapassa a linha de chamada.
  - **Baseline spacing:** define o espaço entre as cotas na opção **Baseline**.

- **Supress:** suprime a primeira e a segunda metade da linha de cota.

▶ **Extension lines:** linhas de chamada.

- **Color:** define a cor das linhas de chamada.
- **Linetype ext line 1 e 2:** indicam os tipos da primeira e da segunda linha de chamada, respectivamente.
- **Lineweight:** define a espessura da linha de chamada.
- **Supress:** suprime a primeira e/ou a segunda linha de chamada.
- **Extend beyond dim lines:** indica quanto a linha de chamada ultrapassa a linha de cota.
- **Offset from origin:** distância da linha de chamada ao desenho.
- **Fixed length extension lines:** define um comprimento fixo para as linhas de chamada.

▶ **Arrowheads:** define o tipo de marcador nas duas extremidades da linha de cota.

- **Arrow size:** estabelece o tamanho do marcador.

▶ **Center marks:** marca de centro.

- **None:** nenhum.
- **Mark:** marcador com duas linhas.
- **Line:** marcador com extensão de linhas.

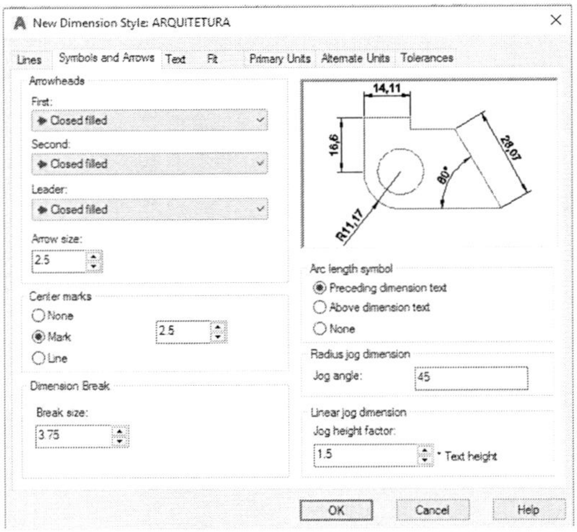

Figura 9.39 Aba Symbols and Arrows.

▶ **Dimension break:** marca de linha de quebra.

▶ **Break size:** define o tamanho da linha de quebra em **Dim break**.

▶ **Arc length symbol:** controle do comprimento do arco.

- **Preceding dimension text:** antes da linha de dimensão.
- **Above dimension text:** acima da linha de dimensão.
- **None:** nenhum.

- **Radius jog dimension:** dimensão de raio com a opção **Dimjogline**.
  - **Jog angle:** ângulo da linha.
- **Linear jog dimension:** dimensão linear com a opção **Dimjogline**.
  - **Jog height factor:** altura do texto.

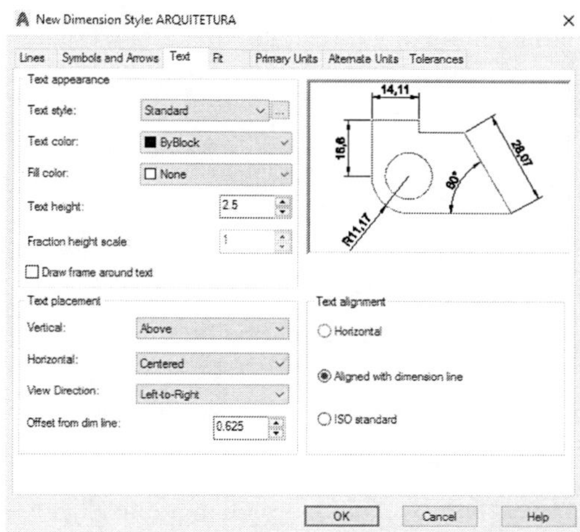

Figura 9.40 Aba Text.

- **Text appearance:** aparência do texto.
  - **Text style:** define o estilo de texto.
  - **Text color:** estabelece a cor do texto.
  - **Fill color:** especifica a cor de fundo do texto.
  - **Text height:** altura do texto.
  - **Fraction height scale:** escala da altura das frações.
  - **Draw frame around text:** desenha uma moldura no texto.
- **Text placement:** posição do texto.
  - **Vertical:** define a posição do texto em relação à linha de cota (acima, abaixo, centro).
  - **Horizontal:** posição do texto em relação à linha de cota (esquerda, direita, centro).
  - **View direction:** direção de leitura do texto (da esquerda para a direita ou da direita para a esquerda).
  - **Offset from dim line:** distância entre o texto e a linha de cota.
- **Text alignment:** alinhamento do texto.
  - **Horizontal:** define a posição do texto sempre na horizontal.
  - **Aligned with dimension line:** o texto fica alinhado à linha de cota.
  - **ISO standard:** se o texto couber na linha de cota, fica alinhado; se não couber, fica na horizontal.

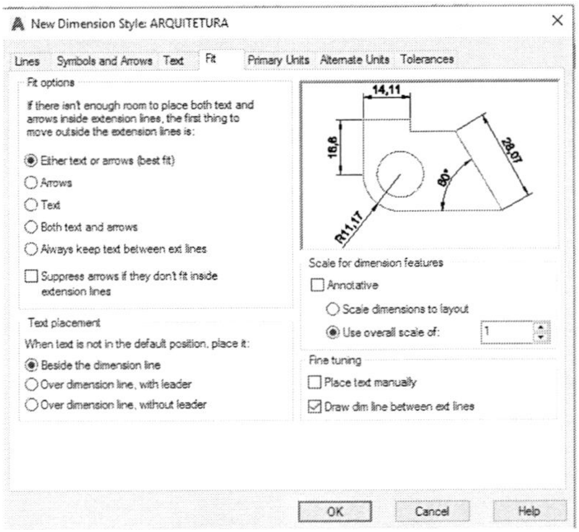

Figura 9.41 Aba Fit.

- **Fit options:** se não houver espaço para inserir o texto e a seta na linha de chamada, o primeiro elemento a retirar da linha de chamada será:
  - **Either text or arrows (best fit):** o texto ou a seta, o que se ajustar melhor.
  - **Arrows:** as setas.
  - **Text:** o texto.
  - **Both text and arrows:** ambos, texto e seta.
  - **Always keep text between ext lines:** sempre mantém o texto entre as linhas de chamada.
  - **Supress arrows if they don't fit inside extension lines:** suprime as setas se elas não couberem nas linhas de chamada.
- **Text placement:** quando o texto não estiver na posição padrão, colocá-lo:
  - **Beside the dimension line:** ao lado da linha de cota.
  - **Over dimension line, with leader:** acima da linha de cota, com seta.
  - **Over dimension line, without leader:** acima da linha de cota, sem seta.
- **Scale for dimension features:** escala das cotas.
  - **Annotative:** define que o dimensionamento tem propriedade anotativa (que estudaremos no Capítulo 14).
  - **Scale dimensions to layout:** usa a escala das viewports do layout.
  - **Use overall scale of:** define uma escala geral para todos os elementos da cota.
- **Fine tuning**
  - **Place text manually:** permite ao usuário estabelecer uma posição do texto, ignorando a justificação horizontal.
  - **Draw dim line between ext lines:** desenha a linha de cota entre as linhas de chamada mesmo quando a seta ficar de fora.

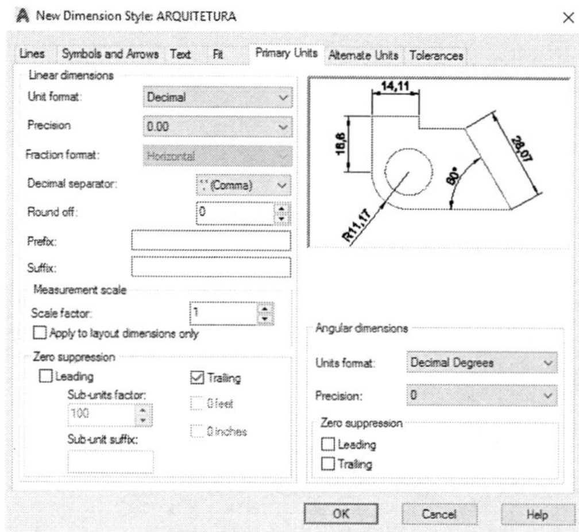

Figura 9.42 Aba Primary Units.

- **Linear dimensions**
  - **Unit format:** define as unidades das cotas.
  - **Precision:** define a precisão das casas decimais.
  - **Fraction format:** indica o formato no uso de unidades de fração.
  - **Decimal separator:** especifica o separador das casas decimais.
  - **Round off:** indica o fator de arredondamento das cotas.
  - **Prefix:** especifica um prefixo ao inserir uma cota.
  - **Suffix:** define um sufixo ao inserir uma cota; por exemplo, m (de metros) — 34,00 m.
- **Measurement scale:** estabelece um fator de escala para as cotas — o valor da cota é multiplicado por esse valor.
- **Zero suppression**
  - **Leading:** suprime os zeros que venham antes da vírgula.
  - **Trailing:** suprime os zeros da última casa decimal – 0,50 = 0,5.
- **Angular dimensions**
  - **Units format:** define o sistema de unidades dos ângulos.
  - **Precision:** indica a precisão das casas decimais dos ângulos.
- **Zero suppression**
  - **Leading:** suprime os zeros que venham antes da vírgula.
  - **Trailing:** suprime os zeros da última casa decimal – 0,50 = 0,5.

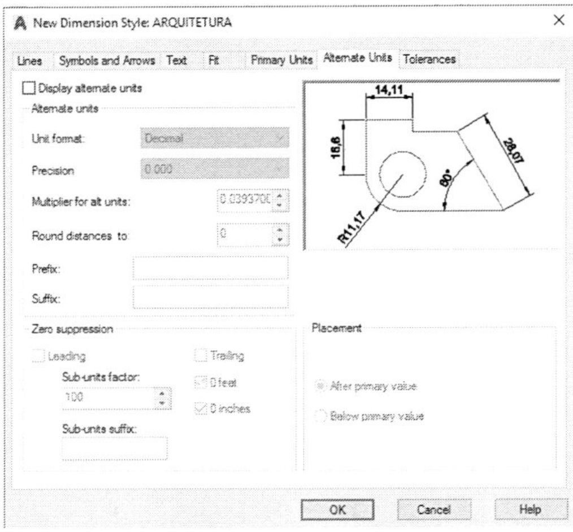

Figura 9.43 Aba Alternate Units.

- **Display alternate units:** exibir as unidades alternativas; o AutoCAD permite cotar em duas unidades — por exemplo, milímetros e polegadas.
  - **Unit format:** define as unidades da cota alternativa.
  - **Precision:** define a precisão das casas decimais da cota alternativa.
  - **Multiplier for all units:** fator multiplicador que gera a cota alternativa; por exemplo, se você desenha em milímetros e quer cotar em milímetros e polegadas, deve multiplicar por 2,54.
  - **Round distances to:** define o fator de arredondamento das cotas alternativas.
  - **Prefix:** indica um prefixo ao inserir uma cota alternativa.
  - **Suffix:** determina um sufixo quando se insere uma cota alternativa.
- **Zero suppression**
  - **Leading:** suprime os zeros que venham antes da vírgula.
  - **Trailing:** suprime os zeros da última casa decimal – 0,50 = 0,5.
- **Placement**
  - **After primary value:** insere a cota alternativa depois da cota principal.
  - **Below primary value:** insere a cota alternativa abaixo da cota principal.

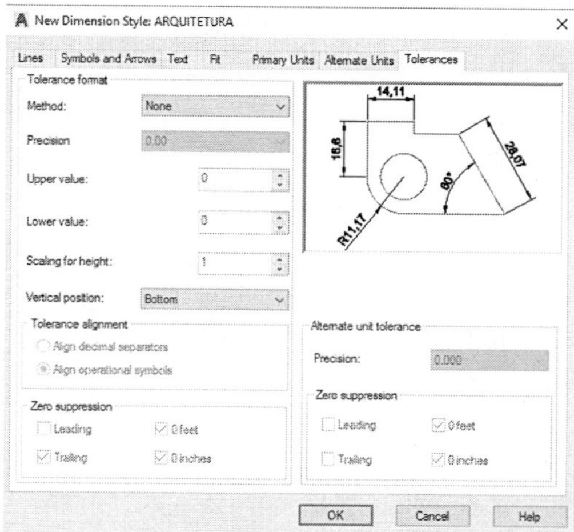

Figura 9.44 Aba Tolerances.

- **Tolerance format:** define o formato das tolerâncias.
  - **Method:** indica o tipo de tolerância.
  - **Precision:** define a precisão das casas decimais da tolerância.
  - **Upper value:** especifica o valor mais alto da tolerância.
  - **Lower value:** define o valor mais baixo da tolerância.
  - **Scaling for height:** determina a altura do texto da tolerância.
  - **Vertical position:** define a posição da tolerância em relação à vertical.
- **Tolerance alignment:** indica o alinhamento da tolerância.
  - **Align decimal separators:** alinha pelos separadores das casas decimais.
  - **Align operational symbols:** alinha pelos símbolos operacionais.
- **Zero suppression**
  - **Leading:** suprime os zeros que venham antes da vírgula.
  - **Trailing:** suprime os zeros da última casa decimal — 0,50 = 0,5.
- **Alternate unit tolerance:** tolerância das unidades alternativas.
  - **Precision:** define a precisão das casas decimais da tolerância das unidades alternativas.

EXERCÍCIOS

Inserção de cotas no desenho e finalização.

1. Abra o exercício **capitulo7.dwg**.
2. Posicione o desenho na tela de forma que consiga vê-lo por inteiro.
3. Antes de cotar, defina um estilo de arquitetura. Entre no comando **Dimstyle**, selecione **New**, dê o nome de ARQUITETURA e clique em **Continue**.
4. Selecione a guia **Symbols and Arrows** e no campo **Arrowheads**, caixa de listagem, selecione **Oblique**. Observe a figura ao lado.

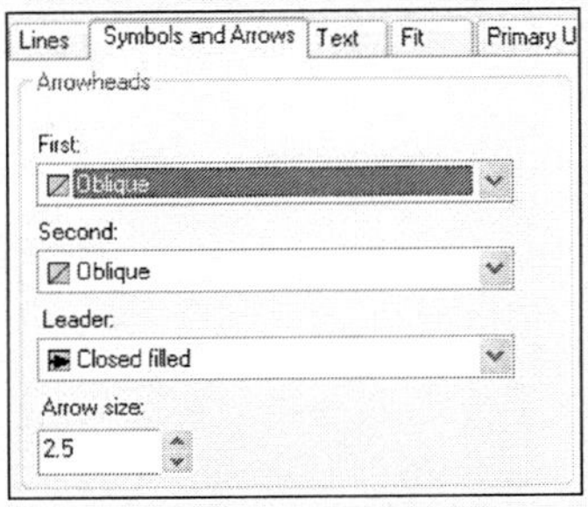

5. Na guia **Fit**, é preciso mudar a escala porque os limites do desenho foram alterados. No campo **Scale for dimension features**, digite 0.04.

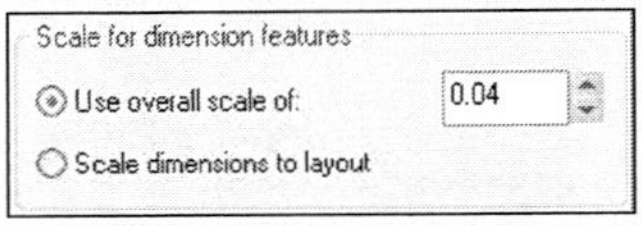

6. Clique em OK para sair. Note que o estilo ARQUITETURA foi criado. Selecione o botão **Set Current** e depois **Close**. Com o estilo criado, vamos cotar.
7. Com o comando **Dimlinear** cote as linhas conforme indica a figura, usando os comandos **Dimlinear** e **Dimcontinue**.

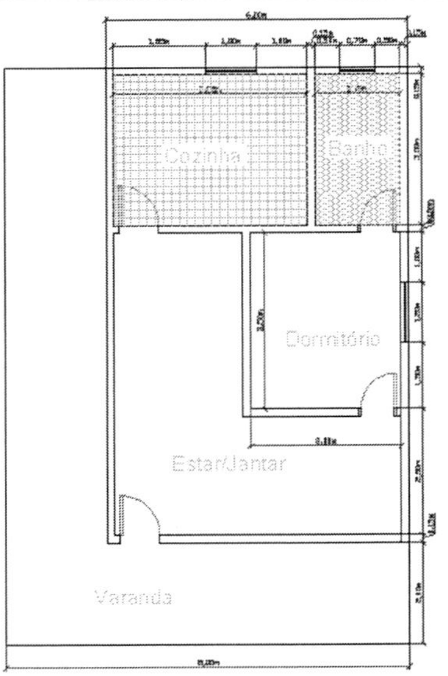

8. Com o comando **Save As** salve o desenho como **capitulo9.**

CAPÍTULO **10**

Desenhos Paramétricos

OBJETIVOS

- Criar desenhos paramétricos
- Parametria por geometria
- Parametria por dimensões

10.1 Introdução ao Desenho Paramétrico

O desenho paramétrico é uma tecnologia usada para desenhar com restrições, que são associações e limitações aplicadas à geometria 2D ou 3D. Há dois tipos de restrição:

- **Restrição geométrica:** controla a relação entre objetos que dizem respeito uns aos outros.
- **Restrição dimensional:** controla distância, comprimento, ângulo e raio de objetos.

A Figura 10.1 mostra restrições geométricas e dimensionais. Ao passarmos o cursor sobre um objeto que tenha restrições, surge um ícone azul, como mostra a Figura 10.2.

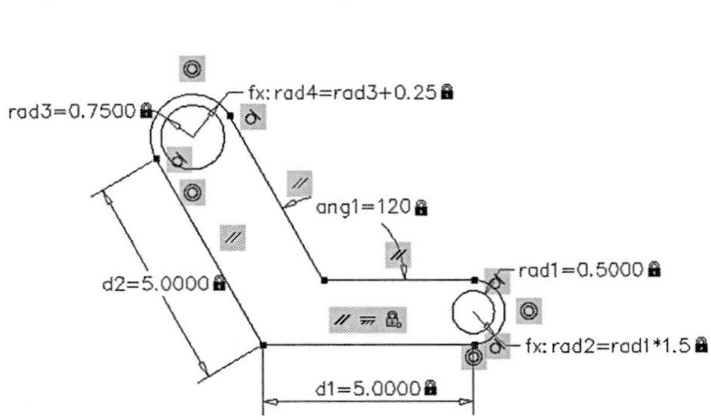

Figura 10.1 Objeto com restrições.

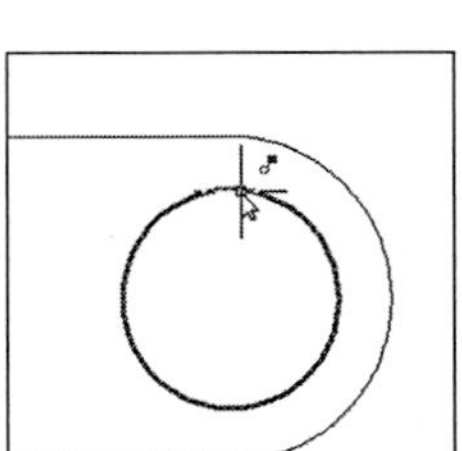

Figura 10.2 Ícone das restrições.

OBSERVAÇÃO

É recomendável aplicar primeiramente restrições geométricas no desenho para definir a forma do modelo e depois restrições dimensionais para determinar o tamanho das partes do modelo.

As restrições geométricas e dimensionais asseguram que as relações entre medidas se mantenham e persistam mesmo se objetos do desenho forem modificados. As ferramentas para criar e gerenciar as restrições geométricas e dimensionais estão na aba **Parametric** da **Ribbon** que é exibida no **Workspace 2D Drafting & Annotation**.

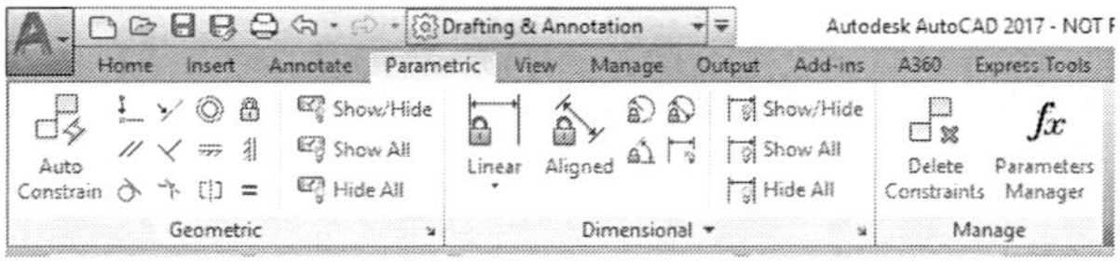

Figura 10.3 Aba Parametric - Painel Geometric e Dimensional.

10.2 Estabelecimento de Relações Geométricas

Restrições geométricas estabelecem e mantêm relações entre objetos, pontos-chave em objetos, ou entre um objeto e um sistema de coordenadas. Também é possível restringir pares de pontos-chave em objetos ou entre objetos que sejam verticais ou horizontais em relação ao sistema de coordenadas. Por exemplo, pode-se especificar que dois círculos sejam sempre concêntricos, duas linhas sempre paralelas ou um dos lados de um retângulo sempre horizontal.

Figura 10.4 Restrições geométricas.

Na Figura 10.4, foram feitas as seguintes restrições geométricas:

- As linhas horizontais são sempre paralelas e iguais.
- Os círculos e arcos são sempre concêntricos.
- Os pontos finais das linhas limitam-se a ser coincidentes com os pontos finais dos arcos.
- As linhas horizontais são sempre tangentes aos arcos.

Ao aplicar uma restrição, um ícone aparece perto do cursor para lembrar qual foi a restrição selecionada.

Somente certos pontos dos objetos podem ser usados como restrições, e em geral correspondem aos que podem servir de **Object Snap**. Ao criar a restrição, o segundo objeto selecionado é o que se atualiza para cumprir a restrição. Depois de aplicada a restrição, o objeto é atualizado enquanto o outro é modificado. No exemplo da Figura 10.5, foi aplicada a restrição concêntrica entre o arco e o círculo.

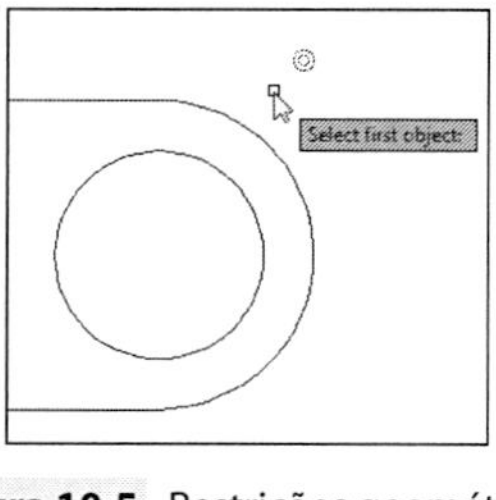

Figura 10.5 Restrições geométricas.

Quando aplicamos restrições, dois fatos ocorrem:

- O objeto que você selecionou ajusta-se automaticamente de acordo com a restrição especificada.
- Por padrão, um ícone cinza surge perto do objeto com a restrição e um ícone azul aparece para mostrar que o objeto tem restrições.

10.2.1 Comando Geomconstraint

As restrições geométricas estão no painel **Geometric**, na aba **Parametric** da **Ribbon**, ou no menu superior **Parametric**. Para acompanhar alguns dos exemplos a seguir, abra o arquivo **restrições_geometricas.dwg**, que pode ser baixado do site da editora.

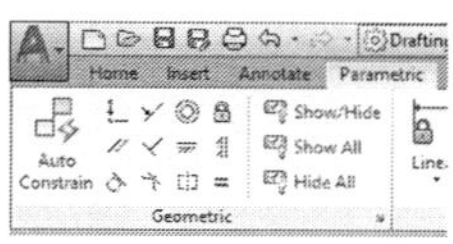

Figura 10.6 Painel Geometric.

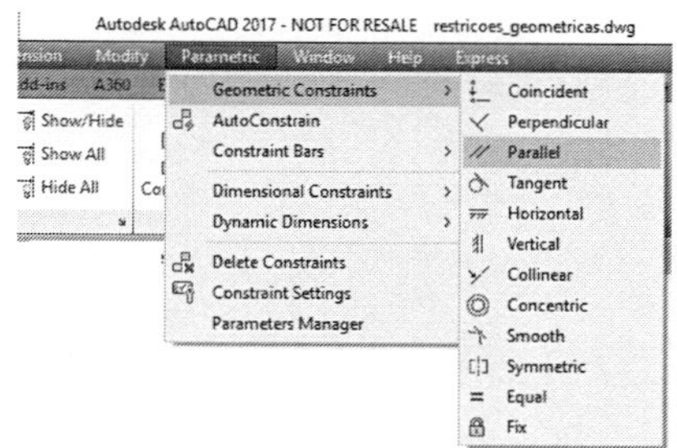

Figura 10.7 Menu superior Parametric.

No painel **Geometric** as opções de restrição geométrica são:

- **Coincident:** define que dois pontos são coincidentes.

  Selecione o primeiro e o segundo ponto em dois objetos diferentes. O segundo ponto fica coincidente com o primeiro. Essa opção só pode ser aplicada em linhas, arcos e em polilinhas separadas.

```
Command: _GcCioncident
Select first point or [Object/
Autoconstrain] <Object>: P1 (ponto final da
linha)
Select second point or [Object]
<Object>: P2 (ponto final do arco)
```

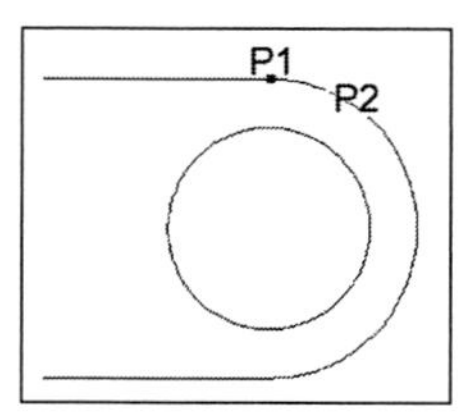

Figura 10.8 Restrição de coincidência de pontos.

- **Collinear:** define que dois ou mais pontos são colineares, ou seja, estão sobre a mesma linha. Selecione o primeiro objeto, depois o segundo; podem ser linhas e polilinhas.

```
Command: _GcCollinear.
Select first object or [Multiple]: P1
(ponto final da linha).
Select second object: P2 (ponto final da
linha).
```

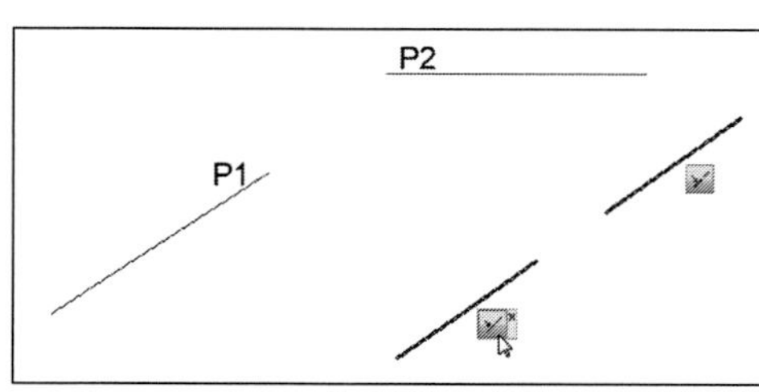

Figura 10.9 Pontos colineares.

- **Concentric:** estabelece que dois ou mais círculos e/ou arcos são concêntricos, ou seja, têm o mesmo centro. O segundo círculo ou arco se move para ter o mesmo centro do primeiro. É possível selecionar círculos e arcos que já possuam como restrição serem concêntricos a outro círculo ou arco para serem concêntricos repetidamente.

`Command:` _GcConcentric.
`Select first object:` P1 (selecione o círculo).
`Select second object:` P2 (selecione o arco).

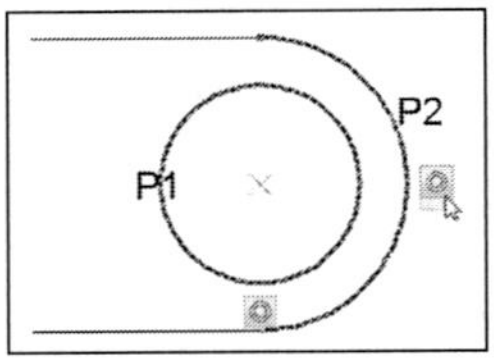

Figura 10.10 Pontos concêntricos.

- **Fix:** fixa pontos e curvas numa posição.

`Command:` _GcFix.
`Select point or [Object] <Object>:` P1 (para ponto médio da linha).

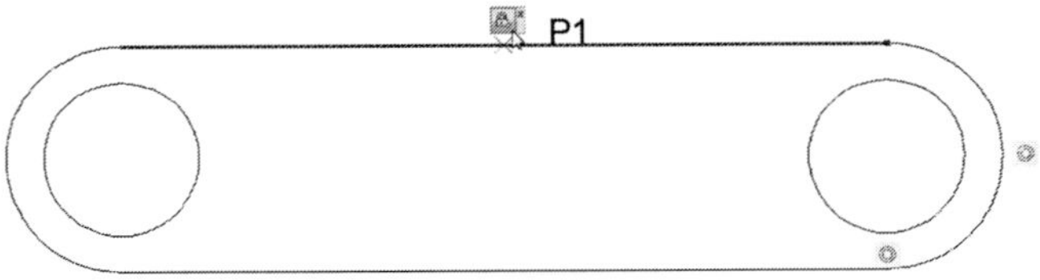

Figura 10.11 Fixação de pontos.

- **Parallel:** determina que dois objetos se tornem paralelos; podem ser linhas ou polilinhas. O segundo objeto selecionado torna-se paralelo ao primeiro.

`Command:` _GcParrallel.
`Select first object:` P1.
`Select second object:` P2.

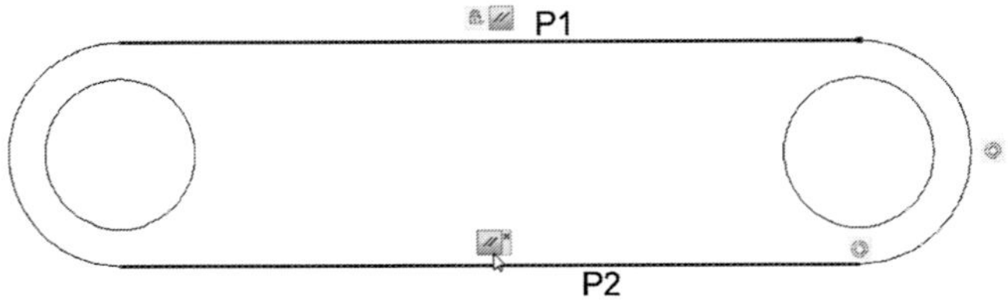

Figura 10.12 Restrição de paralelismo de linhas.

- **Perpendicular:** define que dois objetos se tornem perpendiculares; podem ser linhas ou polilinhas. O segundo objeto selecionado torna-se perpendicular ao primeiro.

`Command:` _GcPerpendicular.
`Select first object:` P1.
`Select second object:` P2.

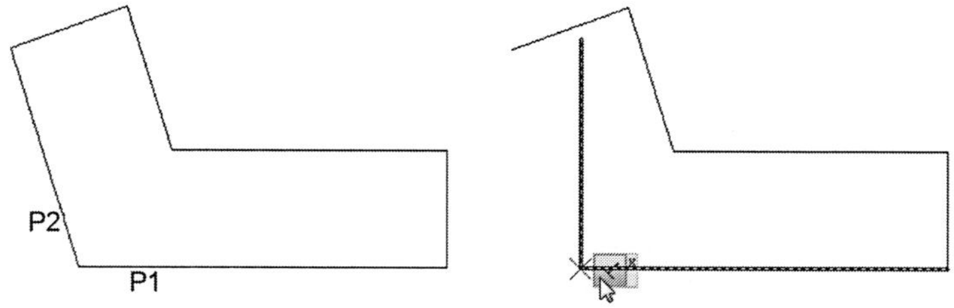

Figura 10.13 Objetos perpendiculares.

- **Horizontal:** determina que uma linha ou polilinha se torne horizontal. É possível selecionar um ponto final de uma linha ou dois pontos. O resultado muda se o ponto selecionado estiver mais perto do final de cada lado da linha.

```
Command: _GcHorizontal.
Select an object or [2Points] <2Points>: P1 selecione a linha.
```

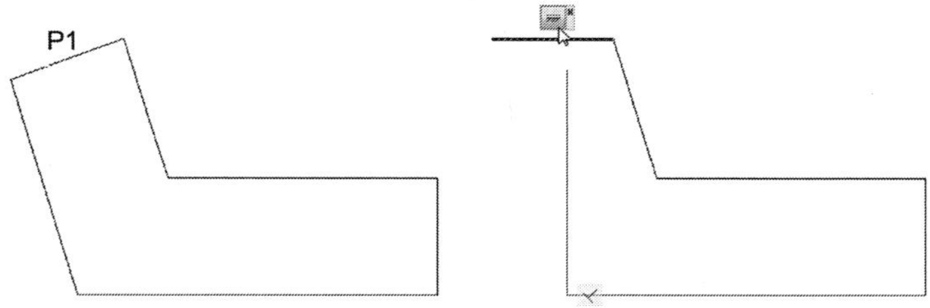

Figura 10.14 Restrição de horizontalidade de linhas.

- **Vertical:** define que uma linha ou polilinha se torne vertical. É possível selecionar um ponto final de uma linha ou dois pontos. O resultado muda caso o ponto selecionado esteja mais perto do final de cada lado da linha.

```
Command: _GcVertical.
Select an object or [2Points] <2Points>: P1.
```

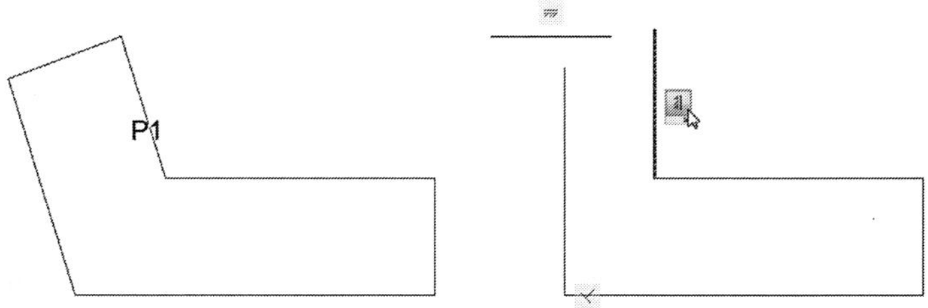

Figura 10.15 Restrição de verticalidade de linhas.

OBSERVAÇÃO

Podemos aplicar nos textos as restrições **Parallel**, **Perpendicular**, **Collinear**, **Horizontal** e **Vertical** ao ângulo de rotação dos textos.

- **Tangent:** estabelece que dois objetos se tornem tangentes entre si. O segundo objeto selecionado torna-se tangente ao primeiro.

```
Command: _GCTangent.
Select first object: P1 (selecione a linha).
Select second object: P2 (selecione o arco).
```

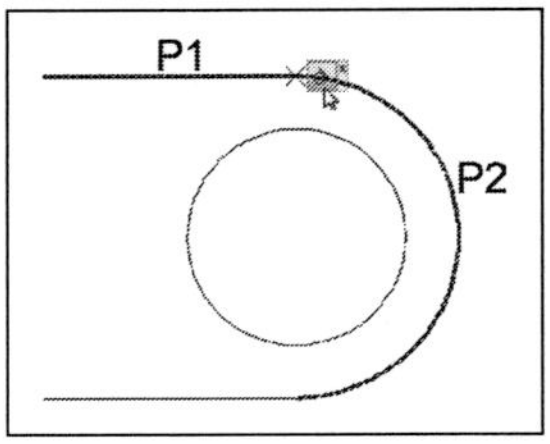

Figura 10.16 Restrição de tangência de objetos.

- **Smooth:** faz com que uma spline fique contígua a uma polilinha, linha ou arco. O primeiro objeto selecionado precisa ser uma spline.

```
Command: _GcSmooth.
Select first spline curve: P1.
Select second curve: P2.
```

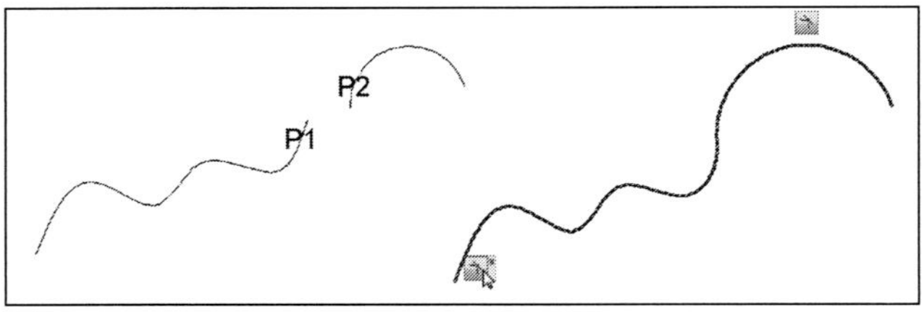

Figura 10.17 Restrição Smooth (spline com polilinha).

- **Symmetric:** define que dois objetos se tornem simétricos a partir de uma linha. É necessário que haja uma linha para a simetria. Os objetos podem ser linhas, polilinhas, arcos e elipses.

```
Command: _GcSymmetric.
Select first object or [2Points]
<2Points>: P1.
Select second object: P2.
Select symmetry line: P3.
```

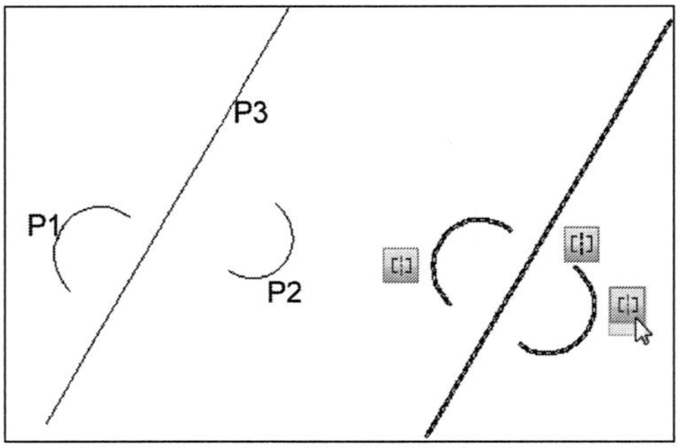

Figura 10.18 Restrição de simetria de objetos.

- **Equal:** redimensiona arcos e círculos para terem o mesmo raio, ou linhas para terem o mesmo comprimento.

```
Command: _GcEqual.
Select first object or [Multiple]: P1.
Select second object: P2.
```

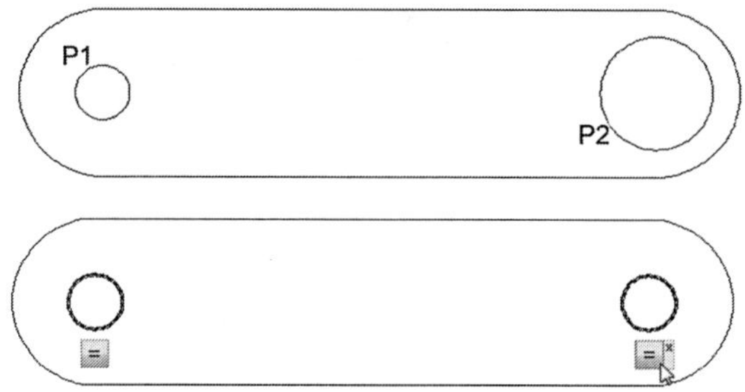

Figura 10.19 Restrição Equal.

OBSERVAÇÃO

Mesmo tendo aplicado restrições aos objetos elas podem ser temporariamente relaxadas pressionando-se a tecla <CTRL> ao editar os objetos.

10.2.2 Remoção de Restrições

Uma restrição geométrica não pode ser modificada, mas pode ser apagada. Para apagar a restrição geométrica de um objeto, clique com o botão direito do mouse no ícone da restrição no desenho e selecione **Delete**.

Figura 10.20 Para apagar restrições.

10.2.3 Visibilidade das Barras de Restrição

Controla-se a visibilidade das barras de restrição pelo painel **Geometric** da aba **Parametric** (Figura 10.21) ou clicando-se no ícone com o botão direito do mouse (Figura 10.22).

- **Hide All:** desliga a visibilidade de todas as restrições do desenho.
- **Show All:** mostra todas as restrições aplicadas ao desenho.
- **Show/Hide:** pede para selecionar o objeto cuja restrição se deseja mostrar/esconder.

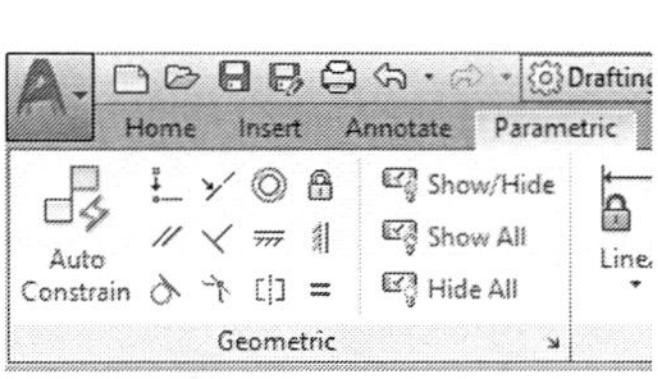

Figura 10.21 Painel Geometric.

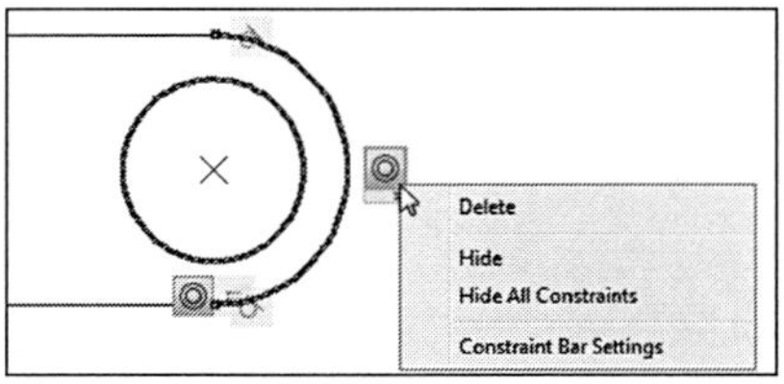

Figura 10.22 Esconder as barras de restrição.

Também é possível controlar a forma como elas são apresentadas na aba **Geometric** da caixa de diálogo **Constraint Settings**, acessada pelo botão do painel **Geometric** ou clicando-se com o botão direito do mouse em qualquer barra de restrição, como mostram as Figuras 10.23 e 10.24.

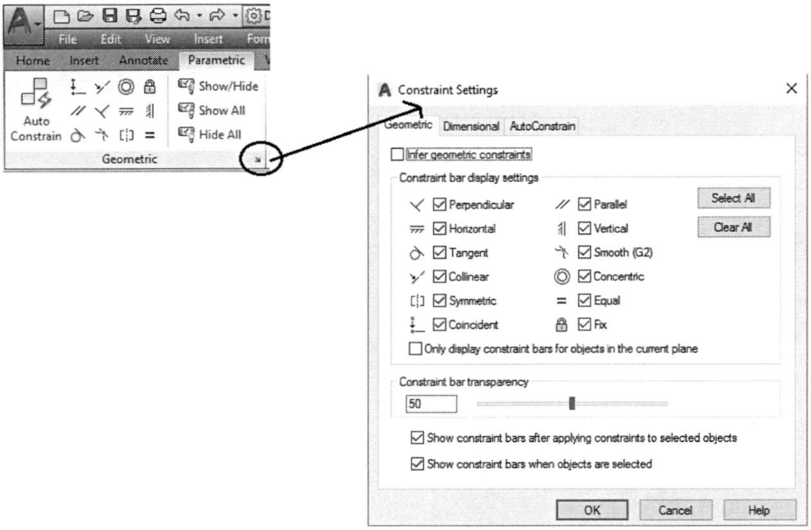

Figura 10.23 Janela Constraint Settings.

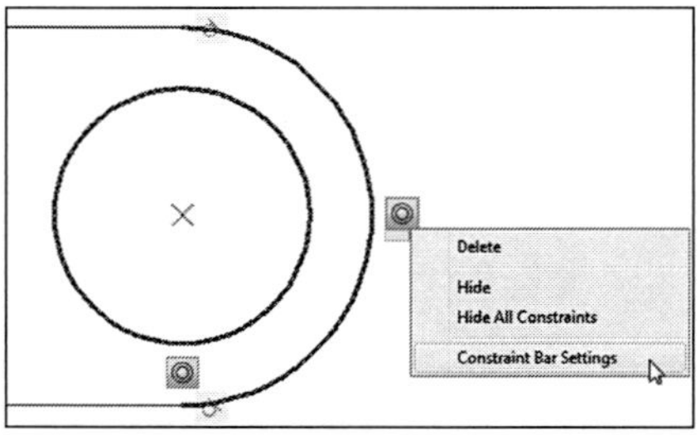

Figura 10.24 Seleção do Constraint Settings.

Nesse quadro, selecionamos as restrições que devem ser exibidas na tela. Clicando nelas, a transparência da barra de restrição também pode ser controlada pela barra deslizante, dando-se maior ou menor transparência às barras. As outras opções são:

- **Only display constraint bars for objects in the current plane:** se ligada, só mostra as restrições para o plano (UCS) de trabalho corrente.
- **Show constraint bars after applying constraints to selected objects:** mostra as barras de restrição quando se aplica restrição a um objeto. Se esta opção estiver desligada, ao se aplicar restrição a um objeto ele fica desligado e é preciso, então, ligá-la para visualizá-lo com a opção **Show** do painel **Geometric**.
- **Show constraint bars when objects are selected:** mostra as restrições de um objeto quando ele é selecionado, mesmo que as barras estejam desligadas (**Hidden**).

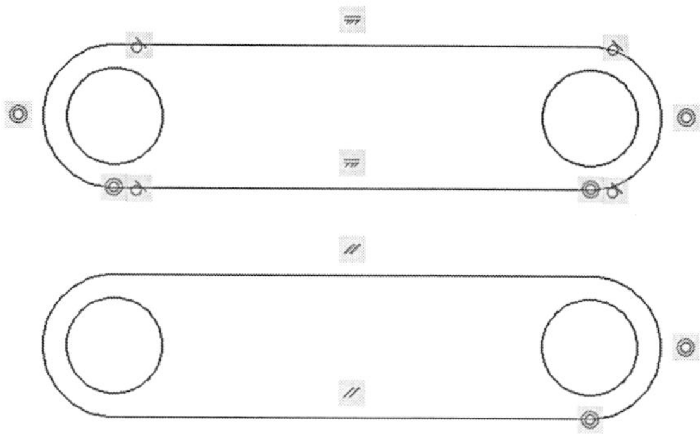

Figura 10.25 Barra de restrição.

10.2.4 Autorrestrição – Auto Constrain

É possível automatizar o processo de aplicação de restrições usando-se o **Auto Constrain** do painel **Geometric** da aba **Parametric**. O **Auto Constrain** automaticamente aplica restrições a geometrias que têm tolerâncias específicas. Por exemplo, aplicando-se **Auto Constrain** a um retângulo de quatro linhas, geram-se as restrições de horizontalidade e coincidência para que se mantenha a forma retangular durante várias edições.

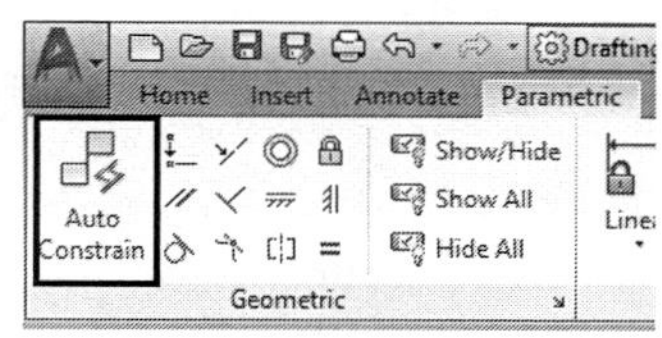

Figura 10.26 Auto Constrain.

Podemos controlar as restrições que devem ficar disponíveis, em que ordem serão aplicadas e as tolerâncias que determinam como as restrições serão aplicadas automaticamente. Esses controles estão disponíveis na janela de diálogo **Constraint Settings**, acessada pela seta do painel **Geometric** da aba **Parameters** ou clicando-se com o botão direito do mouse em qualquer barra de restrição.

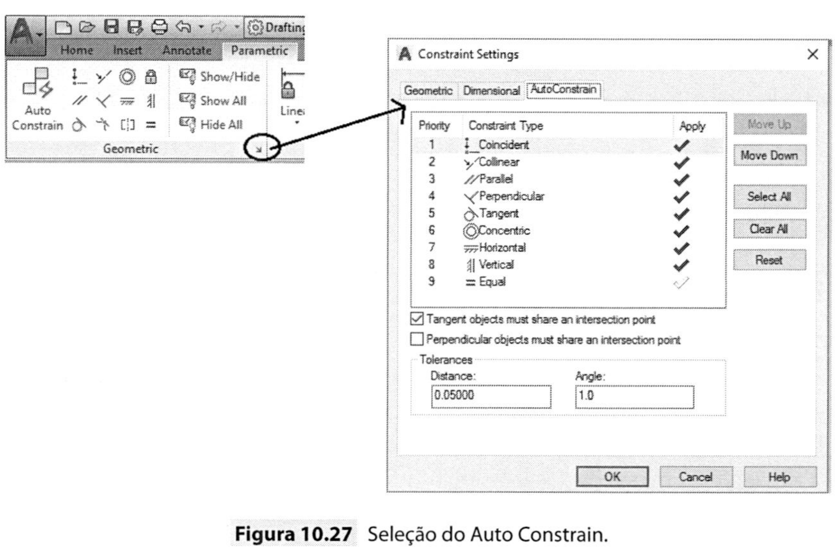

Figura 10.27 Seleção do Auto Constrain.

Figura 10.28 Aplicação do Auto Constrain.

Na janela de diálogo **Constraint Settings** as opções são:

- **Apply:** clicando na seta, liga/desliga a restrição.
- **Move Up:** move a restrição uma linha acima.
- **Move Down:** move a restrição uma linha abaixo.
- **Select All:** seleciona todas as restrições.
- **Clear All:** desfaz a seleção de todas as restrições.
- **Reset:** volta à posição padrão das restrições.
- **Tangent objects must share an intersection point:** indica que duas curvas devem compartilhar um ponto comum para a tangente ser aplicada. A distância dos pontos é definida na barra **Tolerances** na parte inferior da janela.
- **Perpendicular objects must share an intersection point:** especifica que linhas devem se interceptar ou que o ponto final de uma linha deve coincidir com o ponto final de outra linha. A distância é definida em **Tolerances** na parte inferior da janela.
- **Tolerances:** ajusta o valor das tolerâncias para que a restrição seja aplicada para distâncias e ângulos.
- **Equal:** ao usar **Auto Constrain** com o **Equal** habilitado, a restrição é automaticamente aplicada às linhas, polilinhas de igual comprimento e aos arcos e círculos de raios iguais.

10.2.5 Aplicação Automática de Restrições

Outra ferramenta que simplifica a aplicação de restrições geométricas em objetos é o botão **Infer Constraints** na linha de status, que habilita a inserção de restrições nos objetos no momento da criação. É similar ao **Osnap** do tipo **On/Off**. As restrições que ficarão habilitadas são selecionadas pela janela **Constraint Settings**, acionada pela opção **Settings** ao se clicar com o botão direito do mouse no botão **Infer**. Em seguida, deve-se habilitar o botão **Infer**, conforme mostra a Figura 10.29.

A partir desse momento, quando se insere uma linha, círculo ou qualquer outro objeto, ele já é criado com a restrição que estiver habilitada.

O uso de **Infer Constraints** automaticamente aplica restrições coincidentes de **Osnap**, tais como **Endpoint, Midpoint, Center, Node, Insertion**. Por exemplo, se você desenha um círculo com o centro no ponto final (**Endpoint**) de uma linha, o AutoCAD automaticamente aplica uma restrição de coincidência entre o centro do círculo e o ponto final da linha. Ao se mover o círculo, a linha se move junto. O mesmo acontece com comandos de edição. Por exemplo, se você copia (**Copy**) o ponto de inserção de um bloco para o ponto final (**Endpoint**) de uma linha, o AutoCAD automaticamente aplica uma restrição de coincidência entre eles. Ao se mover a linha, move-se o bloco junto.

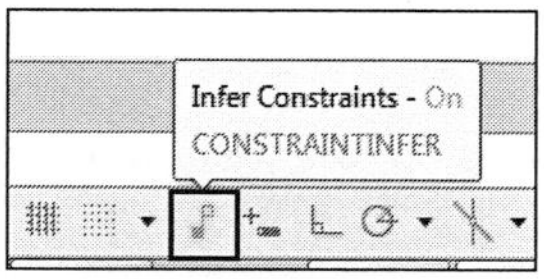

Figura 10.29 Botão Infer.

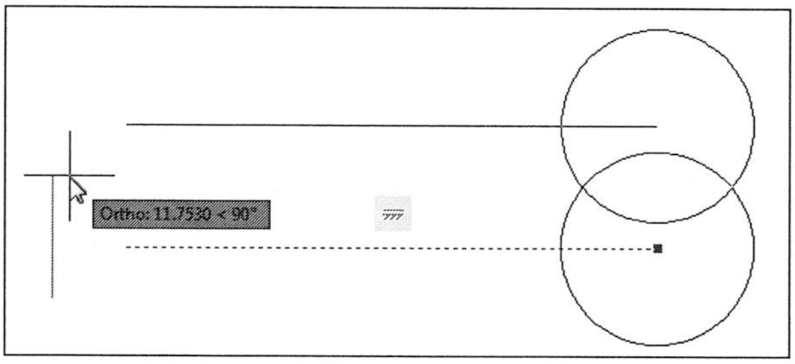

Figura 10.30 Restrição aplicada automaticamente.

10.3 Estabelecimento de Relações Dimensionais - Dimconstraint

Relações dimensionais limitam as medidas de uma geometria. Por exemplo, usa-se uma restrição dimensional para especificar que duas linhas paralelas estão sempre a 15 m uma da outra. Alterando-se o valor da restrição, força-se uma mudança na geometria. É possível criar restrições dimensionais pelo painel **Dimensional** da aba **Parametric** ou com o comando **Dimconstraint**. Há sete tipos de restrição dimensional similares aos vários tipos de dimensionamento: **Linear, Aligned, Horizontal, Vertical, Radial, Diameter** e **Angular**.

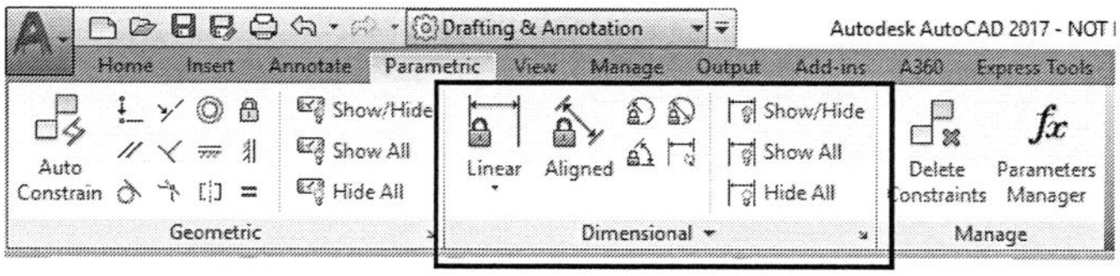

Figura 10.31 Aba Parametric - Painel Dimensional.

Podemos exibir a restrição dimensional como um nome, valor ou expressão (nome = fórmula ou equação ou valor). O ícone de um cadeado aparece próximo a todas as restrições dimensionais para distingui-las das cotas normais de desenho, como indica a Figura 10.32.

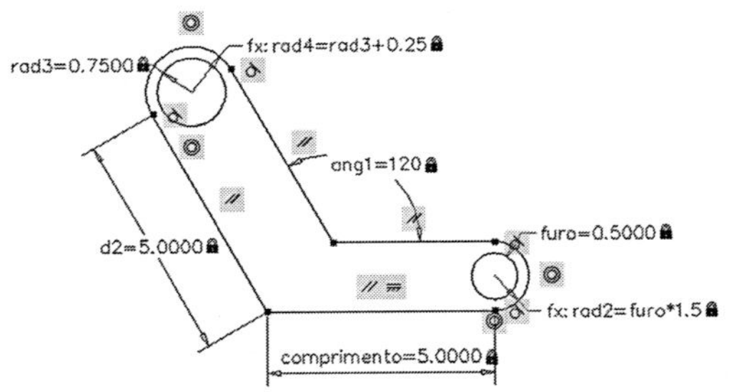

Figura 10.32 Restrições geométricas e dimensionais.

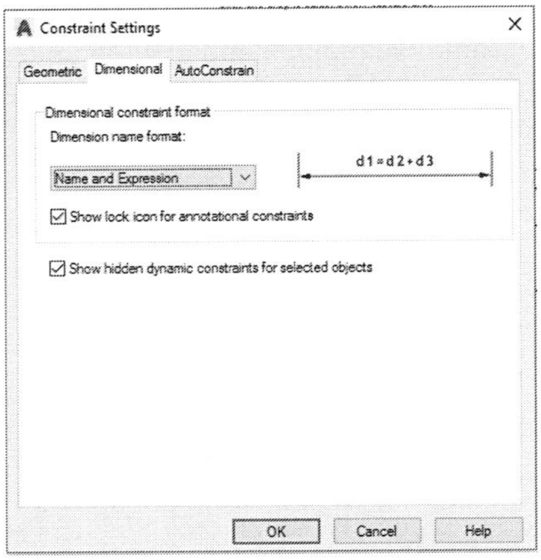

Figura 10.33 Definição da restrição dimensional.

As restrições dimensionais são:

- **Linear:** cria restrições horizontais, verticais ou rotacionadas com base na posição da linha de cota. Para acompanhar os exemplos a seguir, abra o arquivo **restrições_dimensionais.dwg**, que pode ser baixado do site da editora.

```
Command: _DcLinear.
Specify first constraint point or [Object] <Object>: P1.
Specify second constraint point: P2.
Specify dimension line location: marque a posição da linha de cota.
Dimension text = 5.0000
```

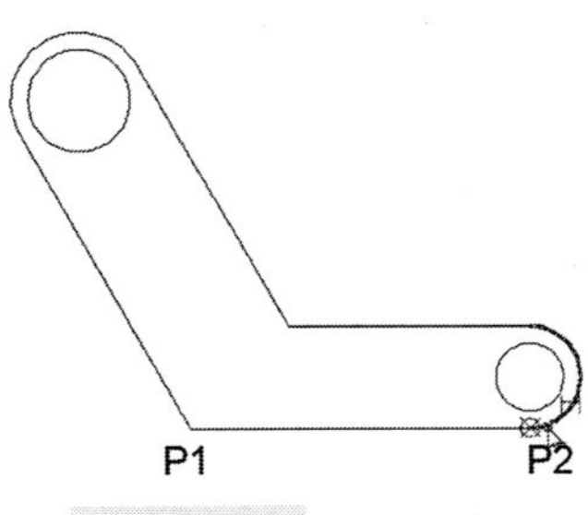

Figura 10.34 Seleção dos pontos da dimensão.

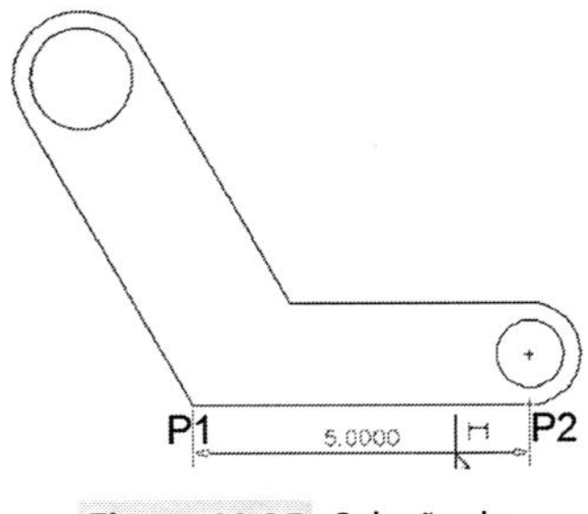

Figura 10.35 Seleção da posição da linha de cota.

Figura 10.36 Resultado final.

- **Horizontal:** restringe a distância X entre pontos num objeto ou entre dois pontos em objetos diferentes.

```
Command: _DimConstraint.
Command: _DcHorizontal.
Specify first constraint point or [Object] <Object>: <ENTER>.
Select object: selecione a linha.
Specify dimension line location: marque o ponto da linha de cota.
Dimension text = 3.5566
Command: <Infer Constraints off>
```

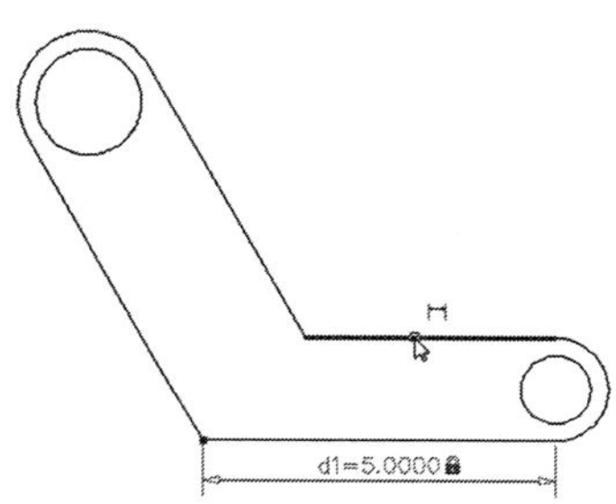

Figura 10.37 Seleção da posição da linha de cota.

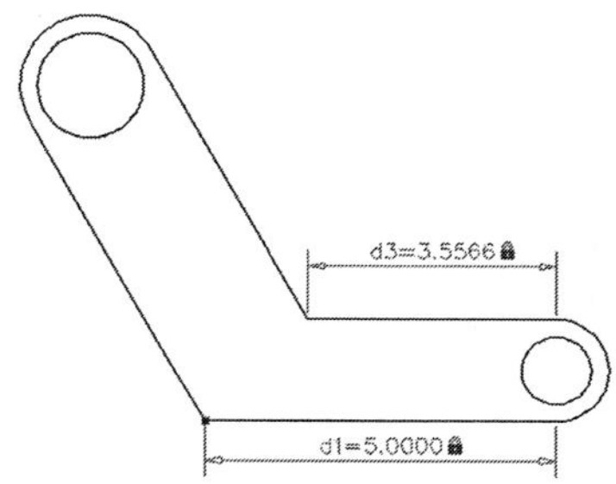

Figura 10.38 Resultado final.

OBSERVAÇÃO

Ao ser solicitado o primeiro ponto, você pode pressionar <ENTER> e selecionar a linha em vez de dar os dois pontos como nos comandos de dimensionamento.

- **Vertical:** restringe a distância Y entre pontos num objeto ou entre dois pontos em objetos diferentes.

```
Command: _DcVertical.
Specify first constraint point or [Object] <Object>: P1.
Specify second constraint point: P2.
Specify dimension line location: marque a posição da linha de cota.
Dimension text = 1.5995
```

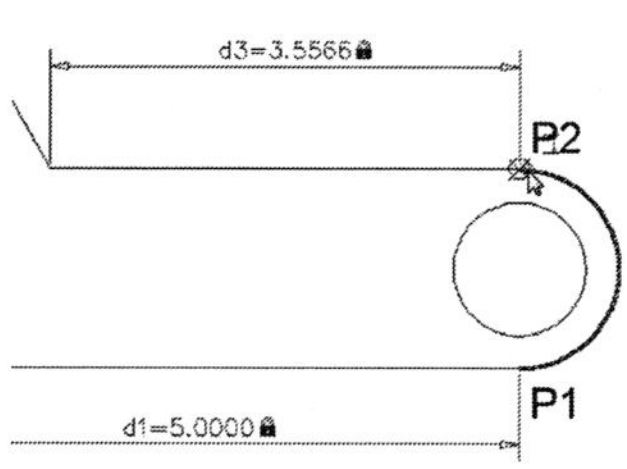

Figura 10.39 Seleção dos pontos na vertical.

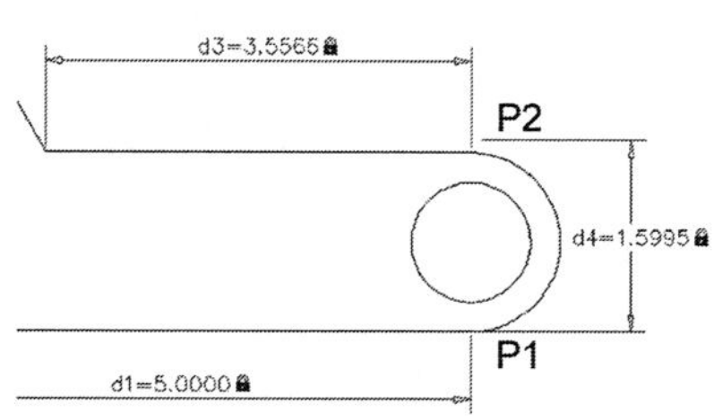

Figura 10.40 Resultado final.

- **Aligned:** restringe a distância entre dois pontos num objeto ou entre dois pontos em objetos diferentes.

```
Command: _DcAligned.
Specify first constraint point or [Object/Point&line/2Lines] <Object>: P1.
Specify second constraint point: P2.
Specify dimension line location: marque a posição da linha de cota.
Dimension text = 5.0000
```

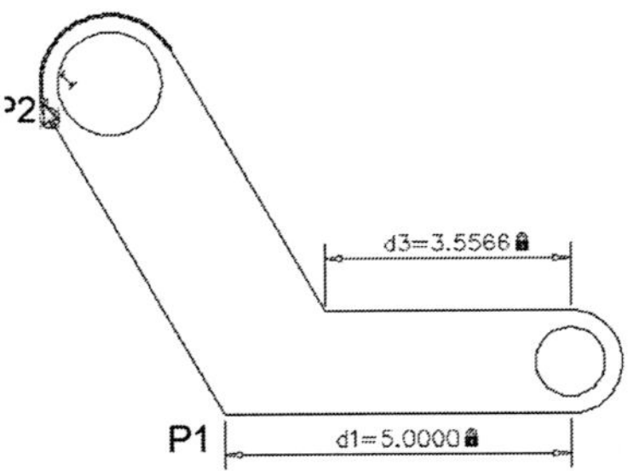

Figura 10.41 Seleção dos pontos.

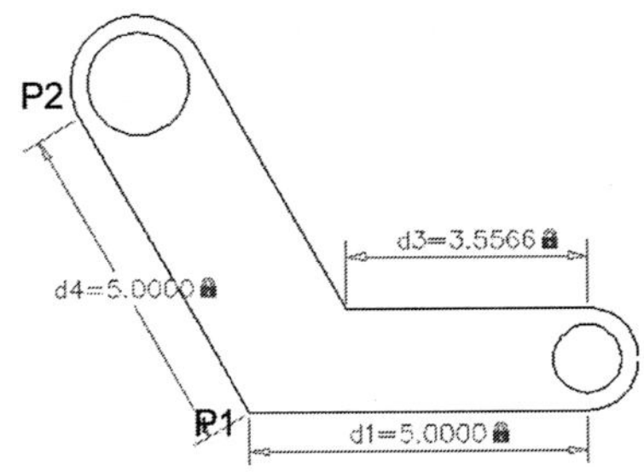

Figura 10.42 Resultado final.

- **Angular:** define uma restrição de ângulo entre duas linhas ou polilinhas ou em um arco.

Seleção de Duas Linhas

```
Command: _DcAngular.
Select first line or arc or [3Point] <3Point>: P1.
Select second line: P2.
Specify dimension line location: marque posição da linha de cota.
Dimension text = 120
```

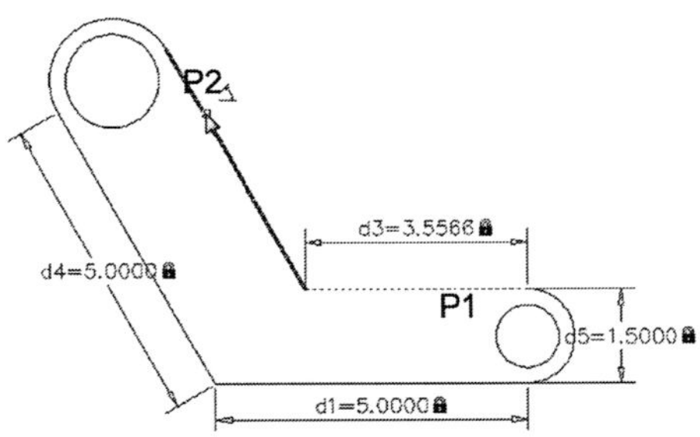

Figura 10.43 Seleção das linhas que formam o ângulo.

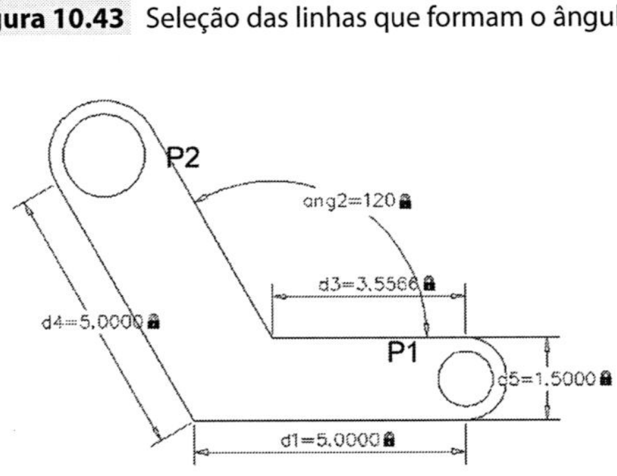

Figura 10.44 Resultado final.

OBSERVAÇÃO

Se for definido um ângulo maior que 360°, será inserido o ângulo baseado no Units do desenho. Portanto, caso se insira um ângulo de 390°, por exemplo, ele será desenhado com 30°.

- **Radial:** restringe o raio de um arco ou círculo.

`Command:` _DcRadius.
`Select arc or circle:` selecione um círculo ou arco.
`Dimension text = 0.7500`
`Specify dimension line location:` marque a posição da linha de cota.

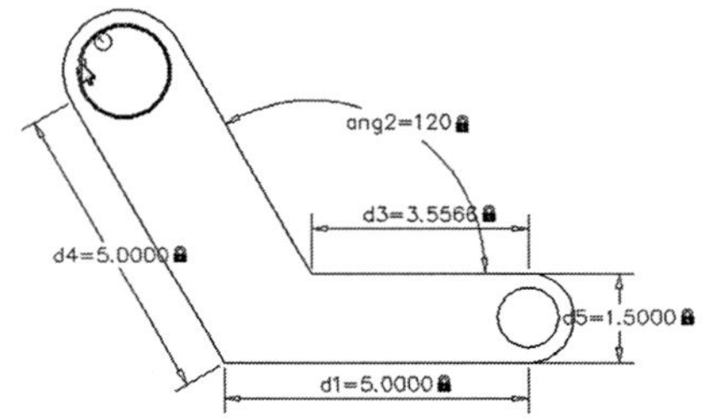

Figura 10.45 Restrição do raio do círculo.

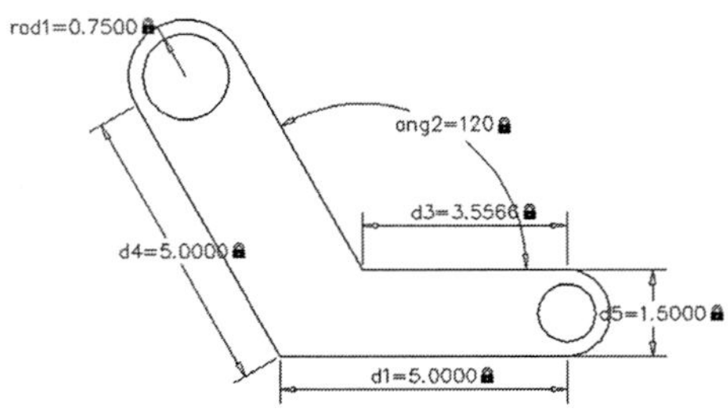

Figura 10.46 Resultado final.

- **Diameter:** restringe o diâmetro de um arco ou círculo.

`Command:` _DcDiameter.
`Select arc or circle:` selecione um arco ou círculo.
`Dimension text = 1.0000`
`Specify dimension line location:` marque a posição da linha de cota.

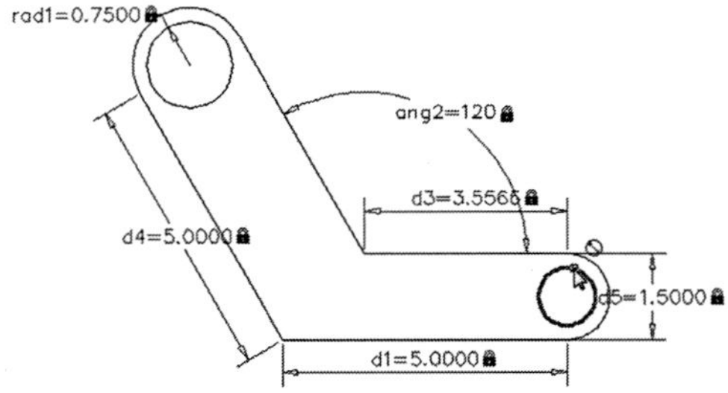

Figura 10.47 Restrição do diâmetro do círculo.

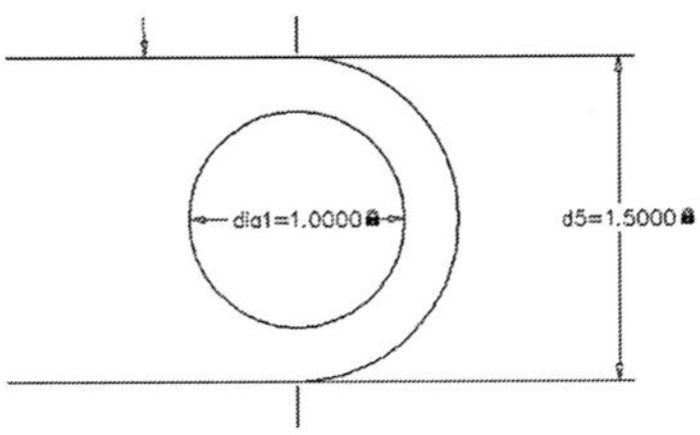

Figura 10.48 Resultado final.

10.3.1 Edição das Restrições

A restrição pode ser facilmente editada com **Grips** ou mediante duplo clique no texto da dimensão. Com duplo clique o nome e a expressão automaticamente são exibidos, não importa o formato da restrição. É possível entrar com um valor ou o nome e o valor, usando o formato nome = valor (largura = 30 ou largura = altura/3), além de renomear restrições dimensionais e usar esses nomes em fórmulas para fixar os valores de outras restrições. Por exemplo, se temos um retângulo com restrições chamadas altura e largura, podemos definir que o valor da largura é a altura/3 para restringir a largura do retângulo a um terço de sua altura.

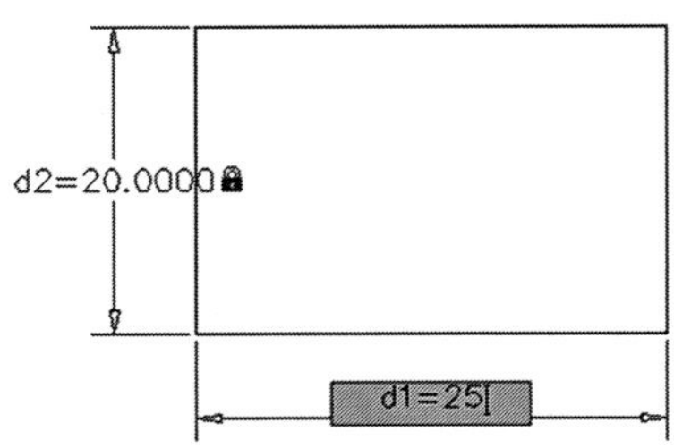

Figura 10.49 Alteração da medida.

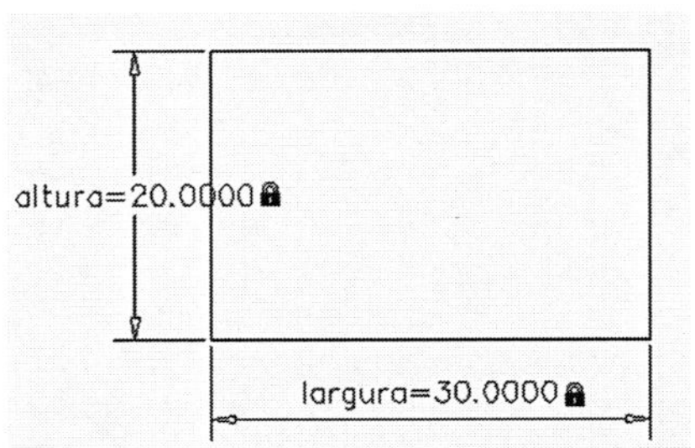

Figura 10.50 Resultado final.

OBSERVAÇÃO

Sempre que for apresentado o valor da medida, ângulo, raio etc. você pode digitar outro valor que o desenho é redefinido para o valor digitado.

10.3.2 Conversão de Cotas em Restrições Dimensionais

É possível converter uma cota em restrição dimensional. No painel **Dimensional**, selecione o ícone constante no título deste tópico. No desenho, selecione uma cota e ela será convertida em restrição dimensional.

```
Commnad: DCCONVERT.
Select associative dimensions to convert: selecione uma cota.
Select associative dimensions to convert: <ENTER>
1 associative dimensions converted
```

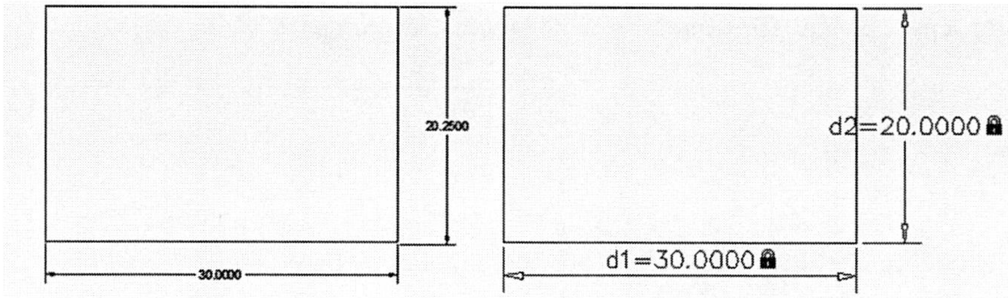

Figura 10.51 Conversão de cotas em restrições dimensionais.

10.3.3 Parâmetros Definidos pelo Usuário

O palete **Parameters Manager** (gerenciador de parâmetros), acessado pelo painel **Manage** da aba **Parametric** (Figura 10.52), permite gerenciar os parâmetros dimensionais, bem como criar parâmetros de usuário. Pode-se atribuir um nome significativo ao parâmetro e associá-lo a um valor numérico ou associar uma fórmula à sua expressão (Figura 10.53). A expressão de um parâmetro pode referenciar-se a outro parâmetro, de modo que seu valor automaticamente se atualize quando o outro parâmetro mudar. Ao clicar em **Parameters Manager**, abre-se uma paleta semelhante à da Figura 10.54 com todas as restrições definidas no arquivo.

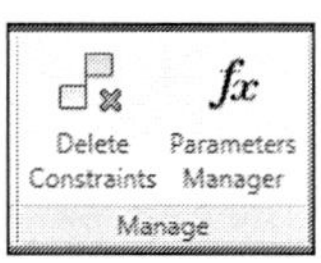

Figura 10.52 Painel Manage.

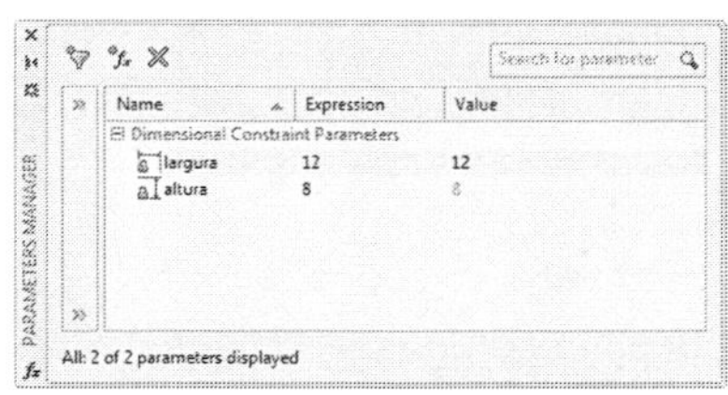

Figura 10.53 Gerenciador de parâmetros.

Nessa paleta, o campo **Expression** pode ser editado, de forma que você digita a medida e o desenho se altera, e também podem ser colocadas as expressões que definem a geometria. No campo **Name**, é possível mudar o nome da restrição para algum que identifique melhor o que ela representa, por exemplo, largura, furo, altura etc. O campo **Value** não se altera, apenas mostra o resultado da expressão.

No exemplo seguinte, estabelece-se que a largura do retângulo é duas vezes sua altura. No momento em que fazemos essa expressão, o desenho é redefinido, e se a altura é modificada a largura automaticamente se altera.

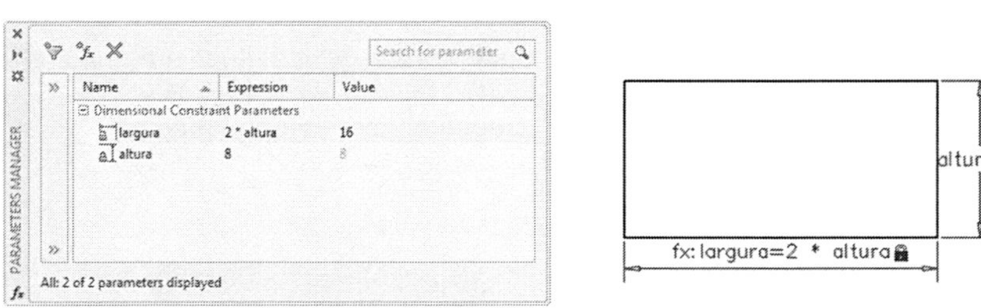

Figura 10.54 Definição da expressão largura = 2x altura.

Mudar a altura para o valor 15 automaticamente altera a largura para 30.

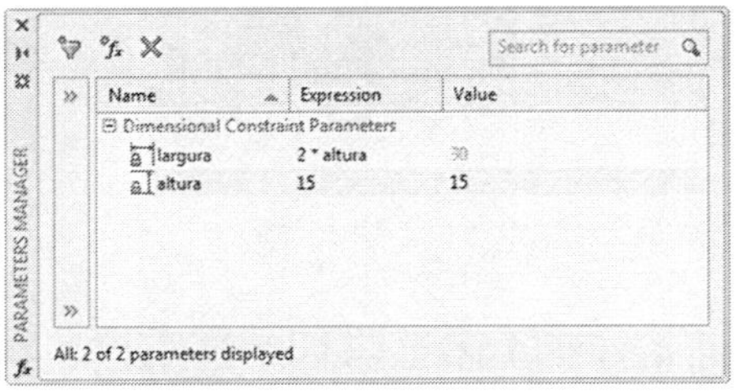

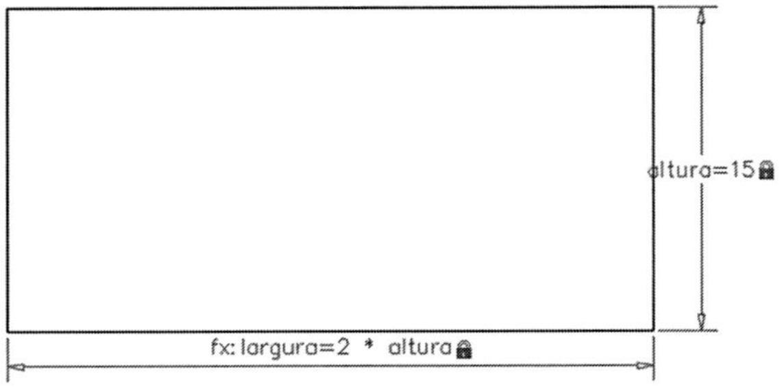

Figura 10.55 A mudança da altura modifica a largura automaticamente.

As expressões permitidas são:

+ : adição

– : subtração

***** : multiplicação

/ : divisão

% : ponto flutuante

^ : exponenciação

() : delimitador de expressões

. : separador decimal

10.3.4 Remoção de Restrições Dimensionais

Para apagar as restrições dimensionais, selecione **Delete Constraints** no painel **Manage** da aba **Parametric**. Em seguida, selecione a restrição.

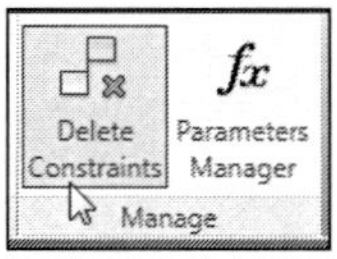

Figura 10.56 Painel Manage.

10.3.5 Visibilidade das Restrições Dimensionais

O controle da visibilidade das restrições dimensionais é feito pelos botões no painel **Dimensional**. Funciona como um botão liga/desliga das restrições, como nas restrições geométricas.

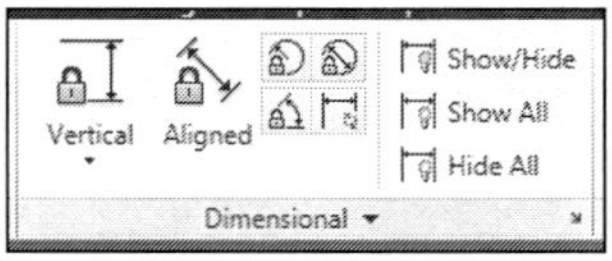

Figura 10.57 Painel Dimensional.

CAPÍTULO 11

Geração de Biblioteca e Atributos

OBJETIVOS

- Criar uma biblioteca de símbolos
- Inserir símbolos no desenho
- Atualizar símbolos modificados em desenhos existentes
- Associar informações aos símbolos
- Editar informações
- Extrair informações dos símbolos para uma tabela

11.1 Vantagens do Uso de Blocos

Os blocos são objetos criados para representar elementos usados repetidas vezes no desenho, tais como móveis, símbolos de todos os tipos (corte, norte, nível etc.), carimbos, margens, legendas, entre outros. Os blocos aumentam a produtividade, pois, ao permitirem a construção de uma biblioteca de símbolos, otimizam o tempo de trabalho do usuário. Os blocos podem ainda ser associados a menus do usuário e paletas, possibilitando a customização do AutoCAD. O espaço ocupado em disco por um bloco é menor que o ocupado individualmente pelas entidades que o compõem. A redefinição de um bloco é uma operação bastante simples, e todas as cópias inseridas no desenho podem ser atualizadas simultaneamente.

Os blocos são entidades especiais, criadas com base em um conjunto de primitivas geométricas (linhas, arcos, círculos etc.) agrupadas para constituírem um só elemento. Quando você cria um bloco, todas as entidades se agrupam em uma só. Para desmembrá-las, usa-se o comando **Explode**.

A cada bloco se associa um determinado nome, e é possível inseri-lo em um desenho quantas vezes forem necessárias com diferentes escalas e rotações. Um bloco também pode ser composto de outros blocos, ou seja, uma peça que tenha como componentes elementos criados como blocos.

A cada bloco é possível associar informações (atributos) que podem ser extraídas posteriormente para uma tabela inserida no próprio desenho ou para um arquivo do tipo planilha e manipuladas separadamente, possibilitando-se a geração de uma lista.

11.2 Relação entre Blocos, Níveis de Trabalho, Cores e Tipos de Linha

Os blocos podem ser criados com entidades geradas em diferentes layers. Layer, cor e tipo de linha são informações mantidas no bloco. Após a inserção do bloco no desenho, cada entidade é desenhada no nível de trabalho em que foi criada, com sua respectiva cor e tipo de linha.

Existem três exceções para essa regra:

1. Entidades pertencentes a um bloco que foram originalmente desenhadas no nível de trabalho 0 (zero) são inseridas no nível de trabalho ativo.
2. Entidades desenhadas com a cor do tipo **Byblock** são geradas com a cor ativa do momento da inserção.
3. Entidades desenhadas com o tipo de linha **Byblock** são geradas com o tipo de linha ativo no momento da inserção.

11.3 Criação de Blocos - Comando Block

Esse comando é acessado pelo painel **Block Definition** na aba **Insert** e pelo menu superior **Draw**, opção **Block** e **Make**, se ele estiver habilitado. O bloco deve estar previamente desenhado antes de se entrar nesse comando. Para acessá-lo, clique em **Create Block** e surge a janela de diálogo da Figura 11.2.

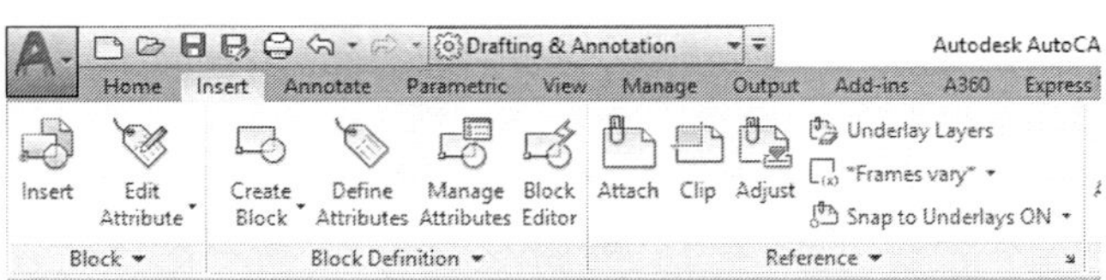

Figura 11.1 Aba Insert - painel Block Definition.

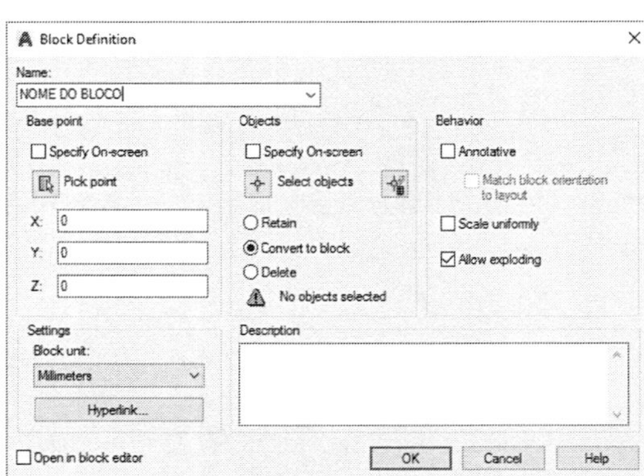

Figura 11.2 Comando Block.

Nessa janela é preciso fornecer as seguintes informações:

- **Block name:** dê o nome do bloco.

- **Base point:** determine o ponto base de inserção do bloco. É o ponto pelo qual o bloco será inserido posteriormente no desenho.

Há duas opções: fornecer o ponto base de inserção do bloco por meio das coordenadas absolutas X,Y,Z nos respectivos quadros, ou clicar em **Pick point** e o ponto pode ser selecionado diretamente no desenho, o que é mais usual.

- **Objects:** depois de fornecer o nome e o ponto base de inserção do bloco, clique no ícone **Select objects** para selecionar as entidades que farão parte do bloco. Ao se clicar nesse botão, a janela some da tela para que o usuário selecione as entidades pelos métodos convencionais do AutoCAD.
    - **Retain:** se essa opção estiver selecionada, suas entidades são mantidas na tela ao se criar um bloco; se não estiver selecionada, suas entidades são retiradas ao se criar um bloco.
    - **Convert to block:** se ativada, as entidades selecionadas na tela são automaticamente convertidas no bloco.
    - **Delete:** se estiver marcada, as entidades selecionadas na tela para formar o bloco são apagadas após a criação do bloco.
- **Behavior:** define o comportamento do bloco.
    - **Annotative:** especifica que o bloco terá um comportamento anotativo, ou seja, pode ter uma escala diferente em cada viewport no **Layout** (que estudaremos em detalhes no Capítulo 14).
    - **Match block orientation to layout:** especifica que a orientação do bloco no **Paper Space** é a mesma da viewport. Essa opção só fica disponível se **Annotative** estiver ativada.
    - **Scale uniformly:** essa opção escala o bloco uniformemente.
    - **Allow exploding:** explode o bloco (com o comando **Explode**).
- **Settings**
    - **Block unit:** usada para a escolha da unidade de trabalho para inserir o bloco.
    - **Description:** nesse campo, é possível fazer uma pequena descrição do bloco para facilitar seu reconhecimento.
- **Hyperlink:** essa opção associa ao bloco um hyperlink.
- **Open in block editor:** abre o editor de blocos dinâmicos com o bloco corrente.

Abra o arquivo **exemplo_blocos**, que pode ser baixado do site da editora, e veja o desenho da pia reproduzido na Figura 11.3

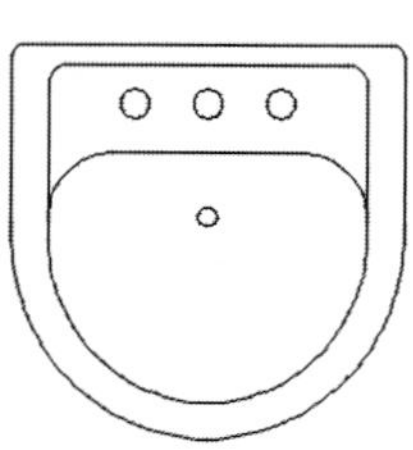

Figura 11.3 Desenho do bloco.

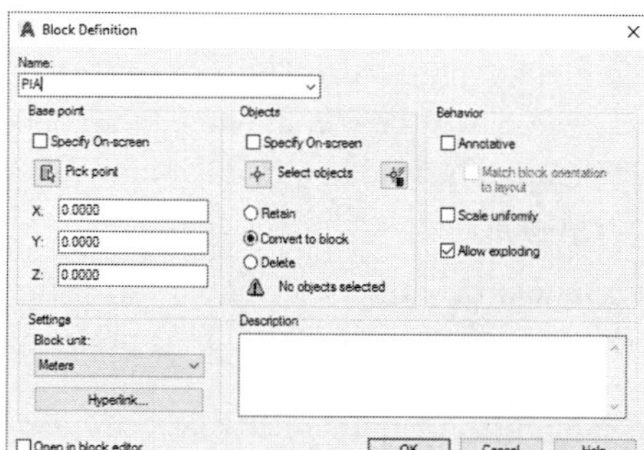

Figura 11.4 Criação do bloco.

1. No painel **Block** clique em **Create.**
2. Na janela de diálogo dê o nome de **PIA** ao campo **Name.**
3. Clique em **Pick point** e selecione um canto da poltrona usando **Osnap** como ponto base de inserção.
4. Clique em **Select objects**, selecione as entidades com o **Window** e pressione <ENTER>.
5. No campo **Objects** selecione a opção **Retain.**
6. Após selecionar os objetos, surge o desenho do bloco no canto superior direito da janela.
7. Clique em **OK** e o bloco é criado. Suas entidades permanecem na tela porque a opção **Retain** foi escolhida.

O bloco criado com o comando **Block** fica gravado no arquivo (DWG) em que ele foi criado. Para inseri-lo, é necessário estar com esse arquivo ativo. Veremos a seguir outra forma de criar o bloco.

OBSERVAÇÃO

Para inserir o bloco no desenho, use o comando **Insert**, estudado no Item 11.5 deste capítulo.

11.4 Comando Wblock

Como vimos, o bloco criado com o comando **Block** passa a pertencer ao arquivo em que foi gerado. Para inserir um bloco em qualquer desenho, é necessário transformá-lo em um arquivo .dwg pelo comando **Wblock**. Para criar uma biblioteca de símbolos (mobiliário, elétrica, hidráulica etc.), os blocos devem ser convertidos em arquivos.

Podemos criar os blocos com o comando **Wblock** em lugar do **Block**, assim já geramos um arquivo em vez de um bloco. Se você criar o símbolo com o comando **Block**, só é possível inseri-lo no desenho em que foi criado.

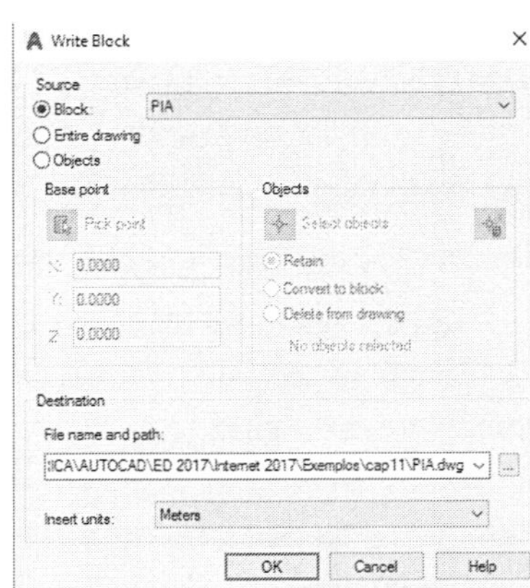

Figura 11.5 Criação de um arquivo a partir de um bloco existente.

1. Clique em **Write Block** no painel **Block Definition.**
2. No campo **Source** selecione **Block** e, no quadro ao lado, selecione o bloco já criado com o nome de **PIA.**
3. Mais abaixo, no quadro **Destination**, escolha a pasta para gravar o arquivo com esse bloco. Selecione uma pasta em que pretende guardar todos os seus símbolos, a qual já deve ter sido criada.
4. Para mudar de pasta, selecione o quadrinho com três pontinhos ao lado e escolha a pasta preferida.
5. No campo **Insert units** selecione as unidades do bloco.
6. Clique em **OK** para gravar o bloco em disco como arquivo com extensão .dwg.

É possível criar um bloco diretamente com o comando **Wblock** sem passar pelo comando **Block** e depois fazer o arquivo.

1. Faça o desenho do símbolo (bloco).
2. Clique em **Write Block** no painel **Block Definition.**
3. Na janela de diálogo **Write Block** selecione **Objects** (Figura 11.6).
4. Em seguida, nos campos **Base point** e **Objects,** proceda da mesma forma usada no comando **Block**; dê o ponto base e selecione os objetos.
5. No campo **File name and path** informe a pasta em que pretende arquivar o bloco.
6. Clique em **OK** para gerar o bloco como um arquivo.

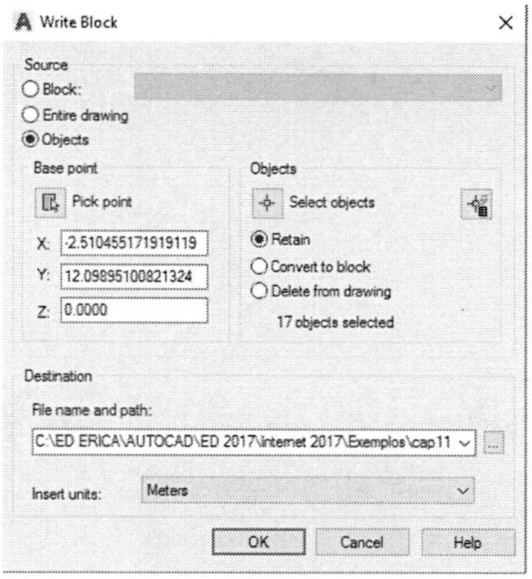

Figura 11.6 Criação de um bloco como arquivo.

11.5 Inserção de Blocos - Comando Insert

O comando **Insert** insere blocos no desenho, gerando uma cópia do bloco já criado. Acesse-o pelo painel **Block**, opção **Insert**, ou pelo menu superior **Insert**, opção **Block**.

1. No painel **Block,** selecione **Insert** e abaixo do painel serão exibidos os blocos do desenho, como mostra a Figura 11.7. Selecione o bloco desejado ou clique em **More Options...** para abrir a janela **Insert,** na qual você poderá selecionar outras opções.
2. No quadro **Name** selecione **PIA.**
3. Nos campos **Insertion point, Scale** e **Rotation** clique em **Specify On-screen** para informar esses parâmetros na tela.
4. Clique em **OK.**

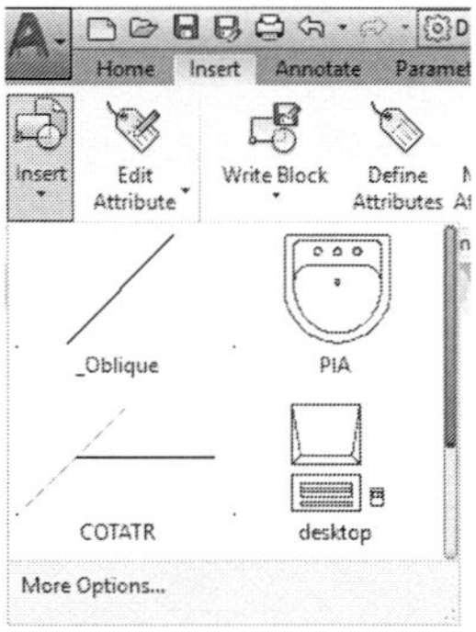

Figura 11.7 Comando Insert.

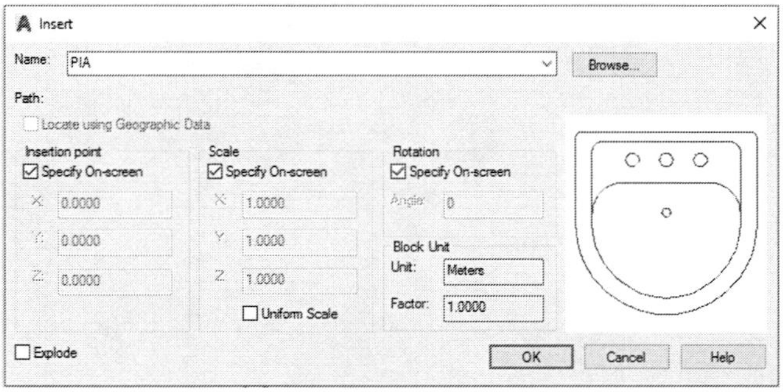

Figura 11.8 Comando Insert.

Note que o bloco vem preso ao seu cursor, solicitando um ponto de inserção. Marque um ponto na tela (Figura 11.9).

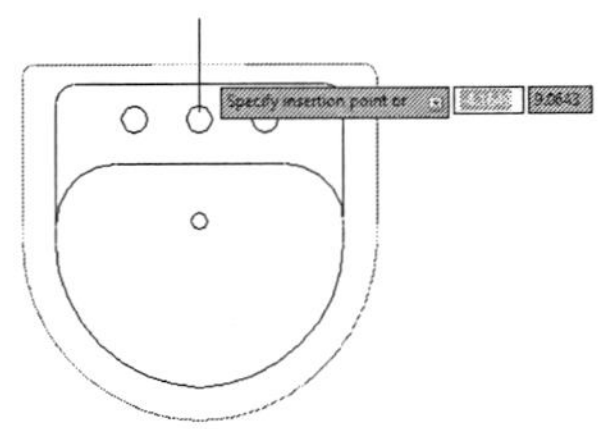

Figura 11.9 Inserção de um bloco.

5. Em seguida, pede-se o fator de escala em X:

```
Enter X scale factor, specify opposite corner or 1.0.
```

Pressione <ENTER> para concordar com o fator de escala 1.

```
Enter Y scale factor <use X scale factor>: <ENTER>.
Specify rotation angle<0>: <ENTER>.
```

Após seguir esses passos o bloco é inserido no desenho com a mesma escala com que foi criado.

Nessa janela de diálogo, os campos têm as seguintes funções:

- **Name:** selecione o nome do bloco.
- **Browse:** para inserir um bloco que já é arquivo, selecione essa opção para acessar as pastas dos arquivos, como ilustra a Figura 11.10.
- **Insertion point:** usada para fornecer o ponto de inserção do bloco por meio de coordenadas especificadas. Também é possível dar o ponto de inserção na tela selecionando-se **Specify On-screen**.
- **Scale:** permite dar a escala de inserção ou especificá-la no momento da inserção, selecionando-se **Specify On-screen**. Se o usuário escolher **Uniform Unit**, o fator de escala inserido em **X** é usado para **Y** e **Z** uniformemente.

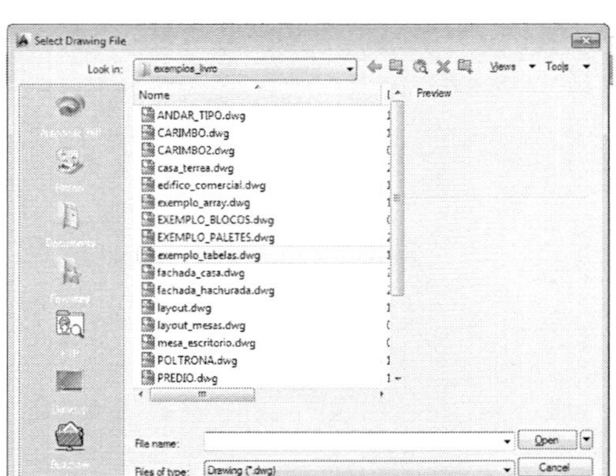

Figura 11.10 Inserção de um arquivo no desenho.

- **Rotation:** oferece um ângulo de rotação para o bloco ou o especifica na hora da inserção, selecionando-se **Specify On-screen**.

- **Block Unit:** informações de unidades e escala do bloco.
- **Explode:** ao selecioná-la, o bloco entra explodido no desenho, ou seja, ele não é considerado uma entidade só. Todas as entidades que o compõem (linhas, círculos, textos, hachuras etc.) ficam separadas, como se o bloco fosse explodido com o comando **Explode**.

Após determinar o ponto de inserção, é preciso escolher a escala do bloco, o que é um fator multiplicativo que determina sua ampliação ou redução para fatores maiores ou menores que "um", respectivamente. O fator "um" determina a escala natural do bloco, isto é, ter-se-á uma cópia do bloco exatamente como ele foi criado. O fator multiplicativo para a determinação da escala, conforme mostra a interação anterior, pode ser diferente nos eixos X e Y.

11.6 Atualizações em Blocos Gerados a Partir de Desenhos

Ao transformar um bloco em arquivo de desenho com o comando **Wblock**, ele passa a ser um desenho com formato .dwg e pode ser tratado como tal. Abra o AutoCAD e edite-o.

Ao inserir um desenho em outro, ele se torna um bloco. Como exemplo, suponha que no desenho ESCRITORIO tenha sido inserido o desenho TAMPO MESA1. A partir desse instante o desenho TAMPO MESA1 é um bloco do desenho ESCRITORIO. Se TAMPO MESA1 sofrer alterações, elas não são automáticas no bloco TAMPO MESA1 do desenho ESCRITORIO.

Dessa maneira, o bloco TAMPO MESA1 do desenho ESCRITORIO fica desatualizado em relação ao desenho de mesmo nome.

Para atualização do bloco TAMPO MESA1 do desenho ESCRITORIO, usa-se o comando **Insert** da seguinte forma:

1. Abra o desenho denominado ESCRITORIO e insira o bloco TAMPO MESA1 usando o comando **Insert** (Figura 11.11).
2. Abra o arquivo do desenho TAMPO MESA1. Altere o desenho (Figura 11.12), modificando a borda, e salve-o.

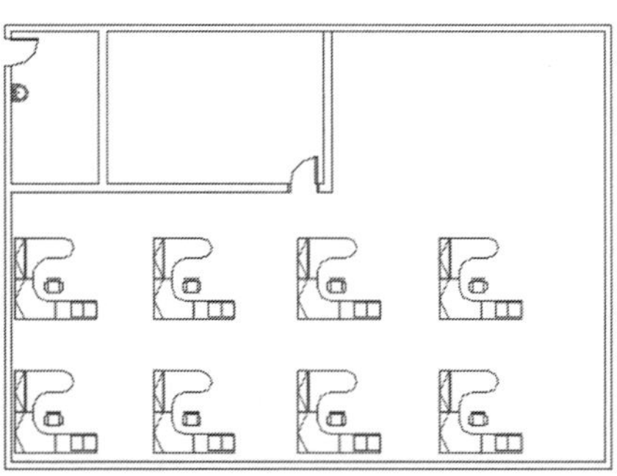

Figura 11.11 Bloco TAMPO MESA1 inserido várias vezes no desenho ESCRITORIO.

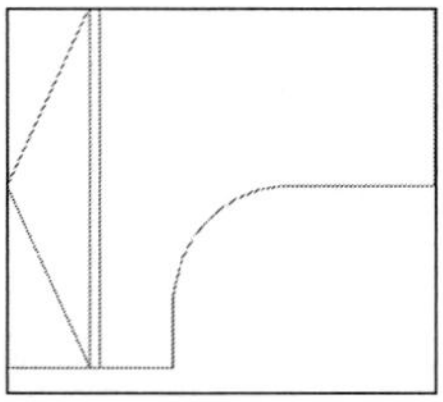

Figura 11.12 Alteração do bloco TAMPO MESA1.

3. Abra o desenho ESCRITORIO, e os blocos do desenho TAMPO MESA1 estarão sem as alterações. Para alterar todos os blocos TAMPO MESA1 ao mesmo tempo, entre no comando **Insert** e selecione o arquivo TAMPO MESA1 por meio do botão **Browse**, como se fosse inseri-lo novamente.
4. Ao selecionar **OK** na janela do comando **Insert**, aparece a janela de diálogo da Figura 11.13, alertando que já existe no desenho um bloco com aquele nome e perguntando se deseja redefini-lo; confirme com **Sim** ou **OK**.
5. Nesse momento, todos os blocos TAMPO MESA1 no desenho ESCRITORIO são redefinidos. Após esse passo, pode-se cancelar o comando com a tecla <ESC>, se não for necessário inserir novamente o bloco redefinido (Figura 11.14).

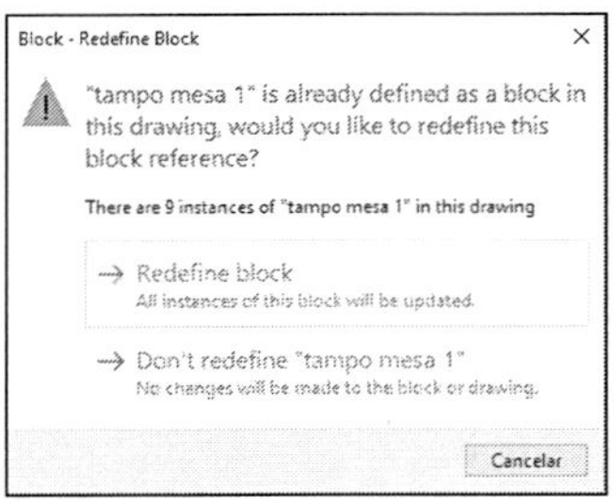

Figura 11.13. Alerta de confirmação da redefinição dos blocos.

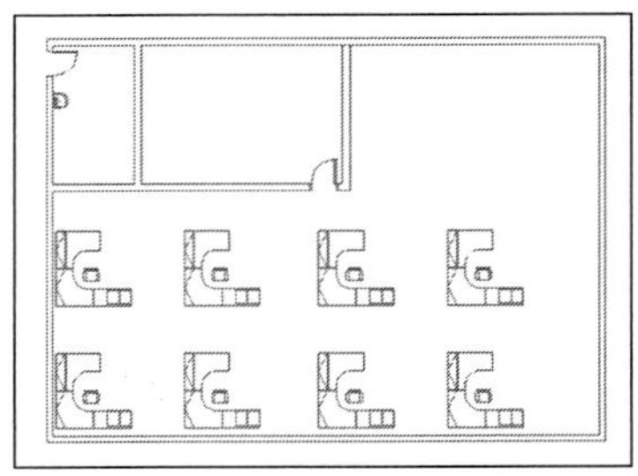

Figura 11.14 Blocos atualizados automaticamente.

OBSERVAÇÃO

Quando se insere um desenho em outro, ele se torna um bloco no outro. Nesse procedimento, o desenho inserido é totalmente carregado sobre o outro, de modo que todos os níveis de trabalho, estilos de texto, blocos do desenho inserido etc. se tornam parte do desenho ativo.

Suponha que o desenho TAMPO MESA1 possua os níveis de trabalho contorno, hachura e cotas, enquanto o desenho ESCRITORIO possui apenas o nível de trabalho 0 e nenhum bloco. Quando TAMPO MESA1 for inserido no desenho ESCRITORIO, ele terá, a partir de então, os níveis contorno, hachura e cotas, além do nível 0.

11.7 Editor de Blocos - Block Editor

O editor de blocos permite editar um bloco no desenho em que ele estiver inserido, sem a necessidade de se abrir o arquivo do bloco, como no exemplo anterior. Ele permite, também, entre outras ações, mover, rotacionar e esticar os blocos, de forma a torná-los mais dinâmicos, ou seja, modificá-los sem precisar explodir o bloco.

Para acionar o editor de blocos, clique no bloco duas vezes ou selecione o comando **Block Editor** na aba **Insert** (Figura 11.15).

Em seguida, surge a janela de diálogo **Edit Block Definition**, na qual todos os blocos do desenho corrente são listados. Selecione o bloco a editar e clique em **OK**.

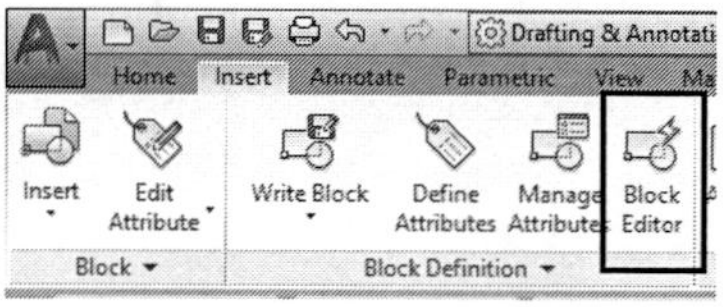

Figura 11.15 Comando Block Editor.

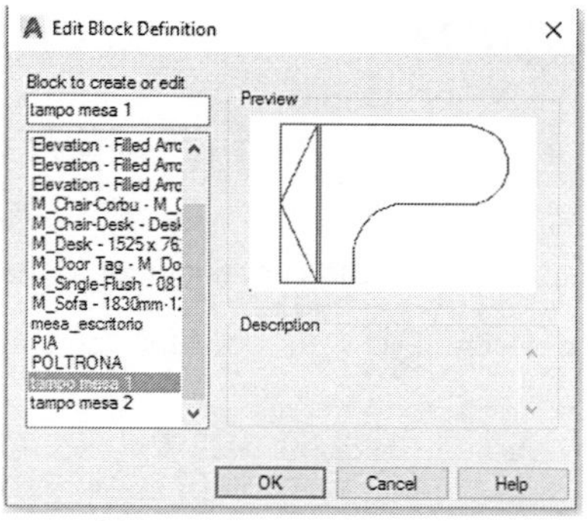

Figura 11.16 Seleção do bloco a editar

O bloco é aberto no editor de blocos, como exibe a Figura 11.17, e você pode alterá-lo com os comandos de edição do AutoCAD — por exemplo, **Fillet**, **Chamfer**, **Offset** etc. —, além de mudar objetos de layer. Em seguida, salve o bloco com a opção **Save Block**, no canto superior esquerdo, e feche o editor com a opção **Close Block Editor**, no canto superior direito.

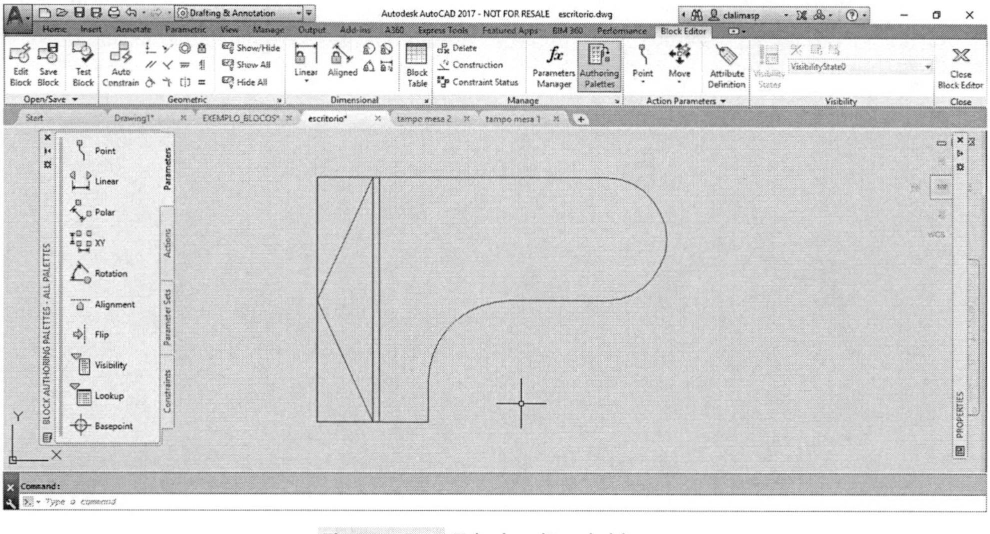

Figura 11.17 Tela do editor de blocos.

Fechado o editor de blocos, todos os blocos do desenho são alterados (Figura 11.18).

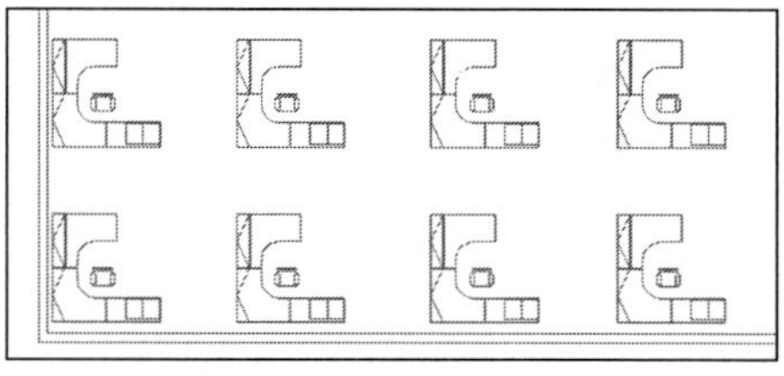

Figura 11.18 Blocos alterados.

EXERCÍCIOS

Primeira parte - criação e inserção do bloco do carimbo

1. Vamos criar um bloco com o carimbo do escritório para inseri-lo ao imprimirmos o desenho. Esse bloco pode ser inserido em qualquer formato de folha.

2. Faça o desenho do carimbo conforme a figura a seguir ou copie o carimbo do seu escritório com as medidas em mm.

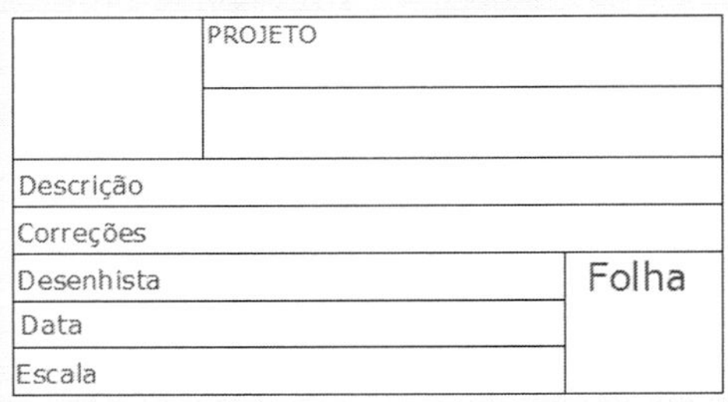

3. Clique em **Write Block**. Selecione o carimbo criado e o ponto base e marque o ponto inferior direito do carimbo. Preencha os outros campos como na figura seguinte. A pasta em que será gravado o bloco certamente é diferente. Escolha uma pasta qualquer.

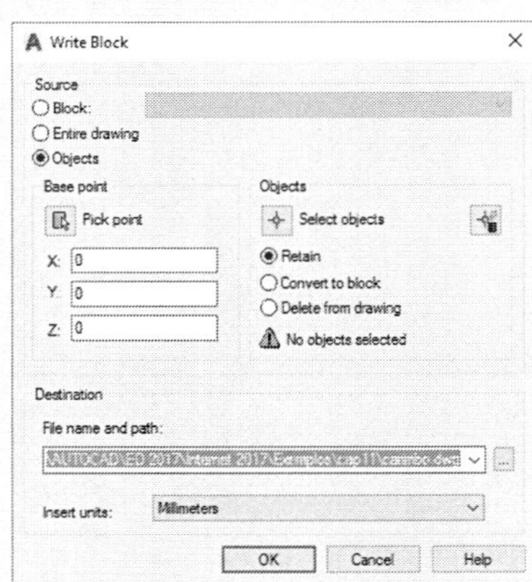

4. Dê um clique em **OK** para criar o bloco do carimbo.

5. Abra um novo desenho. Agora, selecione o comando **Insert**.

6. Pressione o botão **Browse** e vá até a pasta em que gravou o bloco. Selecione o arquivo **carimbo.dwg**.

7. Marque **Specify On-screen** nos campos seguintes para que os parâmetros apareçam na tela.

8. Clique em **OK**.

9. Dê o ponto de inserção no desenho, depois clique em <ENTER> para confirmar os parâmetros de escala e o ângulo de rotação. O bloco é inserido na mesma escala em que foi criado.

10. Salve o desenho com o seguinte nome: **capitulo11_01.dwg**.

Segunda parte - alteração do bloco

11. Vamos alterar o bloco e redefinir o que já foi inserido. Abra o arquivo **carimbo.dwg** criado anteriormente e faça as alterações conforme a figura seguinte, inserindo um texto com o seu nome ou o nome do escritório.

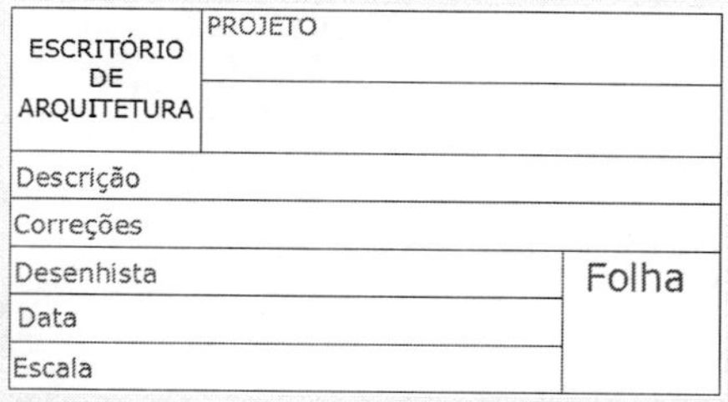

12. Salve o desenho.
13. Volte, agora, ao desenho em que inseriu o bloco (**capitulo11_01.dwg**), entre no comando **Insert** e, então, selecione **carimbo.dwg**.
14. Na janela que se abre selecione **Browse** e o arquivo **carimbo.dwg**. Clique em **OK**.
15. Na janela seguinte, surge uma caixa de diálogo. Ela alerta que o bloco já existe e pergunta se deseja alterá-lo. Confirme com **OK** ou **Sim**.
16. Nesse momento o bloco é redefinido. É necessário abortar o comando para não inserir outro carimbo. Tecle <ESC>.

11.8 Associação de Atributos aos Blocos - Comando Ddattdef

Define Attributes

Os atributos são informações em forma de texto associadas a um bloco, as quais podem ser extraídas do desenho, gerando-se uma lista. Normalmente são usados para definir propriedades do símbolo, como material, custo, código, dimensões etc.

Ao se inserir um bloco que possui atributos, são solicitadas as suas propriedades. É possível extrair as informações dos blocos em uma tabela inserida no próprio desenho, planilha ou banco de dados com uma lista para ser editada em outros softwares.

Os atributos são criados com o comando **Ddattdef**, extraídos com **Ddattext** e podem ser editados com os comandos **Ddedit** ou **Ddatte**.

A seguir, vamos estudar cada um dos comandos. Eles podem ser acessados pelo painel **Block Definition** que está na aba **Insert**, como mostra a Figura 11.19.

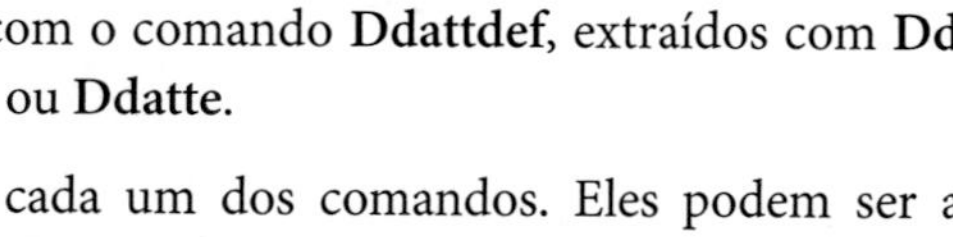

Figura 11.19 Atributos.

O comando **Ddattdef** cria os atributos.

Vamos criar o bloco **MESA_ESCRITORIO** com atributos. Antes de definir atributos para um símbolo, é preciso fazer o desenho do símbolo, pois ao criar o bloco vamos selecionar o desenho do bloco e seus atributos em uma operação só.

Desenhe o bloco da **MESA_ESCRITORIO**, ou abra o arquivo **exemplo_blocos**, e selecione o comando **Define Attributes**.

Acionado o comando, surge a janela de diálogo da Figura 11.21, na qual são definidas as características dos atributos.

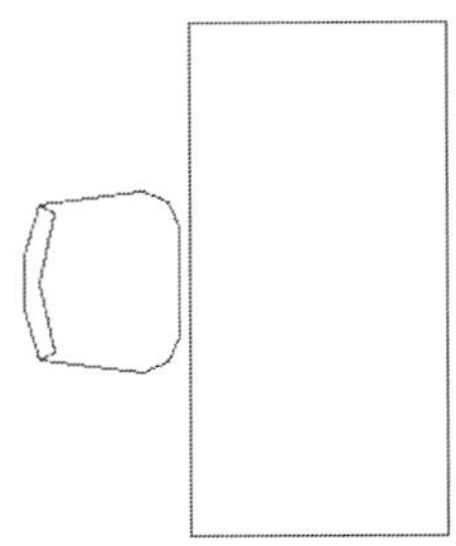

Figura 11.20 Desenho do bloco MESA_ESCRITORIO.

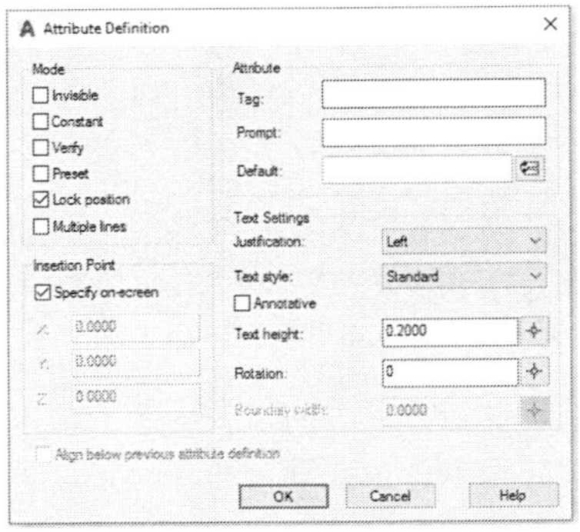

Figura 11.21 Comando Ddattdef.

No primeiro quadro, é preciso indicar o modo de apresentação do atributo, que pode ser:

- **Invisible:** os atributos assim definidos não aparecem na tela gráfica (são invisíveis).
- **Constant:** os atributos definidos como "constante" não podem ser alterados durante ou após a inserção do bloco a eles associado.
- **Verify:** após estabelecer seus valores, os atributos definidos com verificação precisam ser confirmados antes de sua inserção.
- **Preset:** os atributos assim definidos não são questionados na inserção.
- **Lock position:** trava a posição do atributo em relação ao bloco. Quando destravado, ele pode ser movido com os **Grips** ou com o comando **Move**.
- **Multiple lines:** define que o atributo pode ter múltiplas linhas de texto.

Nesse quadro, não selecione nenhuma das opções, de modo que elas sejam visíveis na tela, para haver mais flexibilidade na edição. Passe para o próximo quadro.

No quadro seguinte, definem-se título, valor e a pergunta que o AutoCAD faz ao inserir o atributo nos seguintes campos:

- **Tag:** termo que identifica a presença de atributos em um desenho, por exemplo, título, custo, material etc. O tag pode conter até 31 caracteres, sem espaços em branco, e não pode ser nulo. No exemplo, insira DIMENSÕES.
- **Prompt:** termo ou frase que aparece na janela de diálogo na inserção do bloco, solicitando o atributo (exemplo: Entre com a medida:). Se a resposta for nula, o tag é utilizado como prompt. Se

o modo de representação do atributo for constante, essa pergunta é suprimida do comando. No exemplo, entre com "Quais as dimensões?".

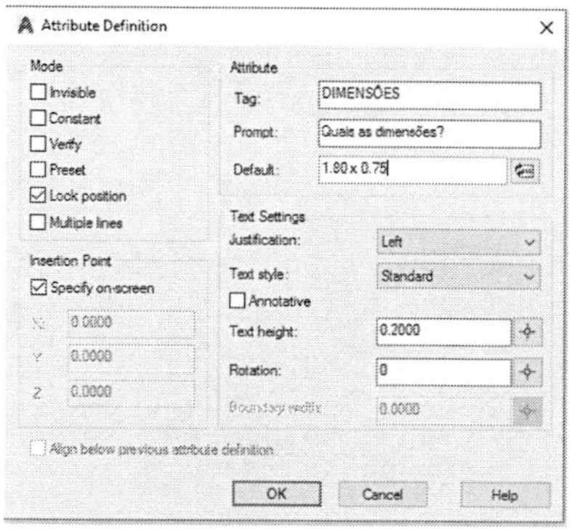

Figura 11.22 Definição dos atributos.

- **Default:** especifica o valor padrão para o atributo, isto é, um valor que vem predeterminado e pode ser alterado na hora da inserção ou mantido. No exemplo, insira 1.80 x 0.75.

No próximo quadro, é preciso definir o ponto de inserção do texto no desenho, o que pode ser feito de duas formas: entre com as coordenadas nos respectivos quadros (X,Y,Z) ou selecione manualmente um ponto na tela por meio da opção **Specify On-screen**, o que é mais objetivo. Dessa forma se pode dar um ponto na tela. Clique em **Specify On-screen** para dar um ponto na tela ao lado da mesa.

No último quadro, definem-se as características do texto do atributo que aparecerá na tela, caso ele não tenha sido definido como invisível. As características são o alinhamento, que pode ser uma das opções no comando **Dtext**, um estilo de texto que você já tenha criado, a altura e o ângulo de rotação da palavra. A propriedade **Annotative** permite definir diferentes escalas para o atributo na hora de impressão, conforme a escala de impressão do desenho, e gera como resultado a mesma altura de texto em cada viewport com escalas de desenho diferentes.

Defina esses campos e selecione **OK**. Ao voltar para a tela gráfica na linha de comandos, pede-se o ponto de inserção do texto por meio do prompt **Specify start point:**; marque um ponto ao lado da mesa.

Os atributos estão criados. Note que o tag (DIMENSÕES) definido agora é inserido no ponto selecionado, confirmando a criação do atributo (Figura 11.23).

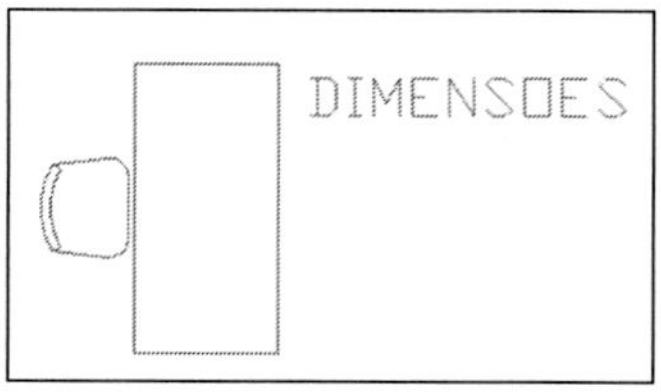

Figura 11.23 Comando Ddattdef.

Use o comando **Block** para criar um bloco e dê-lhe o nome **MESA_ESCRITORIO**. Quando lhe for solicitado que selecione as entidades, escolha o desenho e o texto dos atributos.

Entre no comando **Insert** e insira esse bloco. Definidos os fatores de escala de inserção, surge uma janela de diálogo semelhante à da Figura 11.24, que solicita as dimensões do bloco.

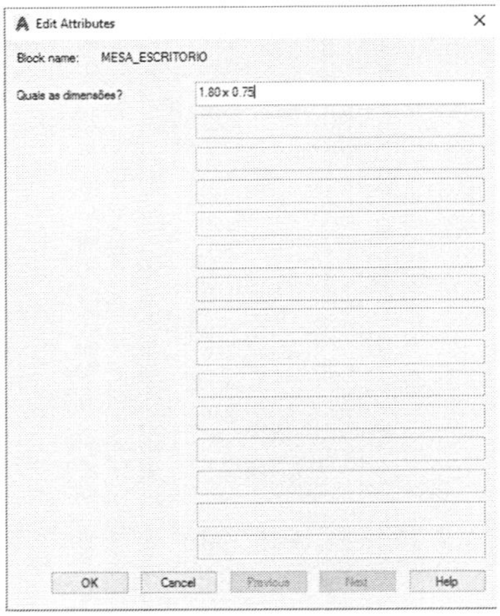

Figura 11.24 Entrada de atributos.

Um bloco pode ter quantos atributos o usuário desejar. Para criar mais de um atributo, repita o comando **Ddattdef** para cada atributo antes de criar o bloco, então crie o bloco pela seleção de todos os textos e do desenho. Após inserir o bloco, se o atributo não foi definido como invisível, ele vem desenhado na tela junto com o bloco (Figura 11.25).

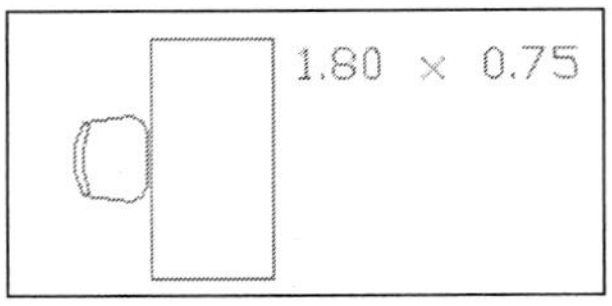

Figura 11.25 Inserção de blocos com atributos.

11.9 Modo de Apresentação dos Atributos

Se você não quiser que os atributos fiquem na tela com o desenho, mas criou-os como visíveis, use o comando **Attdisp** para controlar a visibilidade deles. Acesse esse comando pelo painel **Block**, clicando em **Retain Attribute Display** (Figura 11.26), com as três opções descritas a seguir:

- **Retain Attribute Display:** os atributos são exibidos ou não na tela, de acordo com o modo de apresentação definido (visível ou invisível).
- **Display All Attributes:** todos os atributos passam a ser visíveis na tela, não importa o modo de apresentação anteriormente definido.
- **Hide All Attributes:** desliga todos os atributos presentes na tela.

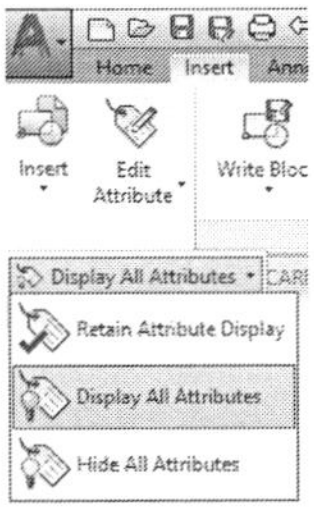

Figura 11.26 Visibilidade dos atributos

11.10 Edição de Atributos pelas Paletas do AutoCAD

Uma maneira bastante simples de alterar o valor de um atributo é pela paleta de propriedades do AutoCAD.

Acesse a paleta pelo painel **Palettes** na aba **View**, clicando no botão do comando **Properties**, de acordo com o ícone ao lado, ou teclando <CTRL>+1.

Com o bloco MESA_ESCRITORIO na tela, selecione o bloco simplesmente clicando nele.

Na paleta surge o campo **Attributes**. Se ela não estiver visível, pressione o cursor na barra de rolagem do lado esquerdo (Figura 11.27).

O bloco selecionado tem DIMENSÕES como atributo e seu valor é 1.80 x 0.75. Para alterar esse valor, basta entrar com o cursor nesse campo como em um editor de textos (Figura 11.28).

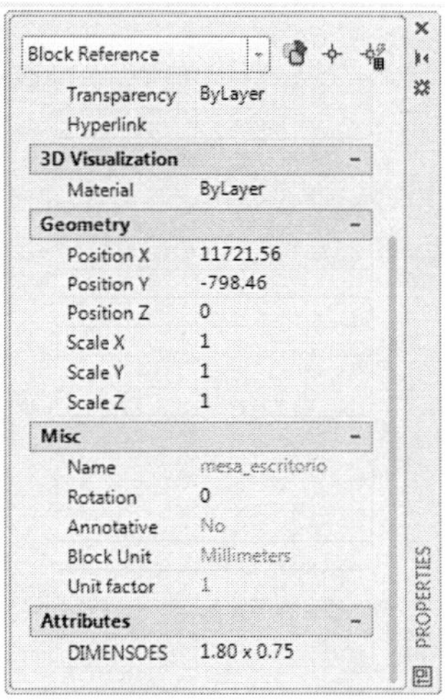

Figura 11.27 Paleta de propriedades dos objetos.

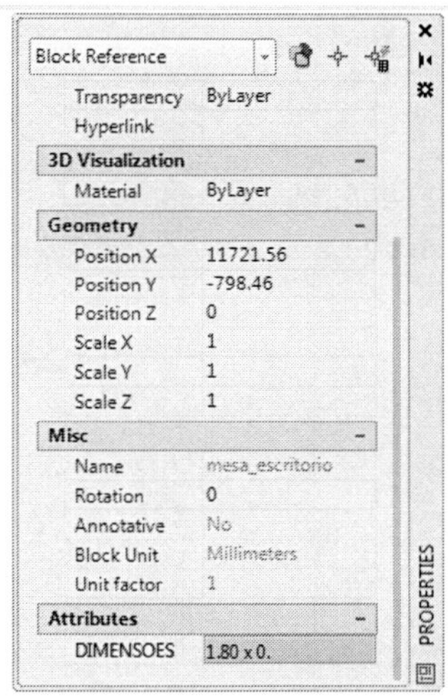

Figura 11.28 Alteração do valor de um atributo.

11.11 Redefinição de um Bloco com Atributos - Comando Attredef

Esse comando redefine um bloco com atributos, permitindo inserir mais atributos nos blocos ou alterando os existentes. É possível alterar os atributos e/ou o desenho do bloco simultaneamente.

1. Com o comando **Explode** faça a explosão de um dos blocos MESA_ESCRITORIO do desenho.
2. Ao explodir, o **tag** do atributo aparece na tela (Figura 11.29).

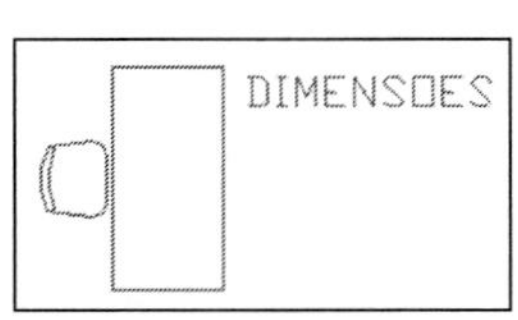

Figura 11.29 Explosão de um bloco com atributos.

3. Modifique o desenho e crie outro atributo com a tag MATERIAL. Para criar, vá até o painel **Attributes** na aba **Insert**. O bloco deve estar como a Figura 11.30.

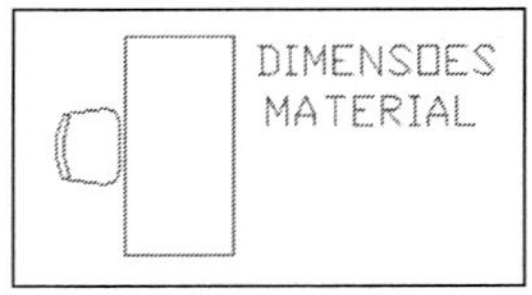

Figura 11.30 Redefinição de um bloco com novos atributos.

4. Digite na linha de comando **Attredef.**

No prompt:

```
Enter name of the block you wish to redefine: digite MESA_ESCRITORIO.
Select objects: selecione o desenho do novo bloco com as tags.
Specify insertion base point for of new block: marque o ponto de inserção do
bloco.
```

O bloco foi redefinido. Se houver outros blocos MESA_ESCRITORIO inseridos no desenho, eles são automaticamente atualizados e se apresentam com os dois atributos, medidas e material.

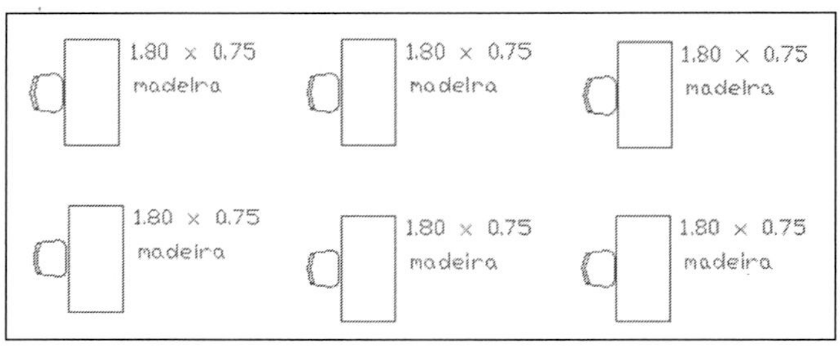

Figura 11.31 Blocos alterados no desenho.

11.12 Gerenciador de Atributos

Esse comando gerencia os atributos de um bloco. É possível editar, remover atributos de um bloco e alterar a ordem em que eles são mostrados ao inserir um bloco.

Ele pode ser acessado no painel **Block Definition** pela opção **Manage Attributes.**

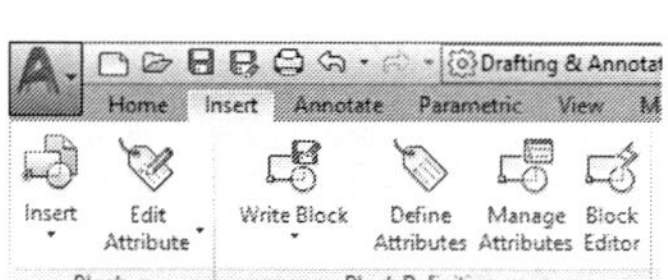

Figura 11.32 Painel Block Definition.

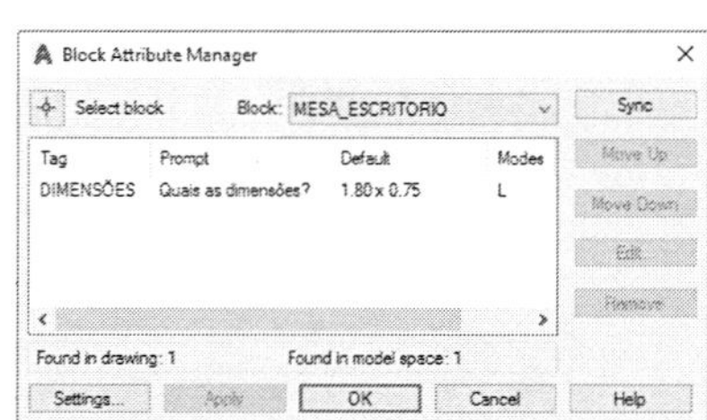

Figura 11.33 Gerenciamento de atributos.

Na janela de diálogo selecione o atributo e em seguida uma das opções:

- **Move Up:** move o atributo uma linha acima.

- **Move Down:** move o atributo uma linha abaixo.
- **Edit:** permite editar os campos do atributo.
- **Remove:** elimina o atributo.
- **Settings:** permite selecionar as propriedades dos atributos que serão mostradas na lista.

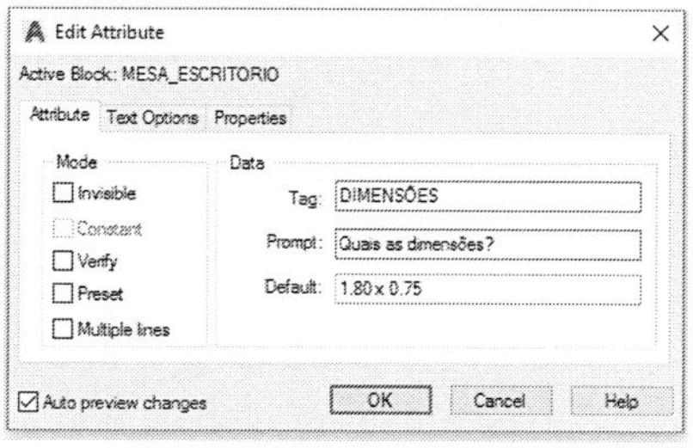

Figura 11.34 Alteração das características de um atributo.

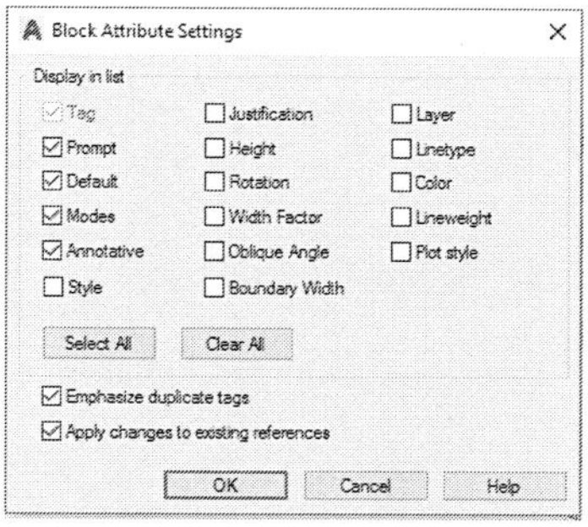

Figura 11.35 Visibilidades das propriedades de um atributo.

11.13 Atualização de Atributos Synchronize

Esse comando permite atualizar atributos de blocos de um desenho que estejam desatualizados em relação a atributos que tenham sido modificados ou acrescentados ao bloco. Por exemplo, se um bloco teve mais atributos definidos para ele ou atributos modificados, é necessário atualizar esses blocos para que os novos atributos sejam acrescentados.

Ele pode ser acessado expandindo-se o painel **Block Definition** e selecionando-se **Synchronize.** Abra um desenho novo e insira o bloco MESA_ESCRITORIO algumas vezes no desenho.

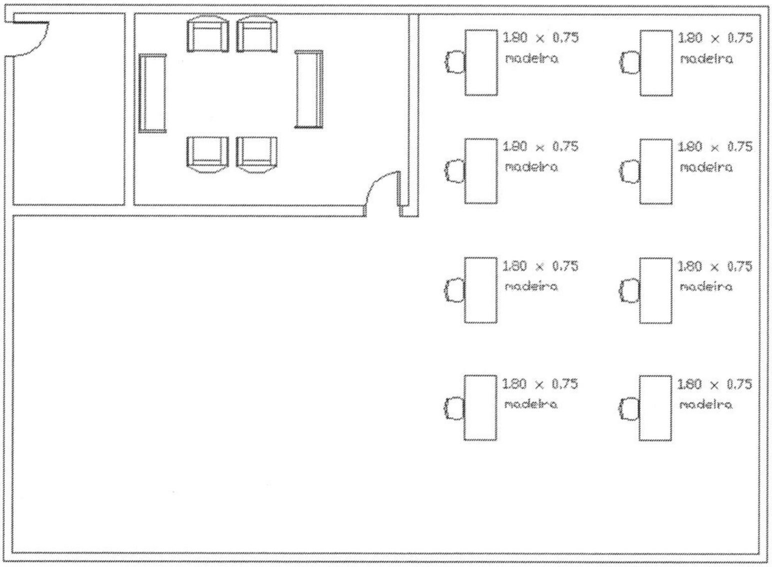

Figura 11.36 Bloco MESA_ESCRITORIO.

Em seguida, vamos inserir mais um atributo no bloco MESA_ESCRITORIO. Abra o desenho denominado MESA_ESCRITORIO e insira o atributo COR.

Salve o desenho do bloco MESA_ESCRITORIO e volte ao desenho no qual foram inseridas as mesas. Insira o bloco MESA_ESCRITORIO selecionando o arquivo MESA_ESCRITORIO, não o mesmo que já está inserido no desenho. Em seguida, o programa informa que ele foi redefinido e pergunta se deseja atualizar os blocos; clique em **Sim** e insira mais blocos no desenho.

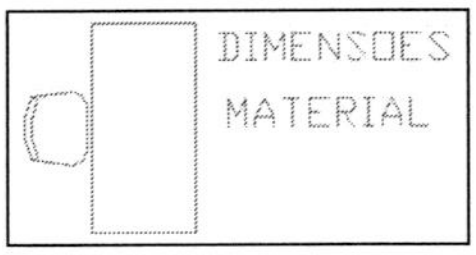

Figura 11.37 Bloco MESA_ESCRITORIO.

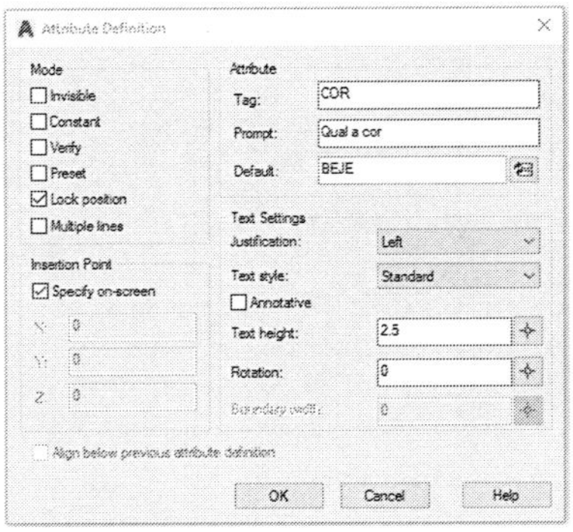

Figura 11.38 Inserção do atributo COR.

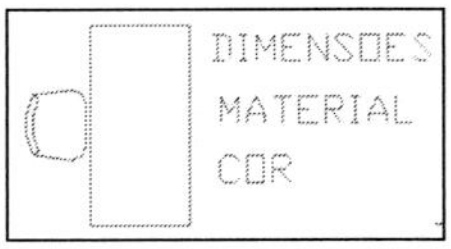

Figura 11.39 Atributo COR inserido.

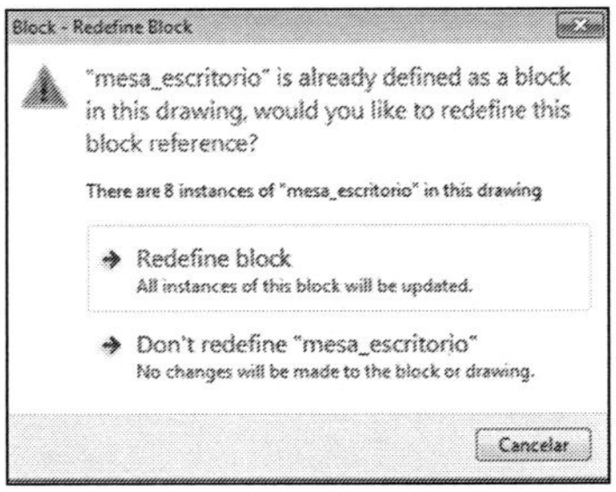

Figura 11.40 Alerta de alteração do bloco.

Veja que o novo bloco tem o atributo COR e os outros precisam ser atualizados.

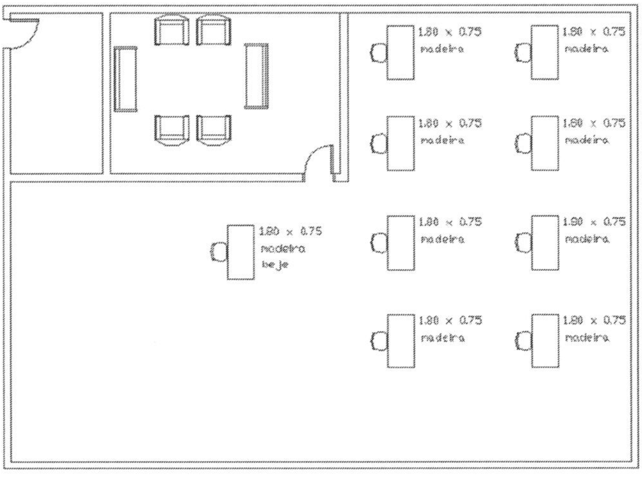

Figura 11.41 Bloco inserido.

Entre no comando **Synchronize**; em seguida, surge o prompt:

```
Command: _Attsync.
Enter an option [?/Name/Select] <Select>: N (selecione NAME).
Enter name of block to sync or [?]: MESA_ESCRITORIO (dê o nome do bloco).
ATTSYNC complete.
```

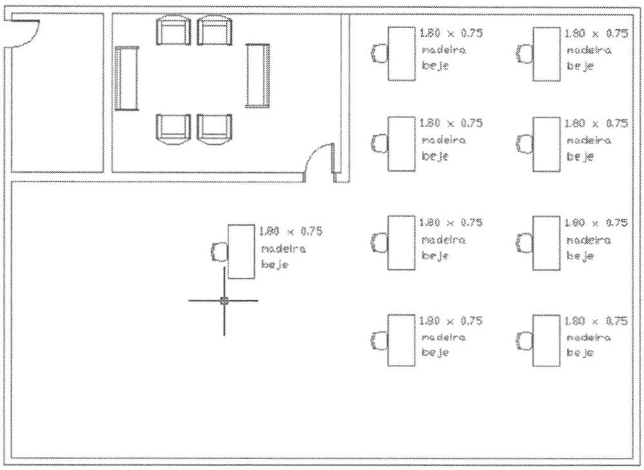

Figura 11.42 Blocos atualizados.

Note que todos os blocos foram atualizados e têm o atributo COR.

11.14 Extração de Atributos Extract Data

A extração dos atributos de um desenho refere-se à geração da lista de materiais do desenho que contenha atributos associados aos blocos. Essa lista é gerada em um arquivo do tipo texto comum (.txt), em uma planilha para geração de relatório ou em formato de banco de dados.

O processo de extração sofreu muitas mudanças desde o início do AutoCAD. Hoje em dia, com o ambiente Windows, tornou-se uma tarefa extremamente simples e precisa. A extração se faz pelo comando **Eattext** ou no painel **Linking & Extraction** da aba **Insert** pela opção **Extract Data**, como mostra a Figura 11.43.

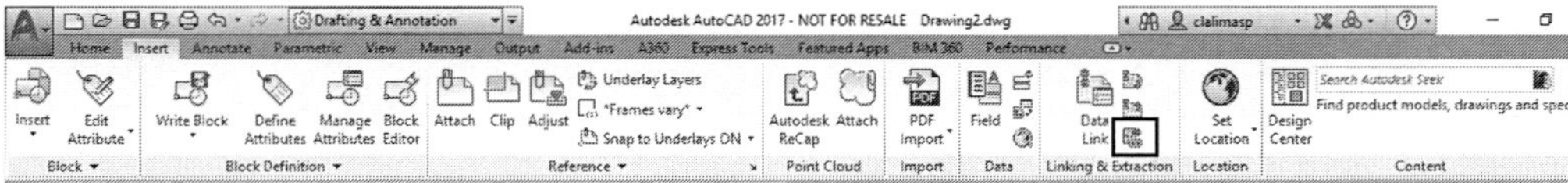

Figura 11.43 Aba Insert - painel Linking & Extraction.

1. Insira o bloco MESA_ESCRITORIO algumas vezes em um desenho, mudando o valor de seus atributos MATERIAL, DIMENSÕES e COR. Neste exemplo inserimos cinco mesas na cor bege e dez mesas na cor preta.

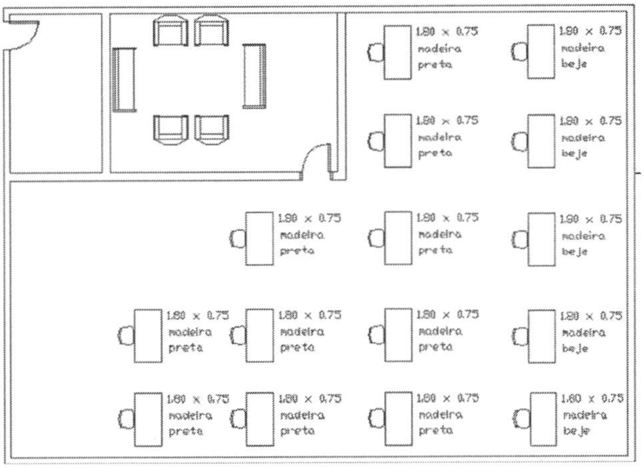

Figura 11.44 Bloco MESA_ESCRITORIO.

2. No painel **Linking & Extraction** selecione **Extract Data** e a janela da Figura 11.45 se abre.

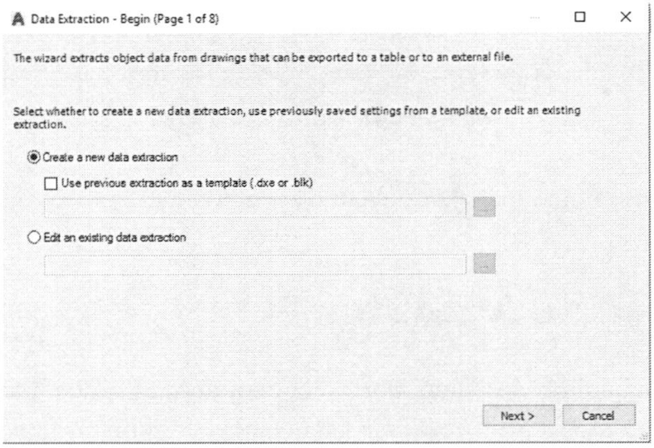

Figura 11.45 Janela de diálogo da extração de atributos.

3. Selecione **Create a new data extraction** e clique em **Next**.

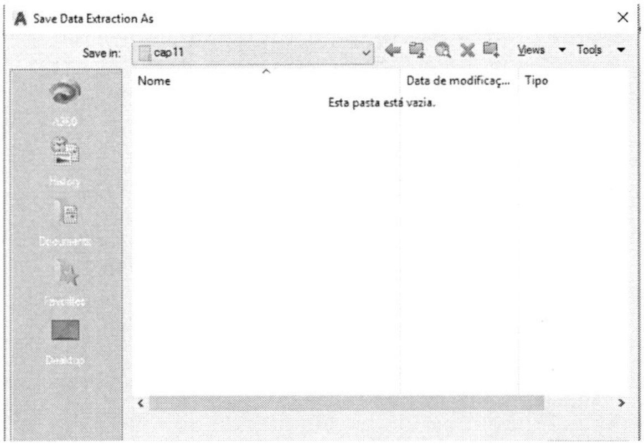

Figura 11.46 Gravação de um template de extração.

4. O AutoCAD cria um template de extração que pode ser usado em outra extração. Dê um nome a esse template e clique em **Save**. Neste exemplo usamos LISTA.

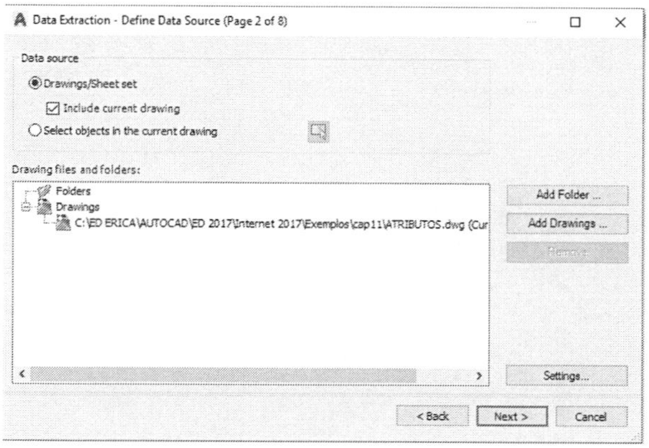

Figura 11.47 Seleção de desenho para extração.

- **Drawings/Sheet set:** ao marcar essa opção, o programa permite selecionar outros arquivos de desenho para fazer a extração e habilita os botões **Add Folder** e **Add Drawings**.
- **Select objects in the current drawing:** aciona o botão com ícone à direita para selecionar somente os blocos dos quais se deseja extrair atributos.

5. Na janela **Settings** o usuário deve marcar se pretende ou não incluir arquivos de referências (XREFs) e blocos compostos de blocos (**Nested Blocks**). Neste caso tanto faz, pois o desenho não possui nenhum dos dois. Clique em **Next**.

O próximo passo é o da janela da Figura 11.48, em que selecionamos de onde vêm as informações da extração:

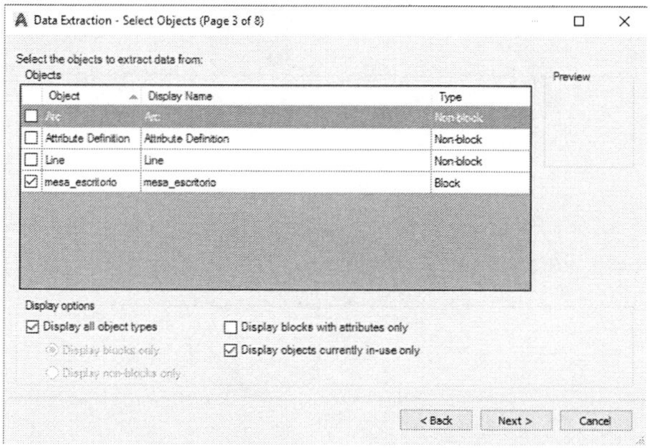

Figura 11.48 Seleção de blocos para extração.

6. Na próxima janela selecione os blocos dos quais deseja extrair os atributos, neste caso somente MESA_ESCRITORIO, e clique em **Next**.

7. Nesse quadro selecione do lado direito **Attribute** e, do lado esquerdo, os atributos que deseja extrair, no caso todos, como demonstra a Figura 11.49. Clique em **Next**.

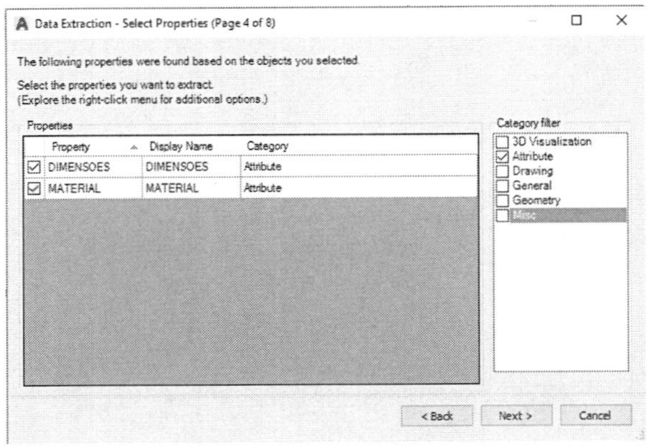

Figura 11.49 Atributos a extrair.

8. Na janela seguinte já temos uma prévia da extração e podemos reorganizar a posição das colunas arrastando-as. Ademais, é possível clicar com o botão direito do mouse no título e escolher uma das possibilidades de alteração das colunas (Figura 11.50).

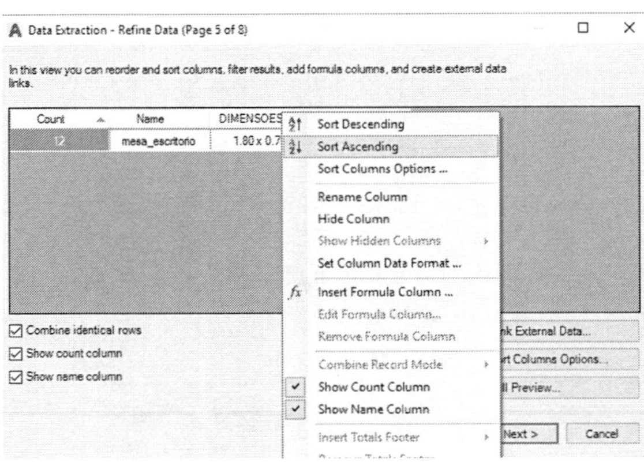

Figura 11.50 Troca de posição dos atributos.

9. Clique em **Full Preview** para ter uma prévia da extração completa em uma planilha, de acordo com a Figura 11.51.

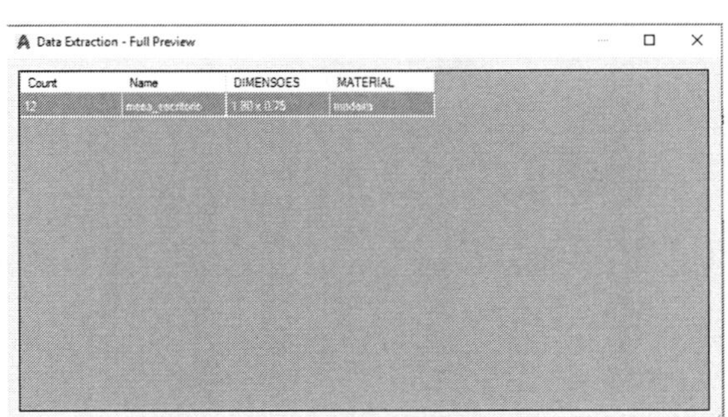

Figura 11.51 Preview da extração.

10. Feche a janela. A opção **Link External Data** associa os atributos extraídos a uma planilha do Excel e **Sort Columns Options** reorganiza as colunas.

11. Para prosseguir clique em **Next**.

12. Na próxima janela se finaliza a extração. É possível escolher entre extrair os dados para uma tabela do AutoCAD, para um arquivo ou ambos. Ele será criado clicando-se em **Next**, com a extensão .cvs, .xls, .mdb ou .txt e o nome do desenho em uso.

13. Se escolher a extração para um arquivo, clique no botão de acesso às pastas do Windows com três pontinhos e dê o nome e o tipo de arquivo, como exibe a Figura 11.53.

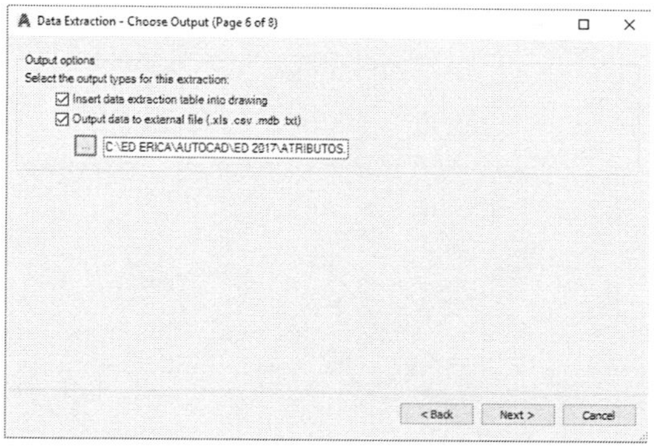

Figura 11.52 Seleção da forma de extração.

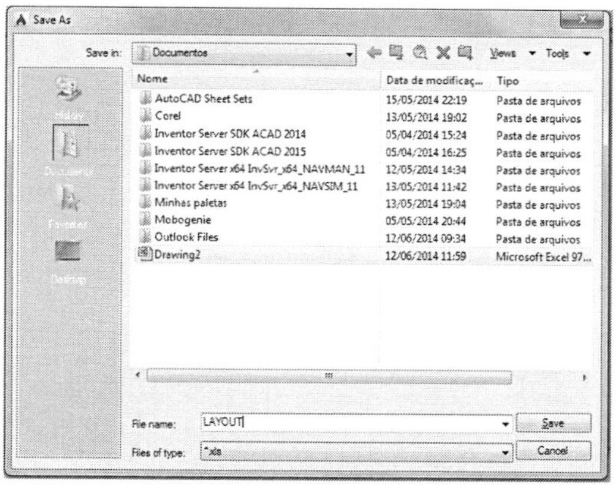

Figura 11.53 Definição do tipo de arquivo.

14. Ao escolher extrair para uma tabela do AutoCAD, surge a janela da Figura 11.54, em que é possível configurar o estilo da tabela.

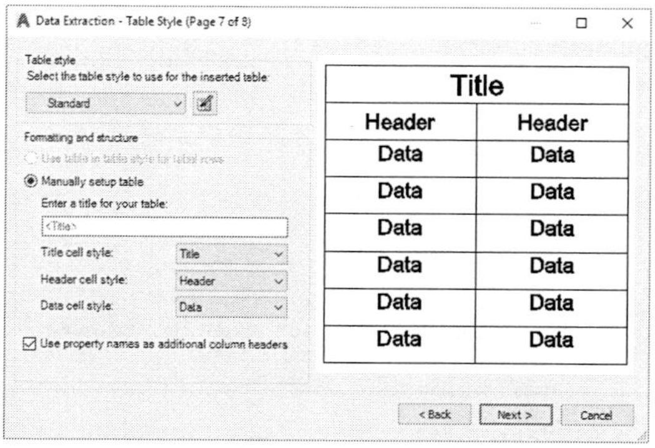

Figura 11.54 Criação de uma tabela do AutoCAD.

15. Após definir a tabela, clique em **Next** para mostrar a janela com as informações exibidas na Figura 11.55. Se a escolha for pela tabela, um ponto de inserção para ela deverá ser especificado. Se escolher arquivo, ele é criado. Clique em **Finish** para finalizar. As tabelas serão estudadas no Capítulo 12.

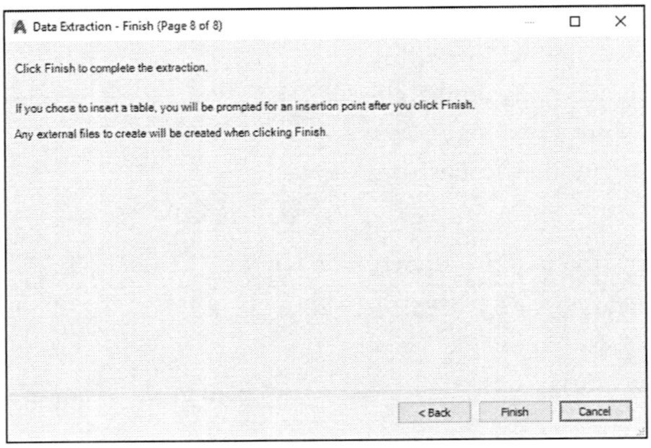

Figura 11.55 Finalização da extração de atributos.

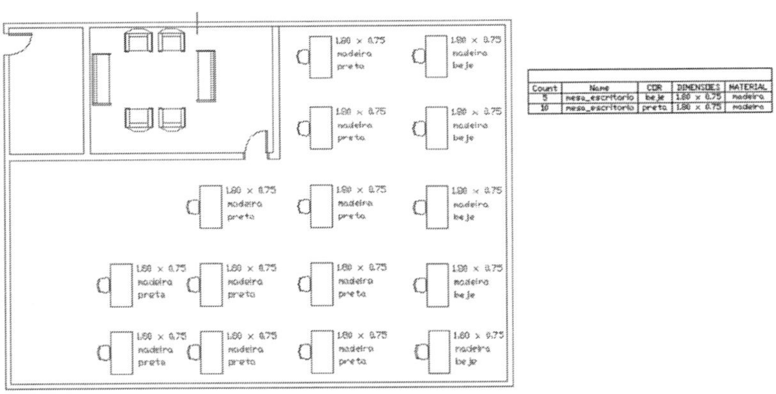

Figura 11.56 Criação de uma tabela do AutoCAD.

Count	Name	COR	DIMENSOES	MATERIAL
5	mesa_escritorio	beje	1.80 x 0.75	madeira
10	mesa_escritorio	preta	1.80 x 0.75	madeira

Figura 11.57 Tabela.

EXERCÍCIOS

Criação de atributos no carimbo.

Para preencher os campos do carimbo, vamos criar atributos para cada campo. Abra o desenho carimbo.dwg.

1. Com o comando **Ddattdef** defina os seguintes atributos para o bloco: projeto, descrição, correções, desenhista, data, escala e folha, como ilustra a figura.

2. O ponto de inserção dos atributos no carimbo deve ficar ao lado de cada campo correspondente. Por exemplo, PROJETO deve ser inserido embaixo do campo PROJETO, como mostra a figura.

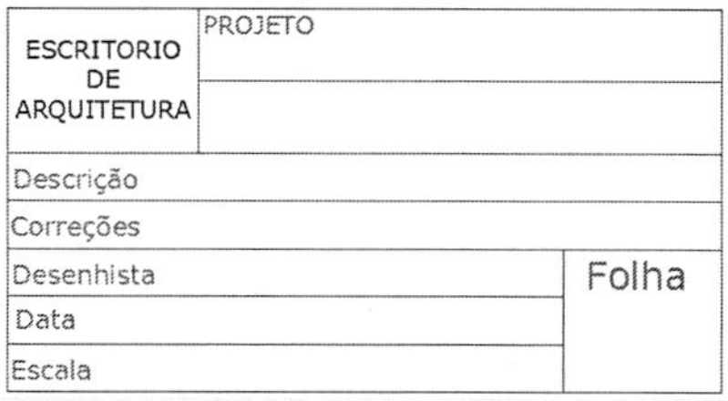

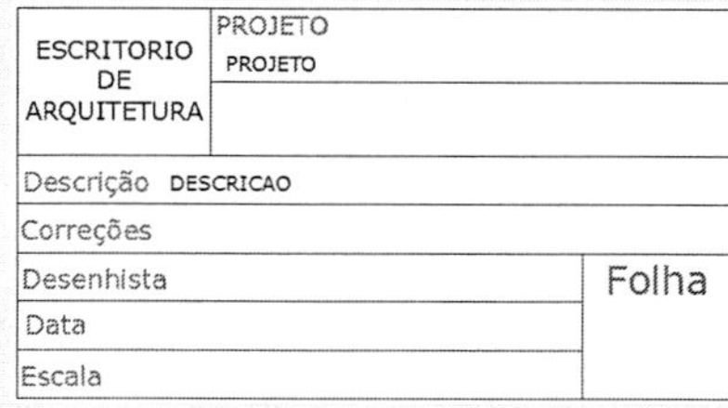

3. Com o comando **WBlock** crie um bloco com o nome CARIMBO2. Não se esqueça de selecionar os atributos ao selecionar o desenho do bloco.

4. Insira o bloco com os atributos. Entre no comando **Insert** e selecione o bloco CARIMBO2. Após fornecer o ponto de inserção, escala e ângulo de rotação, surge uma janela com os atributos para preencher. Complete os campos e clique em **OK**.

5. Suponha que a data esteja errada e é preciso alterar seus atributos. Faça a alteração pela paleta do comando **Properties**.

6. Selecione o comando **Properties** e o carimbo. Na paleta surge um campo com os atributos. Faça as alterações na data. Ao sair, a alteração já está no desenho.

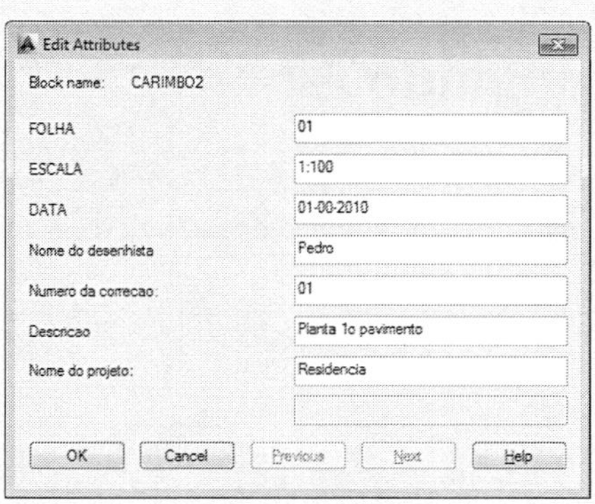

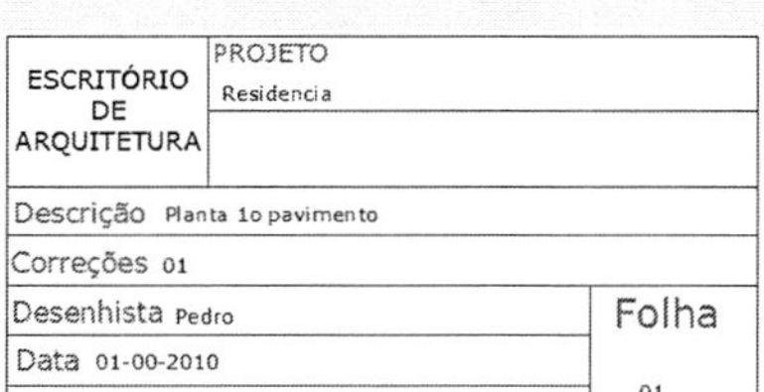

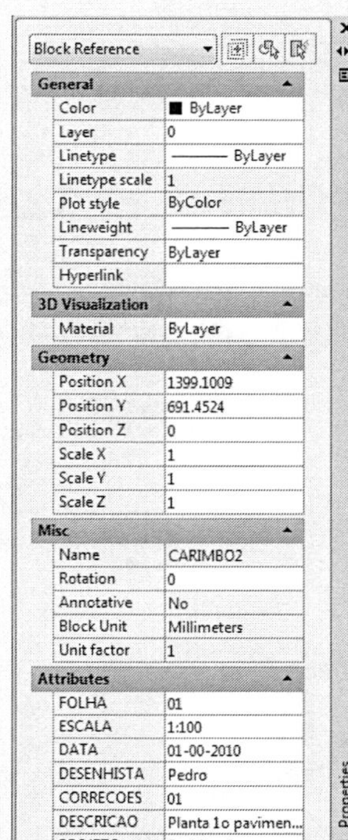

CAPÍTULO **12**

Criação de Tabelas

OBJETIVOS

- Criar tabelas no desenho
- Criar estilos de tabelas
- Editar tabelas
- Associar tabelas a uma planilha

As tabelas podem ser muito úteis aos desenhos. Com elas, podemos relacionar uma série de características, tais como extração de quantitativos, relação de áreas, lista de esquadrias, legendas etc.

A tabela é uma entidade que possui linhas e colunas. Primeiramente se cria uma tabela com células vazias e depois se inserem dados nessas células, ou se cria uma tabela a partir de uma planilha fazendo-se um link bidirecional entre elas.

12.1 Criação de Tabelas – Comando Table

Esse comando é acessado pelo painel **Tables** na aba **Annotate** ou no menu superior **Draw**, opção **Table**, conforme a Figura 12.1. Ao entrar nesse comando, surge a janela de diálogo da Figura 12.2.

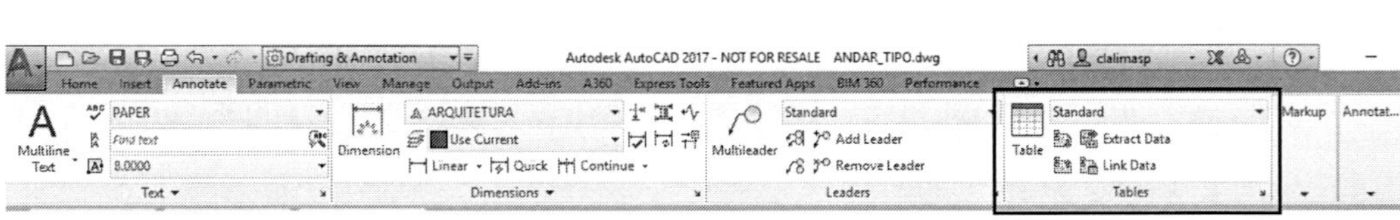

Figura 12.1 Aba Annotate - Painel Tables.

Nessa janela, é preciso fornecer as seguintes informações:

- **Table style:** nesse campo se define o estilo de tabela a ser usado. Por enquanto, vamos usar o estilo **Standard**. No Item 12.3, veremos como criar estilos de tabelas.
- **Insertion behavior:** permite determinar como será a inserção: **Specify insertion point** ou **Specify Window**. Na primeira opção, determinam-se o número de colunas e de linhas e suas respectivas larguras e alturas; na segunda opção especifica-se uma janela para inserir uma tabela. O número de linhas e colunas é indicado pelo usuário no momento da inserção com o cursor.

- **Column & row settings:** usado para os ajustes das colunas e linhas, que são o número de colunas e sua largura e o número de linhas e sua altura.
- **Insert options:** estabelece como serão inseridos os dados. **Start from empty table** cria uma tabela sem dados para que eles sejam inseridos posteriormente, **From a data link** cria uma tabela com os dados de uma planilha do Excel e **From object data in the drawing** cria uma tabela com atributos extraídos do desenho; equivale ao comando **Data Extraction** visto no capítulo anterior.
- **Set cell styles:** especifica o estilo das células da tabela. As linhas são: título (**Title**), subtítulo (**Header**) e dados (**Data**).

Vamos construir uma tabela com os parâmetros de linhas e colunas da Figura 12.2 e inseri-la no desenho.

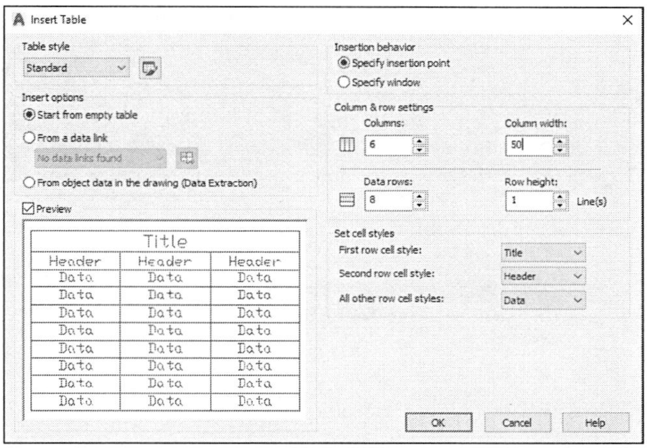

Figura 12.2 Comando Table.

1. Ao clicar em OK, dê um ponto de inserção da tabela no desenho e sua tela deve ficar como a da Figura 12.3. A tabela foi criada com seis colunas e oito linhas, sendo a primeira linha o título e a segunda o subtítulo para inserção de nomes.

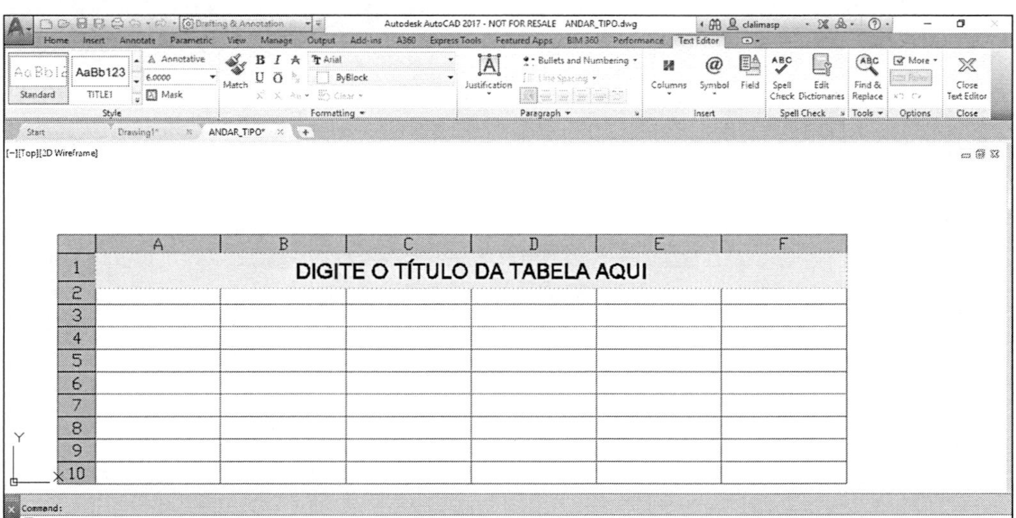

Figura 12.3 Criação de uma tabela.

2. É preciso digitar o título da tabela selecionando-se as opções de texto da aba temporária **Text Editor**, exatamente como no comando **Mtext**. Vamos digitar "Tabela de áreas" e clicar no botão **Close Text Editor** no painel da **Ribbon** do canto superior direito.

Figura 12.4 Botão para encerrar o comando.

3. A seguir, a tabela é inserida no desenho. Agora é possível inserir dados nas células. Basta clicar duas vezes em uma célula que ela entra no modo texto, como indica a Figura 12.5.

OBSERVAÇÃO

Ao clicar dentro de uma célula, dê dois cliques rápidos com o mouse para entrar no modo de texto. Ao clicar uma vez dentro da célula, surgem **Grips** azuis e uma moldura amarela, então entra-se em outro modo de edição da tabela, que será visto adiante.

	A	B	C	D	E
1			Tabela de Areas		
2	Local				
3					
4					
5					
6					
7					
8					
9					
10					

Figura 12.5 Inserção de dados em uma tabela.

4. Como exercício, crie uma tabela com os dados da Figura 12.6.

Tabela de Areas				
Local	Area			
Hall	4			
Recepcao	3			
Sala 1	18			
Sala 2	22			
Sala 3	26			
Reuniao	30			
WC	2			

Figura 12.6 Tabela preenchida.

12.2 Modificação de Tabelas

Para modificar as dimensões da tabela, use os **Grips** da seguinte forma: selecione a tabela com o cursor e em seguida surgem os **Grips**, como mostra a Figura 12.7. Cada **Grip** tem uma função indicada a seguir.

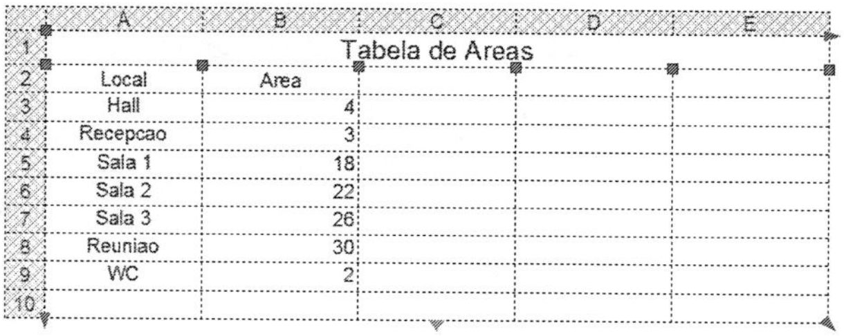

Figura 12.7 Alteração de uma tabela.

- **Canto superior esquerdo:** move a tabela.
- **Canto superior direito:** muda a largura da tabela e de todas as colunas proporcionalmente.
- **Canto inferior esquerdo:** muda a altura da tabela e das linhas proporcionalmente.
- **Canto inferior direito:** muda tanto a altura como a largura da tabela, alterando as linhas e as colunas proporcionalmente.
- **Da coluna:** aumenta ou diminui a coluna e ajusta o texto dentro dela, sem alterar a largura da tabela.
- **<CTRL> + Grip coluna:** muda a largura da coluna e da tabela.
- **Grip inferior do meio:** liga/desliga a quebra da tabela. Ligando-se a quebra, a tabela pode ser dividida em colunas. Pelas propriedades também é possível ligar/desligar a quebra.

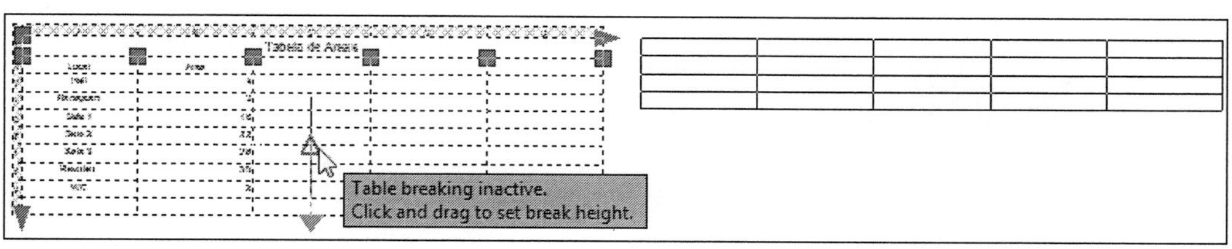

Figura 12.8 Ligação da quebra da tabela.

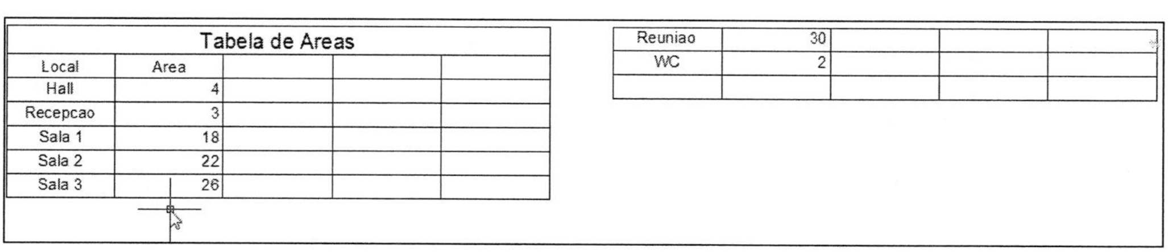

Figura 12.9 Resultado após a quebra.

Ao clicar no **Grip** do meio, a tabela se divide em partes. Se a propriedade da tabela estiver ajustada para **Manual positions**, depois de quebrada ela pode ser movida por partes, conforme a Figura 12.10.

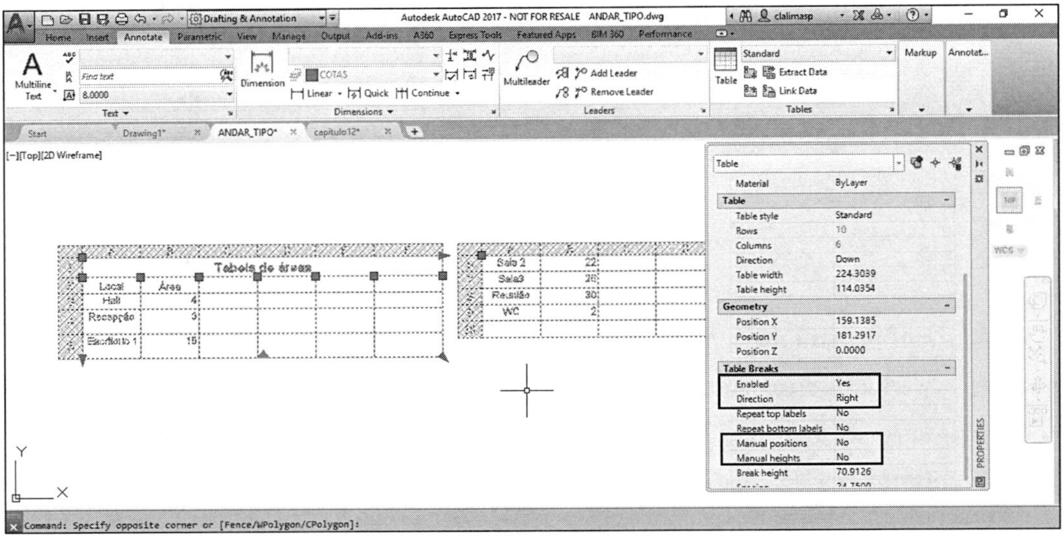

Figura 12.10 Mover partes da tabela depois da quebra.

Também é possível dar um clique único dentro de uma célula somente, e o **Grip** superior permite alterar a altura das linhas e, com o **Grip** das laterais, alterar a largura das colunas (Figura 12.11).

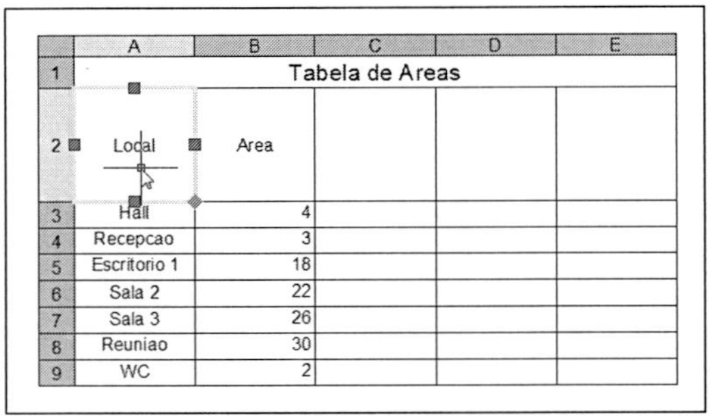

Figura 12.11 Usar o Grip de célula.

Para unir duas células, clique em uma delas segurando a tecla <SHIFT> e selecione as próximas. Clique com o botão direito do mouse e selecione **Merge All** no menu de atalho, o qual possui os comandos de edição de células.

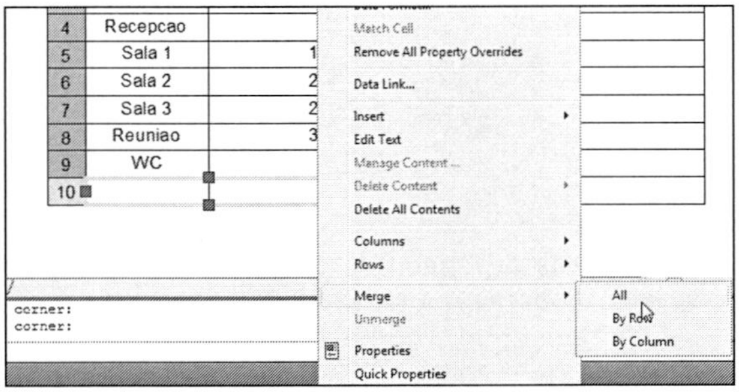

Figura 12.12 União de células.

Para modificar o texto das células, clique duas vezes dentro da célula a ser modificada e surge o quadro do comando **Mtext**. Faça as alterações necessárias e clique em **Close Text Editor** na **Ribbon** do canto superior direito (Figura 12.13).

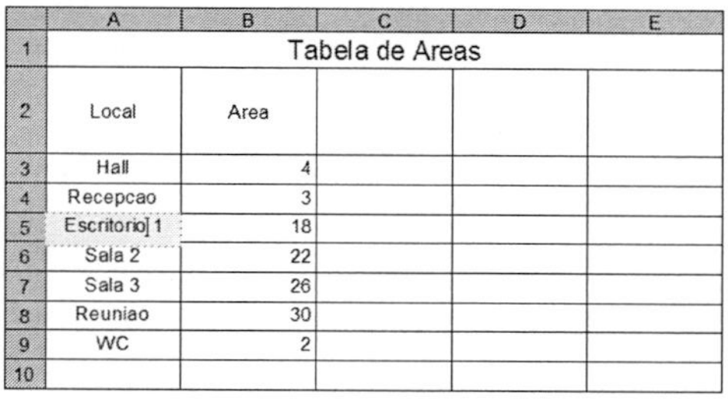

Figura 12.13 Alteração do texto da célula.

- **Inserção de mais linhas e colunas:** para inserir mais linhas ou colunas na tabela, clique uma vez em uma célula, conforme a Figura 12.14. Clique no botão direito do mouse e veja o menu que se abre. Nele há outras edições possíveis para a tabela. Selecione **Rows, Insert Below**. Para inserir mais colunas, selecione **Columns, Insert Right** ou **Insert Left.**

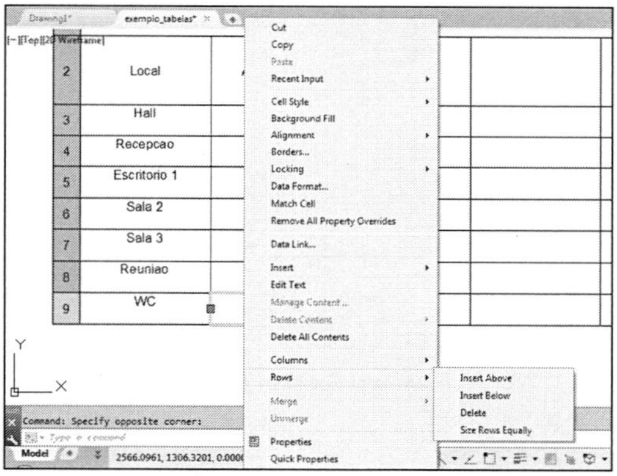

Figura 12.14 Inserção de mais linhas.

- **Soma de células:** para inserir fórmula em uma célula, selecione a célula na qual deseja colocar a fórmula e clique no botão direito do mouse. No menu selecione **Insert**, **Formula**, **Sum**, como indica a Figura 12.15.

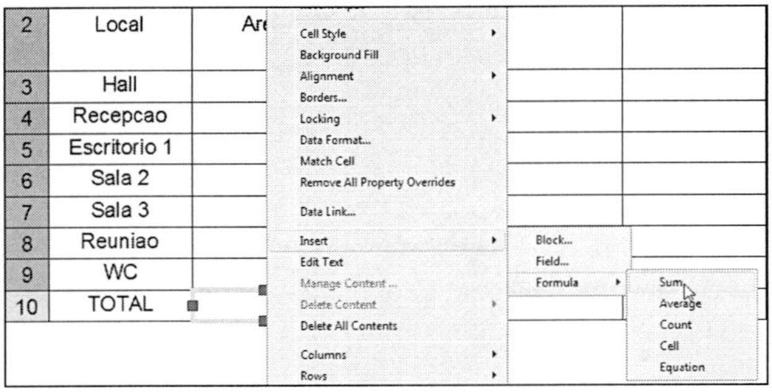

Figura 12.15 Inserir fórmulas.

Veja o prompt:

```
Select first corner of table cell range:
```

- Nesse prompt selecione as células que devem ser somadas, ou seja, faça uma janela de B3 a B9. Aparece o campo da soma na célula selecionada. Especifique as colunas que devem ser somadas, no caso B3: B9. Essas expressões são semelhantes às utilizadas em planilhas do Excel (Figuras 12.16 e 12.17).

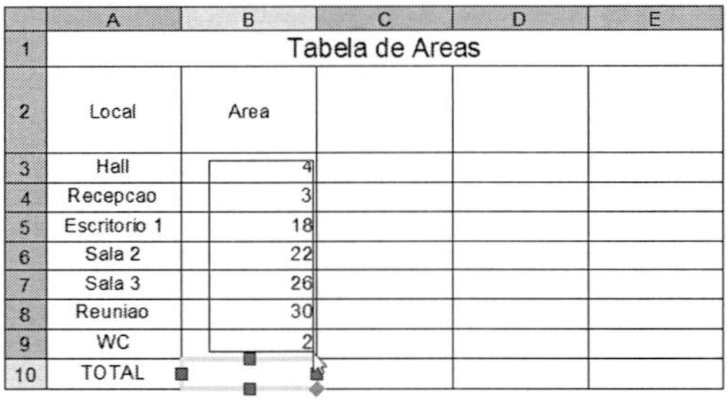

Figura 12.16 Seleção das células.

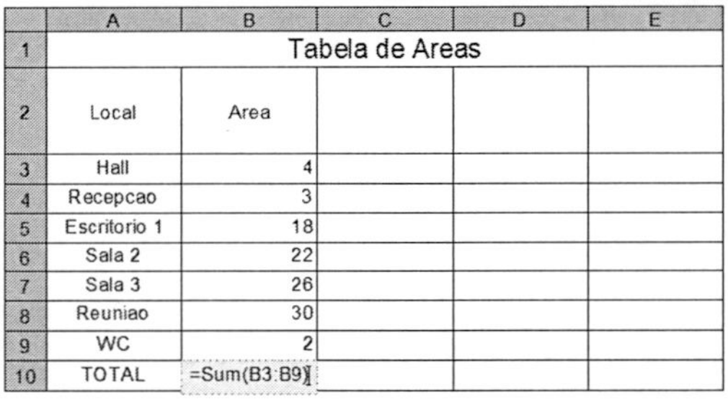

Figura 12.17 Soma de células.

- Clique em **OK** e o resultado deve ser igual ao da Figura 12.18. No campo à esquerda, insira **Total**.

Tabela de Areas				
Local	Area			
Hall	4			
Recepcao	3			
Escritorio 1	18			
Sala 2	22			
Sala 3	26			
Reuniao	30			
WC	2			
TOTAL	105			

Figura 12.18 Resultado da soma.

12.3 Estilos de Tabelas

É possível criar estilos de tabelas e armazená-los para posterior utilização em tabelas semelhantes. Os estilos são criados com o comando **Table Style**, acessado pelo painel **Tables** na aba **Annotate** por meio da seta da parte inferior do painel ou no menu superior **Format**, **Table Style**.

Um estilo de tabela contém as seguintes informações:

- **Estilo de texto da tabela**
- **Justificação do texto na célula**
- **Espessura e cor das bordas**
- **Cor do fundo das células**
- **Características do cabeçalho e título**

Ao entrar no comando, aparece a janela de diálogo da Figura 12.19, na qual se vê apenas o estilo **Standard** já definido. O quadro à direita mostra as características do estilo selecionado. Os outros botões são descritos em seguida:

- **Set Current:** torna corrente o estilo selecionado no campo **Styles** à esquerda.
- **New:** cria um estilo. Ao se clicar nesse botão, abre-se o quadro da Figura 12.20, no qual é preciso indicar o nome do estilo a ser criado. Crie o estilo "AREAS" e clique em **Continue**.

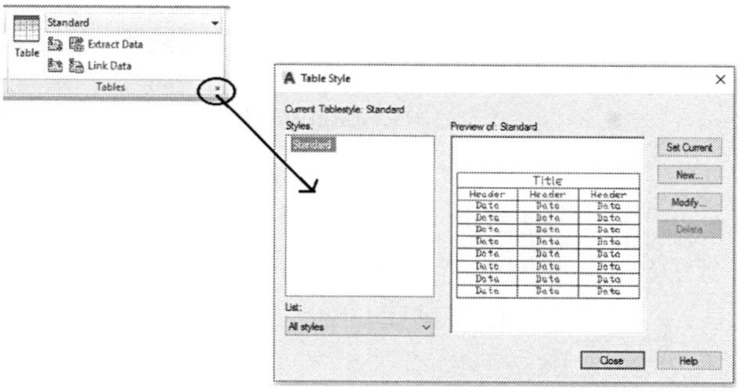

Figura 12.19 Comando Table Style.

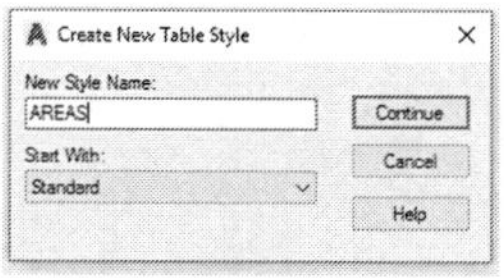

Figura 12.20 Criação de novo estilo.

Em seguida, aparece a janela da Figura 12.21, na qual se definem as características dos dados, do cabeçalho e do título da tabela e das margens.

- **Starting table:** permite selecionar uma tabela já inserida no desenho, de modo que o usuário possa usar suas características e criar um estilo de tabela baseado nelas. Ao selecionar o ícone, surge o prompt **Select a table:** em que é preciso escolher uma tabela no desenho.

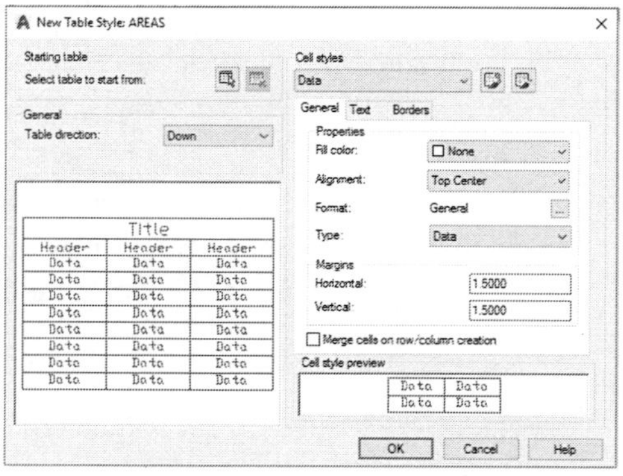

Figura 12.21 Características do estilo.

- **General:** define como será a orientação da tabela. As opções são **Down**, em que o título e o cabeçalho ficam na parte superior e as linhas são inseridas de cima para baixo, e **Up**, em que o título e o cabeçalho ficam na parte inferior e as linhas são inseridas de baixo para cima.
- **Cell styles:** cria estilos de título (**Title**), subtítulo (**Header**) e dados (**Data**) para as células da tabela. Selecione uma das três opções de célula e defina as características nas abas **General**, **Text** e **Borders**.

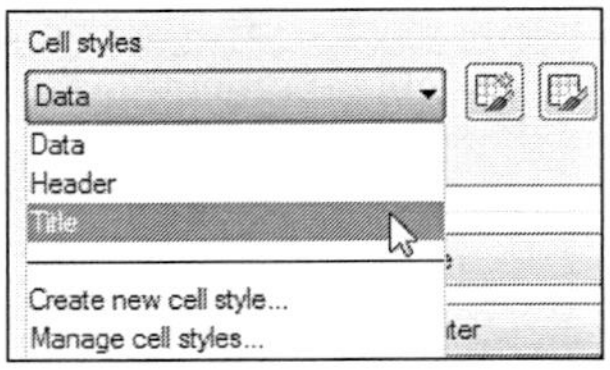

Figura 12.22 Escolha do tipo de célula.

Na aba **General** especificam-se as características das células gerais. O primeiro campo é o **Properties**, com os itens:

- **Fill color:** indica a cor de preenchimento da tabela, que é a cor do fundo da tabela.
- **Alignment:** determina o alinhamento do texto na célula. O alinhamento comporta-se como no comando **Mtext**.
- **Format:** define o formato dos dados da tabela: angular, data, decimal, texto, número, como mostra a janela de diálogo da Figura 12.23. Neste caso, use os dados da figura decimal com duas casas depois da vírgula.
- **Type:** estabelece se a célula é um dado ou um título.
- **Margins:** define as margens da célula, que representam a distância da borda até o texto.

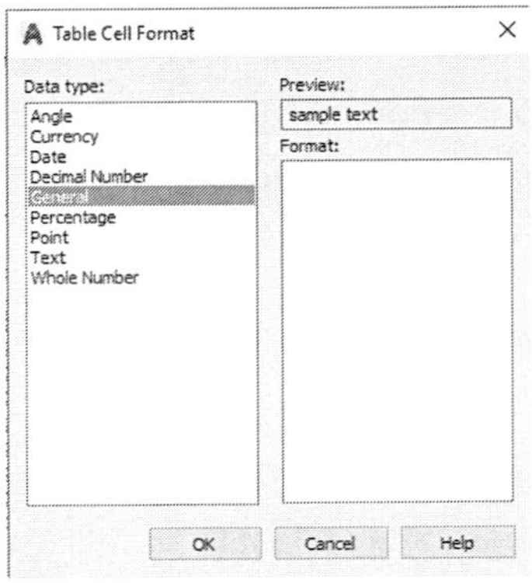

Figura 12.23 Definição do formato do texto.

Na aba **Text** definem-se as características do texto das células (Figura 12.24).

- **Text style:** escolhe um estilo de texto para a tabela, o qual já deve estar criado com o comando **Style**.
- **Text height:** estabelece a altura da letra para a tabela.
- **Text color:** especifica a cor do texto, comportando-se da mesma forma do comando **Color**.
- **Text angle:** define o ângulo do texto.

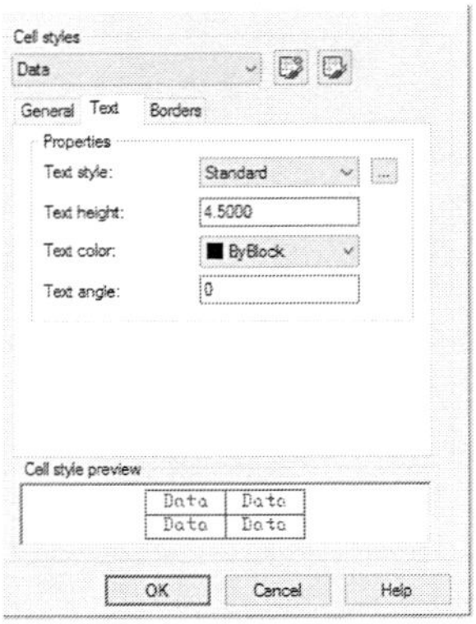

Figura 12.24 Definição do texto.

A aba **Borders** determina as características das bordas das células, a espessura e a cor das linhas que fazem a divisão das células (Figura 12.25).

- **Modify:** modifica um estilo já criado. Primeiramente, selecione o estilo e depois clique no botão **Modify**. Os quadros das características das células, cabeçalho e título aparecem com as propriedades a serem alteradas, da mesma forma utilizada para criar os estilos. Altere os campos necessários e clique em **OK**.
- **Delete:** apaga um estilo de tabela que não é utilizado. Clique no estilo e em **Delete**.

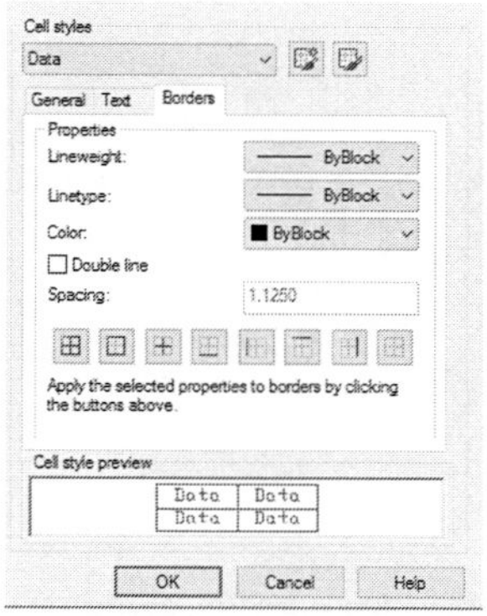

Figura 12.25 Definição das bordas.

12.4 Associação de Tabelas a Planilhas

Outra forma de criar uma tabela é a partir de uma planilha que contenha um link bidirecional com a tabela do AutoCAD. A interface para associar a planilha ao desenho é bem simples. As alterações na planilha geram uma mensagem na tela do AutoCAD, e num clique a tabela é atualizada com os dados da planilha. Com a possibilidade de mandar os dados do AutoCAD para o Excel, os dados de listas de material, áreas e atributos gerados no desenho são atualizados instantaneamente, gerando-se menos inconsistência de dados.

Como exemplo, vamos usar uma planilha de áreas do arquivo **pla_areas.xls**, que você pode obter no site da editora. É necessário ter o Microsoft Excel instalado para usar essa ferramenta do AutoCAD.

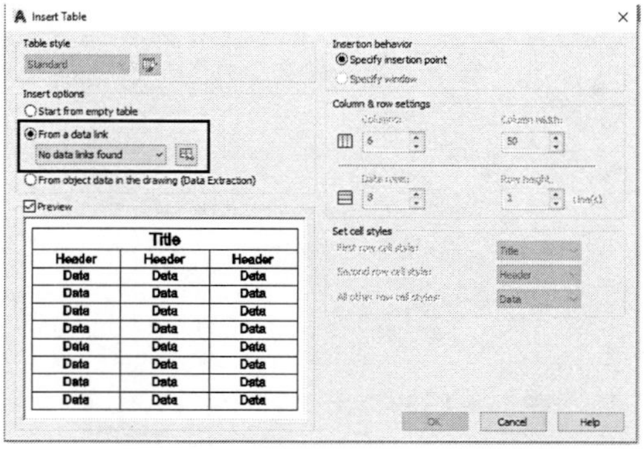

Figura 12.26 Seleção do modo planilha.

Após pressionar o botão, selecione **From a Data Link** na janela seguinte e, no botão logo abaixo, escolha **Lauch Data Link Manager**. Depois, vá a **Create a new Excel Data Link** e dê o nome LISTA. Nesse momento é criado o link entre a tabela do desenho e a planilha, o qual vai estabelecer a conexão entre os dois programas.

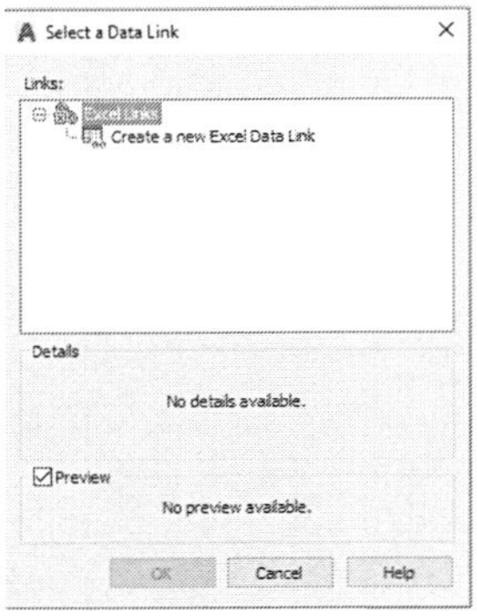

Figura 12.27 Criação do link.

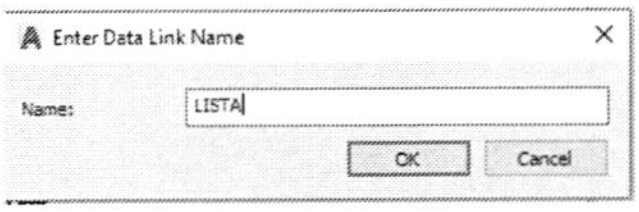

Figura 12.28 Nome do link.

Após dar o nome, clique em **OK**. Na janela seguinte, seleciona-se a planilha. Clique no botão para encontrar a pasta na qual está a planilha (Figura 12.29), escolha **pla_areas.xls** (Figura 12.30) e clique em **Open**.

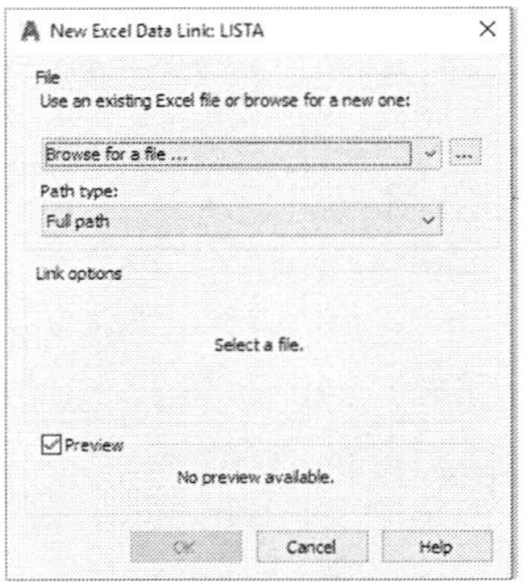

Figura 12.29 Seleção da planilha.

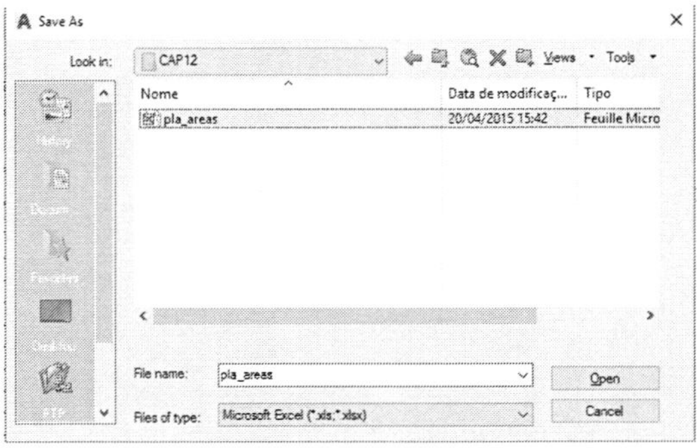

Figura 12.30 Seleção do arquivo .xls.

Em seguida, o link é criado e a planilha é exibida em um preview na janela seguinte (Figura 12.31), na qual você pode escolher se toda a planilha ou somente uma das pastas ou uma parte delas será associada à tabela do AutoCAD.

Clique em **OK** para continuar. Na janela da Figura 12.32, o link é confirmado. Clique em **OK** para finalizar.

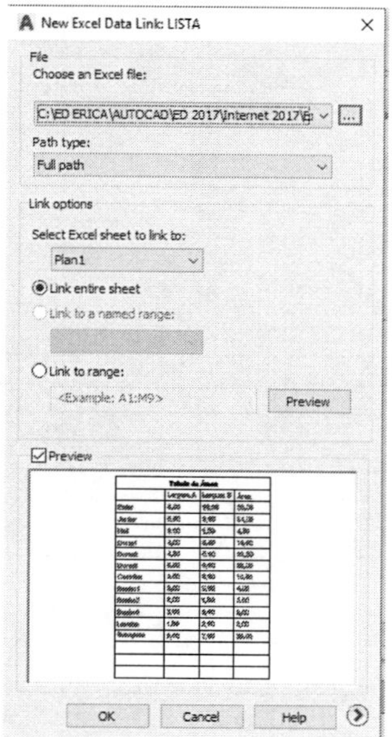

Figura 12.31 Criação do link com a planilha.

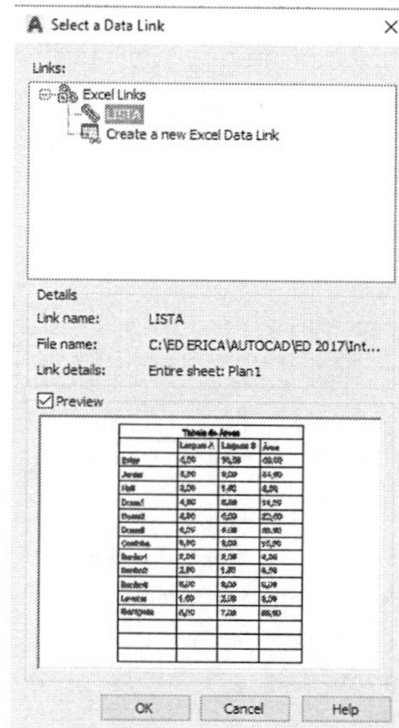

Figura 12.32 Lista dos links.

Retornando à primeira janela do comando **Table**, note que a opção de inserir a tabela é **Specify insertion point**. Clique em **OK**; em seguida é pedido o ponto de inserção da tabela no desenho. Clique em um ponto.

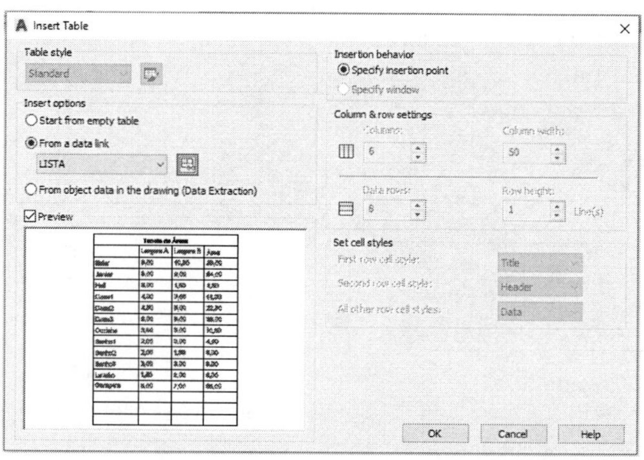

Figura 12.33 Inserção da tabela baseada na planilha.

Depois de inserida, a tabela deve ficar como na Figura 12.34. Após criar o link, qualquer alteração dos dados da planilha vai gerar uma mensagem no desenho, informando que houve alteração no link e questionando se você deseja atualizar a tabela.

Para gerar este exemplo, abra a planilha, faça uma alteração na largura A do Dorm2 para 5,00, salve a planilha e feche o Excel. Note que a área também já é alterada, pois ela é o resultado de um cálculo (Figura 12.35).

Tabela de Áreas			
	Largura A	Largura B	Área
Estar	6,00	10,00	60,00
Jantar	6,00	9,00	54,00
Hall	3,00	1,50	4,50
Dorm1	4,00	3,50	14,00
Dorm2	5,00	4,50	22,50
Dorm3	6,00	6,00	36,00
Cozinha	3,50	3,00	10,50
Banho1	2,00	2,00	4,00
Banho2	2,00	1,50	3,00
Banho3	3,00	3,00	9,00
Lavabo	1,50	2,00	3,00
Garagem	5,00	7,00	35,00

Figura 12.34 Inserção da tabela baseada na planilha.

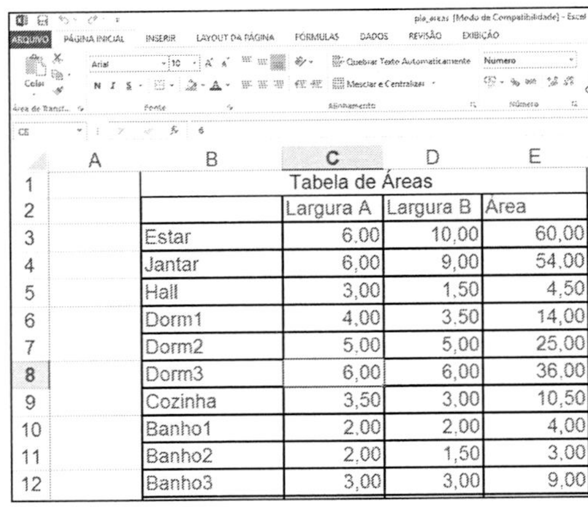

Tabela de Áreas			
	Largura A	Largura B	Área
Estar	6,00	10,00	60,00
Jantar	6,00	9,00	54,00
Hall	3,00	1,50	4,50
Dorm1	4,00	3,50	14,00
Dorm2	5,00	5,00	25,00
Dorm3	6,00	6,00	36,00
Cozinha	3,50	3,00	10,50
Banho1	2,00	2,00	4,00
Banho2	2,00	1,50	3,00
Banho3	3,00	3,00	9,00

Figura 12.35 Alteração da planilha.

Volte ao AutoCAD no desenho em que a tabela foi criada. No canto inferior direito da tela surge uma mensagem informando que houve uma alteração no link e que as tabelas precisam ser atualizadas. Na linha inferior você pode clicar para atualizar a tabela. Clique em **Update tables using the data link: LISTA**. Nesse momento a tabela é atualizada no desenho.

Se quiser atualizar mais tarde, também é possível. Basta clicar na tabela e em seguida, com o botão direito do mouse, selecionar **Update Table Data Links**.

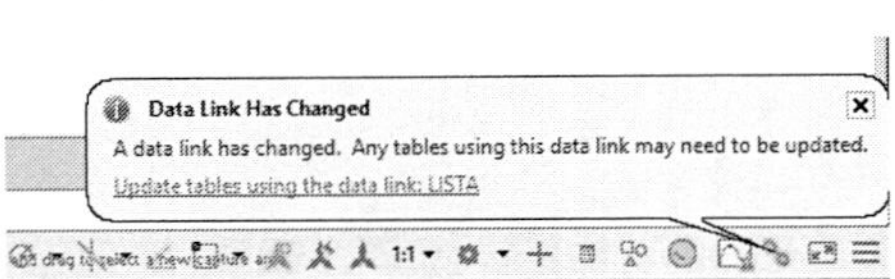

Figura 12.36 Alerta de alteração do link.

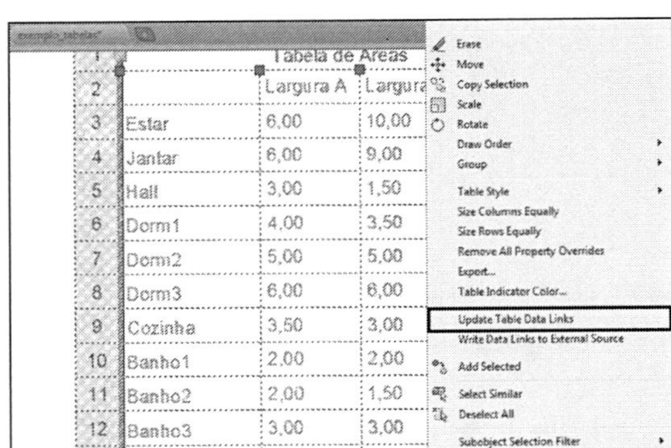

Figura 12.37 Atualização da tabela.

Também é possível alterar a tabela que possui o link com uma planilha e exportar a alteração para a planilha. Vamos alterar a medida B da sala de estar para 12,00. Para fazer essa alteração, é necessário destravar a célula, pois ao se criar o link a célula fica travada (**locked**).

Feche a planilha, caso esteja aberta. Clique na célula e com o botão direito do mouse selecione **Locking**, em seguida **Unlocked** (Figura 12.38). Nesse momento a célula fica liberada para edição. Mude o valor para 12,00.

Selecione a planilha e com o botão direito do mouse escolha **Write Data Links to External Source** (Figura 12.39). A alteração é exportada para a planilha e a mensagem seguinte é exibida na linha de comandos do AutoCAD. Abra a planilha e verifique a alteração.

```
1 data link(s) written out successfully
```

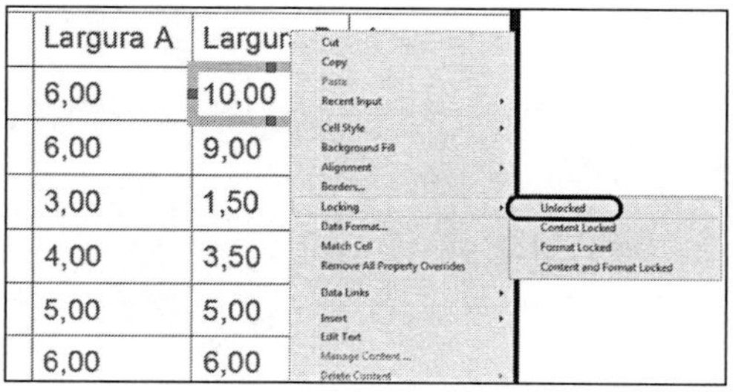

Figura 12.38 Liberação da célula para edição.

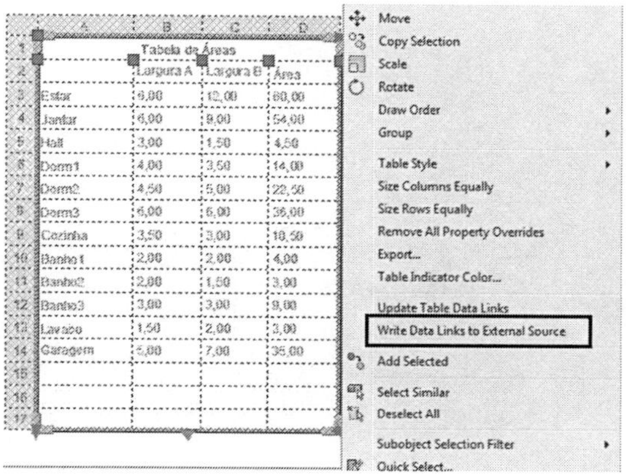

Figura 12.39 Exportação dos dados da tabela para a planilha.

Dessa forma você pode manter os dados mais atualizados e coerentes no desenho.

EXERCÍCIOS

Criação de tabelas.

Vamos criar uma tabela de AREAS e inserir as áreas.

1. Em primeiro lugar, crie um estilo de tabela chamado AREAS com o comando de estilos na aba **Annotate**, painel **Tables**.
2. Com o comando **Table** crie uma tabela como a da figura seguinte, com três colunas e cinco linhas. Não se esqueça de que a primeira linha após o título é a do cabeçalho. Depois de criada, insira os dados da figura seguinte. Após inserir as áreas, crie mais uma linha no final e faça a soma das áreas.

Tabela de Áreas		
Nome	Área	Perímetro
Sala	24,00	20
Cozinha	14	16
Banho	3,00	6
Dorm1	12,00	14
Dorm2	13,30	14

3. Com o comando **Save As** salve o desenho como **capitulo12**.

CAPÍTULO **13**

Comandos de Pesquisa

OBJETIVOS

- Obter informações de áreas e distância do desenho
- Aprender ferramentas de busca de arquivos localmente e em rede
- Controlar as variáveis do AutoCAD

Neste capítulo veremos comandos que trazem informações importantes sobre as entidades desenhadas. É possível calcular a área de uma figura, listar coordenadas de um ponto etc. Esses comandos estão no painel **Utilities**, na aba **Home** ou no menu superior **Tools**, se ele estiver habilitado, opção **Inquiry**.

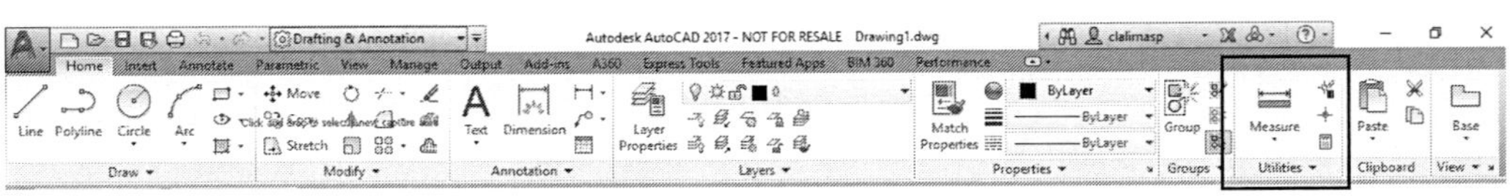

Figura 13.1 Aba Home - Painel Utilities.

13.1 Comando List

O comando **List** está no painel **Properties** da aba **Home**. Possibilita a obtenção de informações relativas às entidades. Essas informações são listadas na tela texto do AutoCAD e dependem do tipo de entidade selecionado.

Exemplos:

- **Linhas:** são listadas as coordenadas dos pontos inicial e final, comprimento, ângulo de inclinação, e ainda fornecem as diferenças nas coordenadas X e Y.
- **Círculos:** são listados seu raio, centro, perímetro da circunferência e área.

1. No painel **Properties** selecione **List**.

2. Select Objects: selecione as entidades.

Ao pedir para selecionar os objetos, basta indicar a entidade desejada e as informações se apresentam na tela em forma de texto. Para sair dessa tela, tecle <F2> ou feche a janela com o cursor.

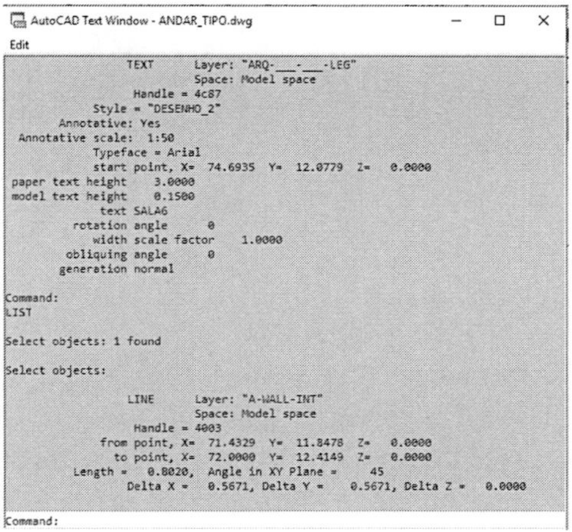

Figura 13.2 Comando List.

13.2 Comando Measuregeom

Esse comando mede distâncias entre pontos, raios e diâmetros de círculos e arcos e volumes de objetos em 3D.

No painel **Utilities** selecione **Measure**.

Opção Distance:

Mede a distância entre dois ou mais pontos. É necessário dar os dois pontos na tela, em seguida o AutoCAD lista a distância entre eles, o ângulo no plano X,Y e as diferenças em X, Y e Z.

```
Command: _Measuregeom.
Enter an option [Distance/Radius/Angle/
ARea/Volume] <Distance>: _distance.
Specify first point: P1.
Specify second point or [Multiple
points]: P2.
Distance = 15.5000, Angle in XY Plane
= 90, Angle from XY Plane = 0
Delta X = 0.0000, Delta Y = 15.5000,
Delta Z = 0.0000
Enter an option [Distance/Radius/Angle/
ARea/Volume/eXit] <Distance>: <ENTER>.
```

Opção Radius:

Mede raios de círculos ou arcos.

```
Command: _Measuregeom.
Enter an option [Distance/Radius/Angle/
ARea/Volume] <Distance>: _radius.
Select arc or circle: Selecione um círculo.
Radius = 3.2811
Diameter = 6.5623
Enter an option [Distance/Radius/Angle/
ARea/Volume/eXit] <Radius>: <ENTER>.
```

Opção Angle:

Mede ângulos compreendidos entre duas linhas ou ângulos internos a arcos e círculos.

```
Command: _Measuregeom.
Enter an option [Distance/Radius/Angle/
ARea/ Volume] <Distance>: _angle.
Select arc, circle, line, or <Specify
vertex>: <ENTER>.
Specify angle vertex: P1.
Specify first angle endpoint: P2.
Specify second angle endpoint: P3.
Angle = 101°
Enter an option [Distance/Radius/Angle/
ARea/Volume/eXit] <Angle>: <ENTER>.
```

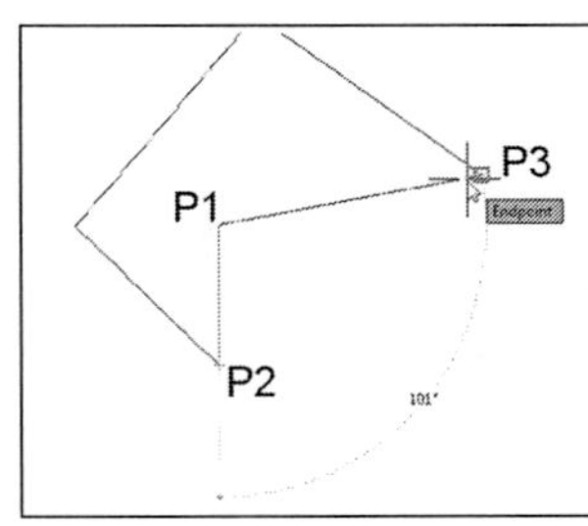

Figura 13.3 Comando Measuregeom - Angle.

Opção Area:

- **Entrada de pontos:** entre com os pontos na tela para calcular a área compreendida no polígono formado pelos pontos.

```
Command: _Measuregeom.
Enter an option [Distance/Radius/
Angle/ARea/Volume] <Distance>: _area.
Specify first corner point or [Object/
Add area/Subtract area/eXit]
<Object>: P1.
Specify next point or [Arc/Length/
Undo]:P2.
Specify next point or [Arc/Length/
Undo]:P3.
```

```
Specify next point or [Arc/Length/
Undo/Total] <Total>:P4.
Specify next point or [Arc/Length/
Undo/Total] <Total>:P5.
Specify next point or [Arc/Length/
Undo/Total] <Total>:P6.
Specify next point or [Arc/Length/
Undo/Total] <Total>:P7.
Specify next point or [Arc/Length/
Undo/Total] <Total>:P8.
Area = 125.6335, Perimeter = 60.3019
Enter an option [Distance/
Radius/Angle/ARea/Volume/eXit]
<ARea>:<ENTER>.
```

- **Object:** possibilita o cálculo da área de entidades, como círculos, polígonos e polilinhas.
- **Add:** ativa o modo de soma do comando Area. Nesse modo, as áreas calculadas são adicionadas às anteriores.

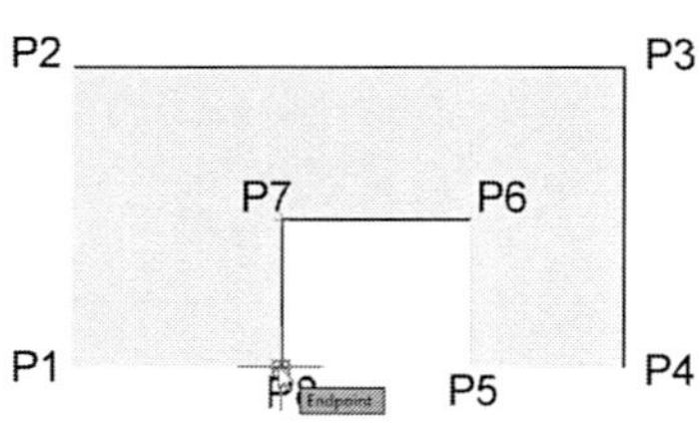

Figura 13.4 Measuregeom - Area.

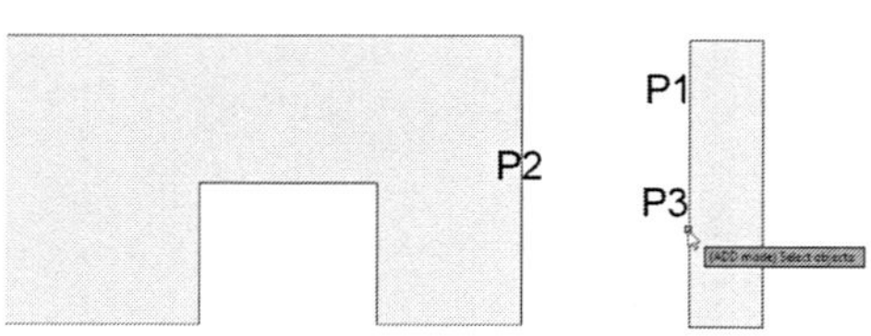

Figura 13.5 Comando Area - Add.

```
Command: _Measuregeom
Enter an option [Distance/Radius/
Angle/ARea/Volume] <Distance>: _area
Specify first corner point or [Object/
Add area/Subtract area/eXit]
<Object>: O
Select objects: P1
Area = 21.3279, Perimeter = 22.8894
Enter an option [Distance/Radius/
Angle/ARea/Volume/eXit] <ARea>: AR
Specify first corner point or [Object/
Add area/Subtract area/eXit]
<Object>: a
Specify first corner point or [Object/
Subtract area/eXit]: O
(ADD mode) Select objects: P2
Area = 125.6335, Perimeter = 60.3019
Total area = 125.6335
(ADD mode) Select objects: P3
Area = 21.3279, Perimeter = 22.8894
Total area = 146.9614
Specify first corner point or [Object/
Subtract area/eXit]: X
Total area = 146.9614
Enter an option [Distance/Radius/
Angle/ARea/Volume/eXit] <ARea>: X
```

- **Subtract:** ativa o modo subtração, em que a área calculada é subtraída dos valores calculados anteriormente. Neste exemplo, vamos subtrair, do retângulo maior, a área do polígono menor.

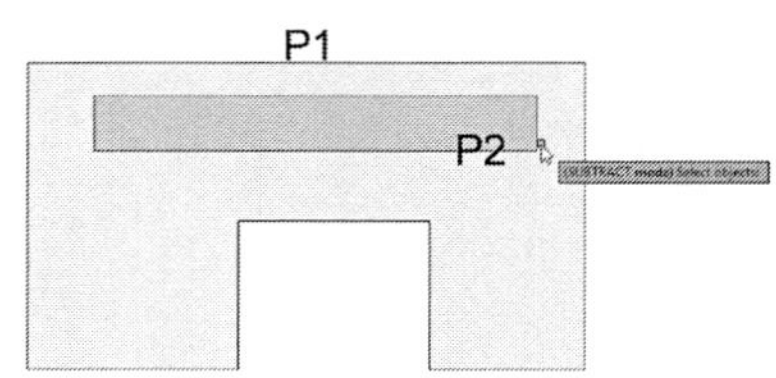

Figura 13.6 Subtração da opção Area.

```
Command: _Measuregeom.
Enter an option [Distance/Radius/
Angle/ARea/Volume] <Distance>: _area
Specify first corner point or [Object/
Add area/Subtract area/eXit]
<Object>: A
Specify first corner point or [Object/
Subtract area/eXit]: O
(ADD mode) Select objects: P1
Area = 125.6335, Perimeter = 60.3019
Total area = 125.6335
(ADD mode) Select objects: <ENTER>
Area = 125.6335, Perimeter = 60.3019
Total area = 125.6335
Specify first corner point or [Object/
Subtract area/eXit]: S
Specify first corner point or [Object/
Add area/eXit]: O
(SUBTRACT mode) Select objects: P2
Area = 21.3723, Perimeter = 29.4693
Total area = 104.2612
(SUBTRACT mode) Select objects:
<ENTER>
(SUBTRACT mode) Select objects: <ENTER>
Area = 21.3723, Perimeter = 29.4693
Total area = 104.2612
Specify first corner point or [Object/
Add area/eXit]: X
Total area = 104.2612
```

```
Enter an option [Distance/Radius/Angle/
ARea/Volume/eXit] <ARea>: X
```

Opção Volume: Volume

Calcula o volume de objetos em 3D. No exemplo, vamos calcular o volume de um cone.

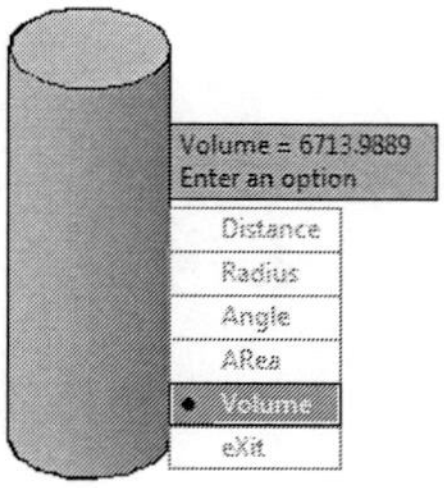

Figura 13.7 Measuregeom - Volume.

```
Command: _Measuregeom.
Enter an option [Distance/Radius/Angle/
ARea/Volume] <Distance>: _volume
Specify first corner point or [Object/Add
volume/Subtract volume/eXit]
<Object>: o
Select objects:
Volume = 6713.9889
Enter an option [Distance/Radius/Angle/
ARea/Volume/eXit] <Volume>: X
```

13.3 Comando ID Point

ID Point

Possibilita a identificação das coordenadas absolutas de um ponto qualquer.

Expandindo o painel **Utilities**, selecione **ID Point.**

```
Command: ID Specify point: P1.
X = 6.3565     Y = 7.3650     Z = 0.0000
```

Em seguida, apresentam-se as coordenadas X, Y e Z do ponto selecionado.

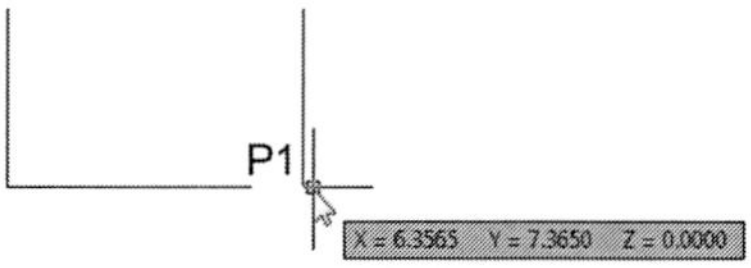

Figura 13.8 Comando ID Point.

13.4 Comando Time

Esse comando registra uma série de características relativas ao tempo gasto no desenho corrente.

No menu superior **Tools** selecione **Inquiry** > **Time**, ou digite TIME.

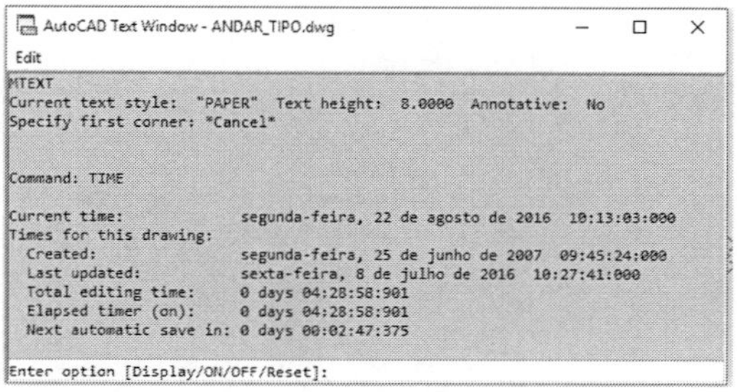

Figura 13.9 Comando Time.

Em que:

- **Current time:** representa o dia e a hora correntes.
- **Created:** informa o dia e a hora do momento em que o desenho foi criado.
- **Last updated:** registra a data e a hora da última atualização do desenho.
- **Total editing time:** informa o tempo gasto no desenho desde sua criação.
- **Elapsed timer:** informa o tempo gasto desde quando o editor gráfico foi ativado. Esse tempo pode ser zerado pelo usuário a qualquer instante.
- **Next automatic save:** informa em quanto tempo será feita a gravação automática.
- **Display:** repete o comando com atualização.
- **ON:** liga o **Elapsed timer**, se estiver desligado.
- **OFF:** desliga o **Elapsed timer**, se estiver ligado.
- **Reset:** zera o **Elapsed timer**.

Para sair dessa tela, pressione <F2> ou feche a janela com o cursor.

13.5 Comando Status

O comando **Status** oferece uma listagem com algumas características de configuração do desenho atual e da memória em uso (Figura 13.10).

No menu superior **Tools** selecione **Inquiry** > **Status**, ou digite **STATUS**.

`Command:` Status.

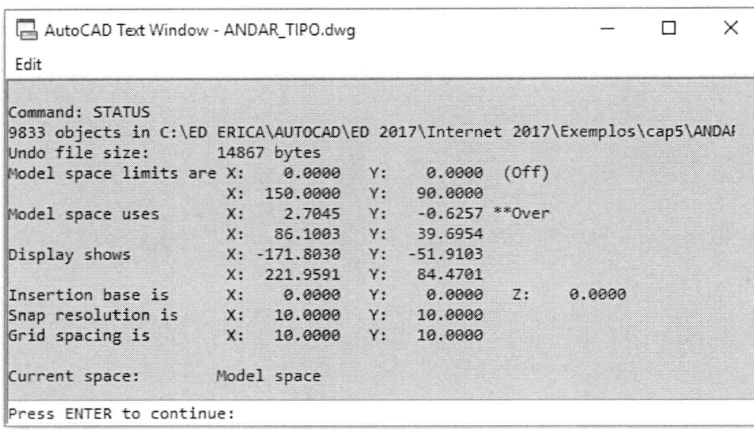

Figura 13.10 Comando Status.

13.6 Comando QuickCalc

Esse comando aciona uma calculadora, como mostra a Figura 13.12. Ele é acessado pelo painel **Utilities** da aba **Home** ou pelo menu superior **Tools** > **Palettes** > **QuickCalc.**

Nela podemos fazer operações matemáticas simples, calcular senos e cossenos acionando o modo **Scientific** e converter unidades de medidas, por exemplo, metros em polegadas.

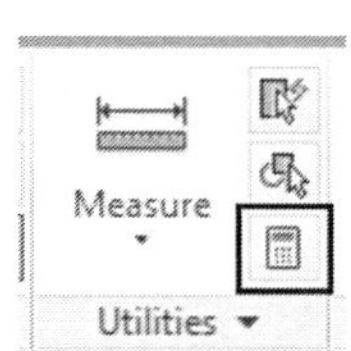

Figura 13.11 Comando QuickCalc.

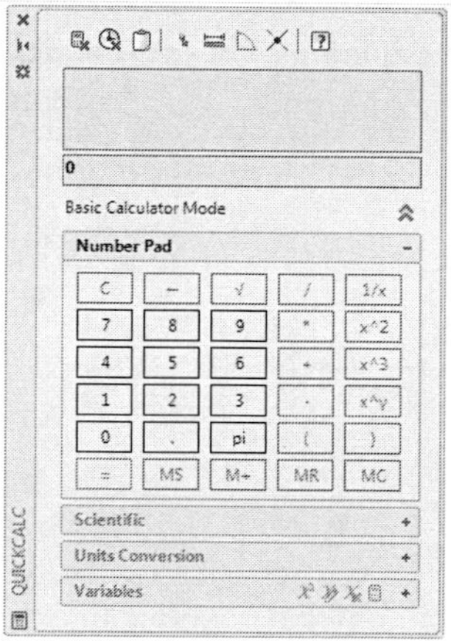

Figura 13.12 Comando QuickCalc.

13.7 Comando SYSVARMONITOR

Este recurso permite controlar e monitorar as variáveis do AutoCAD. Essas variáveis controlam o comportamento de objetos, janelas de diálogo e outros valores que modificam o comportamento dos objetos e a visibilidade de alguns objetos e da interface. Este comando permite identificar e editar as variáveis que não estejam de acordo com seus padrões. As variáveis que costumam ser alteradas repentinamente já estão listadas no monitor, conforme exibe a Figura 13.13. A coluna **Status** indica as variáveis que foram modificadas a partir de seu valor padrão. A coluna **Preferred** indica o valor mais comum para ela e a coluna **Current** indica o valor atual. Você pode editar a coluna **Preferred** de acordo com seus padrões. Neste exemplo, a variável PICKAUTO está fora dos padrões e exibe um alerta.

O botão **Reset All** permite retornar todas as variáveis da lista para os seus valores preferidos, ou seja, os da coluna **Preferred**.

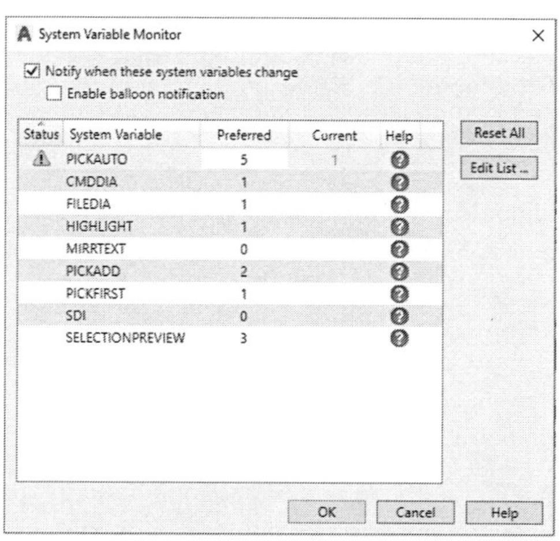

Figura 13.13 Comando SYSVARMONITOR.

O botão **Edit List** permite que você acrescente à lista outras variáveis que necessite monitorar. Basta selecionar a variável na lista à esquerda e clicar no botão do meio para adicionar na lista das variáveis monitoradas da direita, como mostra a Figura 13.14.

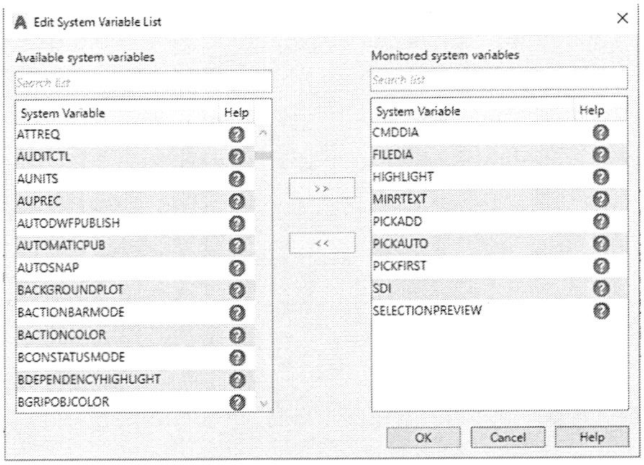

Figura 13.14 Inserção de novas variáveis ao monitor.

Para saber mais sobre a variável, clique no botão do HELP ao lado dela: será exibida uma explicação sobre a variável.

EXERCÍCIOS

Tirar informações das áreas da casa.

1. Abra o desenho **capitulo9**.
2. Com o comando **Area** verifique as áreas da casa. Não se esqueça de usar **Osnap** para ter precisão nos pontos. É preciso ligar o **Osnap** no **endpoint** e na **intersection** antes de começar. Desligue os layers hachura e cotas para não interferir na seleção de pontos.
3. Com o comando **Dist** veja se as distâncias desenhadas estão de acordo com as medidas.
4. Ao sair, não há necessidade de salvar o desenho.

CAPÍTULO 14

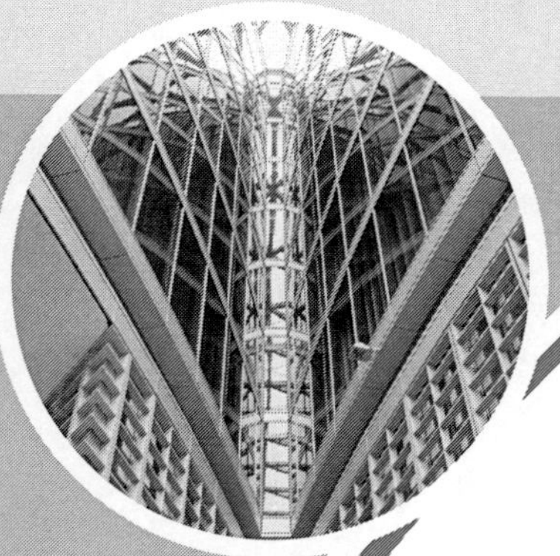

Impressão do Desenho

OBJETIVOS

- Imprimir o desenho em Model Space e Layout/Paper Space
- Criar escalas de impressão
- Montar folhas de impressão
- Imprimir com o uso de escalas anotativas

O desenho criado no AutoCAD pode ser impresso de duas formas: diretamente do **Model Space**, área em que o desenho foi criado, ou pela criação de Layouts de impressão no **Paper Space**.

Um Layout simula uma folha de papel e permite um perfeito ajuste de escalas para impressão. No Layout é possível inserir diversas vistas simultâneas do desenho em diferentes escalas em 2D e 3D e criar margens e carimbos. O Layout é criado no **Paper Space** e requer uma série de ajustes antes da impressão.

O comando **Plot** pode ser usado de várias formas, e, para facilitar a compreensão, são fornecidos vários exemplos de impressão utilizando as diferentes opções do comando. Com o comando **Plot** você pode gerar arquivos de impressão tipo PDF e enviar para impressão em uma gráfica.

As opções mais atuais de impressão para arquivos são os formatos PDF e DWF, que possuem visualizadores gratuitos e podem até ser visualizados em dispositivos móveis, tais como tablets e celulares, ou diretamente na web com o visualizador da Autodesk. Veremos como fazer essa exportação no Capítulo 15.

Os objetos usados para inserir informações no desenho (textos, cotas, símbolos, hachuras) chamam-se anotações e têm uma propriedade denominada **Annotative**, a qual permite imprimir ou mostrar os objetos no papel no tamanho correto.

Ao ativarmos essa propriedade no objeto ou no seu estilo e fixarmos a escala para o **Model Space** ou para o **Paper Space**, os objetos podem ser exibidos no Layout no mesmo tamanho, apesar de terem escalas de desenho diferentes nas **viewports**. Os objetos são textos, cotas, linhas de chamada, hachuras, blocos e atributos. O Item 14.2.4 explica como fazer isso em detalhes.

A seguir, veremos como imprimir diretamente no **Model Space** e em seguida como imprimir no **Paper Space**.

14.1 Impressão no Model Space

14.1.1 Comando Plot

Neste exemplo o desenho é impresso sem a criação de layouts. A impressão se dá diretamente no **Model Space**, mas esse procedimento pode não ser o mais aconselhável, dependendo do que se deseja. Com o desenho na tela abrimos o comando **Plot** pelo painel **Plot** na aba **Output**, como mostra a Figura 14.1, ou pela barra de acesso rápido na parte superior da tela.

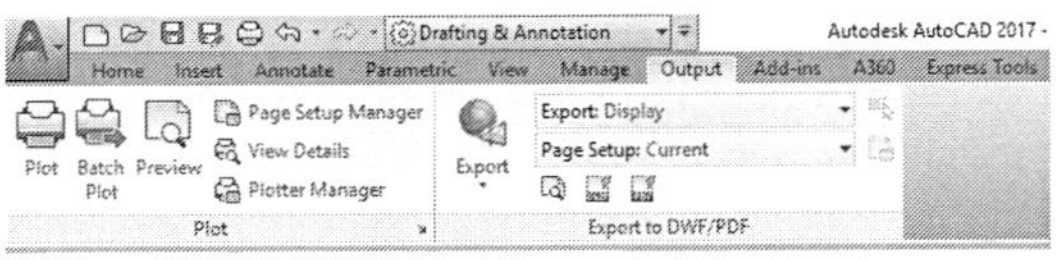

Figura 14.1 Aba Output - Comando Plot.

1. Abra o desenho **capitulo9.DWG**, disponível no site da editora. No painel **Plot** da aba **Output** selecione **Plot.**
2. Aparece a janela **Plot - Model.** Verifique no campo **Printer/plotter** se sua impressora (ou plotter) está configurada(o) corretamente. Caso não esteja, clique na caixa de listagem e selecione o seu equipamento.
3. É possível ter mais de um equipamento configurado no Windows, por isso, na hora de imprimir, você deve escolher aquele adequado aos desenhos do AutoCAD.
4. No canto inferior direito da janela clique no botão de expansão da janela (Figura 14.4).

Figura 14.2 Comando Plot.

Figura 14.3 Configuração do equipamento.

Figura 14.4 Expansão da janela do comando Plot.

OBSERVAÇÃO

Como são inúmeras as possibilidades de plotters e impressoras, para efeito de aprendizagem, os exemplos utilizam uma impressora com papel em formato **A4**, que pode ser usado por todos os equipamentos.

5. Nesse momento, a janela se expande e todas as opções de plotagem ficam disponíveis (Figura 14.5).

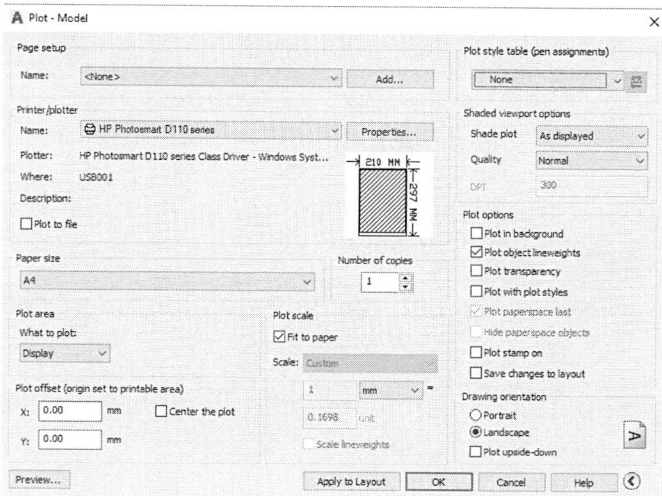

Figura 14.5 Configuração da impressão.

6. Nos campos **Paper size** e **Number of copies** verifique o tamanho do papel e o número de cópias que deseja. No exemplo utilizamos papel A4, uma cópia somente.

7. No campo **Plot area** selecione **Window**. Serão pedidos dois pontos na tela para selecionar no desenho. Clique nos pontos. As outras opções serão detalhadas posteriormente.

8. Clique em **Center the plot**.

9. No campo **Plot scale** desative a opção **Fit to paper** e digite 10 mm = 1 unit para imprimir o desenho em escala 1:100. Veremos em detalhes as escalas no Item 14.1.3.

10. No campo **Plot style table** selecione o arquivo **monochrome.ctb** na lista (Figura 14.6). Nesse campo se define a configuração de penas. A opção **monochrome** imprime o desenho todo em uma cor só; em geral, o preto para todas as impressoras.

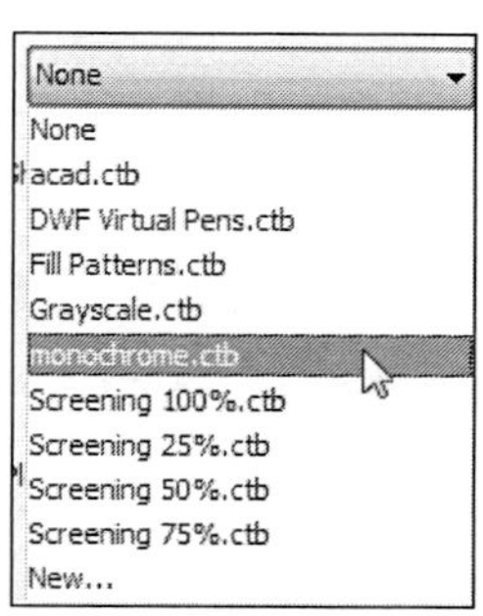

Figura 14.6 Seleção da configuração de penas.

11. No campo **Drawing orientation**, selecione **Landscape**. Nesse campo se seleciona a posição do papel em relação ao desenho. A configuração deve ficar semelhante à da Figura 14.7.

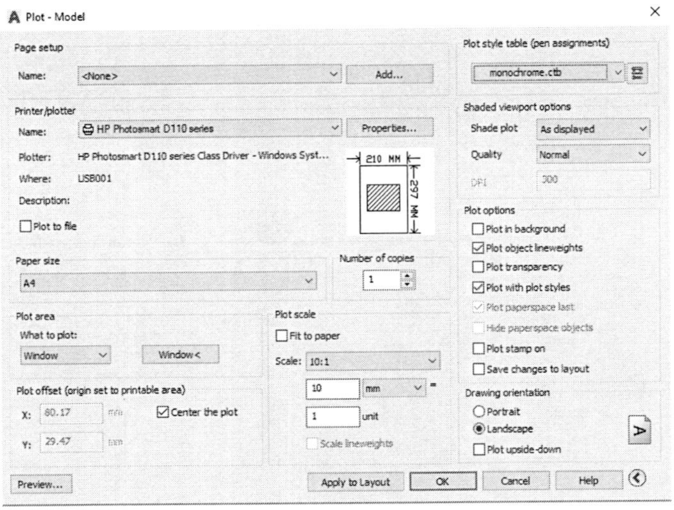

Figura 14.7 Comando Plot.

12. Antes de imprimir, é aconselhável verificar a visualização da impressão. No canto inferior esquerdo da janela clique em **Preview** para conferir se o que será impresso é o desejado. O resultado deve ser semelhante ao apresentado na Figura 14.8.

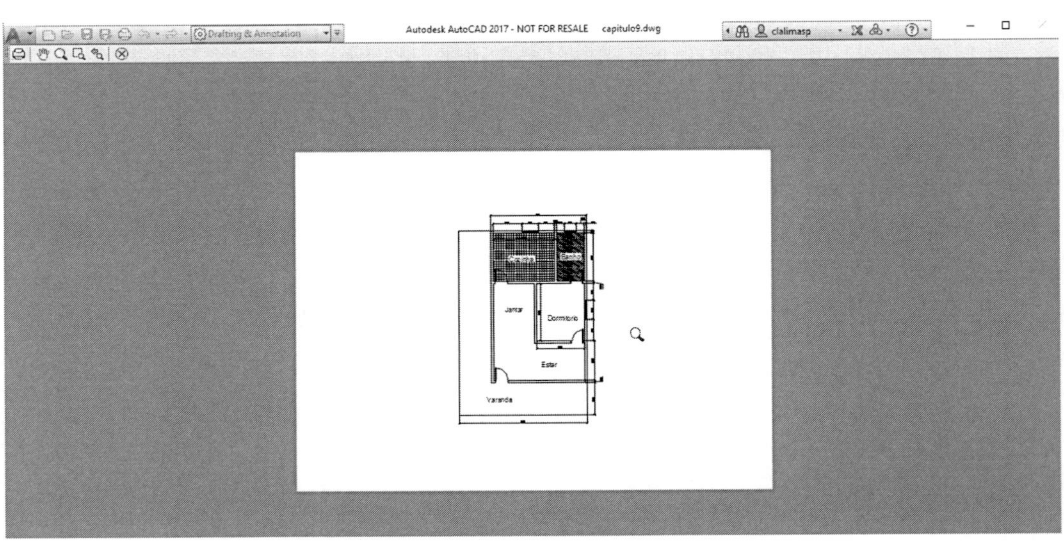

Figura 14.8 Preview de impressão.

13. Se estiver tudo certo, clique no botão com a impressora no canto superior esquerdo da tela para finalizar e imprimir. Caso contrário, clique no botão com um X para fechar a janela e retomar a configuração de impressão.

No comando **Plot**, a janela da Figura 14.7 possui as seguintes opções:

- **Page setup:** salva ou ativa uma configuração de página.
- **Plot to file (no campo Printer/plotter):** direciona a plotagem para um arquivo de impressão. A seleção dessa opção gera um arquivo com extensão **.plt**, ou seja, um arquivo de plotagem para posterior plotagem ou impressão, dependendo do que foi configurado. Esse procedimento pode ser bastante útil, pois o tempo para geração desse arquivo é muito menor que o gasto na impressão ou plotagem de um desenho. Deve-se configurar a impressora para o equipamento que será usado na posterior impressão, em geral em outro local. Os passos seguintes são os mesmos abordados, porém no final é gerado um arquivo.
- **Paper size:** define o tamanho do papel.
- **Plot area:** determina a parte do desenho a ser impressa. As opções são as seguintes:
    - **Limits:** imprime as entidades que ficam nos limites do desenho, os quais são definidos pelo comando **Limits**.
    - **Extents:** idêntico ao **Zoom Extents**, possibilita a impressão de todas as entidades presentes no editor gráfico.
    - **Display:** possibilita a impressão da área visível na tela no momento da impressão.
    - **Window:** imprime uma janela especificada pelo usuário por dois pontos. Nessa opção o AutoCAD volta à tela gráfica e pede para selecionar os pontos.
- **Plot offset:** altera a origem da impressão no papel (x,y). No plotter, normalmente o desenho começa a ser feito pelo canto inferior do papel. Já na impressora inicia-se pelo canto superior esquerdo. Para alterar o ponto de origem é preciso primeiramente saber os eixos X e Y do traçador gráfico e posteriormente escolher a nova origem. A opção **Center the plot** centraliza o desenho na folha automaticamente.
- **Plot scale:** estabelece a escala de plotagem. Na caixa de listagem **Scale** é preciso determinar a escala do desenho. Para acessar essas opções, desmarque **Fit to paper**. Note que a caixa já traz as escalas mais utilizadas. Se desejar escolher outra, selecione **Custom** e entre com os valores no campo **Custom**. Por exemplo, no quadro mm colocam-se os milímetros plotados com o plotter ou impressora = unidades do desenho (**Drawing Units**). Supondo que a unidade adotada para o plotter/impressora foi milímetro, temos:
    - **1=1:** 1 mm no plotter é igual a uma unidade do desenho.
    - **10=1:** 10 mm no plotter representam uma unidade do desenho.

  A opção **Fit to paper** faz com que o plotter/impressora imprima o desenho na maior escala possível, usando todo o tamanho do papel.
- **Plot style table:** nesse campo, selecionam-se os estilos de plotagem que determinam como os objetos vão aparecer depois de plotados. Os estilos podem ser **Color plot styles**, no qual todos os objetos da mesma cor são plotados da mesma forma, e **Named plot styles**, no qual se atribuem estilos de plotagem a objetos ou a layers, plotando-se objetos da mesma cor de forma diferente. Para criar um estilo de plotagem, selecione **New** na barra de rolagem.

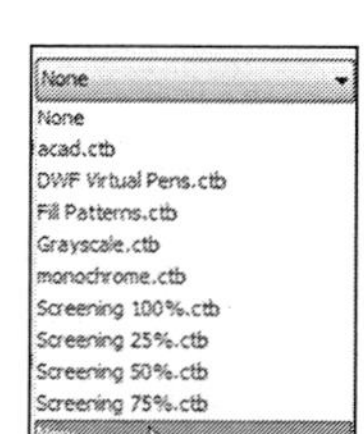

Figura 14.9 Criação de uma configuração de penas.

Na janela que se abre selecione **Start from scratch** para começar uma nova configuração (Figura 14.10). As outras opções são:

- **Use a CFG file:** importa configurações de pena do AutoCAD 14.
- **Use a PCP or PC2 file:** importa configurações de pena do AutoCAD 14 gravadas nesses formatos.

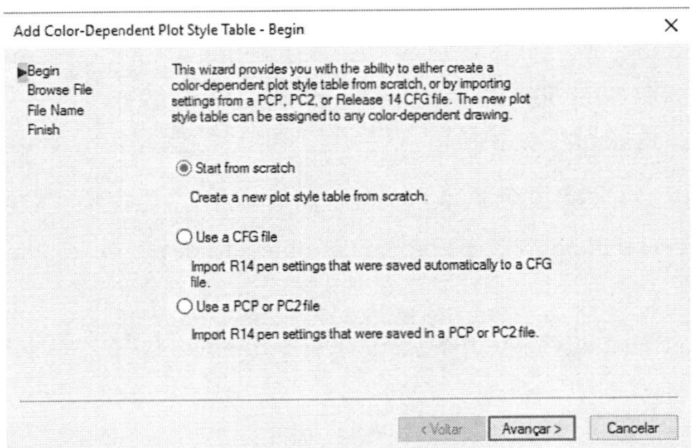

Figura 14.10 Criação de uma configuração de penas.

Clique em **Avançar** e na janela seguinte devemos dar um nome ao estilo. Dê o nome ARQUITETURA e clique em **Avançar** novamente (Figura 14.11).

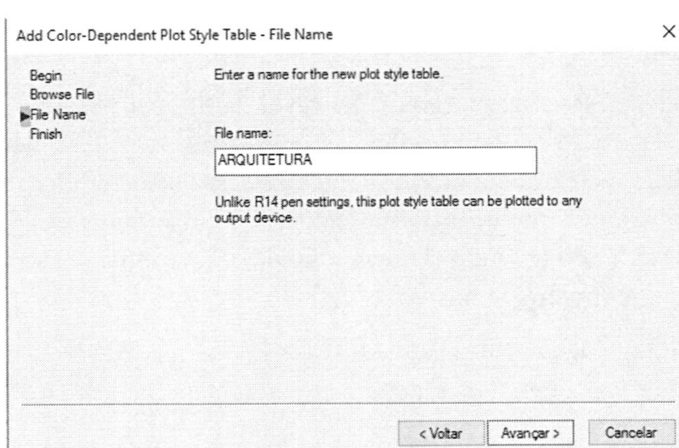

Figura 14.11 Nome do estilo.

Na janela seguinte é preciso selecionar **Plot Style Table Editor** para acessar as configurações de penas (Figura 14.12).

Ao entrar no **Plot Style Table Editor**, vamos criar uma configuração de espessuras de penas associadas às cores dos objetos. Como vimos no Capítulo 7, os **layers** devem ter cores diferentes associadas, pois é por meio delas que se define a espessura de impressão das linhas do desenho no comando **Plot**.

No lado esquerdo, temos as 255 cores de objetos; no lado direito, as propriedades que vamos associar a essas cores (Figura 14.13).

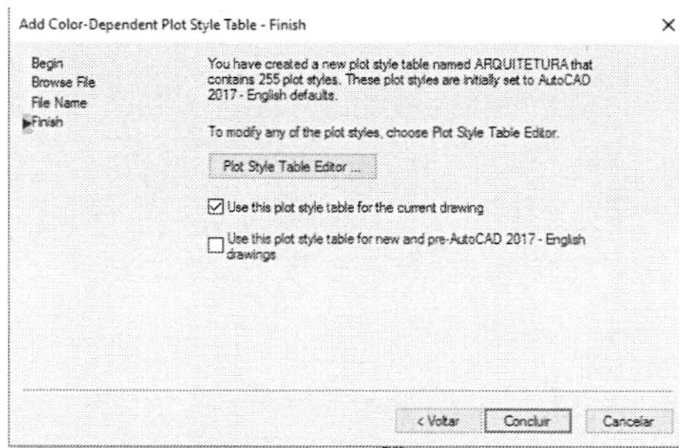

Figura 14.12 Seleção do editor do estilo.

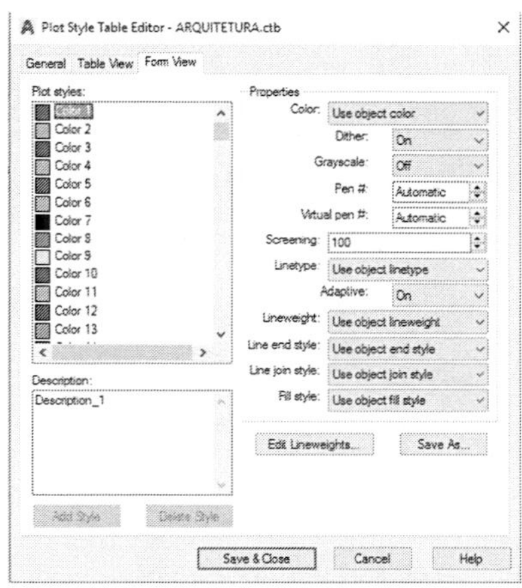

Figura 14.13 Editor do estilo.

Como as espessuras de penas são associadas às cores dos objetos, o desenho deve ser gerado com diferentes cores/layers para que seja possível imprimi-lo com diferentes espessuras de linha. Essas cores devem estar associadas aos layers (conforme vimos no Capítulo 7). Para definir com que pena será impressa uma cor, selecione a cor e, em seguida, a pena do lado direito na opção **Lineweight** (Figuras 14.14 e 14.15).

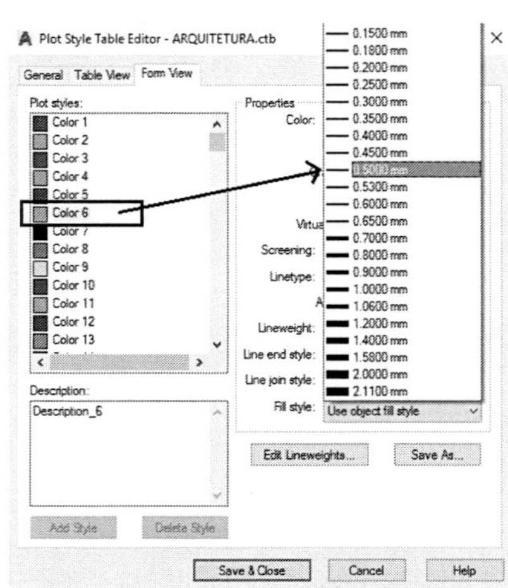

Figura 14.14 Seleção da pena.

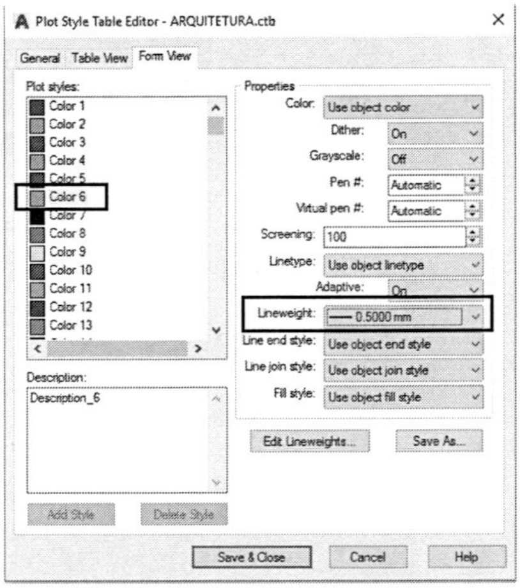

Figura 14.15 Pena selecionada.

Desta forma, associamos à cor 6 a pena 0.5.

OBSERVAÇÃO

Anote as cores e os nomes dos layers antes de entrar no comando **Plot** para configurar as espessuras de linha!

Em seguida, você deve selecionar as cores e as penas de acordo com as características do seu desenho. Ao terminar, terá um estilo gravado que pode ser usado em todas as impressões.

As outras opções de propriedades para as cores são:

- **Color:** indica a cor da impressão do desenho. A cor do objeto pode ser azul, mas ele é impresso em preto, como é mais usual.
- **Dither:** permite a aproximação das cores em certas impressoras coloridas.
- **Grayscale:** converte a cor do objeto em tons de cinza.
- **Pen:** usado em plotters de pena. Indica o número da pena no equipamento.
- **Virtual pen:** pena virtual em plotters que não sejam de pena. A espessura é dada no plotter.
- **Screening:** intensidade da cor.
- **Linetype:** tipo de linha do objeto. Se você não o definiu no layer, pode fazê-lo aqui no estilo; o mais usual é definir no layer.
- **Adaptative:** ajusta a escala do tipo de linha.
- **Lineweight:** indica a espessura da linha.
- **Line end style:** define o acabamento do fim da linha.
- **Line join style:** ajusta o acabamento na união das linhas.
- **Fill style:** define como os sólidos serão preenchidos.

Ao terminar, clique em **Save & Close.** Para finalizar, na última janela você pode definir se esse estilo será usado somente para o desenho atual ou para todos os novos desenhos. Selecione as duas opções e clique em **Concluir** (Figura 14.16). Ao voltar para o comando **Plot** no campo **Plot Style Table**, veja o novo estilo na lista (Figura 14.17).

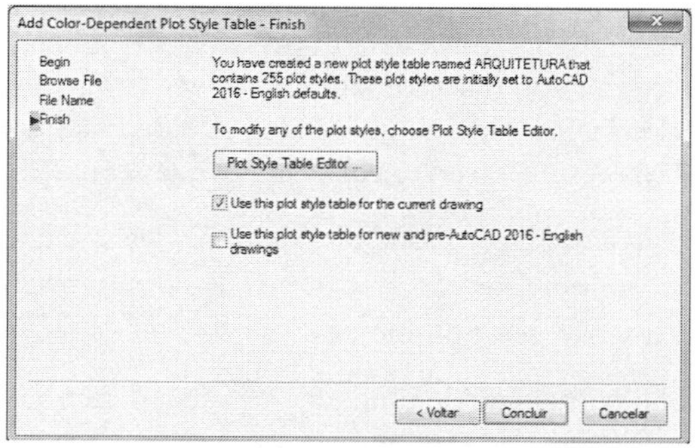

Figura 14.16 Finalização do estilo.

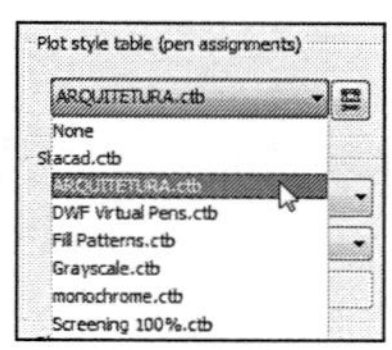

Figura 14.17 Estilo criado.

- **Shaded viewport options:** indica como serão impressas as vistas sombreadas e com textura, além do nível de resolução. Essa opção é usada somente quando se imprimem vistas em 3D com texturas e sombras.
- **Plot options:** permite escolher algumas formas de impressão:
  - **Plot background:** essa opção indica que a plotagem será executada em background, ou seja, em paralelo ao trabalho no editor gráfico.
  - **Plot objects lineweight:** utiliza as espessuras de linha que foram definidas nas propriedades dos objetos **Lineweight Control.**
  - **Plot Transparency:** imprime objetos que estejam com transparência.
  - **Plot with plot styles:** usa um dos estilos de plotagem definidos anteriormente.
  - **Plot paper space last:** imprime a última configuração usada do **Paper Space.**
  - **Hide paper space objects:** esconde as linhas de trás de objetos desenhados em 3D na hora de plotar.
  - **Plot stamp on:** adiciona informações do desenho (data/escala/nome do desenho) à plotagem.
  - **Save changes to Layout:** essa opção salva a configuração de plotagem atual para o Layout corrente.
- **Drawing orientation:** indica a posição do desenho no papel, conforme a representação da figura. **Plot upside-down** vira o desenho em relação ao papel.

O nome do arquivo de plotagem é o mesmo do desenho com extensão .plt. Ao clicar em **OK** na janela de impressão, o AutoCAD pede um nome para o arquivo como ao salvar um desenho.

- **Apply to Layout:** salva a configuração de plotagem atual para o Layout corrente.

14.1.2 Configuração de Escalas

É muito importante ter coerência ao criar o desenho para não haver problemas com a impressão. Basicamente, é aconselhável criar o desenho em escala 1:1 e depois imprimir em escala; só dessa maneira é possível imprimir o mesmo desenho em várias escalas com facilidade.

É preciso ter em mente que se desenha em unidades definidas pelo usuário, como metros, milímetros, centímetros, polegadas, quilômetros etc., e se imprime em milímetros ou polegadas. Essa relação precisa ficar bem clara para não gerar problemas.

O AutoCAD é um sistema adimensional de unidades. Ele não define se uma unidade do desenho é um milímetro, um metro ou um quilômetro. Isso depende do usuário durante o seu trabalho, variando conforme o profissional, de acordo com a área.

Um arquiteto desenha em metros em São Paulo e em centímetros no Rio Grande do Sul, um engenheiro mecânico desenha em milímetros e assim por diante. É preciso continuar desenhando da mesma forma no AutoCAD. Para cada profissional, uma unidade de desenho tem um valor (em unidades de medida) diferente. Por exemplo, uma linha com seis unidades representa seis metros para um arquiteto, a mesma linha para um engenheiro mecânico representa seis milímetros e assim por diante.

A escala de plotagem tem uma relação direta com isso. Na escala definimos:

mm = drawing units

Ou seja,

X mm plotados = X unidades do desenho

Para gerar a tabela a seguir partimos da unidade 1 metro para arquitetura e 1 mm para desenho mecânico.

Veja dois exemplos: o arquiteto e o engenheiro mecânico. Um desenho de arquitetura feito em metros, em que uma unidade de desenho é um metro, para ser impresso em escalas deve obedecer à seguinte tabela de sugestão:

Para escala final de plotagem...	**... é preciso ter a escala no AutoCAD**
	X mm: 1 m
1:200	5:1
1:100	10:1
1:50	20:1
1:25	40:1

Porque um metro na escala 1:100 representa 10 mm. Nesse caso, desenha-se em unidade metro. Quando cotamos o desenho, temos os valores reais; quando o imprimimos, o resultado é dado pela escala sugerida anteriormente.

Um desenho de mecânica feito em milímetros, em que uma unidade de desenho é um milímetro, para ser impresso em escalas pode usar as escalas diretamente como na tabela da página seguinte.

Para escala final de plotagem...	... é preciso ter a escala no AutoCAD
1:200	1:200
1:100	1:100
1:50	1:50
1:25	1:25

Nesse caso, desenha-se em unidade milímetro. Ao cotarmos o desenho, temos os valores reais e não há necessidade de conversão, porque as unidades de desenho são milímetros e as de plotagem também.

OBSERVAÇÃO

Existem várias possibilidades de tratar a questão da escala; a ideia é deixar uma sugestão para os leitores e cada um pode tratá-la da forma que lhe convier.

14.2 Impressão no Paper Space

Ao desenhar e preparar o desenho para imprimir, usam-se duas áreas no AutoCAD, o **Model Space** e o **Paper Space**. No **Model Space**, cria-se e edita-se o desenho na maior parte do tempo.

O **Paper Space** representa o papel em que o desenho será impresso, no qual se organiza o desenho para imprimir. Nele se criam os Layouts de folhas para impressão. Esse ambiente tem escala real e as unidades são em milímetros ou polegadas, portanto vamos optar por milímetros. Com isso temos uma visão da impressão em tamanho real.

Na linha de status estão as guias **Model**, **Layout1** e **Layout2**. Na guia **Model** trabalha-se no **Model Space**. Todas as tarefas de criação, edição, inserção de textos e dimensionamento do desenho são feitas no **Model Space**, no qual o sistema de unidades é adimensional: trabalha-se de forma que cada profissional escolha a sua unidade (metros, milímetros, centímetros etc.).

Se as guias não estiverem visíveis na linha de status do desenho, clique em **Layout Tabs** na aba **View** (Figura 14.19).

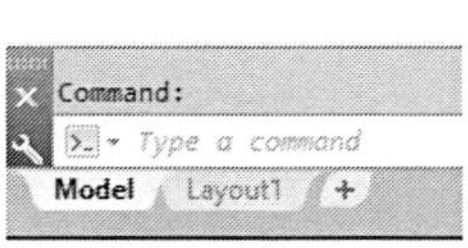

Figura 14.18 Guias Model e Layout.

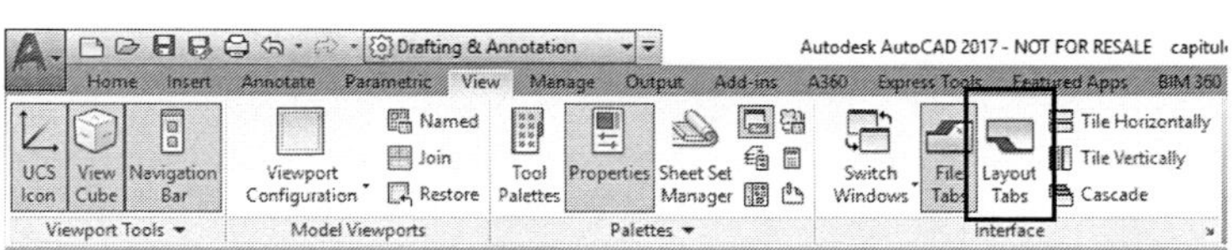

Figura 14.19 Opção Display Layout and Model Tabs.

14.2.1 Montagem da Folha - Page Setup

Quando o desenho estiver pronto para ser impresso, é preciso criar um Layout. Cada guia (**Layout1**, **Layout2**, **Layout3** etc.) é a representação de uma folha de papel em que se fazem ajustes de impressão (**Page Setup**) como escala, tamanho do papel, tipo de impressão, vistas a serem impressas etc. Para cada **Layout** cria-se um **Page Setup**, que é uma configuração com todos os parâmetros de plotagem para aquela folha.

Vamos usar neste exemplo o desenho **sobrado_plot**. Ao selecionarmos a guia **Layout1**, surge o ambiente apresentado na Figura 14.20, que é uma folha de papel do tamanho configurado nesse momento no AutoCAD, com uma margem em linha tracejada que representa a área útil do papel. Se houver um desenho na tela ele é inserido na margem.

O ícone no canto inferior esquerdo da tela mudou, e representa o **Paper Space**. Na linha de status observe que o botão **Paper** está pressionado. Existe ainda outra linha (uma janela) em que o desenho está inserido. Essa janela chama-se **viewport**.

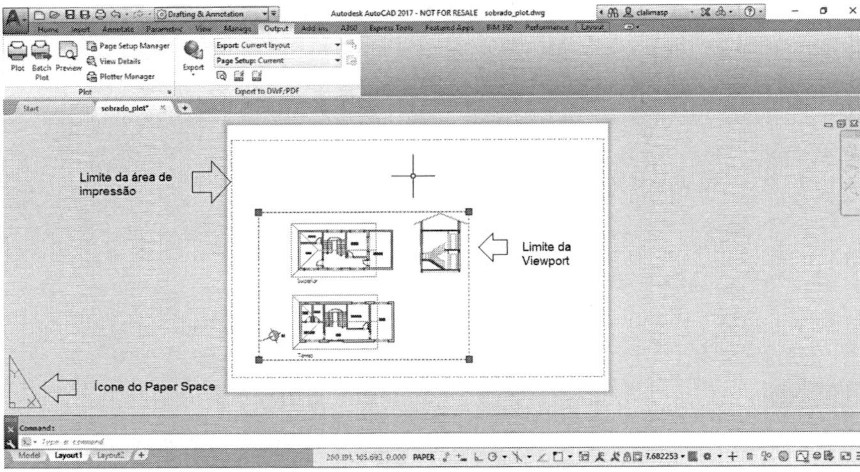

Figura 14.20 Entrada em um Layout - folha de papel.

Para cada Layout é necessário criar um **Page Setup** (configurações de página) — ou aplicar algum que já esteja criado —, o qual é gravado junto com o Layout. Um **Page Setup** configura o equipamento, o tamanho do papel e todas as opções de impressão daquela folha, de forma que, ao se reimprimir a folha, ela já esteja configurada. Para criar um **Page Setup** siga os passos:

1. Clique com o botão direito do mouse na aba **Layout1** e selecione **Page Setup Manager**.

2. Na janela que se abre, selecione **New**, atribua o nome **FOLHA A3** ao **Page Setup** e clique em **OK**.

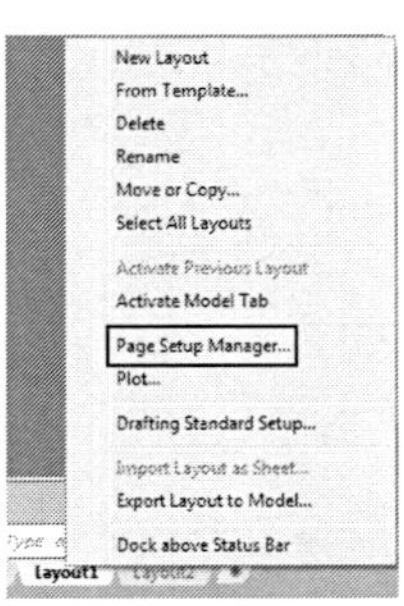

Figura 14.21 Criação de um Page Setup.

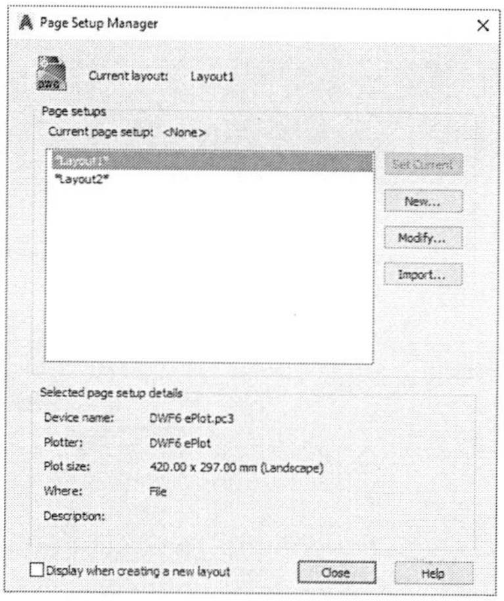

Figura 14.22 Criação de um Page Setup.

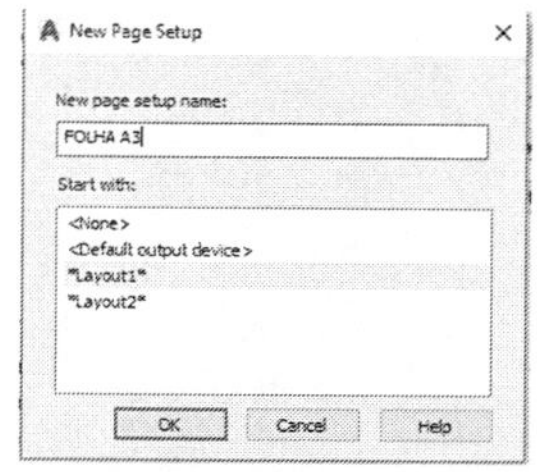

Figura 14.23 Nome do Page Setup.

3. Note que a janela seguinte é a mesma do comando **Plot**. Especifique os ajustes de plotagem: tamanho do papel, área de plotagem, escala de plotagem e orientação do desenho, conforme a Figura 14.24. Deixando tudo configurado no **Page Setup**, ao acionarmos o comando **Plot** as configurações já estarão prontas e é só imprimir.

4. No **Paper Space** a impressão SEMPRE será na escala 1:1 e a opção **What to Plot** será SEMPRE a Layout. Isso porque a escala do desenho será informada dentro das **viewports** do desenho. A folha já está na escala 1:1; ao criarmos o **Page Setup** dessa folha A3, ela será inserida no **Paper Space** em escala real (1:1) ao finalizarmos o **Page Setup**.

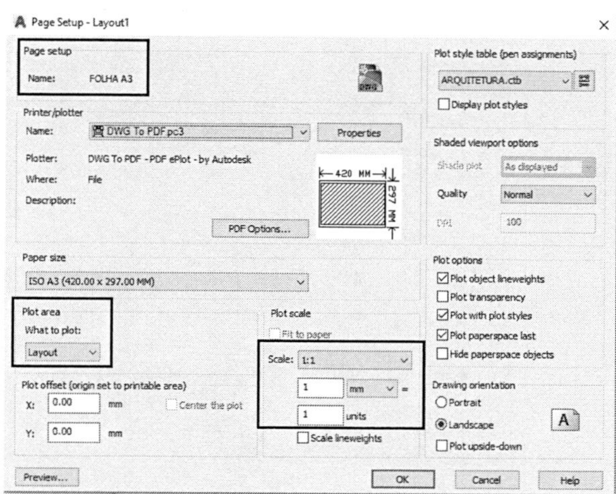

Figura 14.24 Configuração dos parâmetros do Page Setup.

5. Clique em **Preview** e note que o desenho está numa folha maior, a folha A3 que configuramos. O desenho deve estar semelhante ao da Figura 14.25 A moldura ao redor do desenho é a **viewport**, que deve ser transferida para um layer específico e desligada para não ser impressa. Veremos como fazer isso no próximo item. Para sair do **Preview**, clique com o botão direito do mouse e selecione **Exit**.

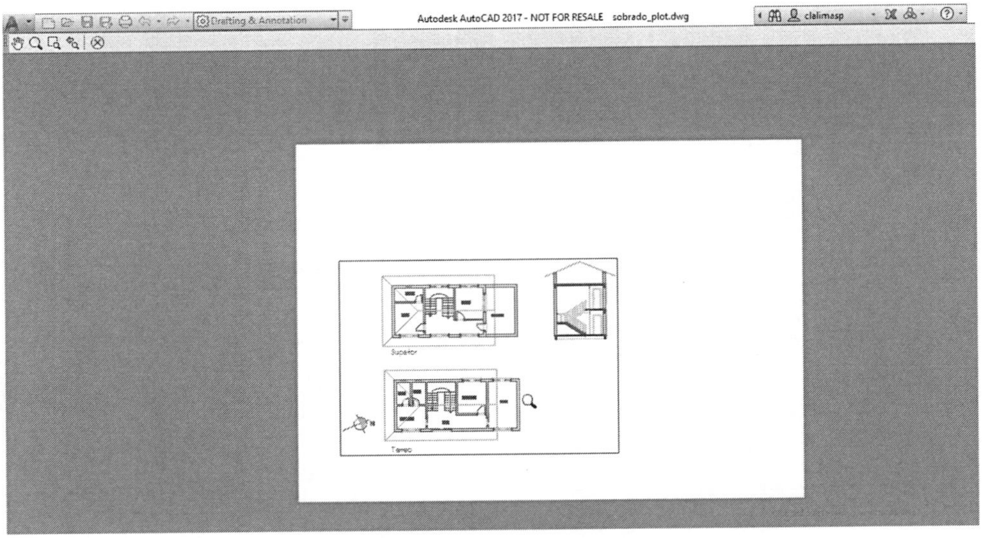

Figura 14.25 Preview de plotagem do Layout.

6. Clique em **OK** para finalizar o **Page Setup** e, na tela seguinte, clique em **Set Current** para deixá-lo associado a esse Layout. Para sair do **Page Setup**, clique em **Close**. Isso deixa a configuração preparada para impressão. Sempre que selecionar esse **Layout**, os parâmetros estarão definidos. Para alterar, selecione o **Page Setup** e clique em **Modify** à direita.

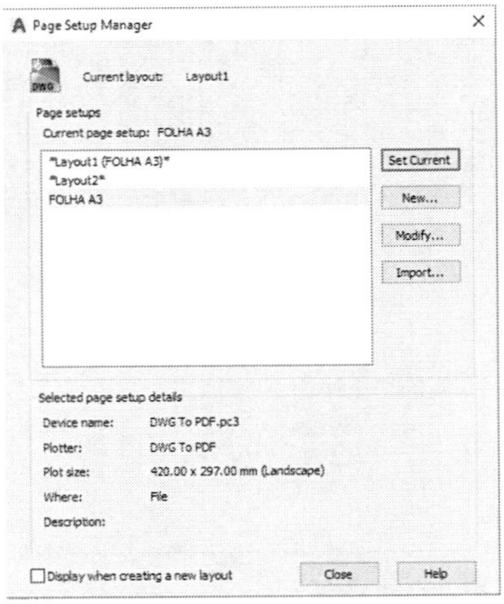

Figura 14.26 Conclusão do Page Setup.

7. Voltando ao Layout, é preciso mudar de layer e desligar a linha da **viewport** para que não seja impressa. Com o comando **Layer** crie o layer **viewports**. Habilite a janela **Properties** (CTRL+1) pela aba **View**. Em seguida, selecione a linha, em **Properties** clique em **Layer** e selecione o layer **viewports**, como mostra a Figura 14.27.

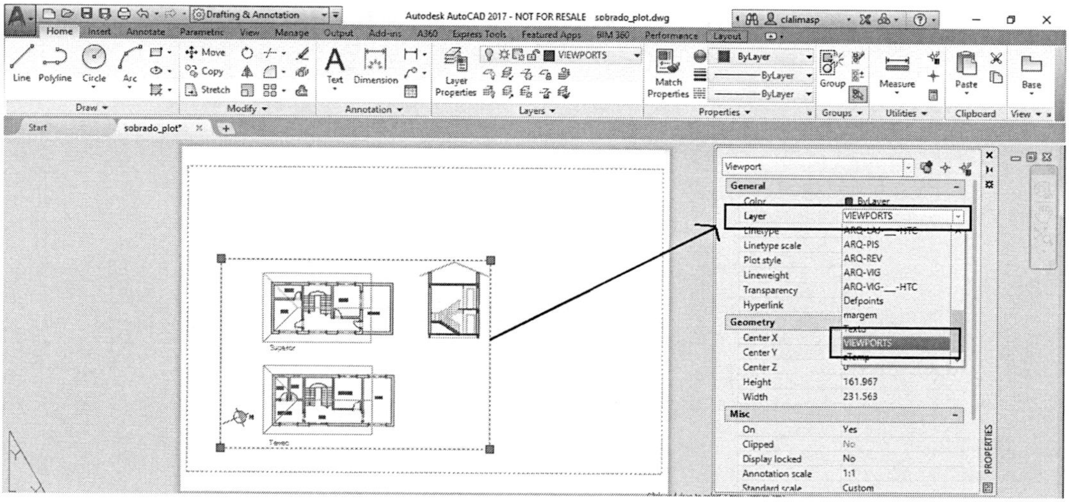

Figura 14.27 Transferência da linha da VPORT para o layer viewports.

8. Desligue o layer **viewports** em seguida.

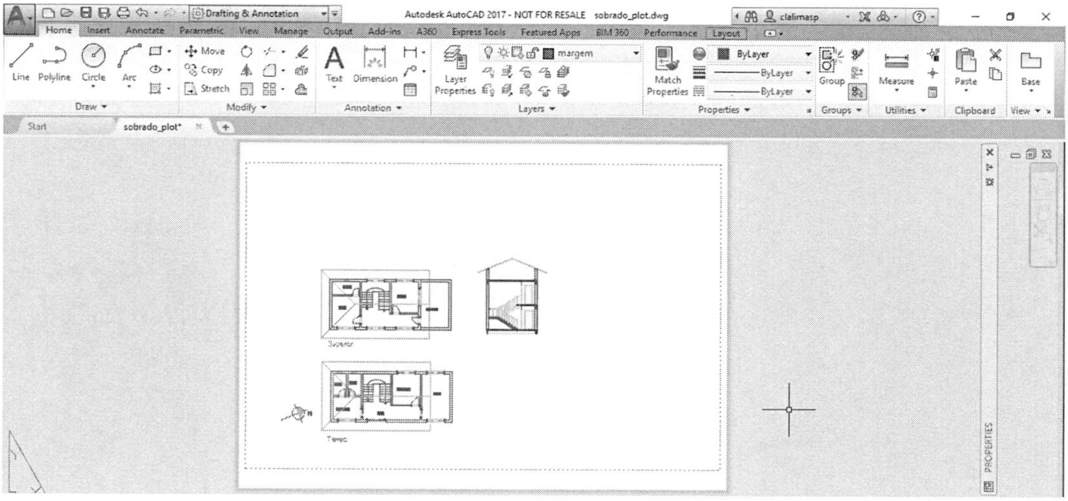

Figura 14.28 Layout sem a linha da viewport.

9. Entre no comando **Plot** e verifique que já está tudo configurado para o **Page Setup** FOLHA A3. Se quiser imprimir, basta clicar em **OK**.

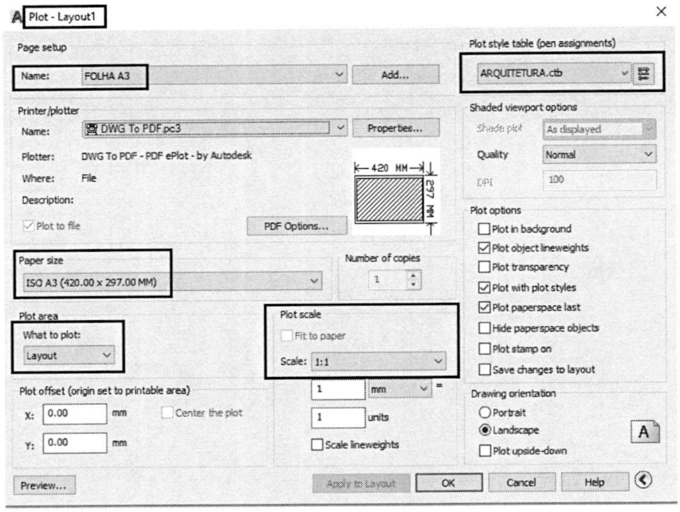

Figura 14.29 Comando Plot.

10. Se clicar em **Preview**, o usuário pode verificar a impressão.

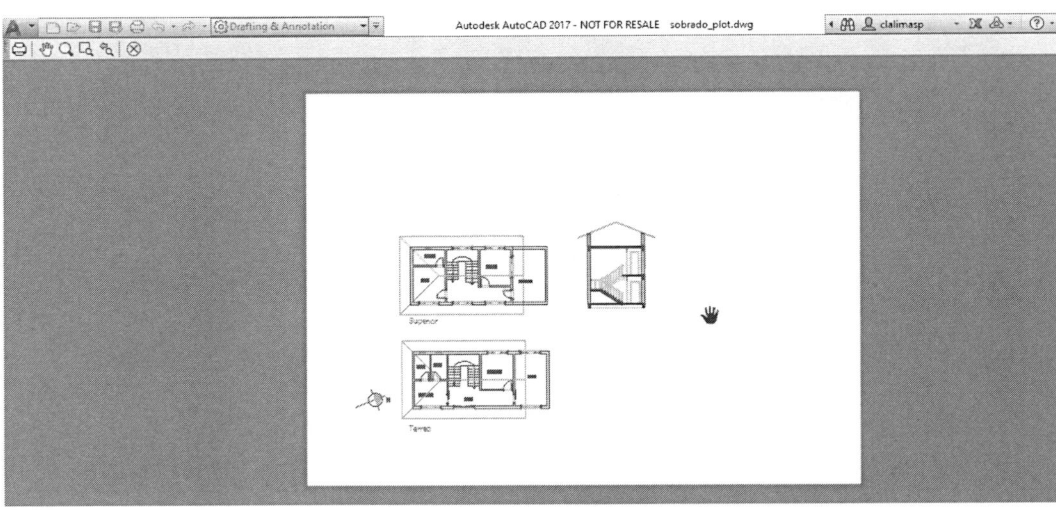

Figura 14.30 Preview da impressão.

14.2.2 Criação de Viewports

Para imprimir no **Paper Space** após criar o **Page Setup**, é preciso criar as janelas (**viewports**) em que serão exibidos os desenhos em diferentes escalas. O AutoCAD traz uma tabela de escalas para as **viewports**, porém é necessário alterar algumas escalas e inserir outras para que fiquem de acordo com os padrões brasileiros.

As **viewports** são criadas somente no **Paper Space**. Clique na aba **Layout 2** e, se houver uma **viewport**, selecione-a e clique em **Erase** para apagá-la. Para criar uma **viewport**, acesse a aba **Layout** e selecione o painel **Layout Viewports**, como ilustra a Figura 14.31. Selecione **Named** e na janela que se abre selecione a aba **New Viewports**. É possível criar uma, duas, três ou quatro viewports de uma só vez. Selecione **Two Vertical** e clique em **OK**.

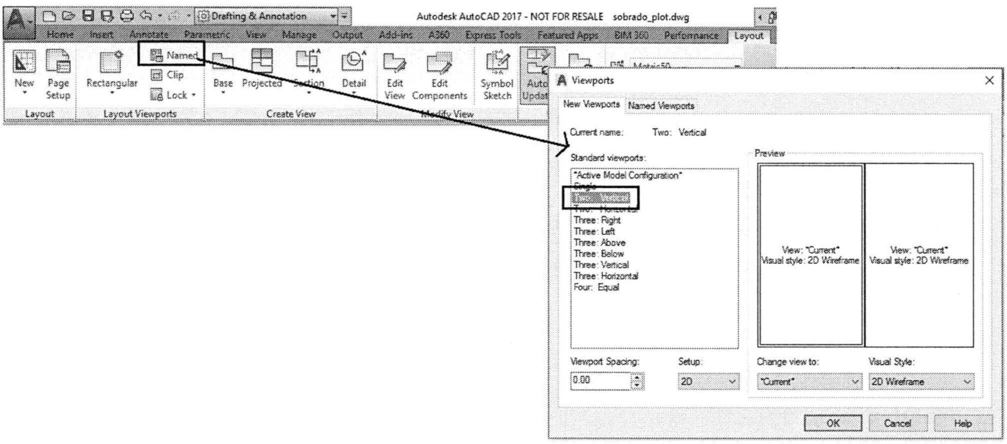

Figura 14.31 Comando VPORT.

OBSERVAÇÃO

Para facilitar a manipulação e esconder as **viewports**, crie um layer para elas com o nome de **VIEWPORTS**, escolha uma cor para ele e deixe-o corrente.

Em seguida, clique em dois pontos na tela dentro da folha e na parte interna da linha tracejada que delimita a área de impressão da folha (Figura 14.32).

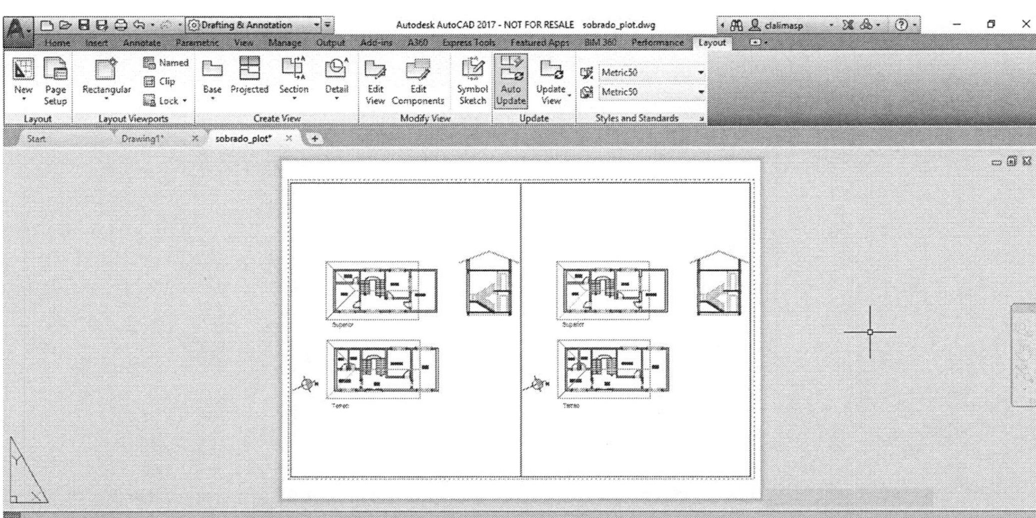

Figura 14.32 Criação das viewports.

As duas **viewports** contêm o mesmo desenho que está no **Model Space** assim que são criadas. Se tivéssemos criado quatro **viewports**, todas teriam o mesmo desenho, ou seja, elas apresentam tudo que está no **Model Space.** Em seguida podemos aumentar ou diminuir o seu tamanho e definir que parte do desenho será apresentada em cada uma delas.

Para alterar o tamanho e a posição na tela use os **Grips** da seguinte forma: clique na linha da **viewport** e arraste os **Grips** para alterar o tamanho, como mostra a Figura 14.33. Depois, com o comando **Move**, selecione a linha da **viewport** e mova-a para outra posição na tela (Figura 14.34).

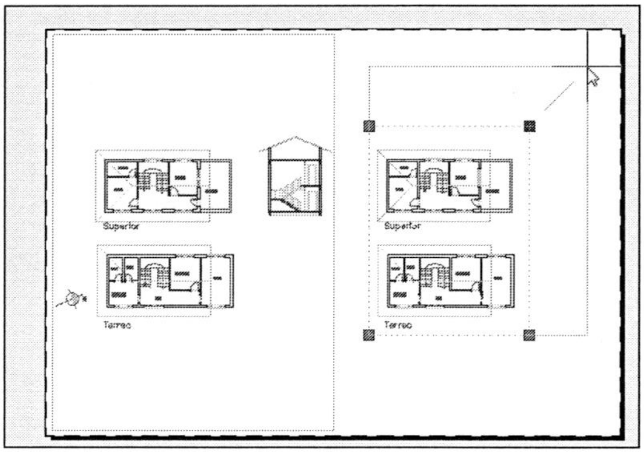

Figura 14.33 Alteração do tamanho.

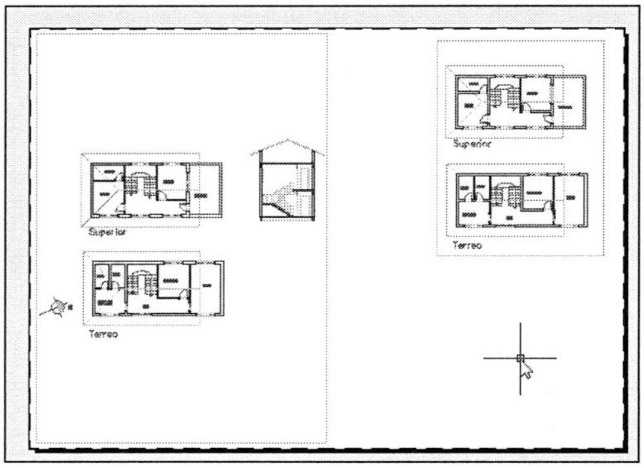

Figura 14.34 Movendo a viewport.

Dessa forma, você pode ajustar o tamanho das viewports e sua posição na folha.

Para selecionar a área do desenho que será exibida em cada **viewport** é preciso clicar no botão **Paper** na linha de status. Uma das janelas, na qual estiver o cursor, fica com as bordas mais escuras. Se clicarmos com o cursor dentro da outra janela, sua borda se tornará mais escura, o que significa que ela é a janela corrente.

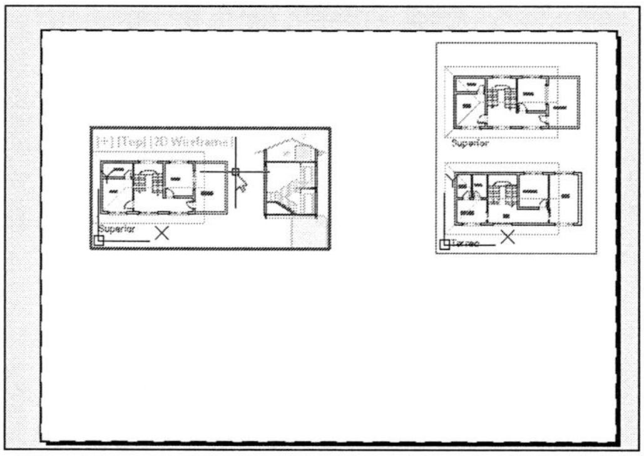

Figura 14.35 Acionamento da viewport.

Assim alternamos entre todas as janelas criadas no **Paper Space.** Note que nas **viewports** temos agora o ícone do **Model Space** dentro de cada janela. Isso significa que dentro delas estamos no **Model Space,** podemos dar **Zoom/Pan** e editar os objetos, então as edições feitas serão no **Model Space,** de forma que, se voltarmos ao **Model** pela aba **Model,** veremos as modificações. Para retornar ao **Paper Space** clique no botão **Model** na linha de status. Como exemplo dê **Zoom** e **Pan** no desenho para mostrar somente o corte nessa **viewport**. Definidas as viewports, devemos especificar uma escala para cada uma delas. Essas escalas podem ser todas iguais ou todas diferentes.

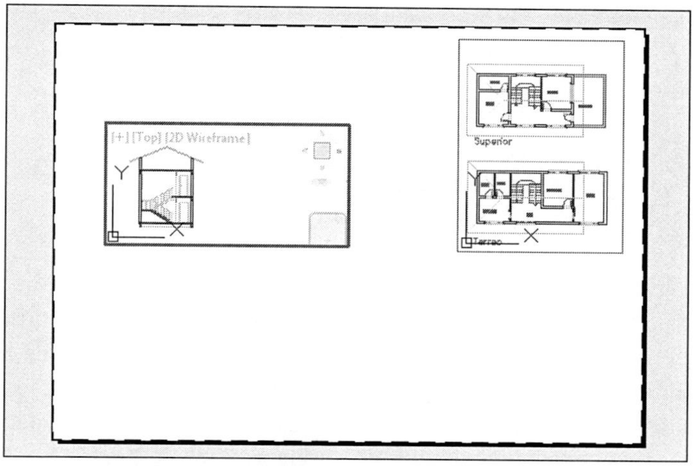

Figura 14.36 Alteração da visibilidade na viewport.

As **viewports** podem ser movidas, copiadas, apagadas e estendidas com os comandos de edição do AutoCAD para organizá-las nas folhas.

14.2.3 Tabela de Escalas

As escalas das **viewports** são selecionadas num botão na linha de status que só é exibido quando estamos com o cursor dentro de uma das **viewports** do **Paper Space**, como mostra a Figura 14.37.

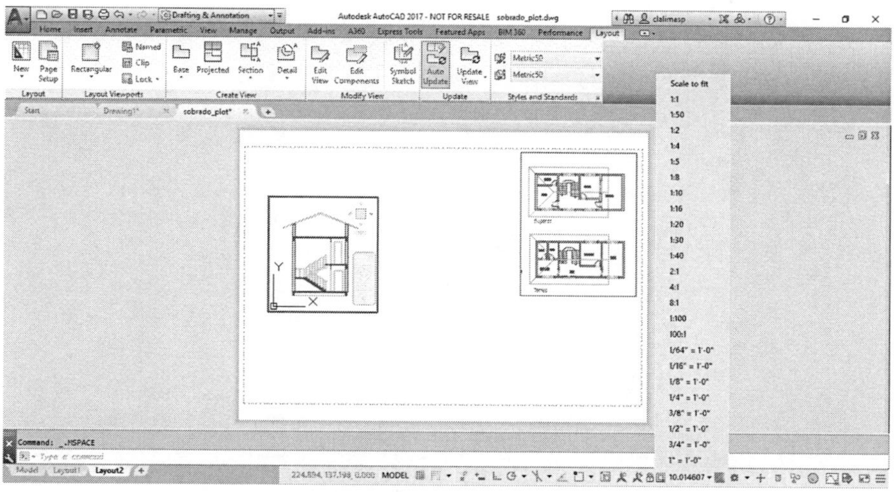

Figura 14.37 Botão de escalas.

Essas escalas já estão configuradas, porém algumas precisam ser reconfiguradas para o sistema métrico e outras devem ser alteradas da seguinte forma: selecione a opção **Custom** na parte inferior da lista.

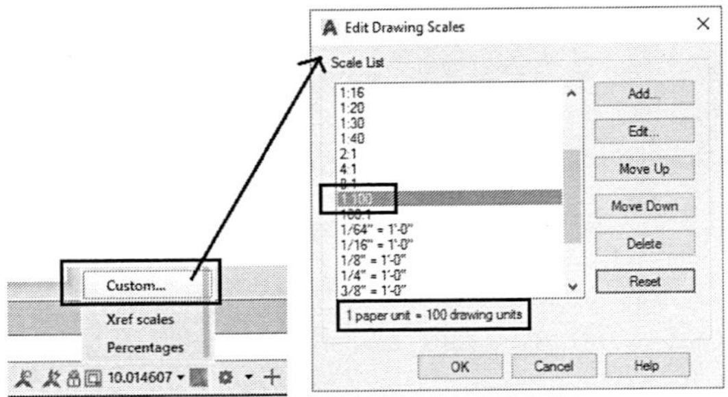

Figura 14.38 Lista de escalas.

A lista exibida já traz várias escalas. Selecione a escala 1:100 e note que na parte inferior da janela está definido 1 paper unit = 100 drawing units; isso não equivale à nossa escala de 1:100 em metros, em que 10 mm = 1 metro. As escalas neste caso são definidas da mesma forma que vimos para imprimir no **Model Space** e na tabela apresentada anteriormente, portanto vamos editar essa escala selecionando-a e clicando em **Edit**. Na janela **Edit Scale**, no campo **Scale properties**, digite os valores corretos, como indica a Figura 14.39, e clique em **OK**. Repita o procedimento para a escala 1:50 e clique em **OK** para sair.

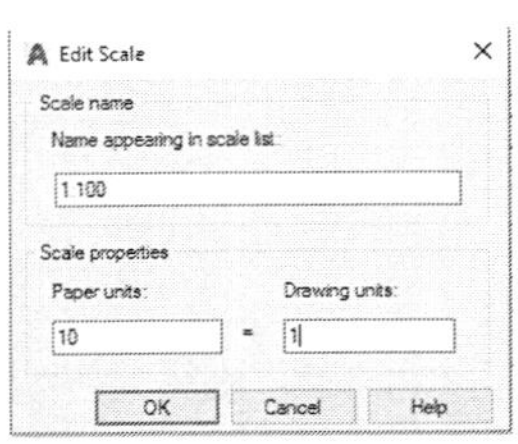

Figura 14.39 Escala 1:100.

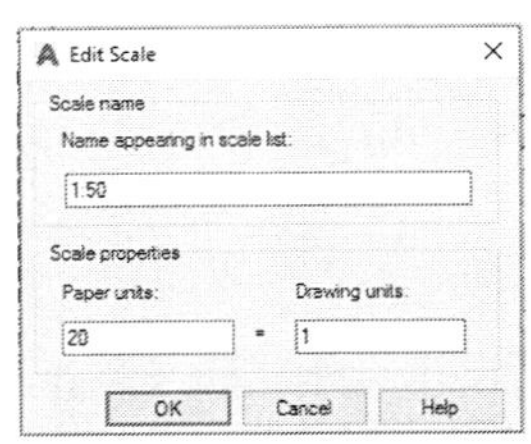

Figura 14.40 Escala 1:50.

Você deve repetir o procedimento para todas as escalas que for utilizar nos projetos. As escalas que não estiverem nas listas devem ser criadas pelo botão **Add** na janela **Edit Drawing Scales**.

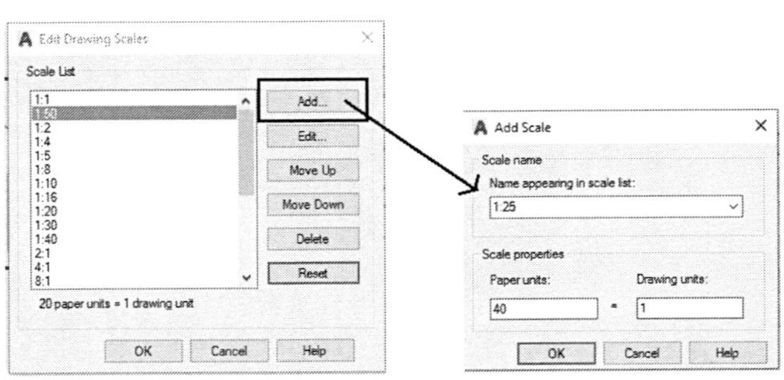

Figura 14.41 Criação de escala.

Com a lista criada, ela será exibida em todos os desenhos se você salvar as alterações para um template, arquivo com extensão DWT que é visto em detalhe no Capítulo 16. Para utilizar as escalas, basta selecioná-las na lista; não é necessário recriar a cada arquivo ou projeto.

Agora vamos criar as **viewports** e inserir escalas diferentes em cada uma delas no arquivo sobrado.

1. Abra o arquivo sobrado e posicione-o na tela com o comando **Zoom**.
2. Crie um **Layout** com duas vistas do desenho. Para criar um Layout, clique com o botão direito do mouse na aba do Layout e selecione **New Layout** (Figura 14.42).
3. Clique com o botão direito do mouse na guia criada, selecione **Rename** e renomeie o Layout como **Exercício**. Clique na guia criada na parte inferior da tela para entrar no novo **Layout** (Figura 14.43).
4. Se houver uma **viewport** criada, com o comando **Erase** apague a janela que está aberta porque vamos criar duas **viewports** para visualizar o desenho em duas escalas. Crie um **Page Setup** com **FOLHA A3** definindo a plotter como arquivo **DWF**, de acordo com a Figura 14.44, e deixe corrente.

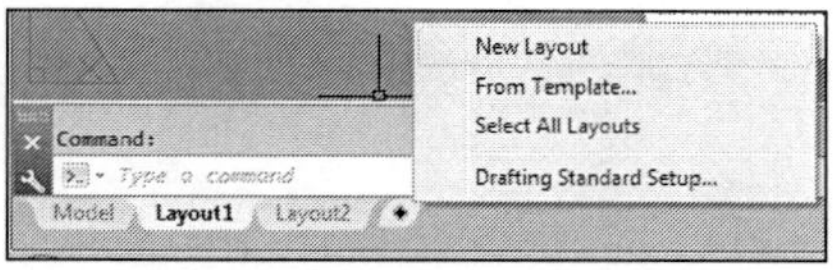

Figura 14.42 Criação de Layout.

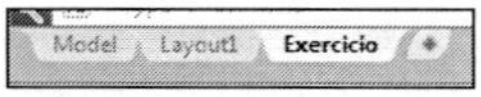

Figura 14.43 Novo Layout.

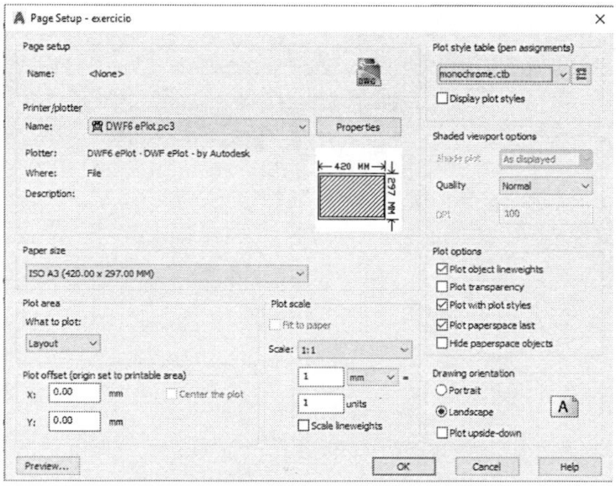

Figura 14.44 Page Setup com arquivo DWF.

5. Vamos inserir uma margem e o carimbo criado no Capítulo 11. Crie o layer MARGEM e com o comando **Line** faça a margem da folha sempre para dentro das linhas tracejadas. Insira o carimbo com o comando **Insert**. Se você não tem os arquivos, pode baixar do site da editora.

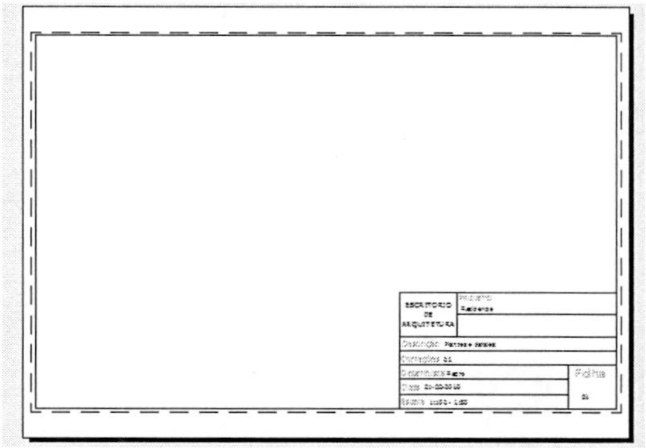

Figura 14.45 Inserção de margem e de carimbo.

6. Crie um layer para as **viewports** e deixe corrente, em seguida crie duas **viewports** para inserção das vistas (Figura 14.46).

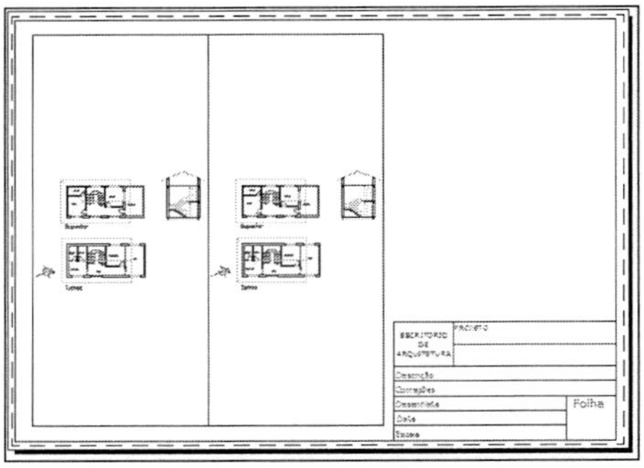

Figura 14.46 Criação de duas viewports.

7. Altere o tamanho das **viewports** para que o desenho possa ser inserido em uma **viewport** na escala 1:100 e, na outra, na escala 1:50. Com os **Grips** faça a modificação (Figura 14.47).

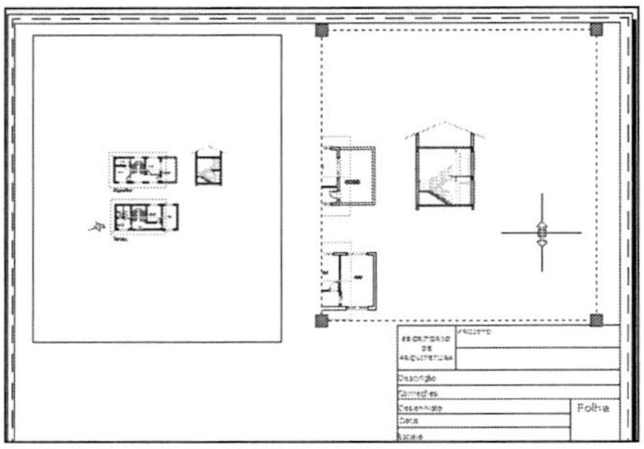

Figura 14.47 Alteração das viewports.

8. Na linha de status, clique no botão **Paper**. Com o cursor na janela da direita, em que vamos deixar o corte na escala 1:50, veja que a borda está mais escura: significa que é a janela corrente. Clique no botão de escalas e selecione a escala 1:50 que definimos no item anterior.

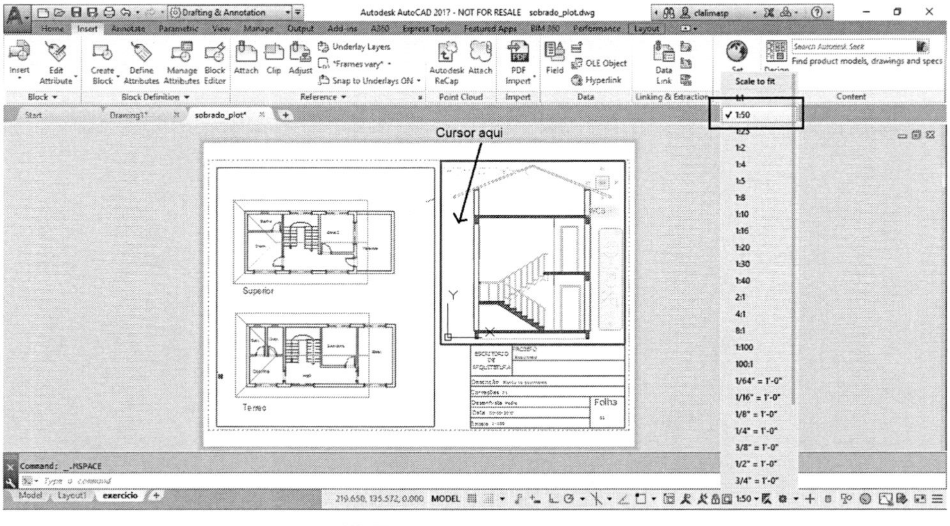

Figura 14.48 Escolha da escala.

9. O desenho se altera para a escala de 1:50, como mostra a Figura 14.49. Talvez você precise dar um **Pan** para ajeitar o desenho na vista, mas não use o **Zoom** dentro dela, pois perderá a escala. O resultado deve ser semelhante ao da Figura 14.49.

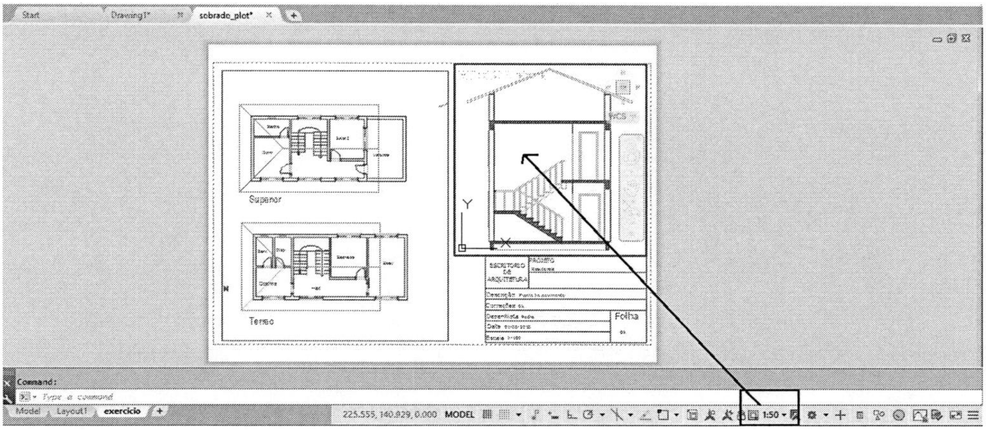

Figura 14.49 Escala 1:50 definida.

OBSERVAÇÃO

Após definir a escala de uma **viewport**, nunca use o comando **Zoom** dentro dela. Para "ajeitar" o desenho na **viewport**, use somente o **Pan** e aumente ou diminua o tamanho dela com os **Grips**. Se usar **Zoom**, perderá a escala.

10. Clique com o cursor na outra janela. A borda ficou mais escura. Isso significa que essa é a janela corrente. Selecione a escala 1:100.

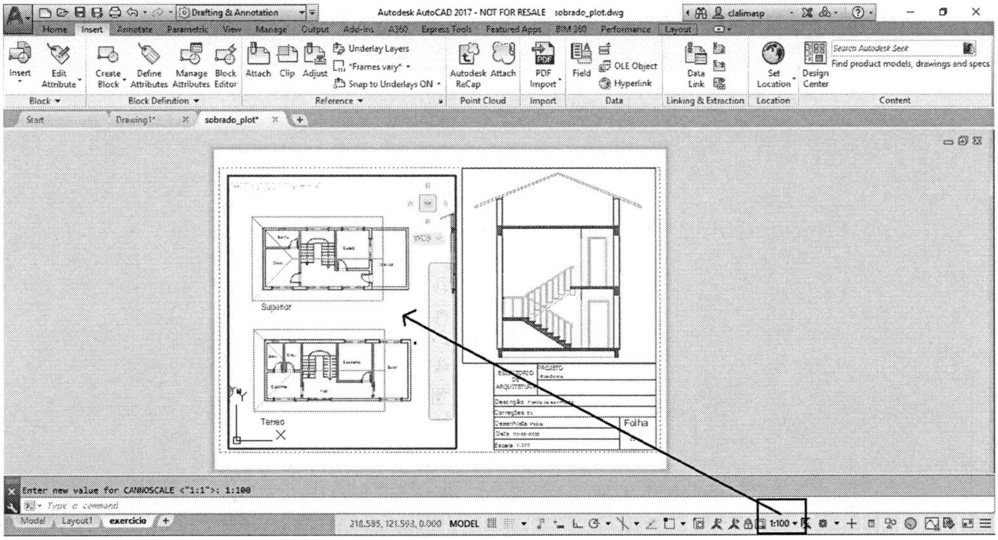

Figura 14.50 Escala 1:100 definida.

11. Clique no botão **Model** na linha de status e desligue o Layer das **viewports** para imprimir a folha, que deve ficar semelhante à Figura 14.51.

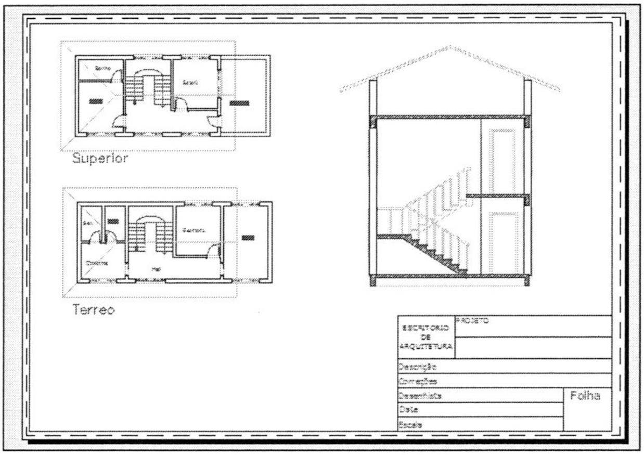

Figura 14.51 Montagem final da folha.

12. Entre no comando **Plot**. Em **Plot area** deve estar marcado **Layout**, **Plot scale 1:1** (já foi dada uma escala anteriormente). Em seguida, dê um **Preview**, veja se está tudo correto e clique em **OK** para imprimir.

13. Salve o arquivo como **capítulo14_2**.

14.2.4 Criação de Escalas para Anotações

Ao criar **viewports** no Layout e atribuir escalas diferentes a cada uma delas, as cotas e os textos criados no **Model Space** não seguem um padrão de tamanho. Em cada **viewport** eles se ajustam à escala da vista, como no exemplo a seguir, em que temos escala de 1:100, 1:50 e 1:25. O correto seria que as cotas e os textos tivessem a mesma altura, independentemente da escala da vista, ou seja, a escala é aplicada no desenho e nos objetos anotativos. Os objetos usados para inserir informações no desenho chamam-se anotações, e, a partir da versão 2008, têm uma propriedade denominada **Annotative**, que permite imprimir ou mostrar os objetos no papel no tamanho correto.

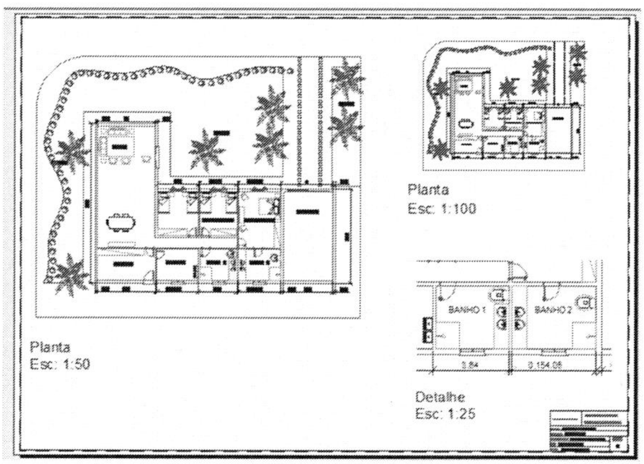

Figura 14.52 Viewports com textos e cotas em tamanhos diferentes.

Ativando-se essa propriedade no objeto ou no estilo e fixando-se a escala para o **Model Space** ou para o **Layout** (**Paper Space**), os objetos podem ser mostrados no **Layout** no mesmo tamanho, apesar de terem escalas de **viewport** diferentes. A Figura 14.55 mostra o mesmo desenho com as escalas anotativas. Note que cada **viewport** agora apresenta os textos e as cotas do mesmo tamanho. Os objetos seguintes têm essa propriedade:

- Text
- Dimensions
- Hatches
- Tolerances
- Multileaders
- Blocks
- Attributes

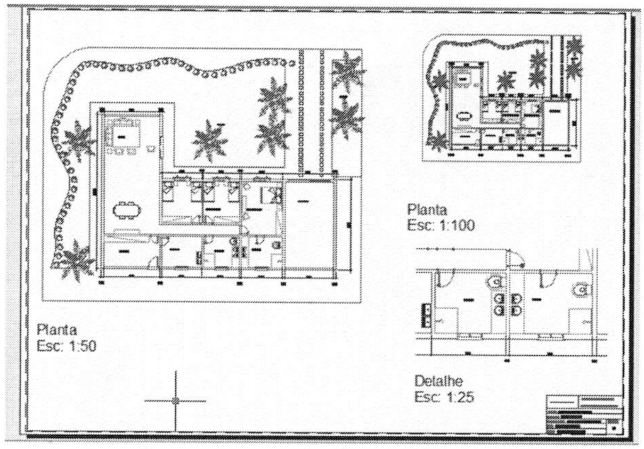

Figura 14.53 Viewports com textos e cotas da mesma altura.

Para facilitar a compreensão do processo vamos acompanhar os passos seguintes para criar os objetos anotativos. O arquivo com o exemplo usado é o **residencia_3dorm.dwg**, disponível no site da editora.

1. **Criar estilos anotativos.** Crie estilos de texto e cotas selecionando a opção **Annotative** nos respectivos botões **Annotative** dos estilos. Os estilos de texto e as cotas devem ter a altura da letra com a qual devem ser impressos. Por exemplo, se você deseja que um texto tenha letra com altura de 3 mm depois de impresso, crie o estilo com essa altura. Crie um estilo com o nome de DESENHO e altura 3. O mesmo procedimento deve ser adotado para as cotas, usando-se uma escala para as cotas com a propriedade **Annotative** ligada.

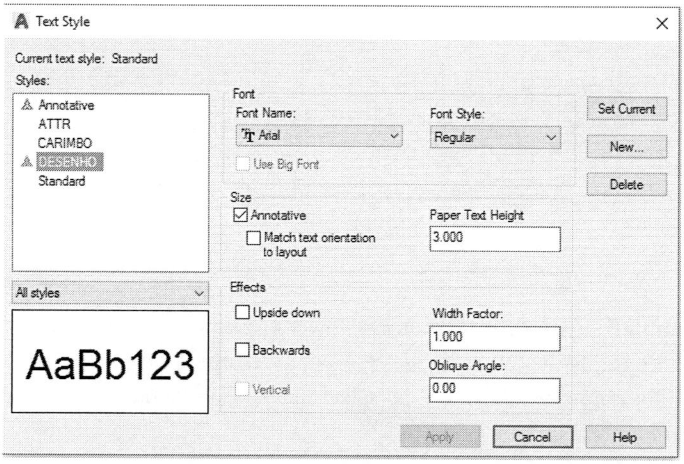

Figura 14.54 Estilo de texto Annotative.

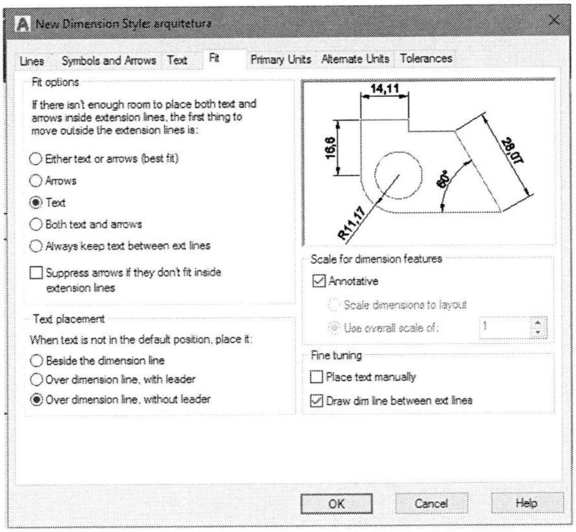

Figura 14.55 Estilo de dimensionamento Annotative.

2. No **Model Space**, ative a escala anotativa na qual os objetos serão impressos antes de inserir o texto e a cota no desenho. No lado direito da barra de status, selecione a seta no botão **Annotation Scale**. Selecione-a e só então faça o texto e as cotas no desenho usando o estilo anotativo criado.

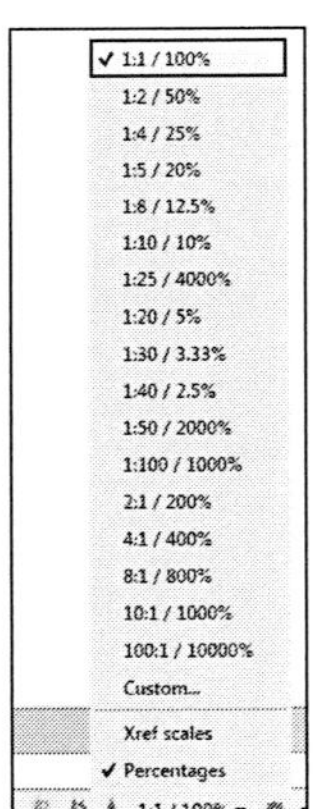

Figura 14.56 Seleção da escala.

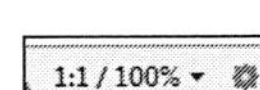

Figura 14.57 Escala ativada.

3. **Criar objetos anotativos usando estilos anotativos.** Use os comandos de texto, dimensionamento e hachura com estilos anotativos criados para completar o desenho com a escala 1:100 ativada. Os objetos anotativos, ao serem selecionados, apresentam as várias escalas que lhes foram aplicadas (Figura 14.59).

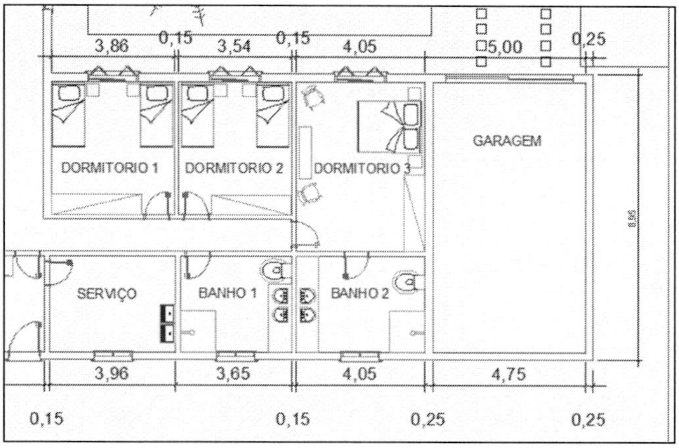

Figura 14.58 Texto e cotas anotativas.

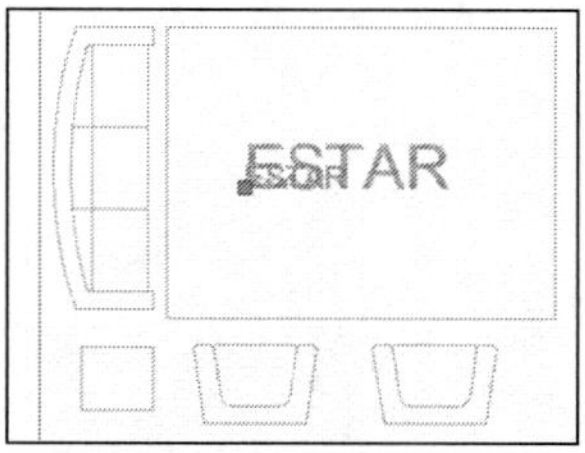

Figura 14.59 Visualização de objetos anotativos.

Se um ou mais objetos anotativos precisam ser impressos em mais de uma escala, acompanhe o procedimento descrito a seguir:

1. **Acrescentar a escala adicional aos objetos.** Para adicionar outra escala a um objeto, selecione-o (por exemplo, texto), clique com o botão direito do mouse e escolha **Annotative Object Scale**, depois **Add/Delete Scales**, como mostra a Figura 14.60.

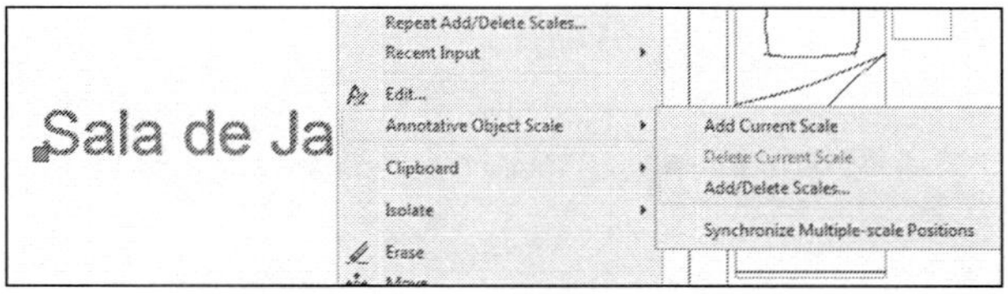

Figura 14.60 Adição de uma nova escala.

2. Na janela que se abre, selecione **Add**, em seguida na lista selecione a escala a ser adicionada ao objeto e clique em **OK**. Esse objeto agora pode ser visto nas escalas 1:100 e 1:50 (Figura 14.61).

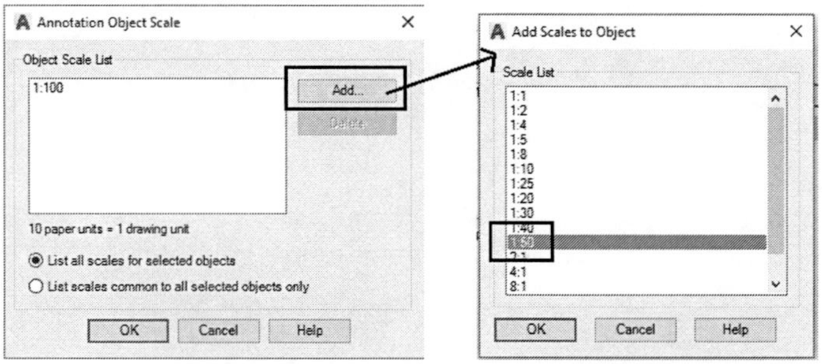

Figura 14.61 Seleção de uma escala de anotação.

3. **Ajustar a escala anotativa para a nova escala.** Na linha de status, selecione a nova escala (1:50) na seta do botão **Annotation Scale**. Ao ajustarmos a escala do desenho para o valor da escala da cota, os objetos anotativos com escala 1:50 são mostrados na escala selecionada.

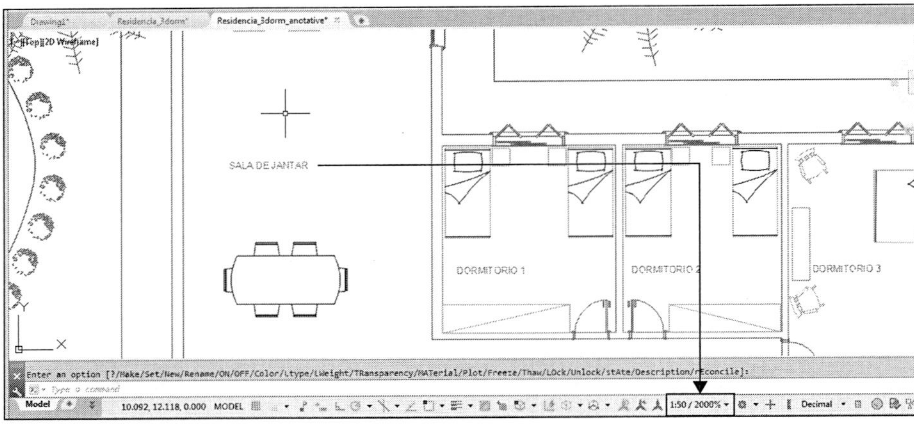

Figura 14.62 Objetos anotativos mostrados na escala 1:50.

4. A escala 1:50 foi adicionada somente a esse texto, portanto somente ele é apresentado na escala 1:50. Para que todos os objetos anotativos do desenho fiquem com a escala 1:50 de uma só vez, volte para a escala 1:100 no botão da linha de status, ative o botão ao lado da escala (Figura 14.63) e acione a escala 1:50 novamente. Em seguida, desative esse botão, pois ele adiciona automaticamente a escala ativa a todos os objetos.

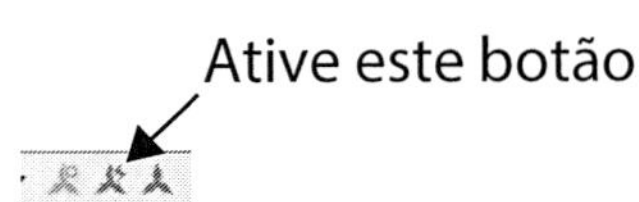

Figura 14.63 Ativar a mudança automática de escala.

Com isso todos os objetos ficam nas escalas 1:100 e 1:50. Para conferir, ative a escala 1:00 e depois a 1:50. No **Model Space** eles são exibidos sempre na escala ativa, não interferindo no desenho; basta escolher uma delas para ficar ativa e trabalhar normalmente. A partir de agora, ao inserirmos o desenho em **viewports** no **Paper Space**, os textos e cotas terão o mesmo tamanho nas escalas 1:100 e 1:50.

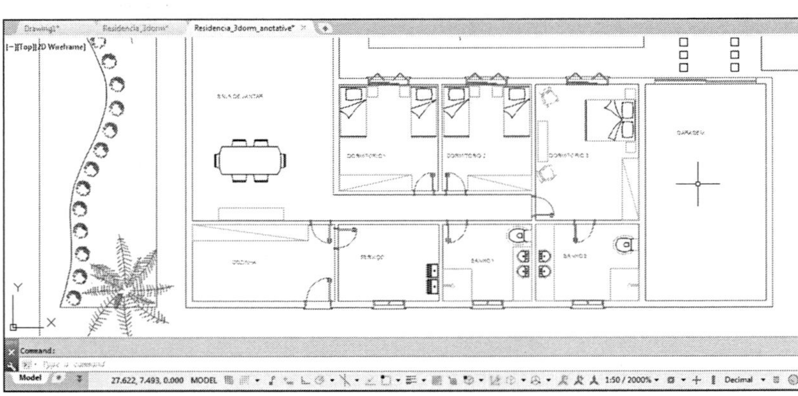

Figura 14.64 Objetos anotativos mostrados na escala 1:50.

14.2.5 Ajuste da Escala no Layout

1. **Criar um Layout ou tornar um Layout corrente.** Crie um Layout clicando com o botão direito do mouse em um Layout existente e selecione **New Layout.**

2. **Criar as viewports.** Crie as **viewports** pela aba **Layout** e, pelo painel **Layout Viewports,** selecione três **viewports** e acerte a posição delas, como ilustra a Figura 14.65.

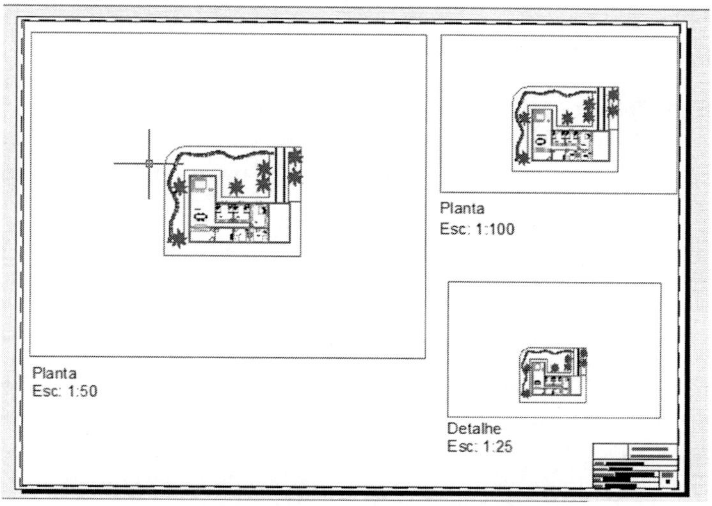

Figura 14.65 Layout com duas viewports.

3. **Ajustar a escala anotativa para cada viewport** (a escala da **viewport** e da anotação deve ser a mesma). No Layout, ative uma **viewport** de cada vez clicando em **Paper** na linha de status. Escolha uma escala do botão **Annotation Scale** e selecione 1:50 para a janela da esquerda. Repita a operação para a janela da direita, usando as escalas de 1:100 e 1:25. Note que o texto e as cotas agora têm o mesmo tamanho nas três janelas. Esse exemplo completo com textos e cotas foi salvo com o nome **Residencia_3dorm_anotative.dwg.**

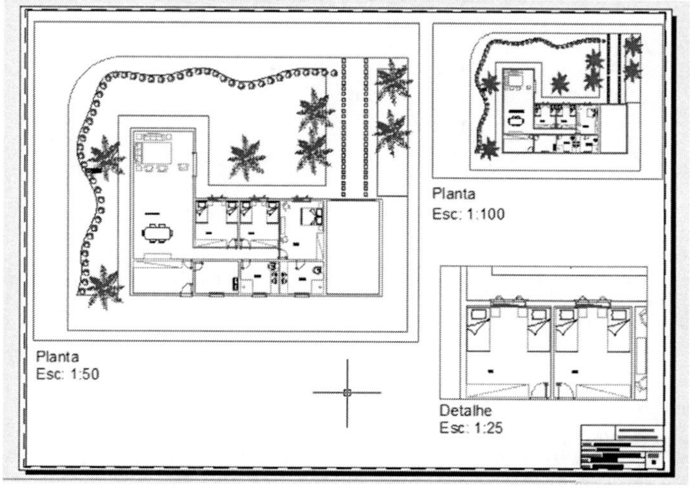

Figura 14.66 Resultado do uso das escalas anotativas.

14.2.6 Visibilidade das Escalas Anotativas

A visibilidade dos objetos anotativos está ligada por padrão, como indica o botão na linha de status . Quando ela está ligada, todos os objetos anotativos aparecem. Quando está desligada , somente os objetos anotativos da escala corrente são exibidos. A variável **Annoallvisible** também controla essa visibilidade.

Para que um objeto anotativo fique visível, o layer em que esse objeto estiver também deve estar ligado. Os tipos de linha são mostrados no **Model Space** na escala anotativa, se a variável **Msltscale** estiver ajustada para o valor 1.

Ao selecionarmos um objeto anotativo no **Model Space**, os **Grips** aparecem e a escala corrente é visualizada. Para visualizar as outras escalas, o valor da variável **Selectionannodisplay** deve ser ajustado para 1. Elas são exibidas em um tom de cor mais claro que o da escala corrente.

14.2.7 Posição do Objeto Anotativo com Diferentes Escalas

Às vezes, um objeto anotativo com duas ou mais escalas, ao ser escalado, fica em uma posição inconveniente no desenho. É possível mudar sua posição para sair em outra ao se usar determinada escala.

Para isso, certifique-se de que a variável **Selectionannodisplay** esteja com o valor 1 para exibir todas as escalas do objeto. Em seguida, no **Model Space** selecione o objeto com a escala corrente ajustada para o valor a ser alterado e o **Grip** aparece; mova o texto para outra posição. O texto a ser movido é aquele a ser exibido na escala corrente, apesar de os dois textos serem mostrados. No exemplo o texto tem somente duas escalas, portanto aparecem dois textos.

Veja na figura da esquerda o texto selecionado ser movido e, na da direita, o texto no Layout. O texto Consultório 2 será movido para ficar centralizado no desenho.

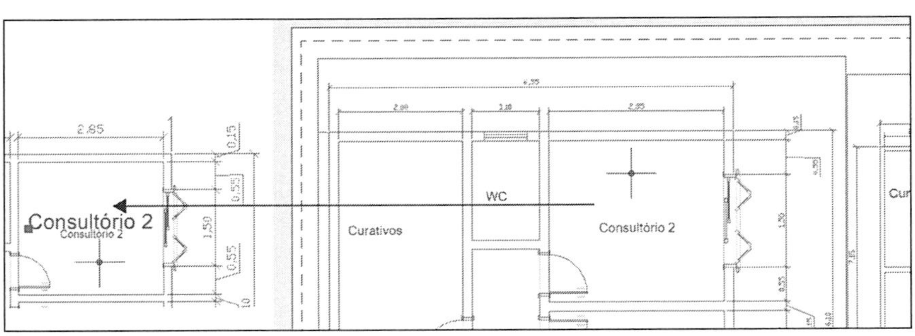

Model Space Paper Space - Layout

Figura 14.67 Mudança da posição dos objetos anotativos.

Para voltar os objetos à posição original, use o comando **Annoreset** ou selecione o texto, clique com o botão direito do mouse e selecione **Annotative Object Scale > Synchronize Multiple-Scale Positions.**

EXERCÍCIOS

Imprimir o desenho com as escalas de anotação e o carimbo feito no exercício de blocos:

1. Abra o desenho **capitulo9.dwg**.
2. Para rever os tópicos deste capítulo crie um estilo anotativo de texto e de cotas.
3. Verifique a tabela de escalas para certificar-se de que está correta.
4. Ative uma das escalas para iniciar a inserção do texto e da cota.
5. Insira as cotas e o texto novamente no desenho. Você terá de apagar as cotas e os textos já existentes no arquivo.
6. Em seguida, aplique outra cota aos objetos.
7. No Layout monte uma folha nova criando **Page Setup** e margem, além de inserir o carimbo.
8. Crie duas **viewports** no layer **VPORT** e coloque o desenho em escala 1:100 e 1:50.
9. Para criar cada **viewport** com as escalas, crie a **viewport** e, com o cursor dentro dela, clique duas vezes no mouse ou selecione **Model**, na linha de status, para entrar no **Model Space** naquela **viewport**. Na linha de status escolha a escala da **viewport**.
10. Repita o processo para usar a escala 1: 100 na segunda **viewport**.
11. Desligue o layer VPORT e imprima o desenho. No comando **Plot** selecione **Layout** e também a escala 1:1.
12. Salve o arquivo como **exercicio14**.

CAPÍTULO **15**

Utilitários de Acesso à Internet e Criação de DWF e PDF

OBJETIVOS

- Aprender os recursos da web a partir do AutoCAD
- Autodesk Design Review
- Imprimir grupos de arquivos/layouts
- Criar e visualizar arquivos DWF e PDF
- Importação de PDF
- Interface do AutoCAD com A360
- Autodesk Exchange

15.1 eTransmit

Esse comando possibilita compactar um arquivo e seus arquivos dependentes para facilitar sua transmissão pela Internet. Um grande problema que pode ocorrer quando se envia um arquivo é esquecer planilhas, XREFs, fontes, estilos de impressão (.ctb) e outros arquivos que podem estar associados ao arquivo de desenho (dwg). Acesse esse comando pelo Menu de Aplicação **Publish**, opção **eTransmit**.

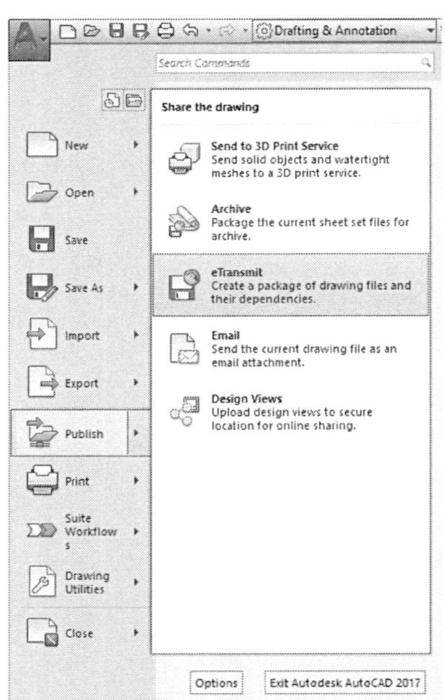

Figura 15.1 Comando eTransmit.

Ao entrar nesse comando, salve o desenho, caso contrário, aparece uma mensagem alertando que o arquivo não foi salvo; em seguida, a janela de diálogo da Figura 15.2 com as guias **Files Tree** e **Files Table** é exibida na tela.

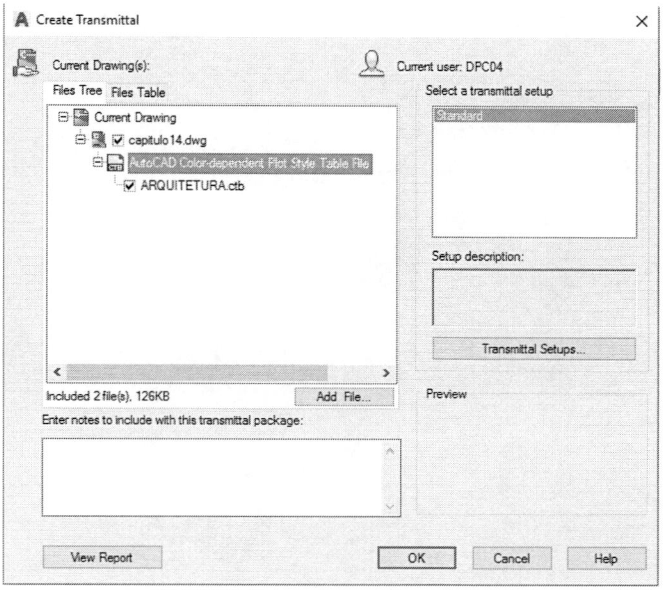

Figura 15.2 Compactação de um arquivo de desenho.

- **Files Tree:** configura parâmetros gerais e exibe os arquivos a serem transmitidos em forma de árvore.
- **Enter notes to include with this transmittal package:** notas do usuário sobre o arquivo.
- **Transmittal Setups...:** é possível criar várias configurações de transmissão. Para criar uma configuração, clique em **New** e dê o nome **projeto**; para modificar uma configuração existente, selecione **Modify** (Figura 15.3).

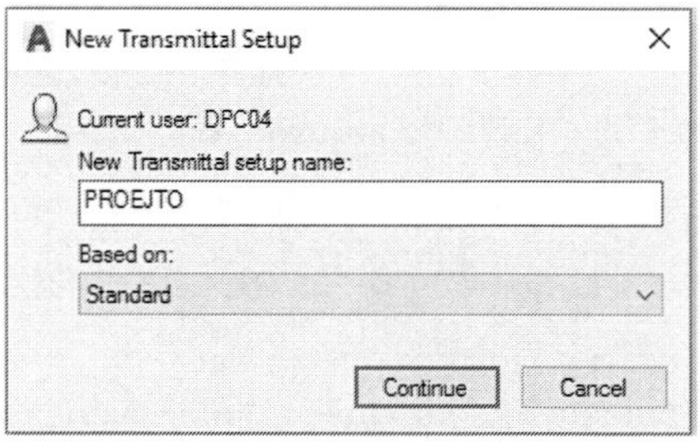

Figura 15.3 Nova configuração de transmissão.

Após definir o nome da configuração, surge a caixa da Figura 15.4.

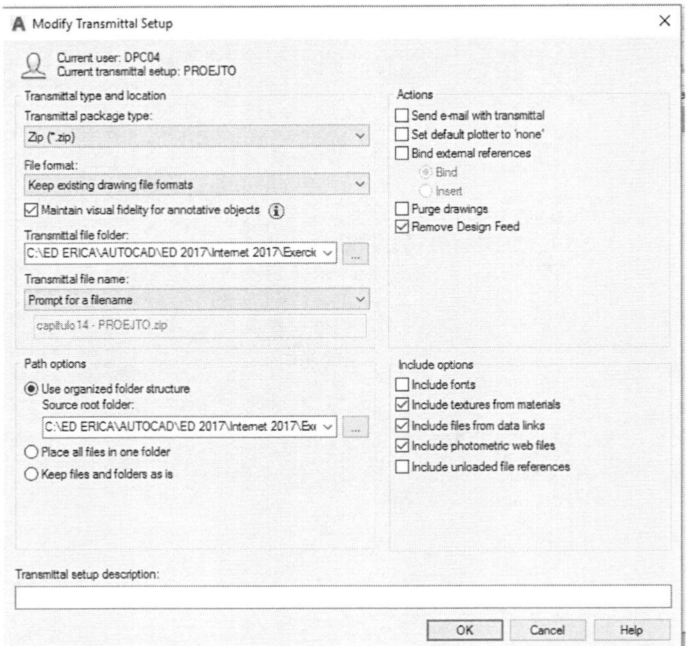

Figura 15.4 Configurações.

- **Transmittal package type:** nesse quadro se escolhe o tipo de compactação, que pode ser ZIP ou arquivo executável.
- **File format:** define-se para qual versão do AutoCAD o arquivo será transmitido.
- **Maintain visual fidelity for annotative objects:** mantém fidelidade visual para objetos anotativos. Se o arquivo for enviado a um usuário que possua AutoCAD 2008 ou versão superior, essa opção pode ficar ligada mesmo que o desenho não contenha objetos anotativos. Se o desenho for enviado a um usuário de AutoCAD com versão inferior a 2008, deve ser desmarcada. Os objetos anotativos têm várias escalas e só podem ser visualizados corretamente no AutoCAD 2008 ou em versão superior.
- **Transmittal file folder:** pasta de criação do arquivo.
- **Transmittal file name:** indica o método para nomear o arquivo.
- **Path options:** define a forma de organização dos arquivos e pastas a serem incluídos no pacote de transmissão.
    - **Use organized folder structure:** aplica regras internas de organização do AutoCAD. Por exemplo, os caminhos absolutos são convertidos em caminhos relativos. Se necessário, são criadas pastas de fontes e de estilos de plotagem.
    - **Place all files in one folder:** todos os arquivos são colocados em uma única pasta.
    - **Keep files and folders as is:** preserva a estrutura original de pastas.

- **Actions**
  - **Send e-mail with transmittal:** essa opção aciona o aplicativo para enviar um e-mail assim que a compressão ficar pronta.
  - **Set default plotter to 'none':** altera a configuração de plotagem para nenhuma, pois ela pode ser irrelevante para a pessoa que vai receber o pacote.
  - **Bind external references:** carrega as referências externas utilizadas no desenho.
  - **Purge drawings:** elimina da lista os arquivos a serem enviados depois da transmissão, restando somente o arquivo corrente na lista.
  - **Remove Design Feed:** remove as mensagens do Design Feed
- **Include options**
  - **Include fonts:** inclui no pacote as fontes utilizadas no desenho.
  - **Include textures from materials:** inclui as texturas dos materiais.
  - **Include files from data links:** adiciona arquivos externos que foram usados para link de dados; exemplo: planilhas do Excel.
  - **Include photometric web files:** a opção inclui arquivos fotométricos que tenham sido associados às luzes no desenho.
  - **Include unloaded files references:** inclui todos os arquivos XREF, imagens e underlays que foram descarregados.
- **Add File:** abre uma janela para selecionar outros arquivos a serem incluídos no pacote de transmissão. Os arquivos podem ter qualquer formato.
- **View report:** exibe um descritivo dos arquivos selecionados para simples conferência. Esse relatório pode ser salvo pelo botão **Save As** (Figura 15.5).
- **Files table:** tem a mesma função da guia **Files Tree**, porém exibe os arquivos a serem transmitidos em formato de tabela.

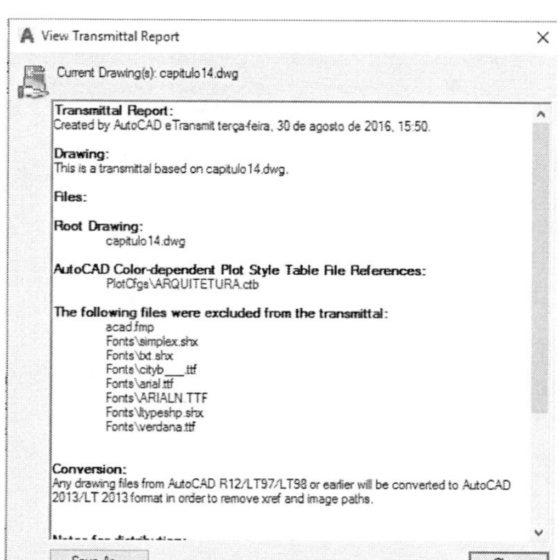

Figura 15.5 View Transmittal Report.

Para encerrar, clique em **OK** e o arquivo é criado de acordo com os parâmetros fornecidos. No exemplo cria-se o arquivo nomeado como **capitulo14_2-projeto.zip**.

15.2 Send

O comando **Send** envia o arquivo do desenho corrente por e-mail como um anexo. É possível acessá-lo pelo Menu de Aplicação em **Publish**, opção **E-mail**. Ao entrar nesse comando, o AutoCAD chama o aplicativo instalado no sistema para o envio de e-mails automaticamente e anexa o arquivo do desenho corrente.

Figura 15.6 Comando Send.

15.3 Export Layout

A ferramenta **Export Layout** permite exportar um layout, ou seja, uma folha de impressão criada para um arquivo **PDF** (Portable Document Format) ou **DWF** (Design Web Format). O arquivo criado pode ser enviado por e-mail, ser visualizado em programas que suportem o seu formato ou impresso posteriormente, sem a necessidade do AutoCAD. A manipulação de arquivos fechados garante autenticidade e preserva o arquivo original do projeto, além de permitir a impressão em qualquer local sem precisar do AutoCAD.

Abra o arquivo **capitulo14_2.dwg**, usado no Capítulo 14, no layout **Exercício**. Se não tiver o arquivo, pode usar outro layout à sua escolha.

Na aba **Output** selecione **Export** e uma das opções PDF, DWF ou DWFx. Neste exemplo, vamos usar a opção **PDF**.

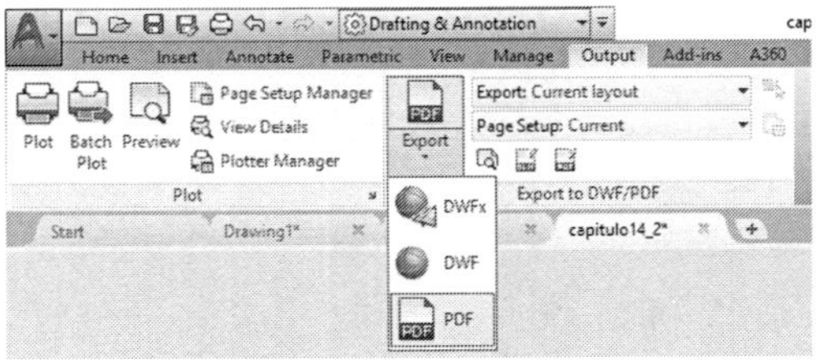

Figura 15.7 Aba Output, opção Export.

Em seguida, é apresentada a janela de diálogo da Figura 15.8, já solicitando o nome do arquivo que será gerado a partir do layout que estiver aberto. Verifique a pasta em que será ele gravado e nomeie o arquivo.

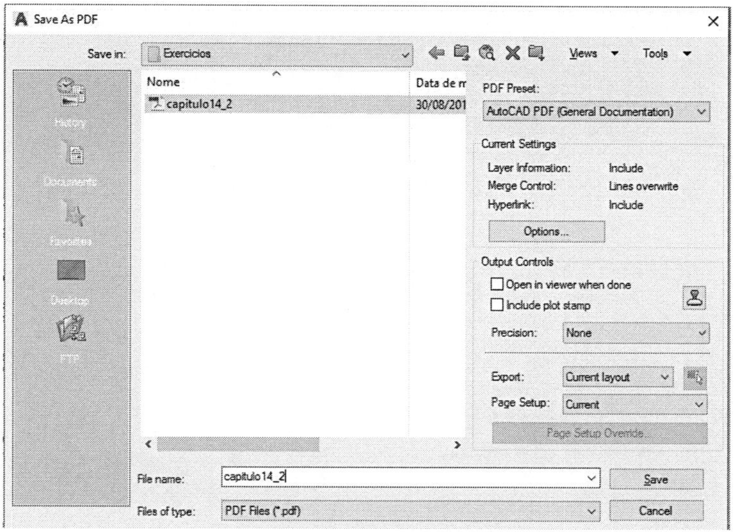

Figura 15.8 Comando Export.

No lado direito da janela de diálogo temos as configurações de como esse arquivo deve ser criado. As opções do botão **Options** são definidas no comando **Publish**, que está no Item 15.4. As outras opções são:

- **Export:** permite selecionar entre exportar somente o **Layout** aberto ou todos.
- **Page Setup:** permite usar o **Page Setup** corrente do **Layout** ou selecionar **Override** e então fazer uma nova configuração de **Page Setup** (Capítulo 14) pelo botão **Page Setup Override** para geração do arquivo.
- **Open in viewer when done:** abre o visualizador ao gerar-se o arquivo, se estiver instalado. Para o formato PDF, é o **Adobe Viewer**; para o DWF, é o **Autodesk Design Review**, visto em mais detalhes no Item 15.5 deste capítulo.

Depois de tudo definido, clique em **Save** e o arquivo é gerado no formato escolhido.

15.4 Publish - Geração de Arquivos em DWF e PDF

Com o comando **Publish** é possível criar grupos de desenhos eletronicamente e imprimi-los ou gerar um único arquivo DWF ou PDF para ser visualizado ou impresso. O grupo de desenhos gera um único arquivo no formato DWF (**Design Web Format**) que pode ser visto e impresso com o auxílio do **Autodesk Design Review**, um visualizador de desenhos disponível gratuitamente para download no site da Autodesk (www.autodesk.com). Os arquivos DWF podem ainda ser visualizados online, sem a necessidade de instalar qualquer software, pelo Autodesk Online Viewer em http://360.autodesk.com/viewer. Os arquivos em PDF podem ser visualizados pelo Abobe Acrobat Reader ou pelo **Autodesk Design Review também.**

Esse comando pode ser acessado pela aba **Output** no painel **Plot**, selecionando-se **Batch Plot**, ou pelo menu superior **File**, opção **Publish**, se ele estiver habilitado.

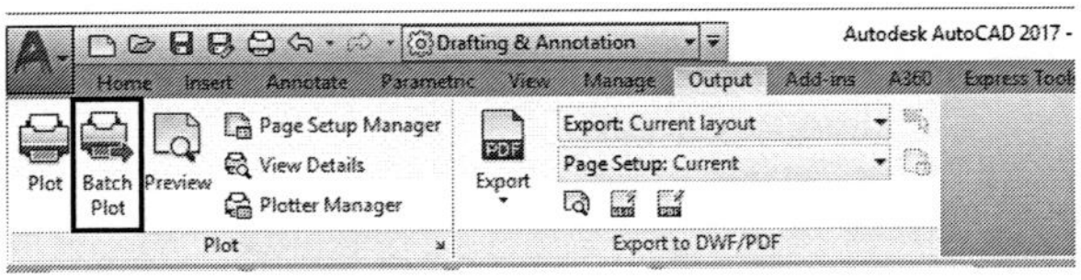

Figura 15.9 Comando Publish.

Ao entrar nesse comando, aparece a janela da Figura 15.10.

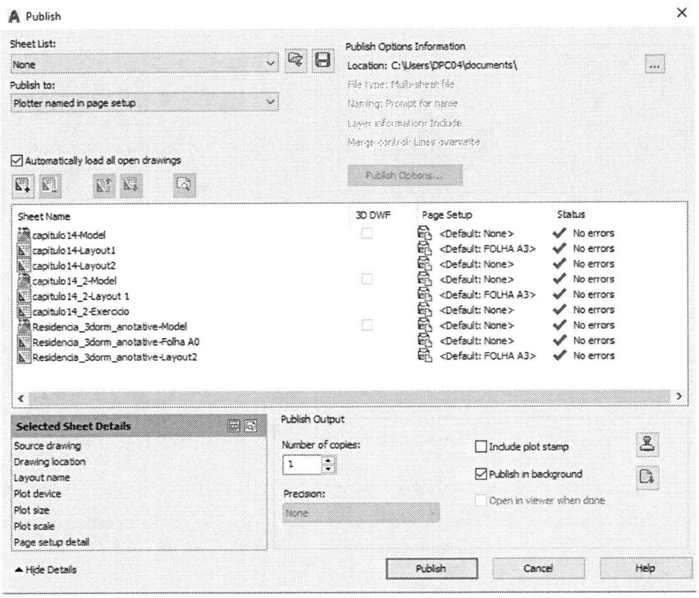

Figura 15.10 Comando Publish.

- **Sheet List:** nome da lista de impressão. Ao selecionar folhas de desenhos para fazerem parte da impressão, é possível dar um nome a essa lista.
- **Publish to:** define o tipo de arquivo que será gerado na impressão (DWF, DWFx, PDF) ou se a impressão deve ser para um plotter.

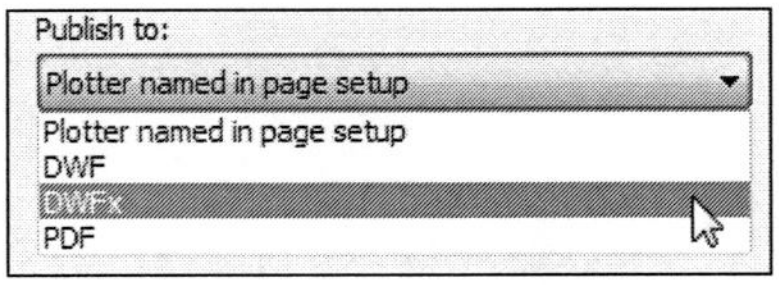

Figura 15.11 Comando Publish.

- **Automatically load all open drawings:** carrega automaticamente todos os desenhos abertos; coloca os desenhos abertos e seus layouts na lista.
- **Sheet Name:** lista os arquivos e layouts a serem impressos.
- **3D DWF/Page Setup:** definem as configurações de plotagem explicadas no capítulo de plotagem.
- **Status:** informa se há erros nos arquivos.
- **Add Sheets:** para selecionar outros arquivos.
- **Remove Sheets:** remove um arquivo selecionado da lista.
- **Move Sheet Up:** move um arquivo uma posição acima na folha.

- **Move Sheet Down:** move um arquivo uma posição abaixo na folha.
- **Load Sheet List:** carrega uma lista de arquivos salva com a opção **Save List**.
- **Save Sheet List:** salva uma configuração de lista em um arquivo DSD.
- **Preview:** preview do desenho selecionado.
- **Selected Sheet Details:** mostra as configurações da folha ou desenho selecionado no quadro Sheet Name.
- **Number of copies:** define o número de cópias a serem impressas.
- **Include plot stamp:** se habilitado, inclui um **Plot stamp** nos desenhos.
- **Publish in background:** permite imprimir enquanto você volta a trabalhar no desenho.
- **DWF format:** geram-se arquivos **DWF** para serem vistos ou plotados por meio do **Autodesk Design Review**, estudado mais adiante. O formato de arquivo **DWFx** é lido pelo XPS Viewer, que é da Microsoft.

Botão Publish Options (para escolha de DWF)

- **Default output location (DWF and plot-to-file):** especifica onde os arquivos serão gravados ao publicá-los.
- **General DWF/PDF options**
    - **Type:** pode ser **Single-Sheet** DWF, em que se cria um único arquivo **DWF** para cada arquivo listado, ou **Multi-Sheet** DWF, em que um único arquivo **DWF** contém todos os arquivos listados.
    - **Naming:** nome do arquivo DWF.
    - **Name:** se for especificado um nome no item anterior, ele é apresentado nesse campo.
    - **Layer information:** incluir ou não.
    - **Merge control:** controla se linhas sobrepostas misturam as cores em uma terceira ou se as sobrepõem.

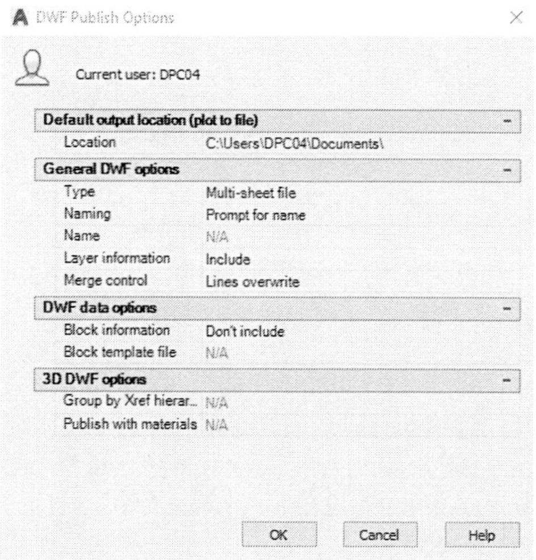

Figura 15.12 Publish Options para DWF.

- **DWF data options**
  - **Block information:** incluir ou não.
  - **Block template file:** incluir ou não.
- **3D DWF options:** apresenta uma lista de itens que podem opcionalmente ser incluídos na publicação.
  - **Group by Xref hierarchy:** organiza os objetos pela hierarquia dos Xref (arquivos de referência) no visualizador dos arquivos 3D DWF.
  - **Publish with materials:** permite alternar entre publicar os arquivos 3D com materiais ou não.

Botão Publish Options (para escolha de PDF)

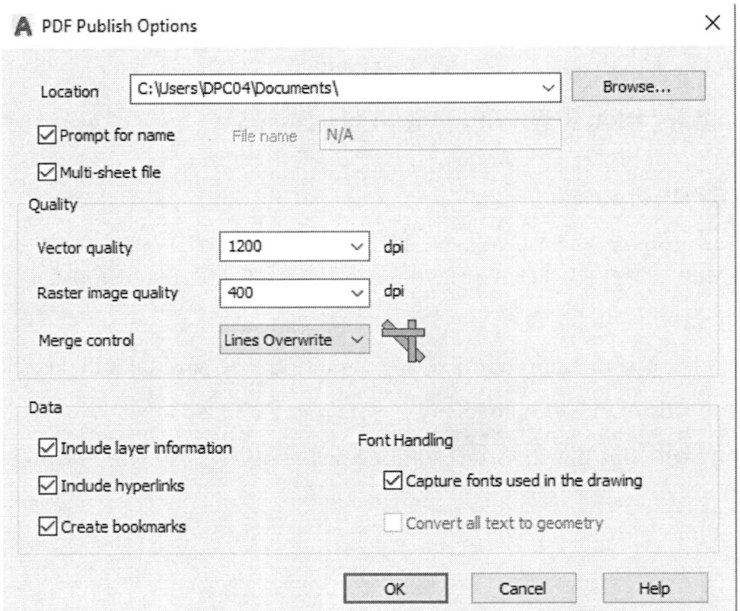

Figura 15.13 Publish Options para PDF.

- **Location:** especifica onde os arquivos serão gravados ao publicá-los.
- **Prompt for name:** pede o nome do arquivo ao salvar, se desmarcado usa o mesmo nome.
- **Multi sheet file:** cria um único PDF com todos os arquivos.
- **Quality**
  - **Vector quality:** controla a resolução de linhas vetoriais. Se o arquivo PDF for projetado para impressão a partir de um visualizador, selecione uma resolução que corresponda à saída da plotadora ou da impressora. Se o arquivo PDF for projetado para visualização na tela, selecione uma resolução alta (acima de 2400 dpi).

- **Raster image quality:** controla a resolução de imagens raster. Se o arquivo PDF for projetado para impressão a partir de um visualizador, selecione uma resolução que corresponda à saída da plotadora ou da impressora. Se o arquivo PDF for projetado para visualização na tela, selecione uma resolução alta (acima de 2400 dpi). A qualidade da imagem de raster não pode exceder a qualidade da imagem de vetor.
- **Merge control:** mescla as cores das linhas sobrepostas.

▸ **Data**

- **Include layer information:** gera os layers no PDF.
- **Include hiperlinks:** gera hiperlinks de conjuntos de folhas no PDF.
- **Create bookmarks:** cria uma lista dos desenhos no marcador do PDF.
- **Capture fonts used in the drawing:** leva as fontes True Type para o PDF.
- **Convert all text to geometry:** converte os textos em geometria no desenho, garantindo que o texto no PDF seja igual ao desenho, porém aumenta o tamanho do arquivo.
- **Publish:** esse botão inicia a impressão ou a criação dos arquivos DWF, conforme a escolha anterior. No caso de impressão, exibe-se a tela da Figura 15.14, que informa que a impressão ocorre em paralelo ao trabalho no AutoCAD.

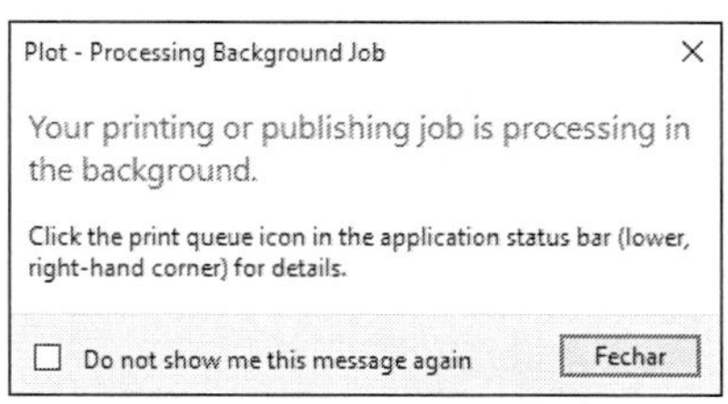

Figura 15.14 Impressão do arquivo.

15.5 Autodesk Design Review

Figura 15.15 Tela de abertura.

Com o **Autodesk Design Review** é possível abrir, visualizar e imprimir arquivos nos formatos **DWG**, **DWF** ou **DWFx**, que também podem ser visualizados com o Microsoft® XPS Viewer. Também é possivel abrir e imprimir arquivos PDF e alguns formatos de imagens. O utilitário está disponível no site da Autodesk e é possível fazer o download sem custo. Além disso, não necessita do AutoCAD instalado.

OBSERVAÇÃO

Na finalização deste livro, a versão mais atual do Design Review era a de 2013.

1. Ele é instalado na mesma área do AutoCAD, no menu Iniciar do Windows.
2. Ao entrar no aplicativo, surge a tela da Figura 15.16, em que é preciso selecionar o comando **Open** para abrir um arquivo DWF ou outros formatos (Figura 15.17). Neste exemplo, abrimos um DWF.

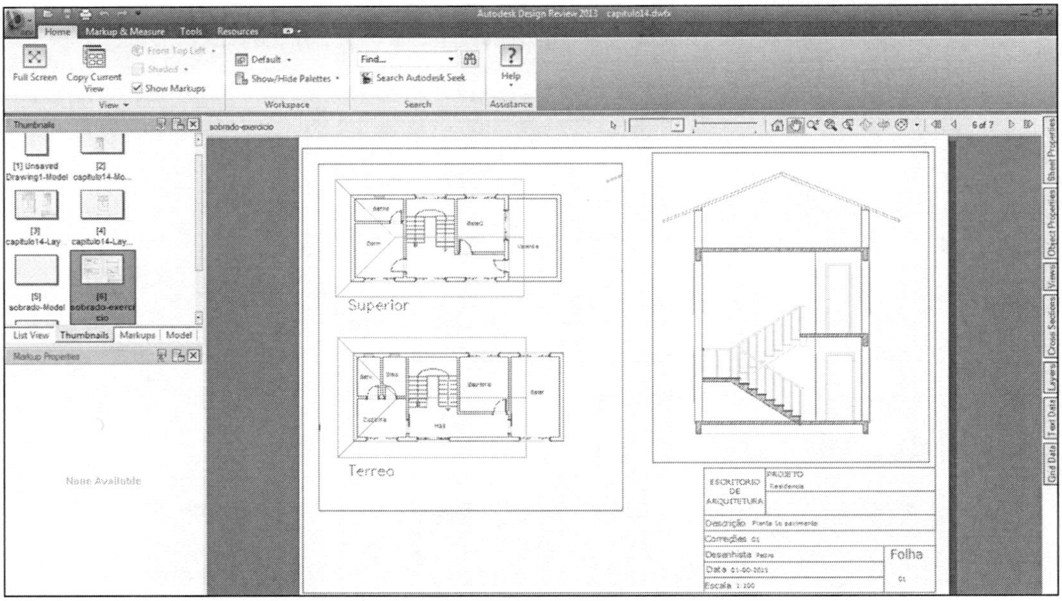

Figura 15.16 Autodesk Design Review 2013.

3. Selecionando **Open**, ele abre um quadro com arquivos no formato DWF ou DWFx, entre outros. Escolha um e clique em **Abrir** (Figura 15.18).

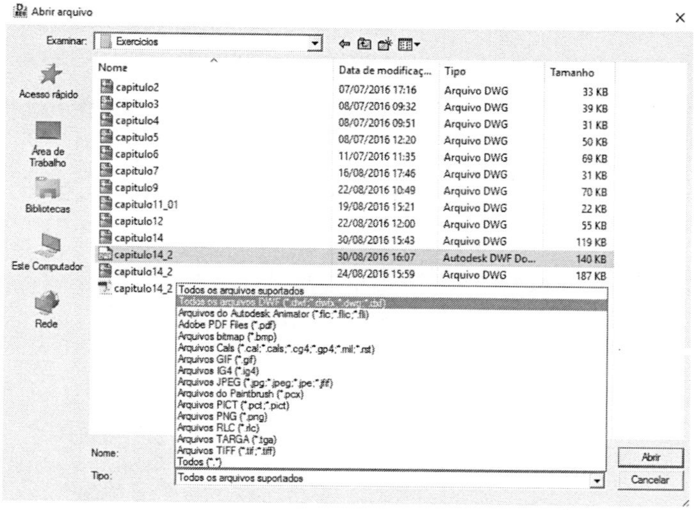

Figura 15.17 Seleção de um arquivo DW F.

4. Após abrir o arquivo, é possível dar **Zoom** e **Pan** como no AutoCAD, medir distâncias, comparar desenhos, fazer anotações e desenhos e imprimir o arquivo. Veja na Figura 15.18, na aba **Mark Up and Measure**, algumas ferramentas. Elas são muito simples de usar; é interessante explorá-las.

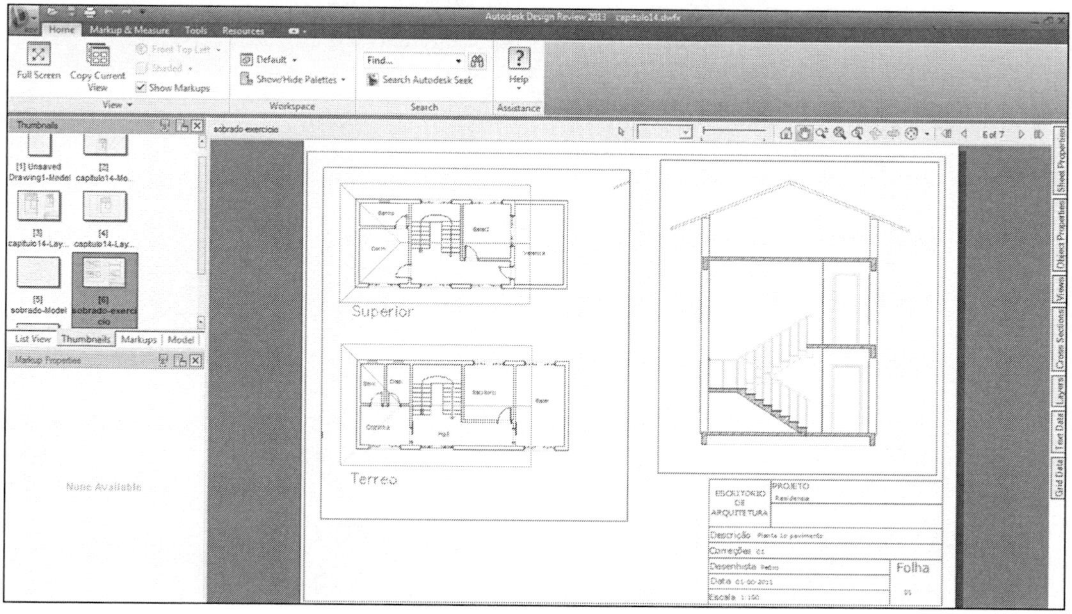

Figura 15.18 Visualização de um arquivo DWF.

5. É possível ainda abrir um arquivo em 3D (Figura 15.19). O AutoCAD, o Revit e o Inventor exportam modelos em 3D no formato DWF, gerando um arquivo bem menor para visualização. Nesse modelo, é possível navegar pelo edifício com as ferramentas de visualização do **Design Review**.

Este exemplo é um arquivo do Autodesk Revit Architecture com 8 MB, e o arquivo DWF em 3D tem 425 KB; portanto, para uma visualização em 3D, é muito mais fácil de manipular.

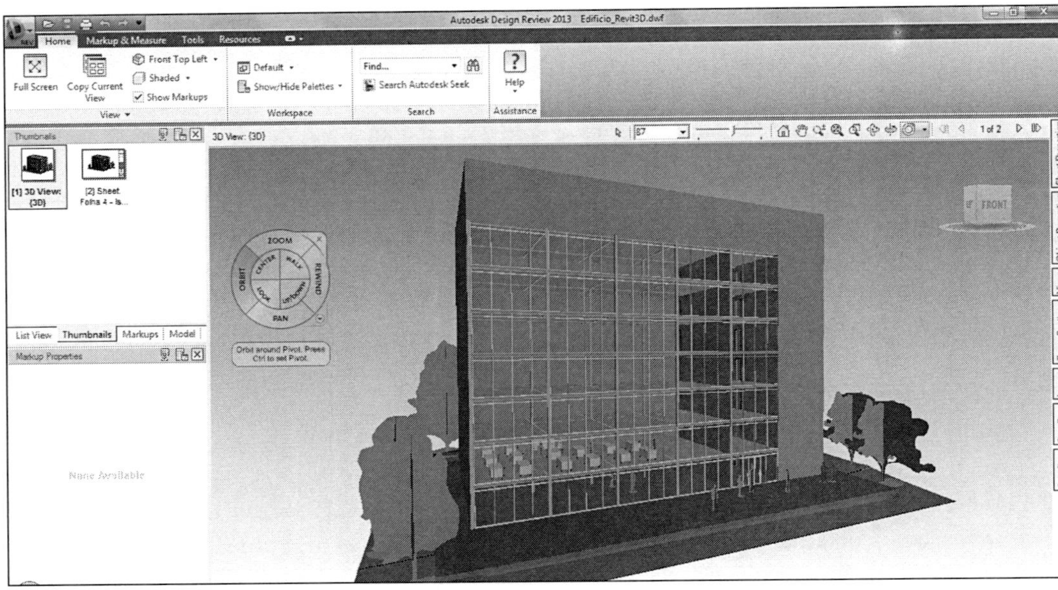

Figura 15.19 Visualização de um arquivo DWF em 3D.

6. Se selecionarmos **Print** para imprimir o arquivo, aparece a janela da Figura 15.20, em que é preciso fornecer os parâmetros de impressão.

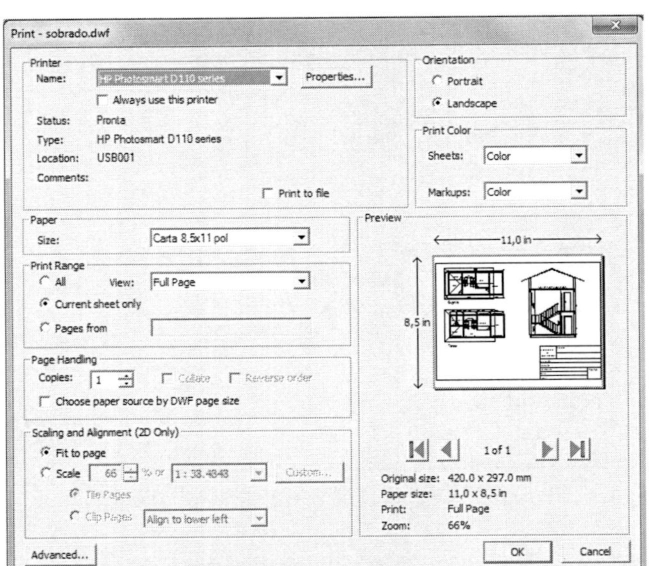

Figura 15.20 Impressão de um arquivo DWF.

7. Para aprender mais sobre o **Design Review**, assista a alguns vídeos. Para isso, clique na aba **Resources**. Em **Videos**, entre no canal da Autodesk no YouTube, que apresenta muitas dicas rápidas.

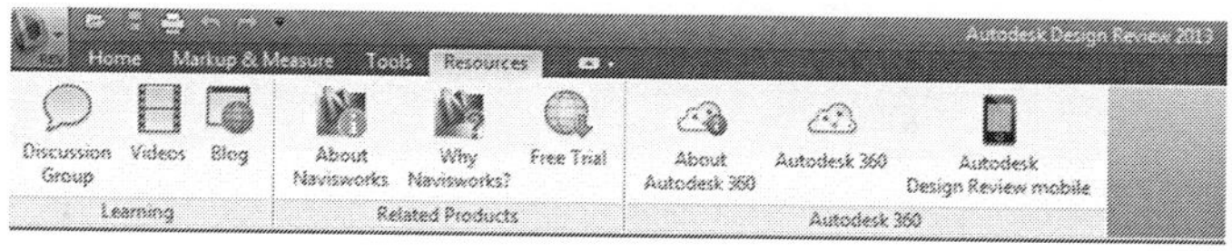

Figura 15.21 Aba Resources.

OBSERVAÇÃO

O Autodesk Design Review esta disponível também na versão em português.

A Autodesk tem um visualizador online na nuvem que lê mais de 50 formatos de arquivos sem a necessidade de instalar qualquer software para visualização de desenhos, o **Autodesk Viewer**. Ele pode ser acessado em http://360.autodesk.com/viewer. Outra forma de visualizar seus desenhos é pelo A360, um aplicativo gratuito para dispositivos móveis com sistemas iOS e Android. Dessa forma, o seu projeto pode ser visualizado em qualquer lugar por celulares e tablets, o que gera mais facilidade de comunicação.

15.6 Impressão em formato PDF

Como vimos, os desenhos podem ser impressos um a um em uma impressora ou ploter, em lote, vários arquivos de uma só vez ou podemos exportar um layout. O formato PDF tem a vantagem de se poder usar papel do formato A4 até o A0, sem a necessidade de um equipamento de impressão.

No comando **Plot** podemos gerar o PDF pela configuração do equipamento de impressão, na opção **DWG to PDF com várias opções de qualidade** , conforme a Figura 15.22, além das outras formas já vistas, como **Export Layout** para exportar a folha e **Publish**. A escolha entre essas opções depende do que você deseja fazer: exportar a folha, um conjunto de folhas ou somente uma vista do **Model Space**.

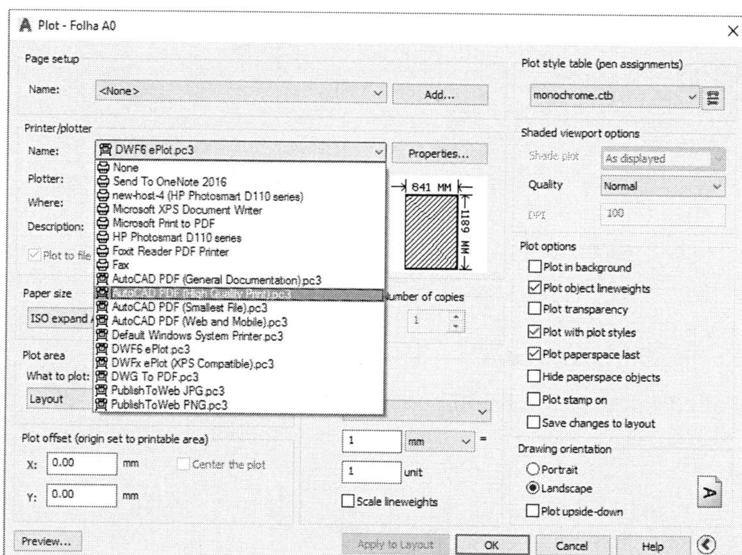

Figura 15.22 Criação de arquivo PDF.

Os outros parâmetros (escala, tamanho do papel etc.) são idênticos aos do comando **Plot**, vistos no Capítulo 14. Após fazer essa configuração, clique em **OK** e dê o nome do arquivo para criar um arquivo **PDF** na pasta selecionada.

15.7 AutoCAD 360

AutoCAD 360 é um recurso criado pela Autodesk para permitir o acesso aos desenhos criados no AutoCAD pelo iPhone, iPod e iPad da Apple e pelo sistema Android da Google ou via web diretamente. Com isso você pode ver, editar e compartilhar os desenhos em qualquer lugar nos dispositivos móveis, tais como celulares e tablets, sem precisar do AutoCAD. É necessário ter uma conta (gratuita) no site do **AutoCAD 360**, fazer o upload do arquivo para a web e depois instalar o aplicativo no dispositivo móvel.

Para criar uma conta, siga os passos:

1. Acesse o site www.autocad360.com, como mostra a Figura 15.23.

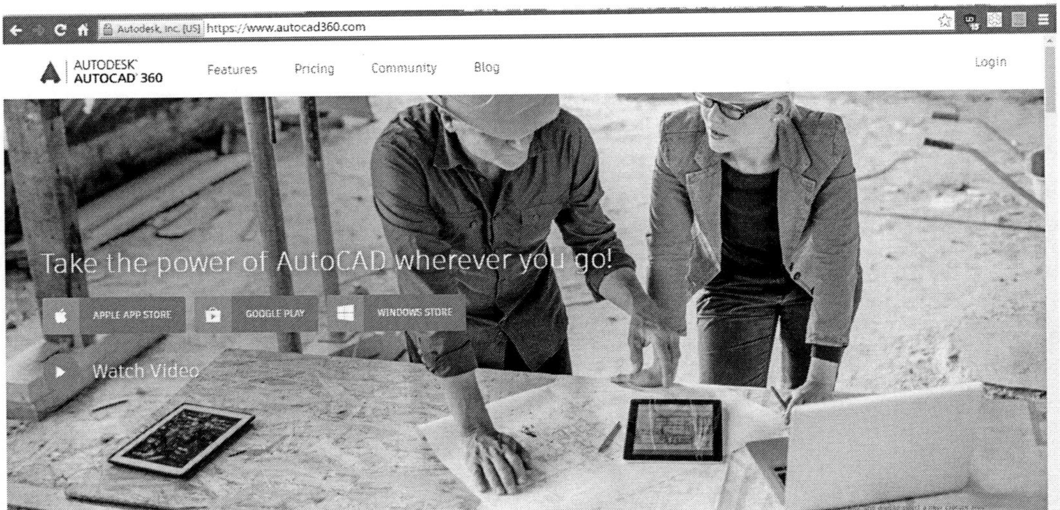

Figura 15.23 Site do AutoCAD 360.

2. Crie uma conta clicando em **Sign Up** usando seu e-mail e senha. Depois de criá-la, será apresentada a janela **AutoCAD 360**, na qual você pode escolher o idioma. Em seguida, você já está apto a fazer o upload de desenhos para o site e visualizar os arquivos, ou visualizar alguns arquivos de exemplo disponíveis no **AutoCAD 360**.
3. Selecione um dos desenhos para abri-lo, como indica a Figura 15.24.

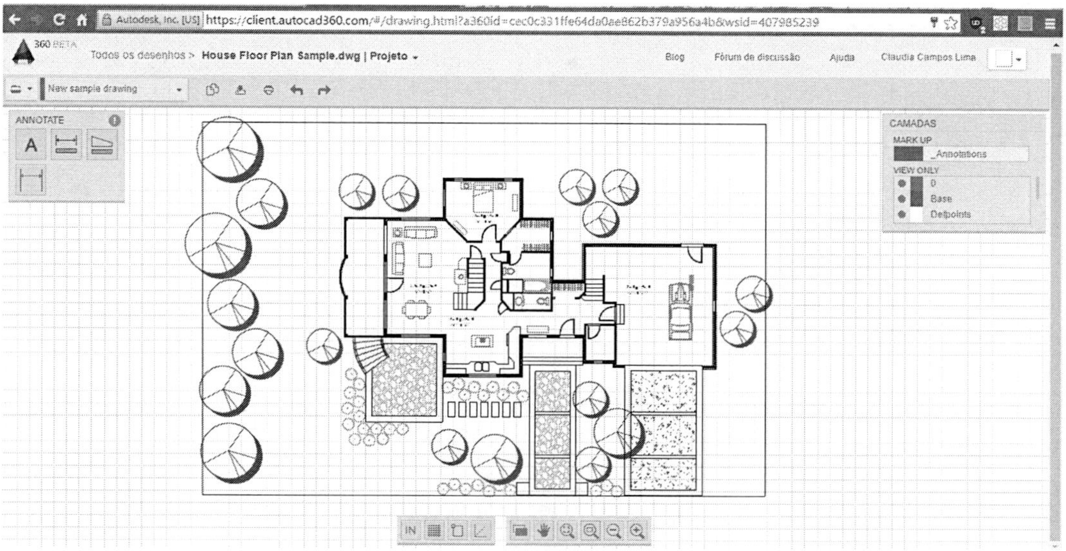

Figura 15.24 Tela Editor com o desenho em tons de cinza.

4. Com o desenho aberto, surgem paletas do lado esquerdo, em que encontramos alguns comandos do AutoCAD, sendo possível fazer alterações no desenho e salvar.

5. Do lado direito da tela, existe uma paleta com as propriedades dos desenhos e um espaço para colocar um post relacionado ao desenho. Na parte inferior, há os botões **Snap**, **Grid** e os controles **Zoom** e **Pan**. Ao clicar em **Todos os Desenhos** na parte superior, você verá todas as pastas de arquivos, como indica a Figura 15.25.

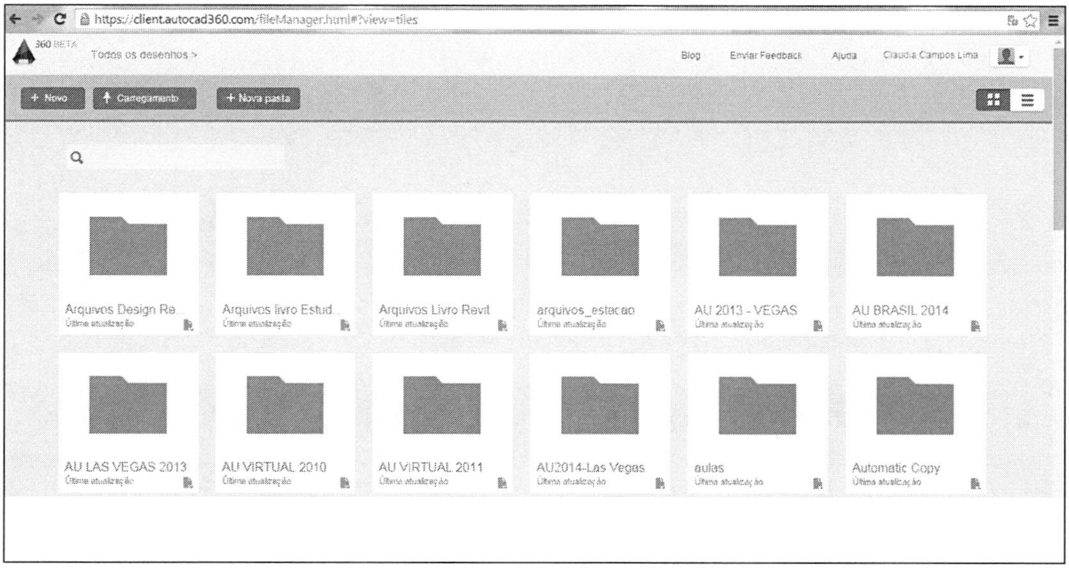

Figura 15.25 Tela com as pastas de arquivos.

6. Para carregar um desenho do seu computador para o **AutoCAD 360**, clique em **Carregamento** no canto superior esquerdo da tela, a fim de selecionar o arquivo. Depois de carregado, ele pode ser visualizado no seu dispositivo móvel também.
7. Procure explorar as opções para familiarizar-se com a interface.

No dispositivo móvel, para abrir o **AutoCAD 360** é preciso instalar o aplicativo por meio do instalador correspondente a ele. No caso de iPhone e iPad, é a AppStore.

Figura 15.26 Tela do iPhone.

Desde o **AutoCAD 2016**, com a conta criada é possível acessar diretamente o **AutoCAD 360** do próprio AutoCAD, por meio do **Autodesk 360**, visto no próximo item. Esse recurso permite o controle total de arquivos que serão enviados para o **AutoCAD 360**, bem como sua sincronização com os arquivos do AutoCAD e o compartilhamento com outros usuários.

15.8 Conectividade com Autodesk 360 - A360

É um serviço de computação na nuvem oferecido gratuitamente pela Autodesk, o qual permite o acesso a arquivos de projeto a partir de qualquer lugar, a qualquer momento, possibilitando o compartilhamento de informações de projeto com muita eficiência.

A Autodesk já está com vários aplicativos que podem ser acessados por dispositivos móveis, tais como **AutoCAD 360**, **Design Review**, **123D Sculpt**, **Autodesk ForceEfect** e **Inventor Viewer**. Além dos aplicativos, agora você pode armazenar e compartilhar seus arquivos. Resumidamente, veja o que você pode fazer e o que é preciso:

O que você pode fazer:

- Compartilhar arquivos de desenho.
- Visualizar e marcar arquivos **DWF** via web ou dispositivo móvel.
- Visualizar os formatos mais usados da Autodesk (DWG, RVT, IPT, etc.).

- Editar arquivos **DWG** via web ou dispositivo móvel.
- Armazenar arquivos de todos os tipos e acessá-los de qualquer lugar.
- Criar pastas para organizar seus arquivos.

Do que você precisa:

- Conexão de Internet.
- Navegador com um recurso para visualização em HTML.
- Criação de conta no **Autodesk 360 - A360.**

Usuários sem assinatura têm 1 GB de armazenamento. Já os usuários com assinatura têm 25 GB de armazenamento on-line para cada licença de software incluída na assinatura, possibilitando acesso ainda maior a documentos de projeto e engenharia, a qualquer hora, em qualquer lugar, e acesso exclusivo a recursos em nuvem para renderização de alto desempenho e otimização de projetos, além de colaboração aprimorada.

O acesso e a criação da conta são feitos pelo link a seguir: https://360.autodesk.com

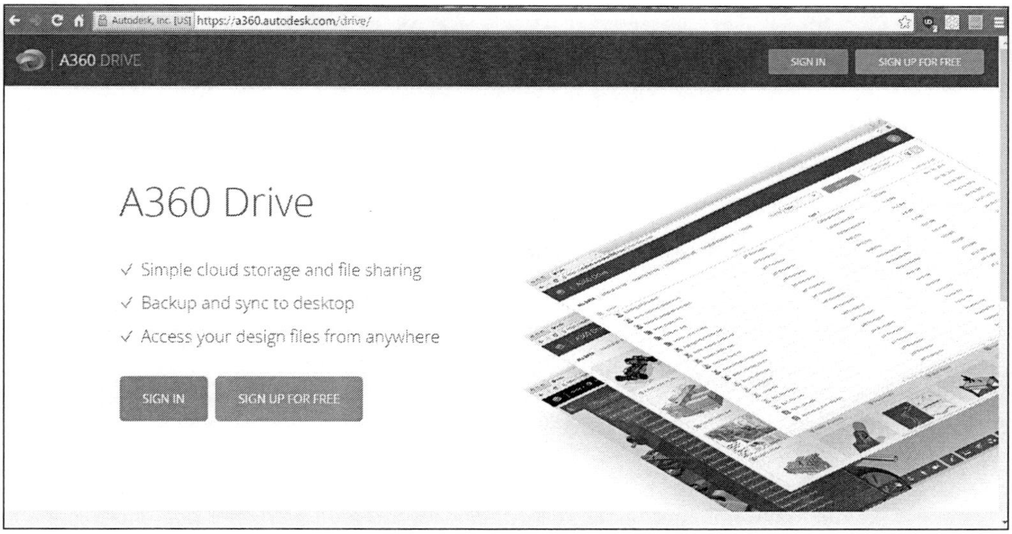

Figura 15.27 Tela do Autodesk 360.

No **AutoCAD**, você pode se conectar diretamente ao **Autodesk 360** para compartilhamento de arquivos on-line, sincronização de arquivos e muito mais. O acesso é feito a partir da barra do **InfoCenter**, selecionando-se **Autodesk 360**. Se você não tiver uma conta, ainda pode criar uma.

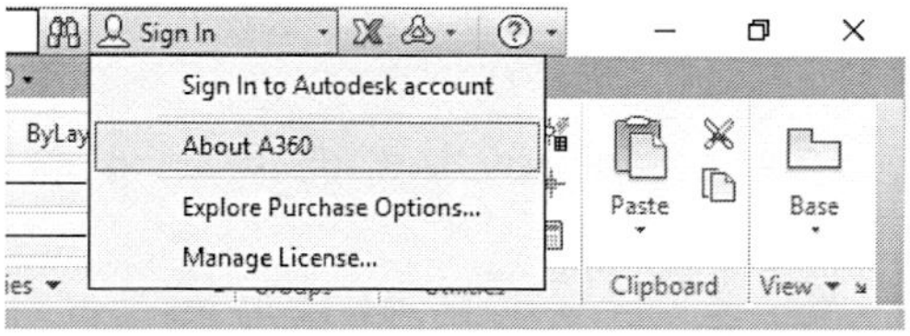

Figura 15.28 Menu de conexão com Autodesk 360.

Após entrar na sua conta com seu nome de usuário, são exibidas ferramentas acessíveis pelo menu de barras, incluindo a opção de sincronizar seus ajustes com a nuvem, especificar opções on-line, acessar documentos no **Autodesk 360**, sair e gerenciar sua conta. No período em que estiver conectado, seu nome será exibido na parte superior do menu (Figura 15.30).

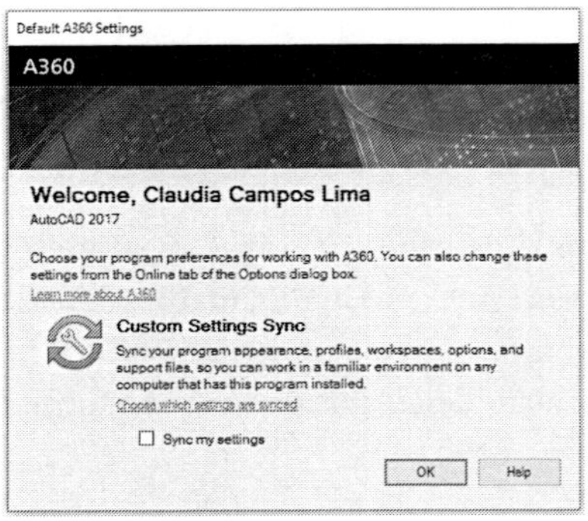

Figura 15.29 Tela de conexão com Autodesk 360.

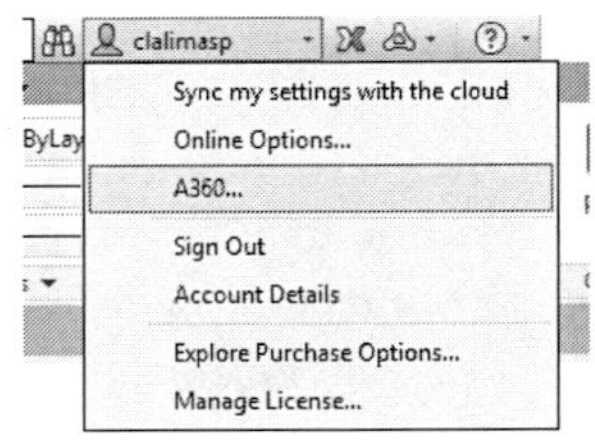

Figura 15.30 Menu depois da conexão.

Quando você faz o upload de um desenho diretamente do **AutoCAD** para a nuvem, referências externas e outros arquivos dependentes são automaticamente incluídos no upload.

Você também pode escolher sincronizar automaticamente a aparência do seu programa, profiles, workspaces, opções e arquivos de suporte, de forma que pode restaurá-los em qualquer computador.

15.8.1 Ferramentas do Autodesk 360

Na aba **Autodesk 360** da **Ribbon**, há outras ferramentas para trabalhar com o **Autodesk 360**.

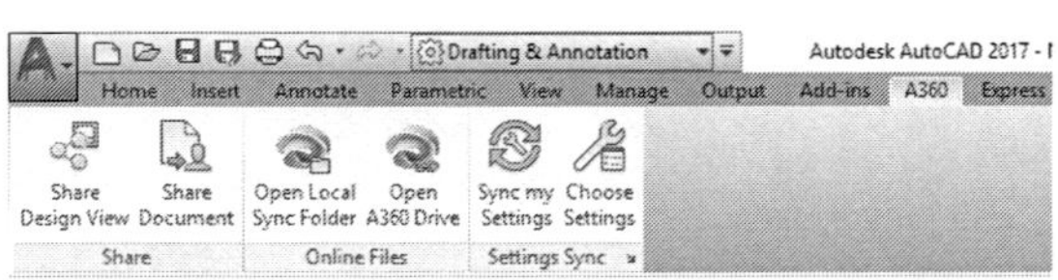

Figura 15.31 Aba Autodesk 360 - ferramentas do Autodesk 360.

Share Design Views: abre o navegador e publica o arquivo no **A360**.

Share Documents: use essa ferramenta para compartilhar facilmente documentos com outros usuários. Se o desenho corrente estiver salvo apenas localmente, uma cópia dele será carregada para a nuvem e compartilhada. Se já existir uma cópia on-line do desenho, então ela será compartilhada. Você pode controlar o nível de acesso dos documentos compartilhados.

Open Local Sync Folder: abre a pasta do **A360** no Windows Explorer exibindo os arquivos armazenados nela.

Sync my Settings: permite sincronizar seus dados locais com a nuvem (**Autodesk 360**). Os dados a serem sincronizados são configurados no botão **Choose Settings**. É necessário possuir uma conta ou criar uma. Ao escolher esta opção, é exibida a janela da Figura 15.32.

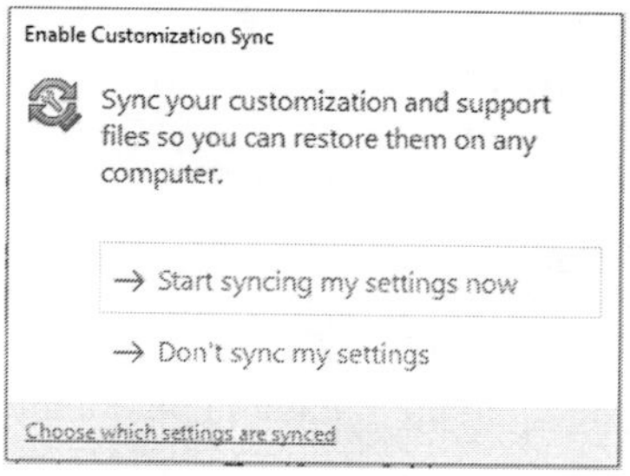

Figura 15.32 Mensagem de sincronização.

Se você escolher sincronizar os seus ajustes, o AutoCAD compara seus ajustes locais com os da nuvem e pergunta se você quer usar os locais; neste caso, ele vai fazer o upload deles para a nuvem ou usar seus ajustes on-line, fazendo o download a partir da nuvem.

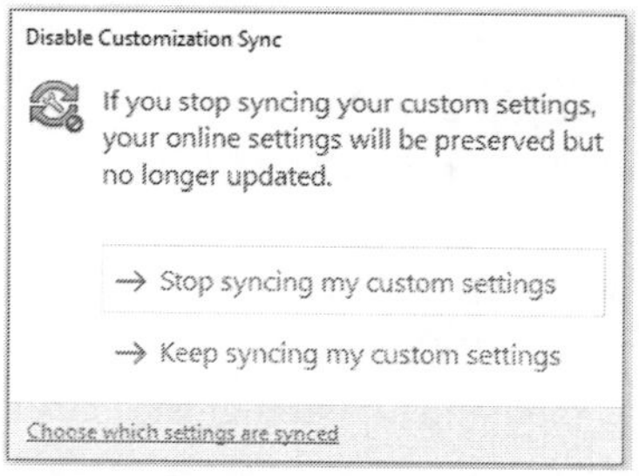

Figura 15.33 Mensagem de comparação dos ajustes.

São exibidas notificações nos balões quando os ajustes estiverem fazendo o upload ou o download da nuvem.

Choose Settings: permite especificar quais ajustes incluir na customização da sincronização. Isso pode incluir opções, arquivos de customização, arquivos de suporte de impressoras, arquivos customizados de hachura, fontes, shapes, tipos de linha, tool palettes e templates de desenho.

Figura 15.34 Janela de escolha de ajustes da customização.

- A opção **Options** inclui quase todos os controles da janela de diálogo **Options**.
- A opção **Customization** inclui .cuix, mnu, workspaces e mais.
- Os arquivos de suporte de impressoras incluem arquivos de suporte, como .pc3, ctb e .stb.
- Padrões de hachura customizados.
- A opção **Tool Palettes** inclui arquivos de **Tool palettes** e grupos.
- As opções de **Custom fonts, shapes and linetypes** requerem que o AutoCAD seja reinicializado.

Quando você faz alterações nos seus ajustes de customização com a sincronização habilitada, um balão de notificação é exibido no canto superior direito, o qual notifica que as alterações estão sendo carregadas para a nuvem.

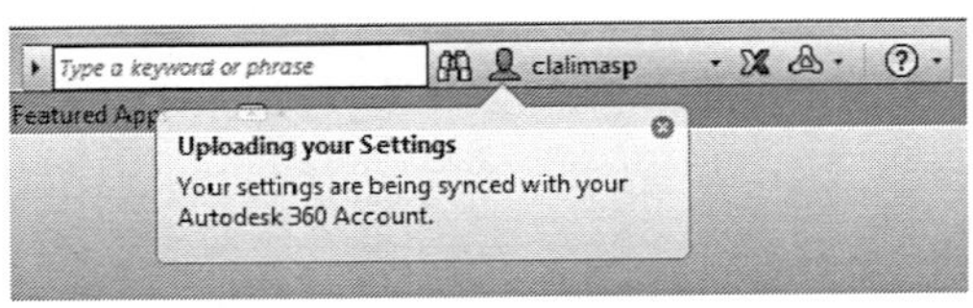

Figura 15.35 Mensagem de notificação de sincronização com Autodesk 360.

Quando você sai da sua conta na **Autodesk 360**, uma janela de diálogo permite escolher se quer manter seus ajustes ou restaurar os ajustes anteriores. Um controle na parte inferior da janela de diálogo permite que você apague rapidamente seus ajustes customizados do computador depois que os anteriores forem restaurados.

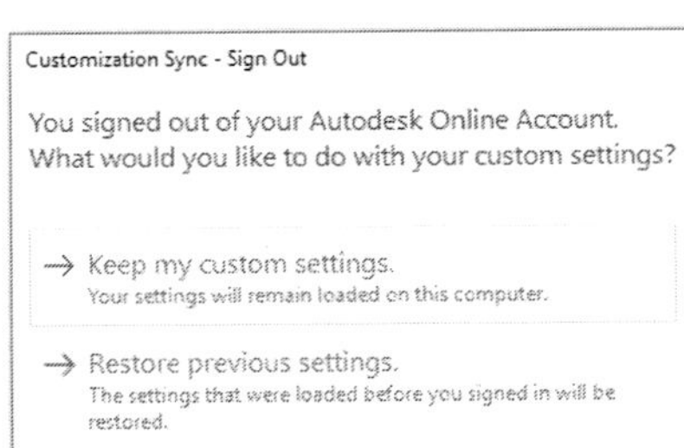

Figura 15.36 Mensagem ao desconectar-se do Autodesk 360.

15.9 Autodesk Exchange

O **Autodesk Exchange** é uma plataforma para acesso a plug-ins para o AutoCAD que podem agilizar ainda mais o seu trabalho. Os plug-ins são customizações de comandos e tarefas para ações específicas.

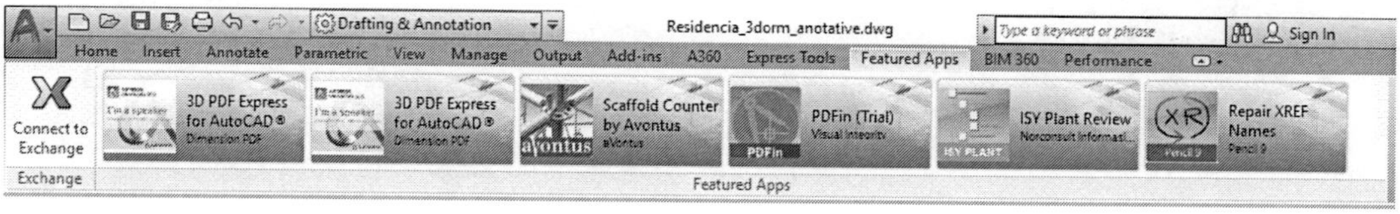

Figura 15.37 Acesso ao Autodesk Exchange.

O **Exchange é acessado pela aba Featured Apps; selecione Connect to exchange**, ou clique no botão X na parte superior direita da tela do **AutoCAD**.

Essa tela é muito dinâmica, variando de acordo com a disponibilidade de aplicativos. Navegue pelos aplicativos e, ao encontrar um que lhe agrade, faça o download. Ele vai se instalar no seu AutoCAD criando outro comando na **Ribbon**.

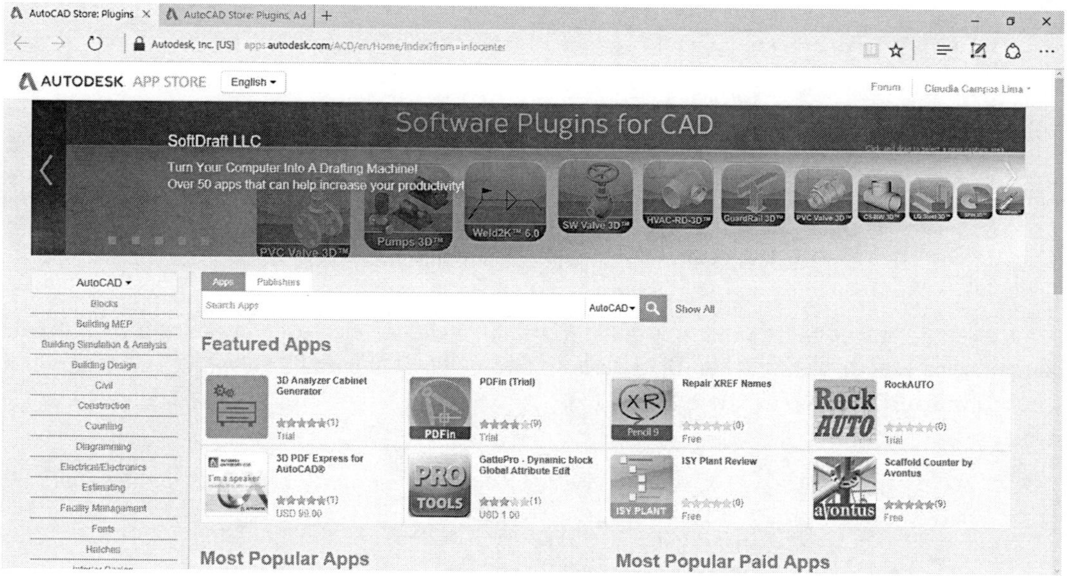

Figura 15.38 Tela do Autodesk Exchange.

15.10 Importação de arquivos PDF

Como vimos, o AutoCAD pode gerar arquivos de impressão em PDF e, nesta versão do AutoCAD, podemos importar a geometria, textos com fontes TrueType e imagens raster de um arquivo PDF.

O comando **PDF Import** pode ser acessado pelo **menu de Aplicação** opção **Import** ou pela aba **Insert**

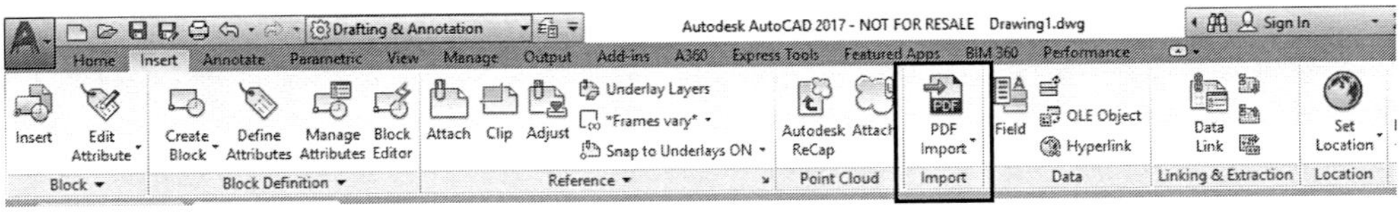

Figura 15.39 Comando PDF Import – aba Insert.

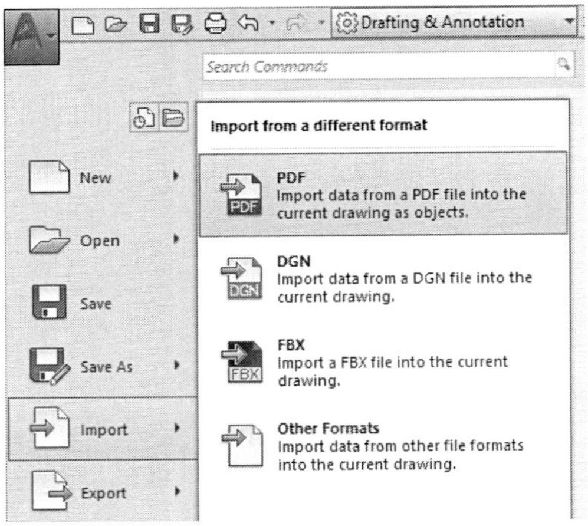

Figura 15.40 Comando PDF Import – menu de Aplicação.

Ao acessar o comando, selecione o arquivo PDF na janela de seleção de arquivos e na linha de comandos é necessário escolher entre **underlay** e **File**, dê ENTER para **File** e em seguida é exibida a janela **Import PDF**, como mostra a Figura 15.41.

```
Command: _pdfimport
Select PDF underlay or [File] <File>: ENTER
```

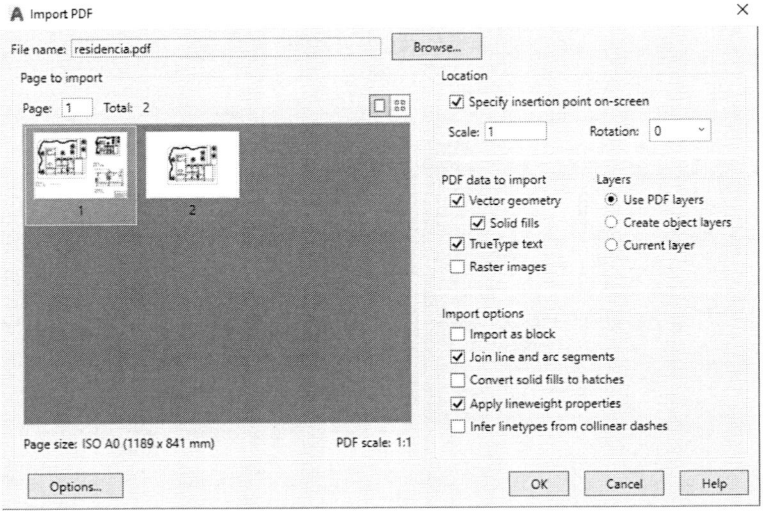

Figura 15.41 Janela Import PDF.

Nesta janela as opções são:

- **Page:** selecione a folha a importar; você pode abrir um PDF que contem várias folhas.
- **Specify insertion point on screen:** se selecionado, permite especificar na tela o ponto de inserção. Caso contrário, insere na coordenada 0,0.
- **Scale:** escala de inserção. Use o valor 1 para manter a escala do PDF.
- **Rotation:** ângulo de rotação da inserção.

- **PDF Data to Import**
  - **Vector Geometry:** inclui as geometrias vetoriais, linhas, arcos, etc.
  - **Solid Fills:** inclui todas as áreas 2D de preenchimento sólido do PDF.
  - **True Type Text:** importa as fontes que forem True Type as que não forem, por exemplo SHX, são importadas como linhas.
  - **Raster Images:** importa as imagens com arquivos PGN e as anexa ao arquivo atual.

- **Layers**
  - **Use PDF layers:** cria layers no AutoCAD a partir dos layers do PDF inserindo PDF nos nomes dos layers.

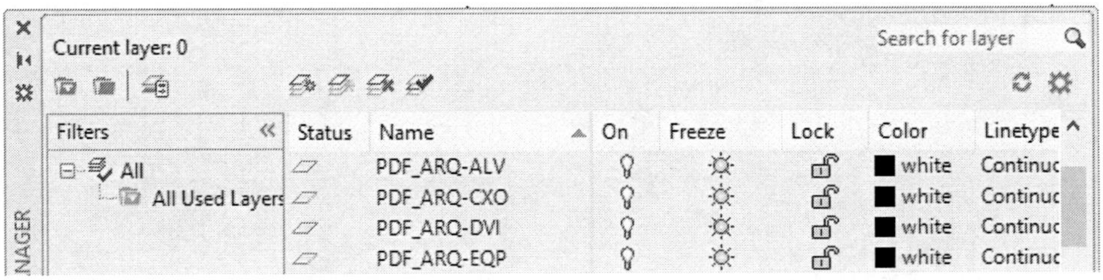

Figura 15.42 Layers importados do PDF

  - **Create object layers:** cria somente os layers por tipos de objetos: PDF_Geometry, PDF_Solid Fills, PDF_Images e PDF_Text.

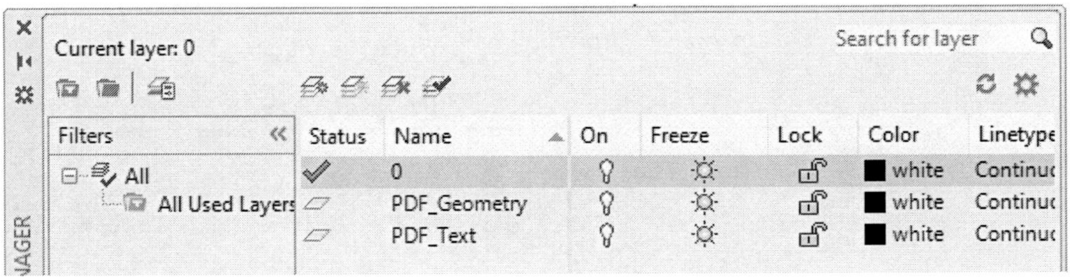

Figura 15.43 Layers criados por tipos de objetos.

- **Current layer:** Importa todos os objetos para o layer corrente no AutoCAD.

▸ Import Options

- **Import as block:** importa o PDF como um bloco.
- **Join line and arc segments:** une os segmentos contíguos em uma polilinha.
- **Convert solid fills to hatches:** converte os objetos 2D sólidos em hachuras do AutoCAD.
- **Apply lineweight properties:** quando marcada, aplica as espessuras de linhas do PDF; se desmarcada usa o tipo de linha corrente.
- **Infer linetypes from colinear dashes:** Une segmentos de linhas tracejadas colineares em segmentos de polilinha única. Essas polilinhas são atribuídas a um tipo de linha tracejada denominada, PDF_Import e escala do tipo de linha atribuída.

- **Options**

  Esse botão abre a janela Options do AutoCAD na aba Files para que você configure a pasta onde serão gravadas as imagens importadas pelo PDF. O caminho pode ser relativo ou absoluto em relação ao arquivo PDF importado.

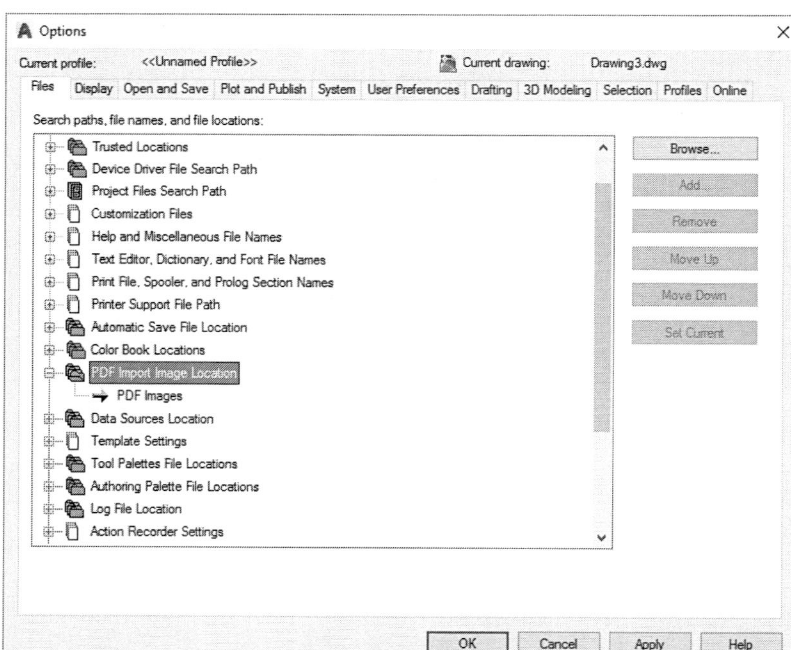

Figura 15.44 - Aba Files da janela Options.

CAPÍTULO 16

Dicas de Produtividade

OBJETIVOS

– Apresentar ferramentas que geram maior produtividade

16.1 Arquivos de Referência - Xrefs

Os arquivos de referência (Xrefs) permitem que você utilize um arquivo de base para seu projeto de forma a desenhar em um arquivo novo sem acumular os desenhos do arquivo base. Eles funcionam de modo semelhante aos blocos; a diferença é que eles não permanecem no desenho, como os blocos. Permitem que o usuário trabalhe com inúmeros arquivos de trabalho sem que fiquem permanentemente ligados a ele. Ao carregar um arquivo que possui arquivos de referência, todos eles são carregados e atualizados. Isso possibilita que você use o desenho de um arquivo para desenvolver seu projeto sem ter de carregar o arquivo base e, com isso, evita aumentar o tamanho do arquivo. O arquivo do projeto fica somente com os objetos relacionados a ele e o arquivo base é preservado. A vantagem é que, se a base for alterada, ao reabrir o projeto, ela é atualizada.

Não há limites quanto ao número de arquivos de referência que podem ser inseridos num desenho. Um mesmo arquivo pode ser carregado várias vezes em diferentes escalas, rotações e posições. Você pode controlar cor, tipos de linha e layers dos arquivos de referência. Ao inserir um arquivo de referência em um desenho, seus layers, estilos de texto, tipos de linha etc. não ficam permanentemente ligados ao arquivo de trabalho, apesar de serem recarregados cada vez que o desenho que os contém for aberto.

No momento da inserção, o AutoCAD cria um nome temporário para cada layer do arquivo de referência. Por exemplo, suponha que o arquivo PLANTA.DWG contém um layer chamado PAREDES. Se esse arquivo for inserido em um desenho como Xref, o layer será renomeado para PLANTA|PAREDES. Se a opção **BIND** do arquivo de referência for usada, o nome do layer será PLANTA0PAREDES.

Para associar um arquivo de referência a um desenho, selecione o comando **Attach** na aba **Insert** ou utilize a paleta **External References**, que é mais prática, pois tem todos os recursos de manipulação dos arquivos de referência.

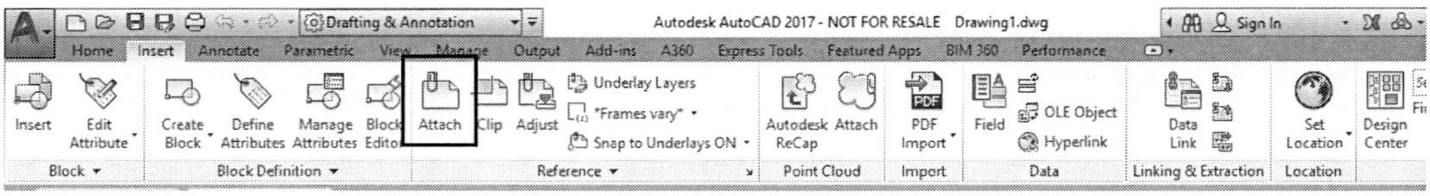

Figura 16.1 Comando Attach.

Ao entrar no comando **Attach**, surge a janela de diálogo **Select Reference File**, na qual é preciso selecionar o arquivo a ser inserido. O formato do arquivo não precisa ser necessariamente **DWG**. Você pode inserir como Xref um **DWF**, **PDF** ou arquivo de imagem; basta selecionar outro formato na linha **Files of type**.

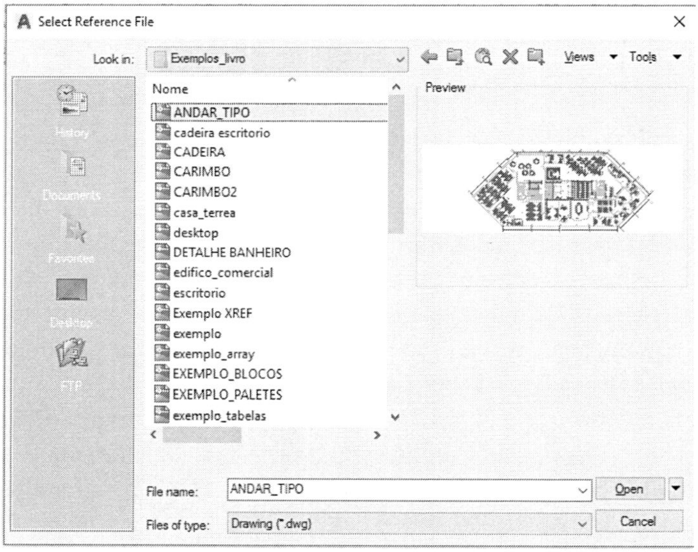

Figura 16.2 Seleção do arquivo a ser inserido.

Em seguida, surge a janela de diálogo **Attach External Reference**, que é semelhante à janela de inserção de blocos, em que se deve indicar ponto de inserção, escala e rotação. Ela será vista em detalhes mais adiante.

A paleta **External References** é acessada pela aba **View**, como exibe a Figura 16.3.

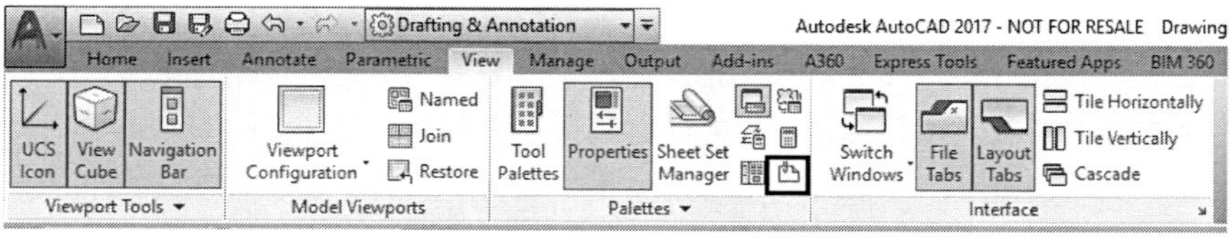

Figura 16.3 Aba View - paleta External References.

Ao clicarmos no botão, conforme a Figura 16.3, surge a paleta **External References** (Figura 16.4), com a qual podemos inserir e gerenciar os arquivos de referência. Para inserir um arquivo de referência, clique no botão **Attach**, na parte superior da paleta, e já defina o tipo de arquivo a inserir, de acordo com as opções da Figura 16.5.

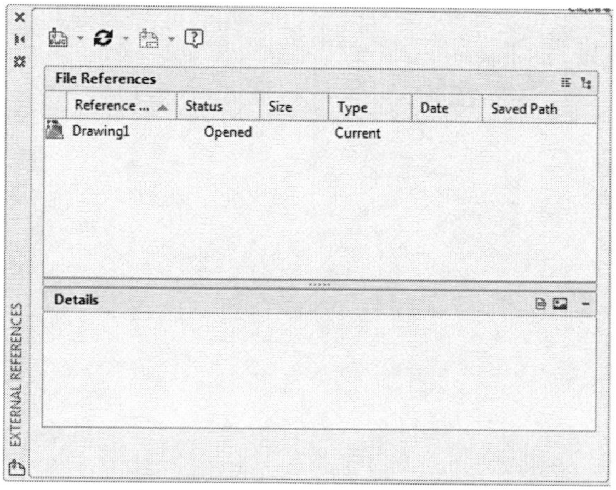

Figura 16.4 Paleta External References.

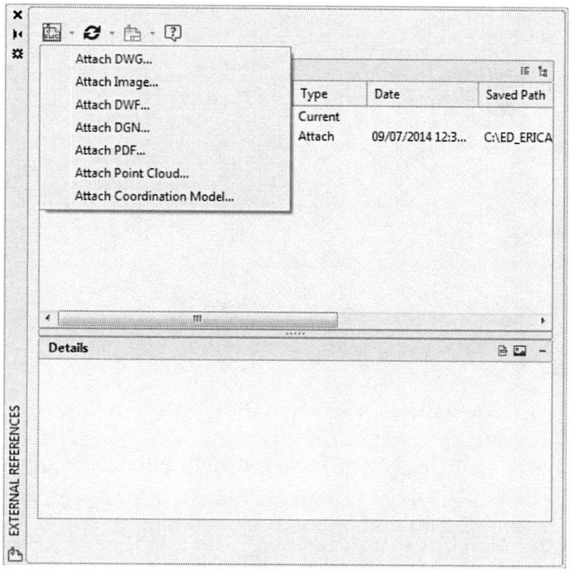

Figura 16.5 Comando Attach.

Ao selecionar **Attach DWG**, surge a janela de diálogo **Select Reference File**, para seleção do arquivo. Neste exemplo, vamos selecionar o arquivo PREDIO.dwg.

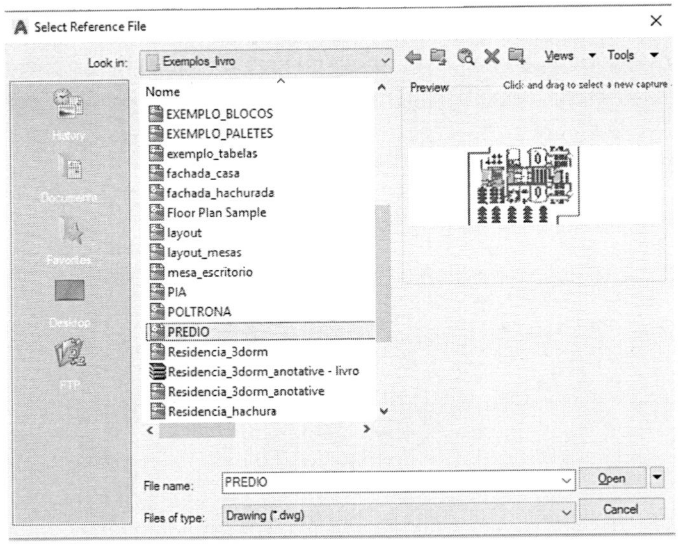

Figura 16.6 Seleção de arquivo DWG.

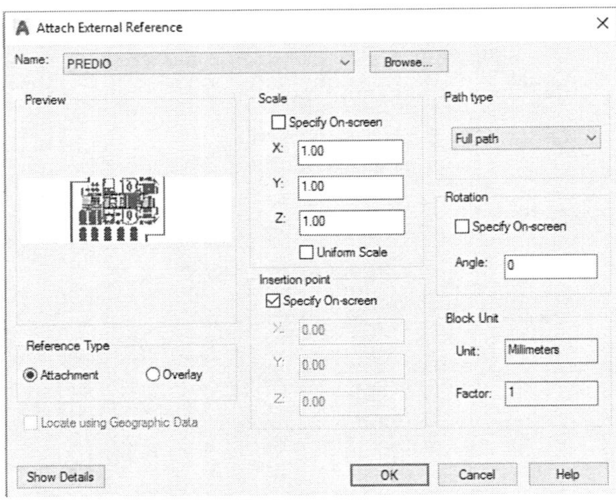

Figura 16.7 Janela Attach External Reference.

Ao selecionar o DWG, surge a janela **Attach External Reference**, em que vamos fornecer os parâmetros de inserção, quase da mesma forma como procedemos com os blocos.

- **Scale:** define a escala de inserção do arquivo.
- **Path type:** especifica os tipos de caminho para o arquivo. As opções são:
  - **Full path:** o endereço completo do arquivo, incluindo o caminho de armazenamento, é inserido no desenho. É a opção mais usual para conservar o caminho do arquivo.
  - **Relative path:** nessa opção, a localização do arquivo não pode ser em outro drive da rede e o caminho é sempre relativo ao arquivo no qual ele está inserido.
  - **No path:** nessa opção, somente o nome do arquivo fica armazenado no desenho e o AutoCAD procura o arquivo na mesma pasta em que está o arquivo que o contém.

- **Rotation:** define o ângulo de rotação do arquivo.
- **Insertion point:** define o ponto de inserção do arquivo. Essa opção deve estar, normalmente, como **Especify On-screen**, para que você especifique o ponto na tela.
- **Reference Type:** define como o arquivo será referenciado. As opções são **Attachment**, que mostra todos os Xrefs aninhados, ou seja, que contêm outras referências, e **Overlay** que não permite exibir o arquivo de referência em outros arquivos que não aqueles em que ele foi inserido.
- **Block Unit:** unidades de inserção.
- **Locate using Geographic Data:** essa opção associa arquivos utilizando dados geográficos como referência.

Selecione as opções da Figura 16.7 e clique em **OK** para inserir o arquivo. Em seguida, abra a paleta do comando **Layer** e note, na paleta **External References**, o arquivo já com status de carregado (**Loaded**), conforme Figura 16.8.

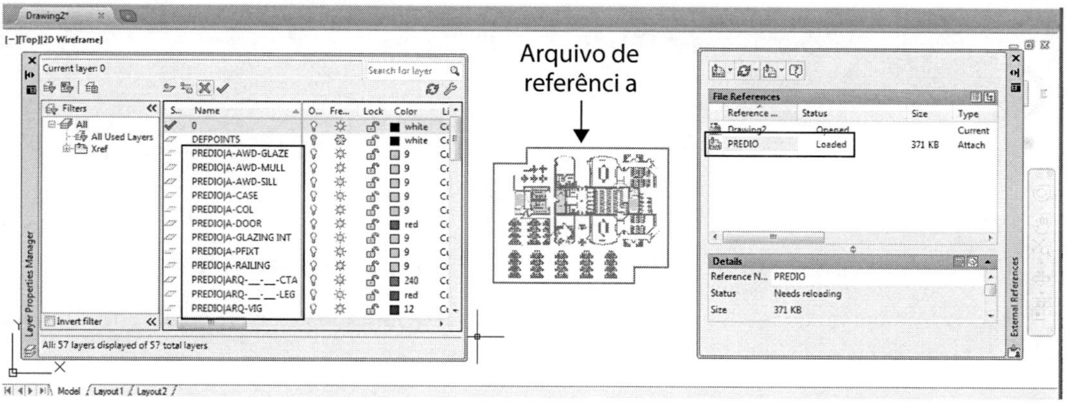

Figura 16.8 Layers e status do arquivo inserido.

A partir deste momento, você pode trabalhar normalmente no AutoCAD desenhando "por cima" desse arquivo, usando-o como base. Ao salvar o arquivo, somente os objetos criados nesse arquivo serão salvos; o arquivo inserido como referência será mantido.

16.1.1 Manipulação dos Arquivos de Referência

Você deve observar os seguintes pontos ao trabalhar com arquivos de referência:

a. O layer dos Xrefs não pode ser o ativo. Se você tentar ativar um layer do Xref, surge a mensagem da Figura 16.9.

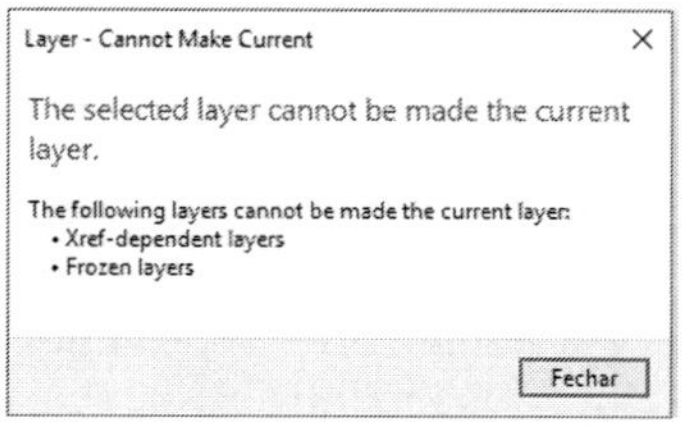

Figura 16.9 Mensagem da ativação de um layer do Xref.

b. Você pode controlar a visibilidade/transparência de um Xref, deixando-o um pouco mais claro na tela, para não o confundir com o desenho principal. Na aba **Insert** do painel **Reference** temos o botão deslizante **Xref fading**, que atenua a cor do Xref (Figura 16.10).

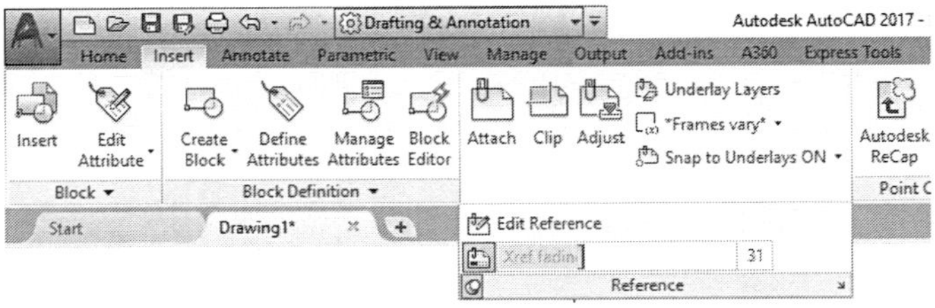

Figura 16.10 Seleção de Xref fading para ativar a transparência do Xref.

c. Se o arquivo inserido for muito extenso, é possível recortar parte dele a fim de se visualizar somente a área de interesse, usando-se a opção **Clip** na aba **Insert**.

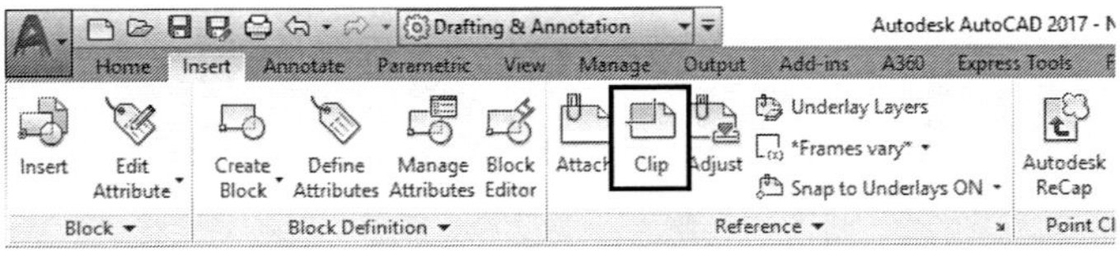

Figura 16.11 Comando Clip.

16.1.2 Gerenciamento do Xref pela Paleta External Reference

Clicando com o botão direito do mouse no nome do arquivo inserido, torna-se possível realizar, no arquivo, as operações apresentadas na Figura 16.12.

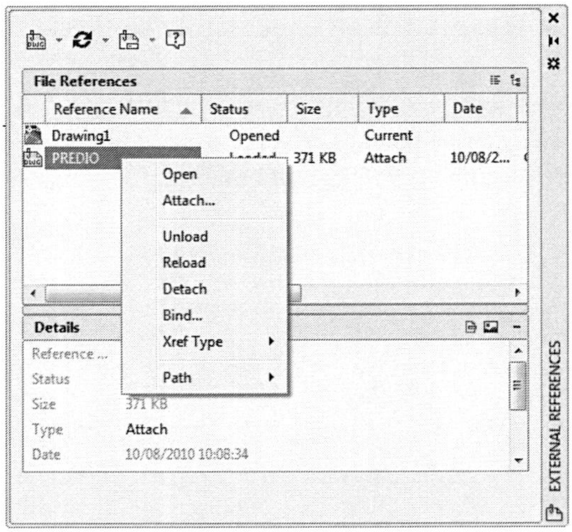

Figura 16.12 Opções de manipulação do Xref.

- **Open:** abre o arquivo selecionado na sessão corrente do AutoCAD.
- **Attach:** insere novamente o arquivo no desenho corrente.

- **Unload:** descarrega o arquivo do desenho atual.
- **Reload:** recarrega o arquivo de referência. Útil quando outro usuário está trabalhando no arquivo e você precisa atualizar as informações.
- **Detach:** dissocia o arquivo de referência do arquivo em questão.
- **Bind:** torna o arquivo de referência parte do desenho em questão, ou seja, ele se transforma em um bloco do desenho. Ao selecionar essa opção, ainda há duas opções que podem ser definidas na janela da Figura 16.13:

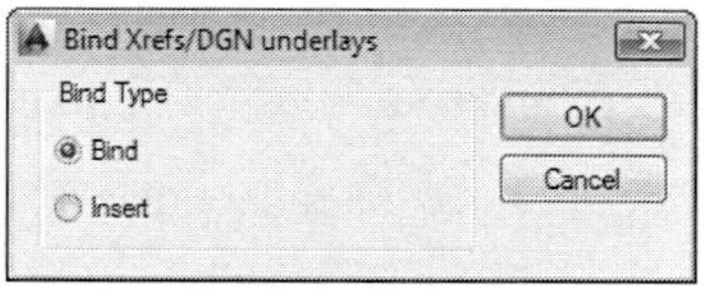

Figura 16.13 Opções Bind e Insert.

- **Bind:** nessa opção, a barra vertical que separa os nomes dos layers é removida e trocada por três novos caracteres: 0. Exemplo:

  PREDIO|COTAS

  PREDIO0COTAS
- **Insert:** o nome do layer fica como na inserção de um bloco.

É possível, ainda, mudar facilmente o tipo de vínculo dos Xrefs com as opções **Attach** e **Overlay**, clicando com o botão direito do mouse em **Xref Type** (Figura 16.14).

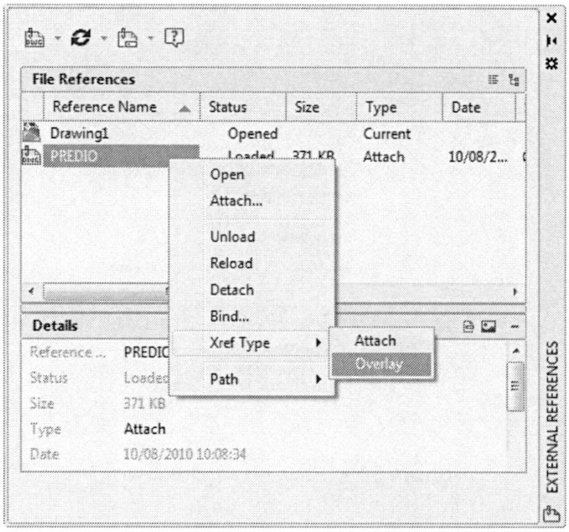

Figura 16.14 Alteração do Xref Type.

Clicando em **Path**, pode-se mudar o caminho dos Xrefs selecionados pelas opções **Absolute** e **Relative.** É possível, inclusive, remover o caminho completamente.

16.2 Padronização de Arquivos - Template

A primeira ferramenta que fornece grande benefício de produtividade ao usuário de AutoCAD é um template, ou arquivo padrão (arquivo com extensão **DWT**).

O template tem o objetivo de padronizar o desenho. Padronizar nada mais é do que usar as mesmas características de desenho em todos os projetos. No AutoCAD, isso significa usar sempre os mesmos layers, estilos de texto e de dimensionamento, cores, escalas anotativas, espessuras de linha etc.

Todas essas características não precisam ser criadas a cada novo desenho. É possível deixá-las gravadas nesse template. Cada vez que você abrir um novo desenho, inicie com esse template e o desenho será aberto com todos os layers criados, bem como com os estilos e layouts mais utilizados nele configurados.

Para criar o template, é preciso iniciar um novo desenho e nele criar todos os estilos de padronização descritos a seguir:

- layers;
- estilos de texto;
- estilos de dimensionamento;
- estilos de tabelas;
- unidades de desenho e número de casas decimais;
- layouts e page setups com margens e carimbos;
- escalas anotativas.

Depois de criar o arquivo com todas essas padronizações, salve-o. Um arquivo com extensão **DWG** é gerado. Em seguida, salve novamente o arquivo, porém com a extensão **DWT**, como mostra a Figura 16.15.

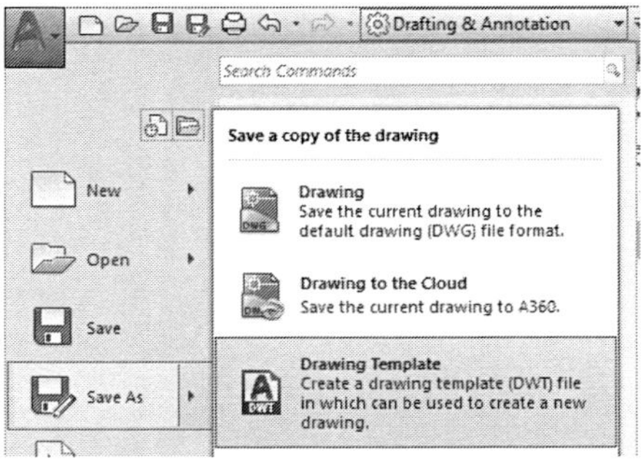

Figura 16.15 Salvar como template.

Ao selecionar **Save As Template**, é automaticamente selecionada a pasta onde já se encontram os templates que são instalados com o AutoCAD, se for uma instalação padrão. Você pode gravar em qualquer pasta, mas facilita guardar na pasta em que estão os outros templates.

Após selecionar o nome, aparece a janela da Figura 16.16, em que é possível efetuar uma pequena descrição do arquivo criado.

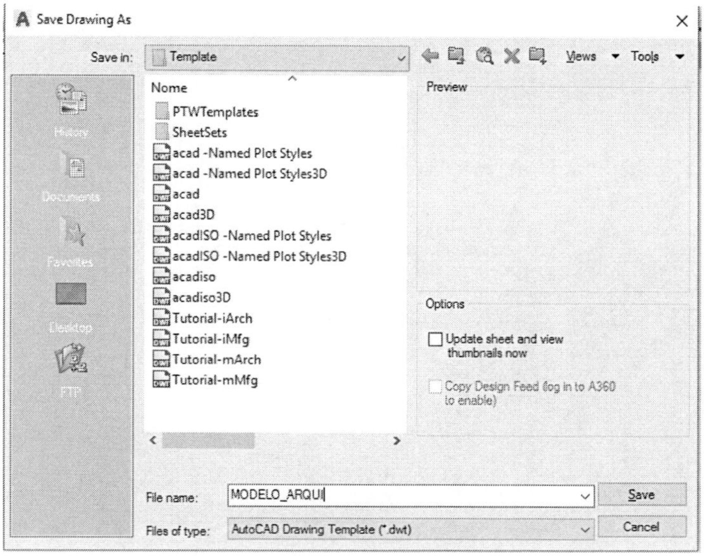

Figura 16.16 Salvar um template.

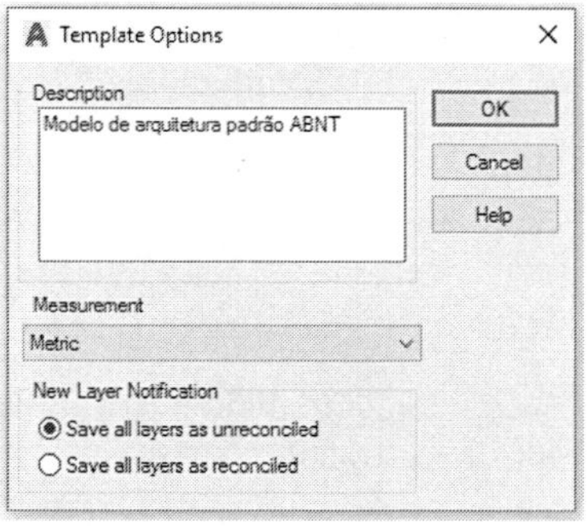

Figura 16.17 Inserção de uma descrição em um template.

Ao iniciarmos um novo desenho, solicita-se um template. Selecione o seu template para usar essa padronização nos próximos desenhos.

O AutoCAD traz muitos templates prontos para várias configurações de normas internacionais de desenho. Na tela de abertura do AutoCAD o template já pode ser selecionado ao se iniciar um desenho (Figura 16.18).

Se você salvou o arquivo na pasta **Template** do AutoCAD, ele vai se juntar aos outros que já vêm com o AutoCAD. Inicie um novo desenho e veja o template criado para ser selecionado.

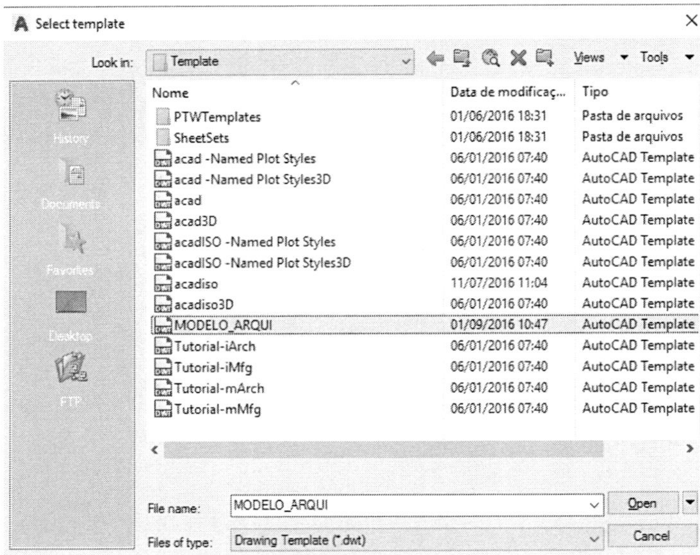

Figura 16.18 Tela inicial do AutoCAD com novo template.

16.3 Repetição de Comandos

É possível obter muita agilidade na repetição de comandos. Basta observar os procedimentos descritos em seguida.

1. Para repetir o último comando utilizado, tecle <ENTER> ou pressione a barra de espaços. Clicar com o botão direito do mouse também é uma opção, pois ele tem o último comando utilizado no menu de atalho, **Repeat COPY**, como indica a Figura 16.19.
2. Para repetir os últimos comandos utilizados, clique no botão direito do mouse e selecione **Recent Input** no menu de atalho (Figura 16.20).

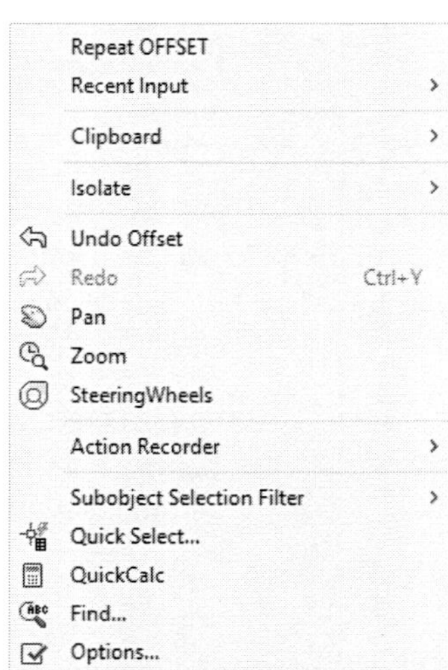

Figura 16.19 Repetição de comandos.

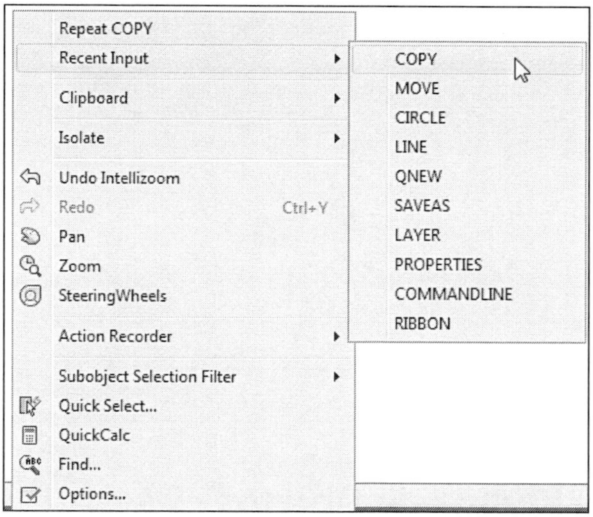

Figura 16.20 Repetição dos últimos comandos.

16.4 Edição por Grips

A edição dos objetos com o uso dos **Grips** agiliza muito o processo, pois primeiramente se seleciona a entidade e, depois, o comando. É possível usar até dois comandos juntos, por exemplo, **Rotate** e **Copy**. Além disso, faz uma cópia de um objeto enquanto o gira.

Praticamente todos os objetos podem ser editados com os **Grips**, com muita agilidade.

- **Texto:** o **Grip** permite mover o texto.
- **Dimensionamento:** você pode mudar a posição do texto da cota ou os pontos de controle.
- **Hachura:** altere a borda da hachura com os **Grips**.
- **Tabelas:** modifique o número de linhas e colunas.

Para selecionar os **Grips**, basta clicar em um objeto sem acionar nenhum comando. Em seguida, surgem os **Grips**, pequenos quadrados azuis em pontos do objeto.

Se o usuário selecionar um deles para ser o ponto base, altera-se para a cor vermelha, indicando que está acionado, e na linha de comandos surge o comando **Stretch** com várias opções. Pressionando-se a barra de espaço, altera-se para **Move** e assim por diante, conforme a lista seguinte.

```
** STRETCH **
Specify stretch point or [Base point/Copy/Undo/eXit]:
** MOVE **
Specify move point or [Base point/Copy/Undo/eXit]:
** ROTATE **
Specify rotation angle or [Base point/Copy/Undo/Reference/eXit]:
** SCALE **
Specify scale factor or [Base point/Copy/Undo/Reference/eXit]:
** MIRROR **
Specify second point or [Base point/Copy/Undo/eXit]:
```

É possível fazer combinações de comandos. No exemplo da Figura 16.21, há um **Rotate** com **Copy**. Use o **Grip** do meio como ponto base.

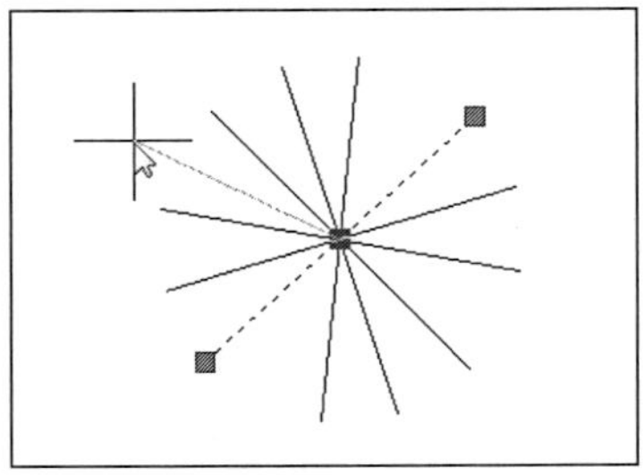

Figura 16.21 Rotacionar e copiar com os Grips.

16.5 Seleção Rápida de Objetos - Qselect

O AutoCAD tem um filtro de seleção de objetos com a mesma característica, por exemplo, todos de um mesmo layer ou todas as polilinhas iguais. Esse filtro chama-se **Qselect**. Acione-o pela aba **Home**, painel **Utilities**, ou pelo menu superior **Tools**, opção **Quick Select**, se ele estiver habilitado.

No botão **Object type** selecione o tipo de objeto. Só são listados os objetos que fazem parte do desenho. No campo **Properties**, escolha a propriedade. No exemplo selecionamos os textos com a propriedade **Layer** e o nome do layer; serão selecionados somente os textos desse layer.

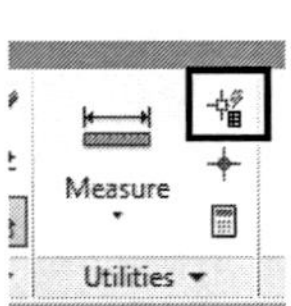

Figura 16.22 Comando Qselect.

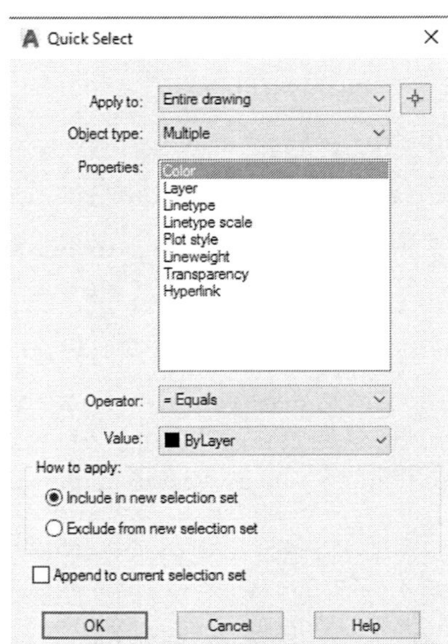

Figura 16.23 Filtrar objetos na seleção.

16.6 Edição pelas Propriedades - Properties

A edição de muitos objetos pode ser feita por suas propriedades com a paleta **Properties**, acionada com <CTRL>+1 ou pelo botão na aba **View**.

A simples troca de um layer ou estilo de texto fica bem agilizada pela paleta. Selecione o objeto e abra a paleta (Figura 16.24).

16.6.1 Edição pelas Quick Properties

A paleta **Quick Properties** (propriedades rápidas) pode ser facilmente personalizada para aumentar a produtividade, reduzindo-se os passos necessários para encontrar informações sobre propriedades. Esse recurso favorece a otimização da apresentação das informações para um usuário ou projeto em particular. Ele é acionado ao selecionar-se qualquer objeto do AutoCAD, se o botão **QPMODE** na linha de status estiver habilitado (Figura 16.25).

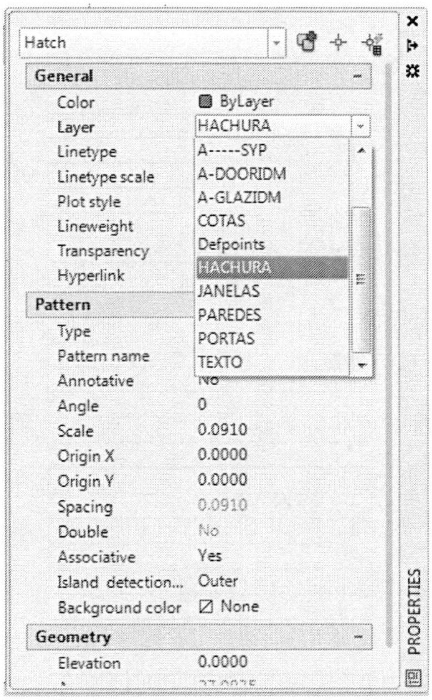

Figura 16.24 Edição de objetos pelas propriedades.

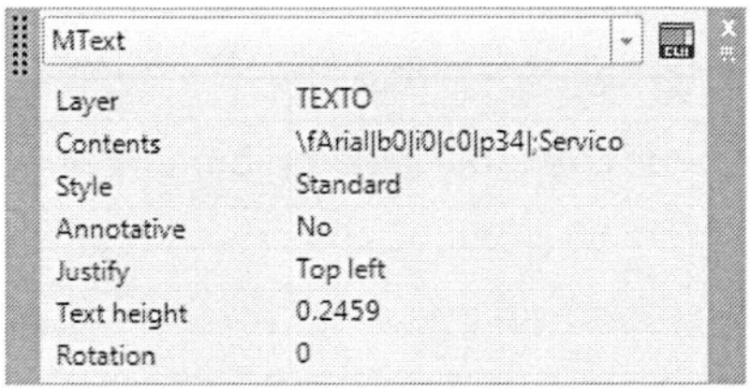

Figura 16.25 Propriedades rápidas.

Para personalizar as propriedades habilitadas, clique no botão **CUI** do canto superior direito, em seguida é exibida a tela de customização (Figura 16.26), em que estão selecionados o tipo de objeto e as propriedades do objeto que podem ser habilitadas. Basta selecionar as que devem ficar habilitadas e desligar as que não deseja habilitar.

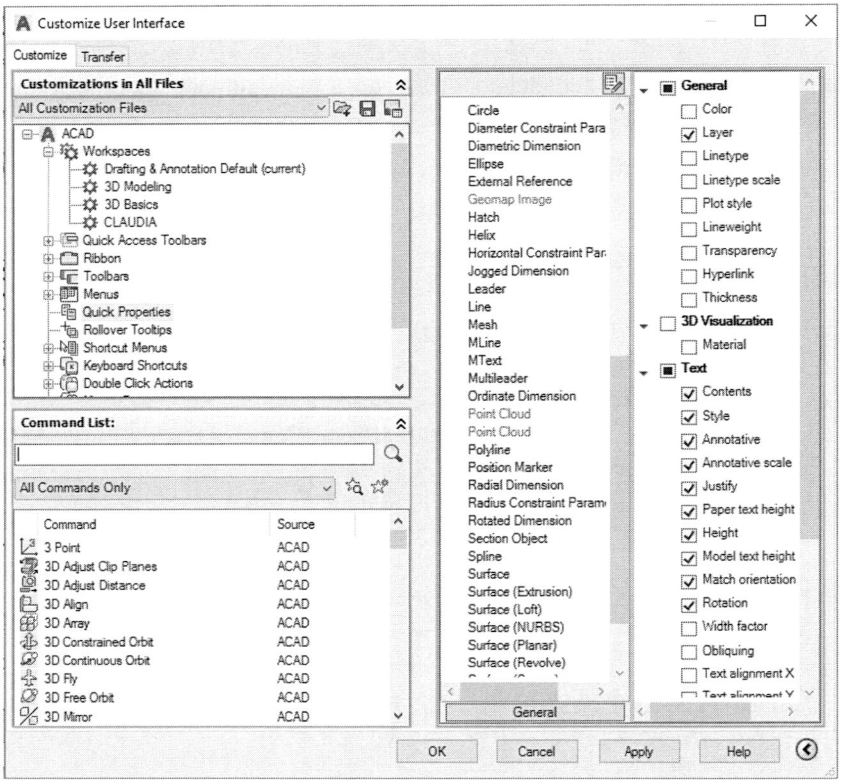

Figura 16.26 Seleção das propriedades.

16.7 Formas de Seleção Rápidas

- **Select Similar:** permite selecionar rapidamente objetos de mesmo tipo e mesmas propriedades. Mais detalhes no Item 5.1.7.
- **Add Selected:** permite desenhar objetos com mesmo tipo e mesmas propriedades. Mais detalhes no Item 5.1.9.
- **Select Cycling:** para visualizar vários objetos selecionados simultaneamente. Pode ser habilitado na linha de status. Ao selecionar objetos que se sobrepõem a outros, o AutoCAD mostra uma lista dos objetos selecionados, e ao se passar o cursor sobre o objeto na lista ele fica em destaque no desenho.

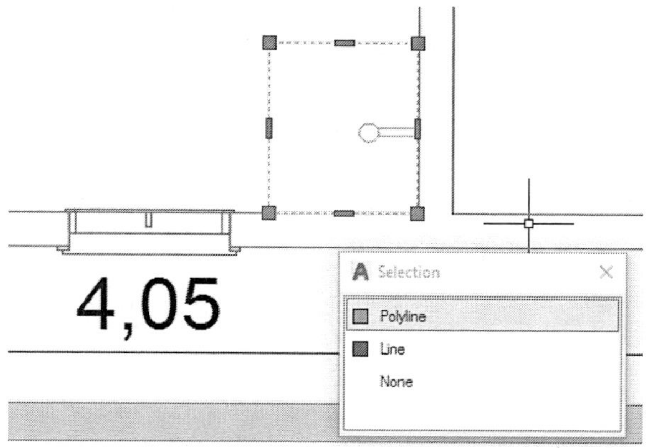

Figura 16.27 Seleção cíclica de objetos.

16.8 Visibilidade dos Objetos

Controle a visibilidade dos objetos independentemente dos layers com as opções **Hide Objects** e **Isolate Objects**. Essas ferramentas auxiliam bastante a visibilidade em desenhos muito grandes. Clique no botão direito do mouse depois de selecionar os objetos e escolha uma das opções. Para retornar ao original, selecione **End Object Isolation**. Mais detalhes no Item 8.6.1.

16.9 Aumentar a Área de Trabalho

Aumente a área de desenho rapidamente escondendo a **Ribbon** e a linha de comandos. Para esconder a linha de comandos, tecle <CTRL> + 9 e a **Ribbon**, clicando no botão do canto superior direito até que as abas e os painéis sejam escondidos (Figura 16.28). Para voltar à situação original, repita os mesmos passos.

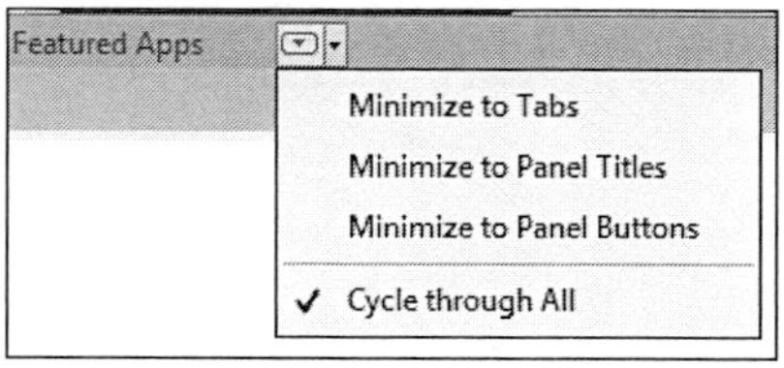

Figura 16.28 Escondendo a Ribbon.

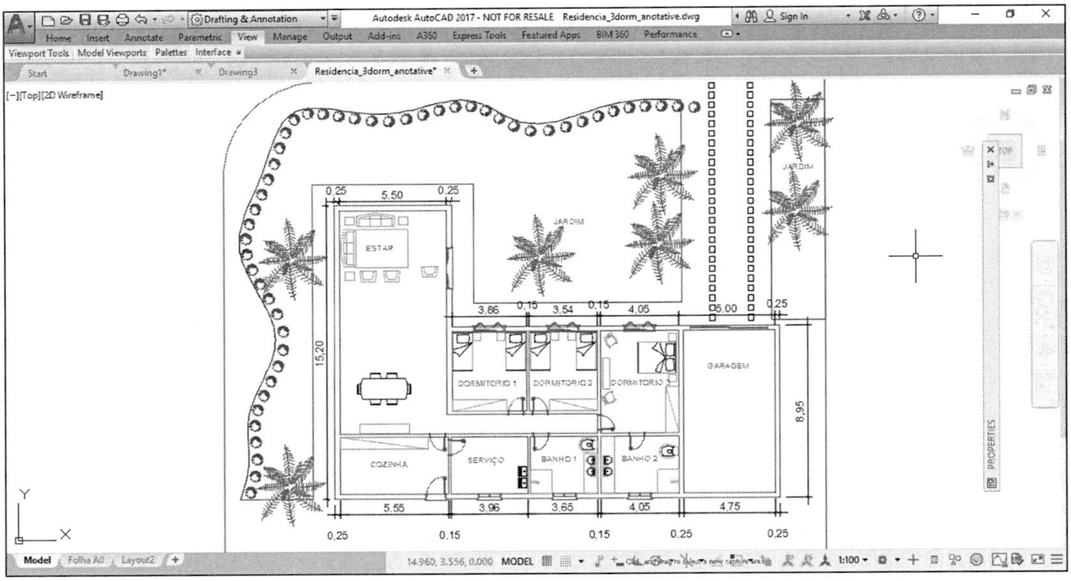

Figura 16.29 Área de trabalho estendida.

16.10 Barra de Acesso Rápido

Você pode inserir na barra de acesso rápido qualquer comando usado frequentemente, para facilitar o acesso a ele. Por exemplo, podemos inserir a barra de **Layers** nesse local, então ela sempre estará visível, não importa em que aba da **Ribbon** você esteja. Clicando com o botão direito do mouse em qualquer botão de comando, surge a opção **Add to Quick Access Toolbar** para se adicionar o comando à barra de acesso rápido.

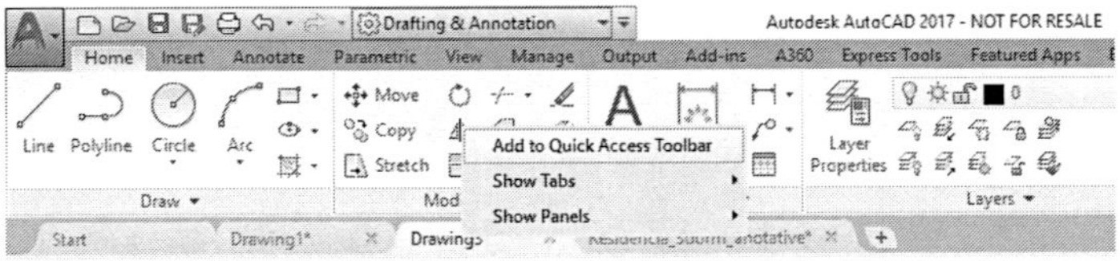

Figura 16.30 Clicar com o botão direito do mouse.

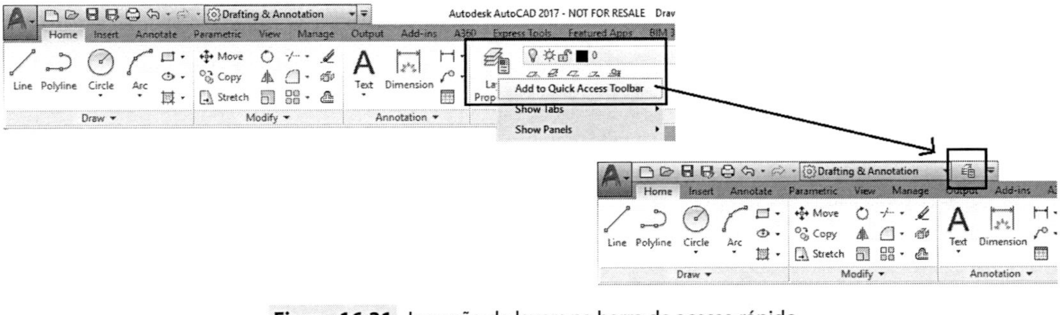

Figura 16.31 Inserção de layers na barra de acesso rápido.

Para remover o comando da barra de acesso rápido, use o mesmo procedimento. Clique nele com o botão direito do mouse e selecione **Remove from Quick Access Toolbar**.

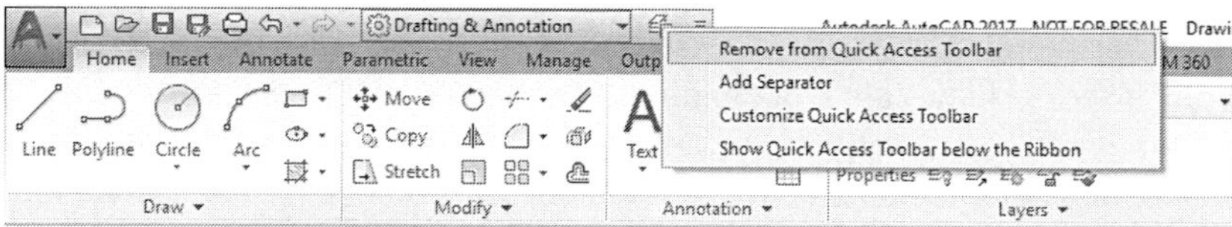

Figura 16.32 Remoção do comando da barra de acesso rápido.

16.11 Criação de Paleta de Ferramentas

As paletas de ferramentas oferecem fácil acesso ao conteúdo de desenho de uso mais frequente, inclusive aos blocos e hachuras. É possível economizar tempo ao procurar e inserir conteúdo de desenhos preexistentes nos desenhos ou comandos do AutoCAD.

As paletas de ferramentas possuem toda a funcionalidade das caixas de diálogo usuais. Podemos modificar as existentes ou criar outras. Elas são acessadas pela aba **View** no painel **Palettes**, pelo menu superior **Tools**, **Palettes**, **Tool Palettes** ou teclando-se <CTRL>+3.

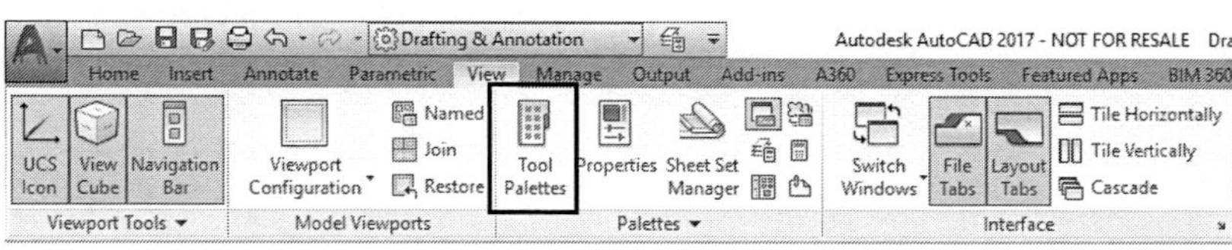

Figura 16.33 Acionar a Tool Palettes.

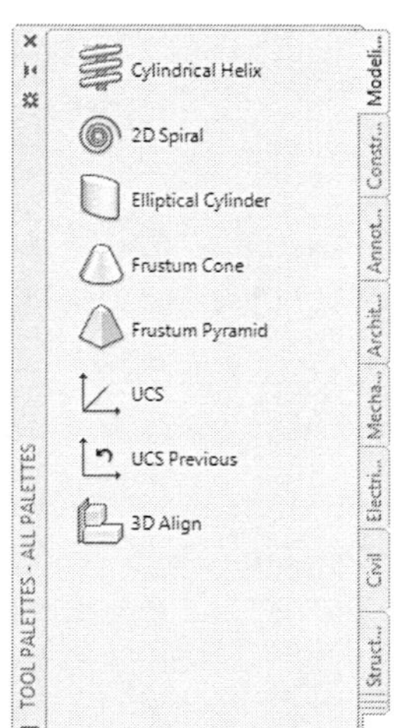

Figura 16.34 Tool Palettes.

Exemplo

Personalize a **Tool Palettes** criando uma aba própria, com blocos e funções do AutoCAD na paleta.

1. Abra a **Tool Palettes** e clique com o botão direito do mouse em **New Palette** (Figura 16.35).
2. Dê um nome à sua escolha e clique em **OK**.
3. Usando o comando **Line** desenhe uma linha qualquer na área de trabalho, selecione-a e, com o botão direito do mouse, arraste-a até a paleta criada. Acabamos de inserir um comando na **Tool Palettes**. Repita o procedimento com um círculo e um texto. Na paleta temos os comandos **Line, Circle** e **Text** (Figura 16.36). Isso pode ser usado também para blocos, como no exemplo seguinte.

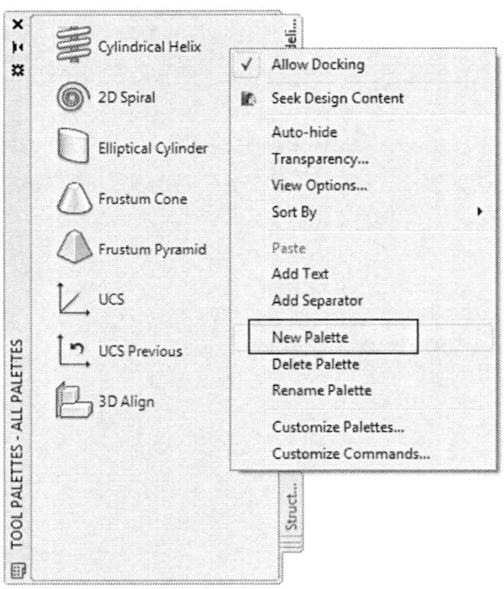

Figura 16.35 Nova Tool Palettes.

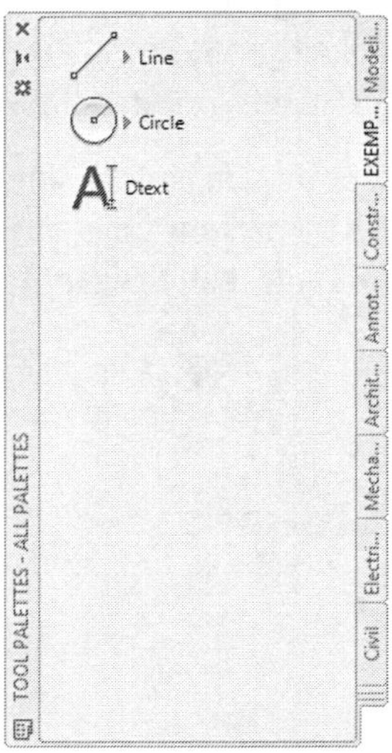

Figura 16.36 Paleta com comandos.

4. Insira um bloco no desenho; neste exemplo, inserimos blocos de MOVEIS. Selecione-os e arraste até a paleta criada. O resultado é apresentado na Figura 16.37.

Há uma aba na **Tool Palettes** com comandos específicos que foram configurados e alguns blocos mais usados, o que evita uma busca muito demorada por eles.

É possível fazer o mesmo com ícones de comando. Clique na **Tool Palettes** com o botão direito do mouse e selecione a opção **Customize Commands** para abrir a caixa de customização. Nela, é possível arrastar os ícones de comando para a **Tool Palettes**, obtendo-se uma paleta configurada da forma desejada (Figura 16.38).

Figura 16.37 Criação de Tool Palettes.

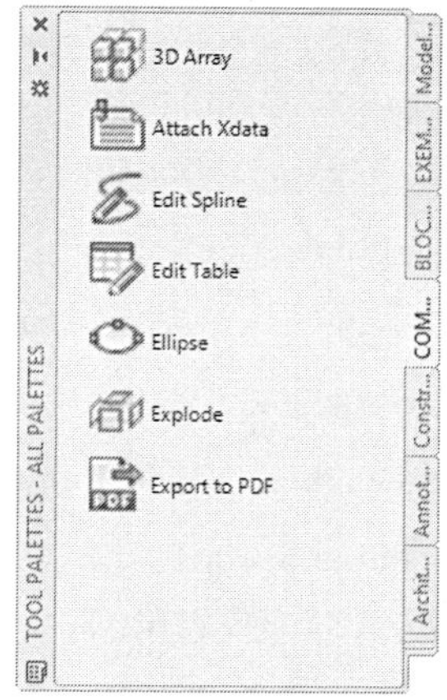

Figura 16.38 Tool Palettes personalizada.

As paletas ficam gravadas num arquivo com extensão ATC na pasta **C:\usuario\AppData\Roaming\Autodesk\AutoCAD2017\R21.1\enu\Support\Toolpalette\Palettes.**

Você pode copiar as paletas criadas em todas as máquinas do escritório para padronizar os desenhos. No comando **Options**, na aba **Files**, podemos configurar outras pastas para as paletas (Figura 16.39).

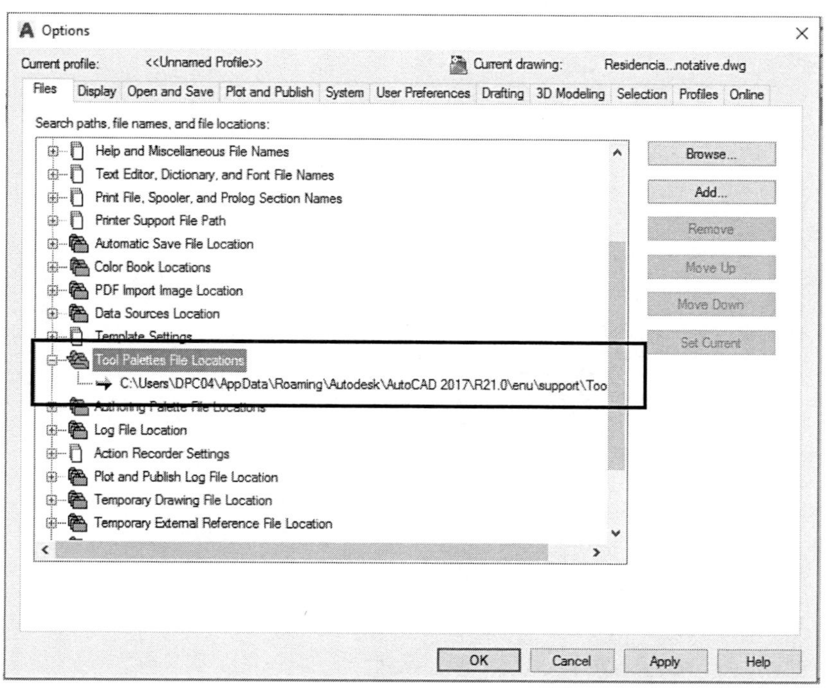

Figura 16.39 Comando Options - aba Files.

16.12 CAD Standards

Objetivos

- Criar um arquivo com padrões.
- Associar o arquivo a outros desenhos.
- Verificar se houve violação dos padrões.
- Converter layers entre desenhos.

Ao trabalhar em um projeto com outros profissionais, os desenhos ficam mais consistentes se todos usarem os mesmos padrões. A ferramenta **CAD Standards** facilita o gerenciamento de padrões no desenho.

É possível associar um arquivo padrão a todos os desenhos do projeto. O arquivo padrão tem uniformidade de layers, estilos de dimensionamento, estilos de texto e tipos de linha, entre outros. Essa uniformidade pode ser usada para padronizar um projeto.

Com a utilização das ferramentas do **CAD Standards**, o usuário pode verificar violações de padrão enquanto trabalha. Ele é imediatamente notificado se criar um objeto fora dos padrões do arquivo de padrões. Nesse caso, ele pode corrigir a violação ou deixar o objeto fora do padrão.

Para transformar um desenho em arquivo padrão, basta salvá-lo com a extensão **DWS** pelo comando **Save As**. A partir disso, o arquivo pode ser associado a outros desenhos como arquivo padrão.

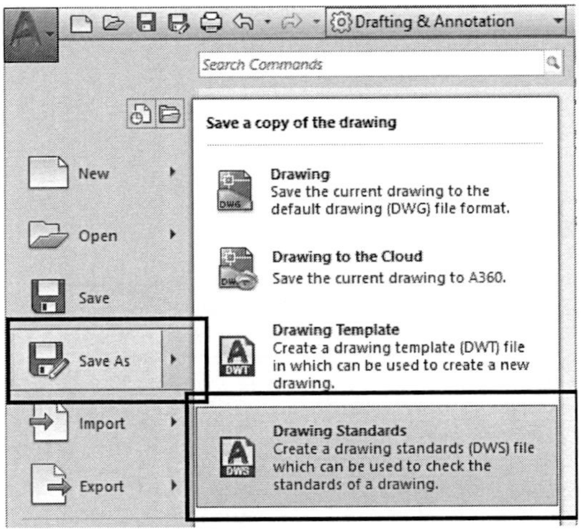

Figura 16.40 Salvar um arquivo como padrão DWS.

16.12.1 Associar um Arquivo de Padrões

Os comandos da ferramenta **CAD Standards** estão na aba **Manage**, painel **CAD Standards**, ou no menu superior **Tools**, opção **CAD Standards**, como mostra a Figura 16.41.

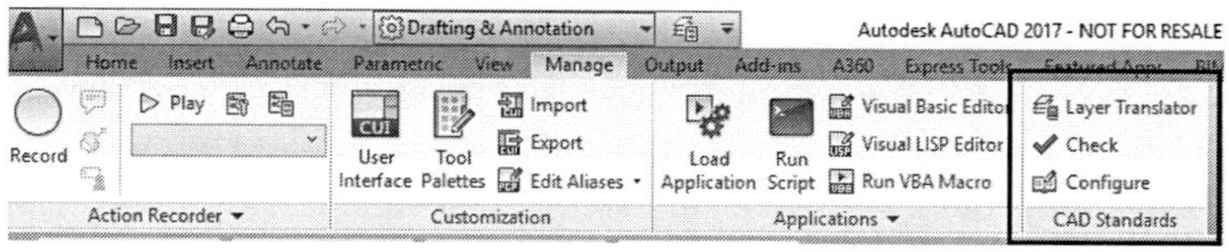

Figura 16.41 Aba Manage - painel CAD Standards.

Para usar essas ferramentas, primeiramente crie um arquivo com padrões de layer, estilos de texto e de dimensionamento e tipos de linha e outras padronizações que desejar. Com isso, você obtém um arquivo **DWS** para associar aos desenhos.

No exemplo, vamos usar o arquivo **PADRAO.dws** para definir os padrões; esse arquivo está disponível no site da editora.

1. Abra um novo desenho.
2. No painel **CAD Standards** selecione **Configure**, como exibe o ícone do comando Configure.
3. Apresenta-se a janela da Figura 16.42.
4. Nessa janela há duas pastas, **Standards** e **Plug-ins**, e os botões descritos em seguida:

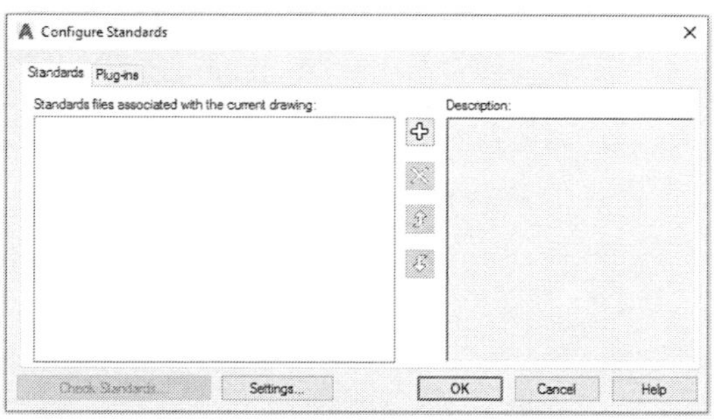

Associa um arquivo DWS ao desenho.

Exclui o arquivo selecionado.

As setas movem, um nível acima ou abaixo, o arquivo selecionado.

Figura 16.42 Associar um arquivo de padrões ao desenho.

5. Para associar o arquivo ao desenho novo, selecione o botão com o sinal de mais (+) e, na janela de seleção de arquivos, selecione o arquivo **PADRAO.dws** ou outro criado. Surge o nome do arquivo selecionado no quadro à esquerda da janela. Clique em **OK** (Figura 16.43).
6. Ao associar um arquivo de padrões a um desenho, o AutoCAD insere um ícone na linha de status, no canto inferior direito da tela, semelhante à Figura 16.44.

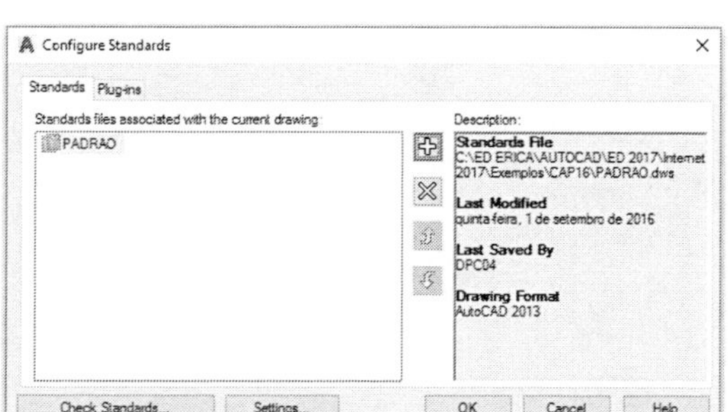

Figura 16.43 Arquivo associado ao desenho.

Figura 16.44 Ícone azul do arquivo associado.

7. Para verificar a padronização de arquivos, vamos criar algumas configurações nesse desenho que não estão no arquivo padrão associado a ele.

8. O arquivo padrão não possui um layer com o nome **MOBILIARIO**. Crie um layer com esse nome no desenho novo. Deve aparecer uma mensagem no canto inferior direito da tela, como ilustra a Figura 16.45, alertando sobre a violação dos padrões e sugerindo a utilização do comando **Check Standards** para verificar o que não está de acordo. Essa mensagem é somente um aviso. Clique no canto superior direito dela para fechar a janela.

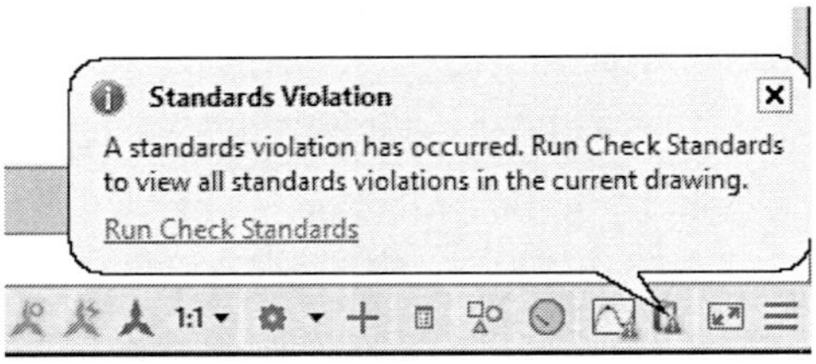

Figura 16.45 Violação de padrões.

16.12.2 Verificação de uma Violação de Padrões

Para verificar a violação, use o comando **Check Standards**. No painel **CAD Standards** selecione **Check**, como mostra o ícone do comando.

Selecionando-se esse comando, aparece a janela da Figura 16.46, listando o que não está de acordo com as configurações do arquivo associado. Clique em **Fix**. Para sair, dê um clique em **OK**.

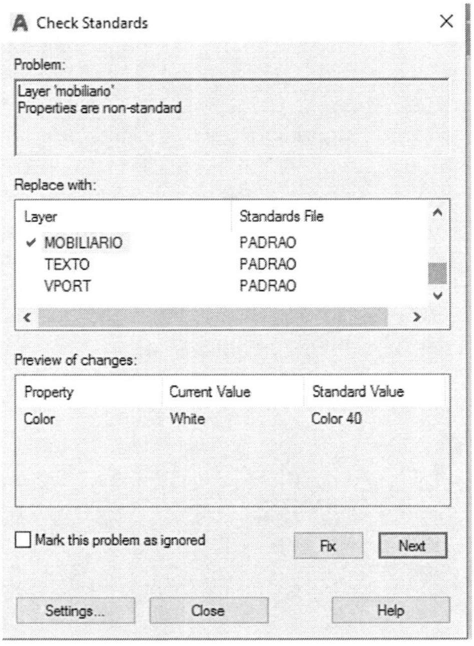

Figura 16.46 Listagem dos itens que não estão de acordo com os padrões.

Se trabalharmos dentro dos padrões do arquivo, nenhuma mensagem de violação é exibida. Nesse caso, ao selecionarmos o comando **Check Standards** e **Fix**, ele não lista nenhuma violação (Figura 16.47).

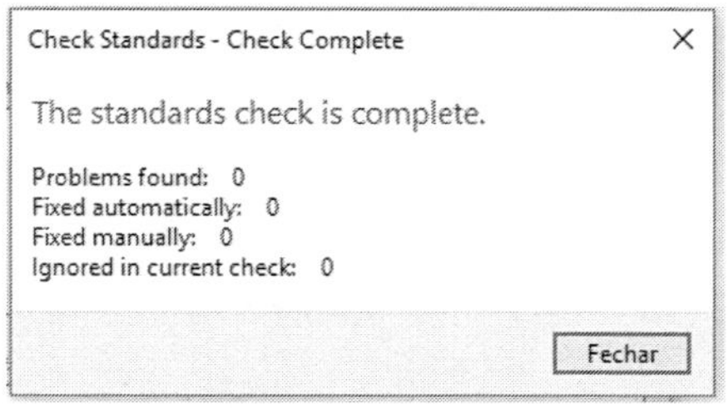

Figura 16.47 Mensagem exibida ao trabalhar dentro dos padrões.

Se houver alteração na cor de um layer, ocorrerá um alerta. Se rodar o **Check Standards**, ele vai achar o erro e sugerir a correção (Figura 16.48).

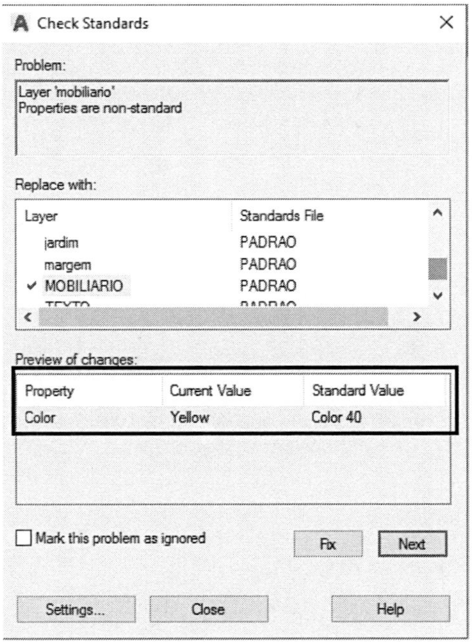

Figura 16.48 A mensagem apresenta uma violação de padrões.

O quadro **Problem** indica que as propriedades do layer **MOBILIARIO** não são o padrão. O quadro **Preview of changes** exibe que o valor **Standard** da cor é **40**. Nesse momento é possível corrigir o problema clicando no botão **Fix**, que muda a cor do layer.

O botão **Next** passa para o próximo problema, se houver. Se não quiser corrigi-lo, marque a opção **Mark this problem as ignored** e o programa ignora essa diferença de configuração.

Ao fazer as correções com o botão **Fix**, o AutoCAD abre uma mensagem que as confirma (Figura 16.49).

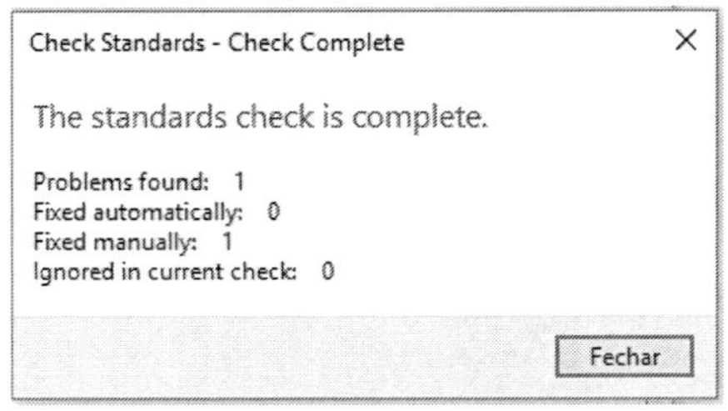

Figura 16.49 Mensagem final que confirma as correções.

Em qualquer configuração criada fora dos padrões, é preciso seguir esses passos para corrigir as diferenças ou ignorá-las. Se desejar que as diferenças entre os padrões sejam corrigidas automaticamente você pode configurar o comando **Configure**.

No comando **Configure Standards**, clique no botão **Settings** e a janela da Figura 16.50 é aberta.

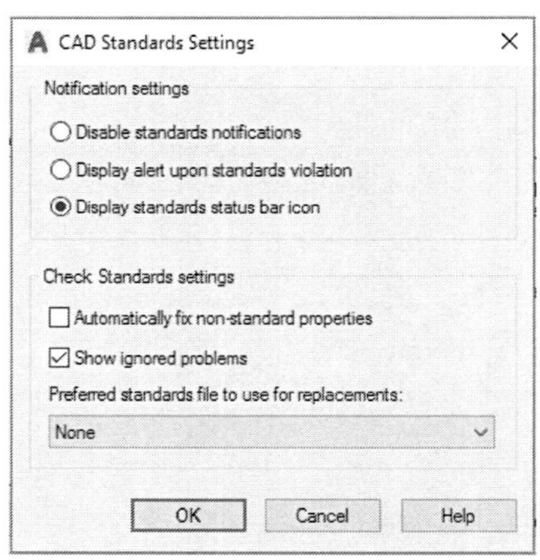

Figura 16.50 Configuração da correção automática dos problemas.

Essa janela possui as seguintes opções:

- **Disable standards notifications:** desabilita as notificações de violação.
- **Display alert upon standards violation:** exibe a janela de alerta para violações.
- **Display standards status bar icon:** mostra o ícone de padrões na linha de status.
- **Automatically fix non-standard properties:** corrige automaticamente as diferenças.
- **Show ignored problems:** apresenta os problemas anotados como ignorados.
- **Preferred standards file to use for replacements:** exibe a lista de arquivos padrão associada ao desenho para selecionar um desses arquivo padrão, que deverá ser usado no momento.

16.13 Abertura Parcial de Arquivo - Partial Open

O AutoCAD possibilita a abertura parcial de desenhos, o que é bastante útil em um arquivo muito grande. Neste caso, é possível selecionar vistas ou layers específicos e a forma como os arquivos de referência serão (Xref) carregados.

As opções escolhidas ficam gravadas no desenho e apresentam-se na próxima abertura do arquivo. No menu **File**, opção **Open**, após selecionar o arquivo, escolha **Partial Open** no botão **Open**.

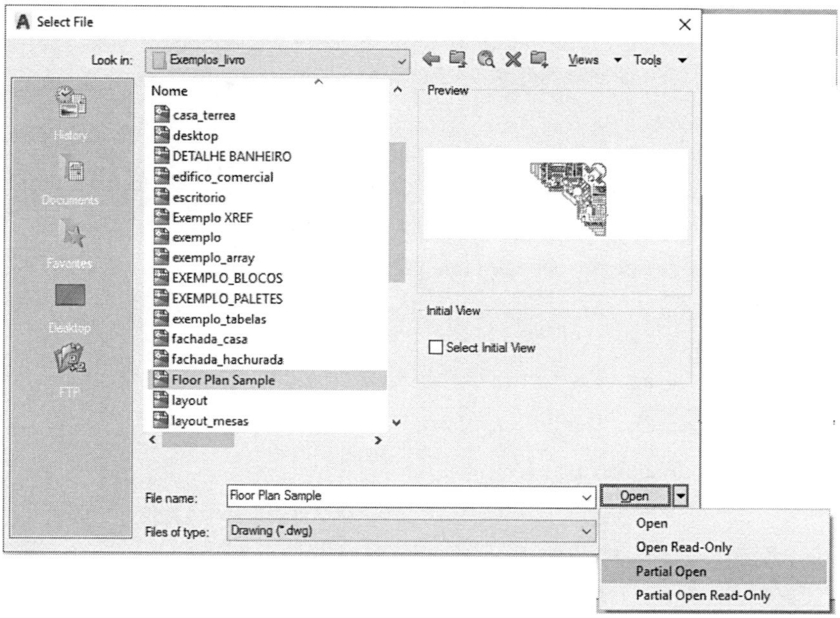

Figura 16.51 Abertura parcial de um arquivo.

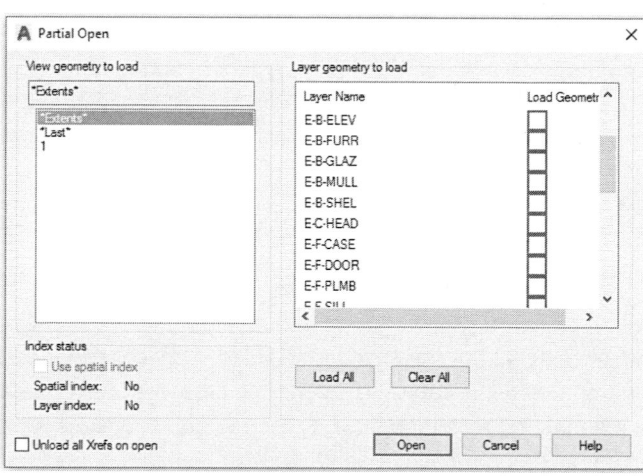

Figura 16.52 Seleção dos layers a serem abertos.

16.14 Conversor DWG

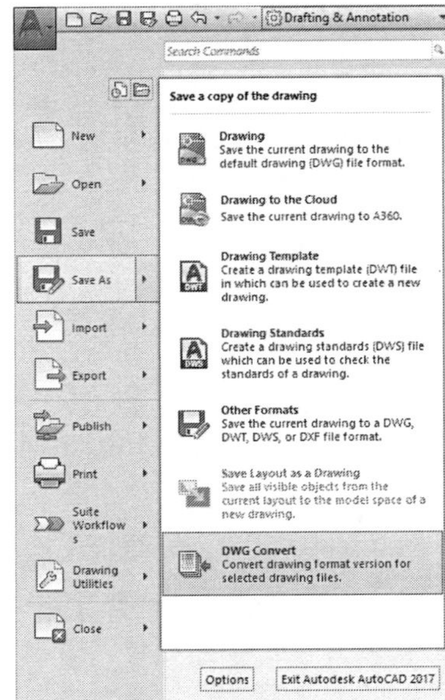

Figura 16.53 Acesso ao DWG Convert.

A ferramenta **DWG Convert** permite converter arquivos DWG em qualquer uma das seguintes versões: Release 14, 2000, 2004, 2007 e 2010. Como é possível converter arquivos em lote, você pode rapidamente atualizar bibliotecas antigas. A ferramenta **DWG Convert** pode ser acessada pelo Menu de Aplicação na opção **Save As** > **DWG Convert.**

Em seguida, abre-se a janela de diálogo **DWG Convert**, na qual você pode especificar os arquivos a serem convertidos, salvar uma lista para uso posterior, criar listas e abrir listas previamente gravadas.

- **:** esse botão abre uma janela de diálogo para seleção dos arquivos a serem convertidos.
- **:** limpa a lista de arquivos para criação de outra lista. Se a lista foi alterada, surge um prompt pedindo para salvá-la.
- **:** seleciona uma lista de conversão de arquivos previamente salva. Antes de selecionar a lista, deve-se salvar a lista corrente. Os arquivos de lista têm a extensão .BCL.
- **:** permite selecionar uma lista de conversão.
- **:** esse botão salva uma lista de conversão.

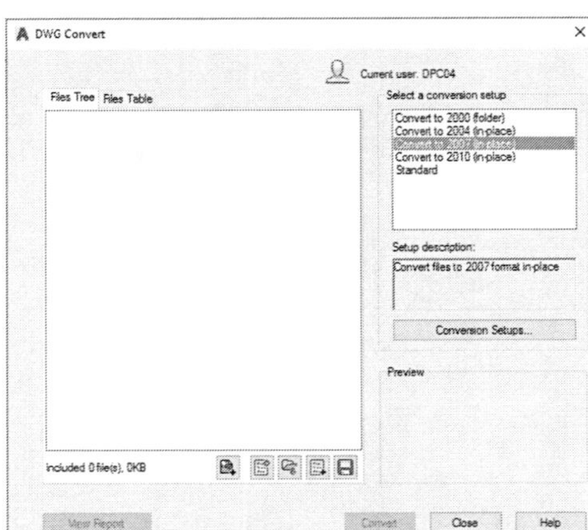

Figura 16.54 Janela de diálogo DWG Convert.

Ajustes de conversão permitem especificar as propriedades da conversão, tais como formato e caminho. Você pode ainda escolher como armazenar os arquivos convertidos, em .ZIP ou .EXE (autoextratores), por exemplo. É possível definir ações, tais como **Purge** ou sobreposição de **Page Setups** durante o processo da conversão, e salvar vários ajustes de conversão, dependendo das necessidades. Ao se clicar em **Conversion Setups**, surge a janela de diálogo **Conversion Setups**, na qual se modificam os tipos já existentes ou se criam outros ajustes de conversão. Neste exemplo selecionamos um tipo para modificar.

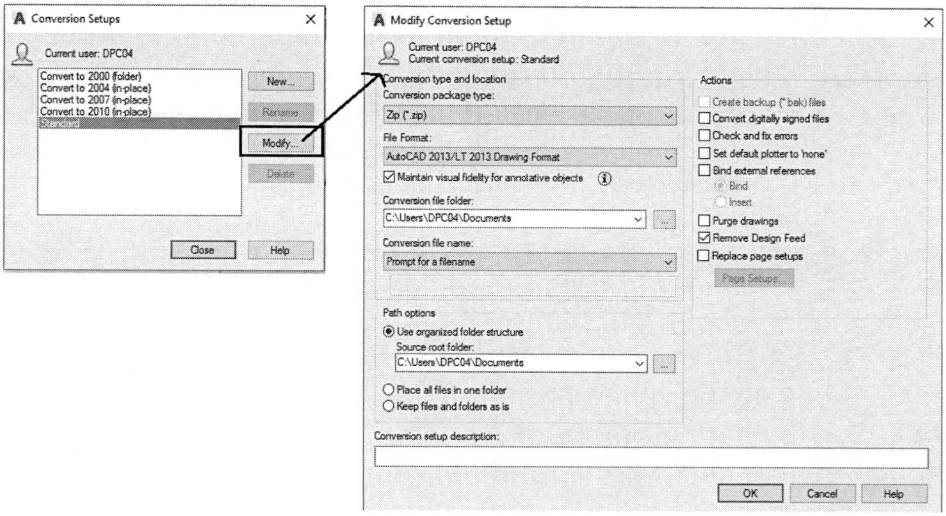

Figura 16.55 Janela de diálogo Conversion Setups.

16.15 Exportação de Arquivos em Outros Formatos

O AutoCAD permite exportar arquivos em vários formatos para compartilhar desenhos com outros softwares. Para exportar, selecione **Export** no Menu de Aplicação, e serão exibidos vários formatos.

Para selecionar outros formatos, escolha **Other Formats** no final da lista. Na janela de diálogo que se abre, clique no botão **Files of type** e selecione outro formato na lista.

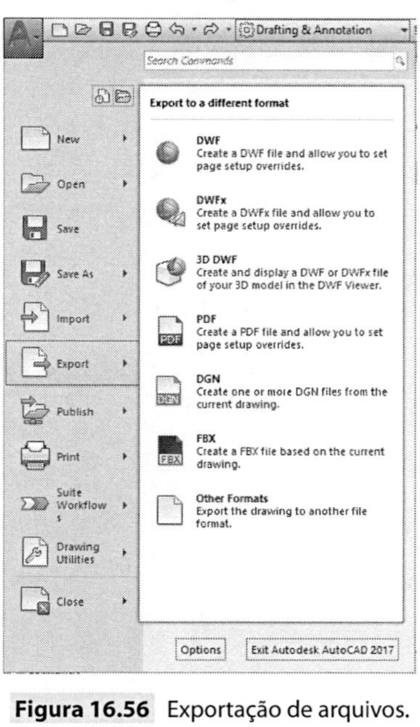

Figura 16.56 Exportação de arquivos.

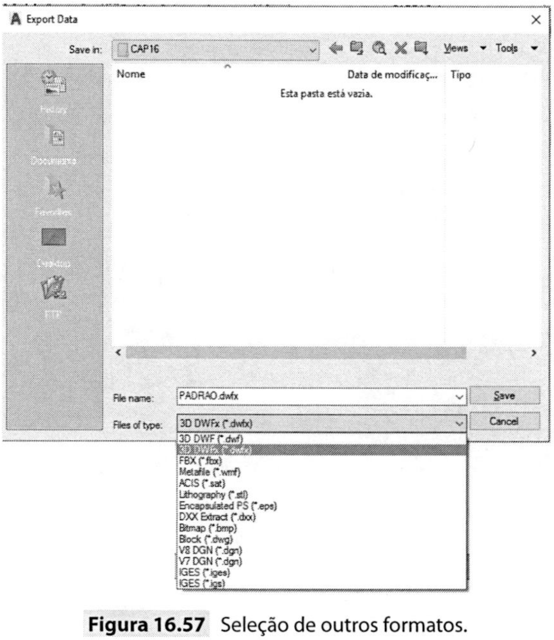

Figura 16.57 Seleção de outros formatos.

16.16 Arquivos de Imagens

O AutoCAD possui ferramentas de suporte ao trabalho com arquivos **Raster**. Se você abrir um arquivo do AutoCAD com imagens do **AutoCAD Raster Design**, tais como imagens de satélite ou outros formatos, elas são automaticamente exibidas no AutoCAD. Além disso, as ferramentas **Attach** e **Image Attach** suportam os seguintes formatos de arquivos, além dos suportados anteriormente:

Tipo	Descrição	Extensão
DDS	Microsoft Direct Draw Surface	.dds
DOQ	USGS Digital Orthophoto Quads	.doq
ECW	Enhanced Compression Wavelet	.ecw
HDR	High Dynamic Range Image	.hdr
JPEG 2000	Wavelet-based compression standard created by Joint Photographics Expert Group	.jp2, .j2k
MrSID	Multiresolution Seamless Image Format	.sid
NITF	National Imagery Transmission Format **Nota:** Arquivos NIFT contendo dados de elevação requerem o AutoCAD Raster Design	.nitf
OpenEXR	Industrial Light & Magic High Dynamic Range image	.exr
PSD	Adobe Photoshop Document	.psd

16.17 DesignCenter

O **DesignCenter** permite gerenciar a organização e a busca de blocos, arquivos de referência (Xrefs) padrão de hachuras, estilos e layers em desenhos do AutoCAD, além de arrastar e soltar um bloco ou estilo para o desenho corrente. Sua principal finalidade é facilitar a troca de informações entre diferentes arquivos. Por exemplo, se você está trabalhando em um arquivo e precisa de um estilo de texto ou layer, pode copiar esses elementos de outros arquivos. A interface do **DesignCenter** é uma paleta como a **Tool Palettes**.

Para acessar o **DesignCenter**, selecione na aba **View** do painel **Palettes** o ícone da Figura 16.58.

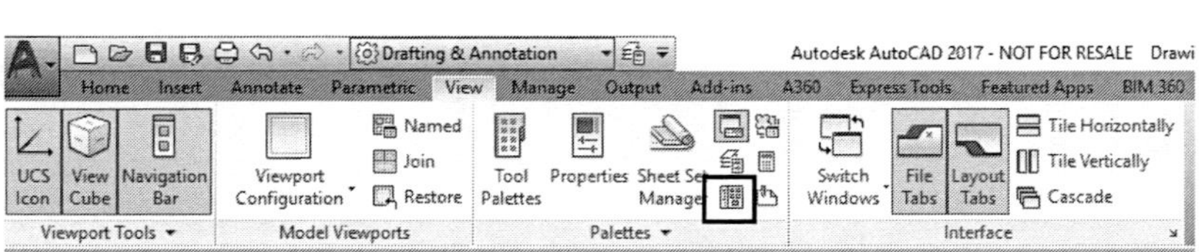

Figura 16.58 Aba View - seleção do DesignCenter.

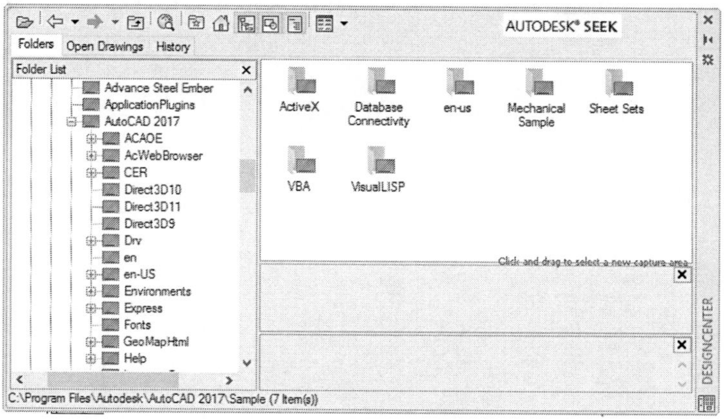

Figura 16.59 Paleta do DesignCenter.

Ao abrir a paleta, ela acessa alguma pasta do seu computador. Na parte superior:

- **Load:** carrega um arquivo do qual será extraído um dos elementos: layer, estilos, blocos etc.
- **Back:** volta uma tela.
- **Forward:** avança uma tela.
- **Up:** sobe um nível das pastas dos arquivos.
- **Search:** abre uma janela que permite especificar critérios para procura de arquivos e objetos de outros arquivos em suas pastas, como indica a Figura 16.60.

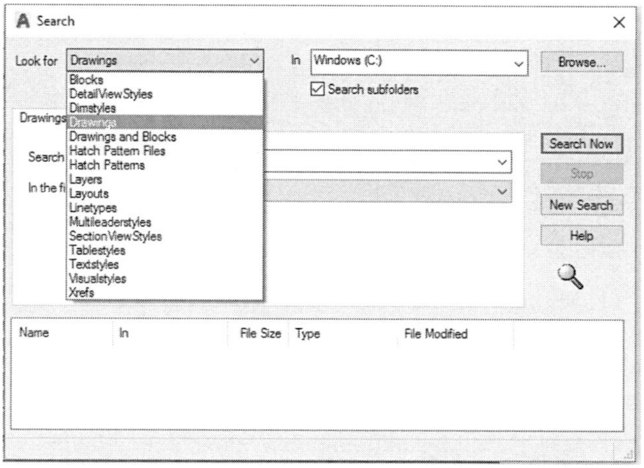

Figura 16.60 Janela Search com opções de busca de arquivos.

- **Favorites:** abre a pasta dos favoritos.
- **Home:** volta para a pasta padrão do **DesignCenter**.
- **Tree View Toggle:** habilita/desabilita a visão de hierarquia de pastas.

- **Preview:** abre uma janela na parte inferior da paleta para visualização do elemento selecionado na parte superior.

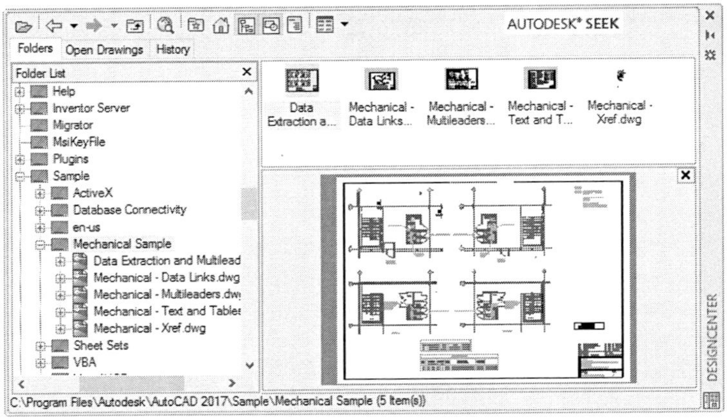

Figura 16.61 Preview do elemento selecionado.

- **Description:** abre uma janela na parte inferior da paleta para visualização dos detalhes do elemento selecionado na parte superior.

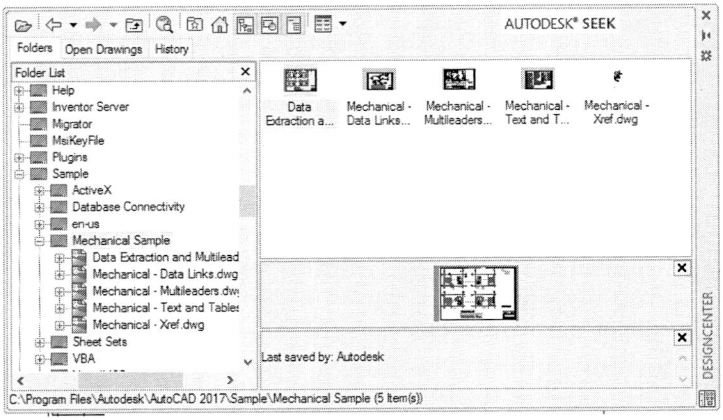

Figura 16.62 Exibição dos detalhes do elemento selecionado.

- **Views:** permite definir como serão exibidos os ícones dos elementos dos arquivos selecionados; se serão ícones grandes, pequenos ou listas.

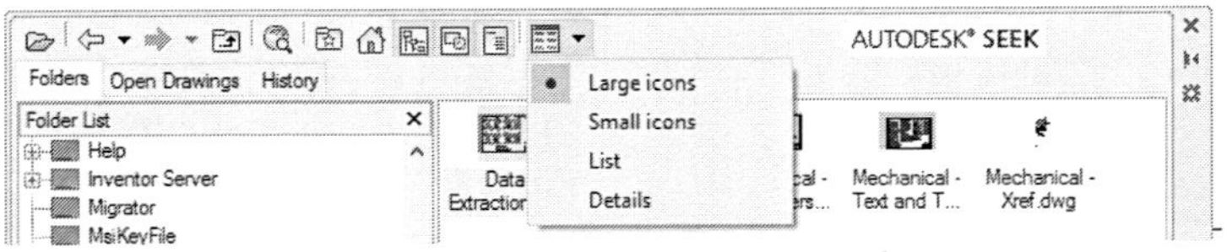

Figura 16.63 Opções de visualização dos ícones.

Para importar os elementos de um arquivo para o desenho corrente, clique no ícone e arraste-o até o desenho corrente. Por exemplo, para importar os estilos de texto, selecione o desenho que os contém e escolha **Textstyles**. Em seguida, no lado direito da janela, selecione o ícone do estilo e arraste-o para o desenho corrente.

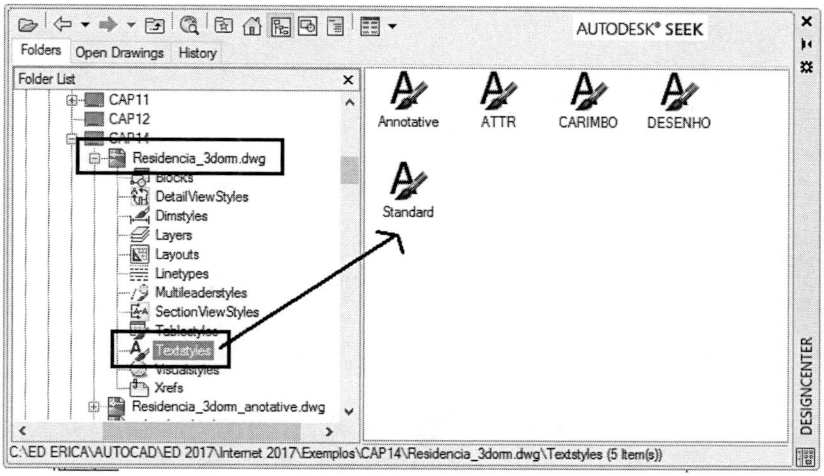

Figura 16.64 Seleção de estilos de texto para importação.

Para importar layers, repita o processo e selecione, do lado esquerdo, **Layers**. Então, os layers do arquivo serão exibidos; selecione o layer desejado e arraste-o para o desenho.

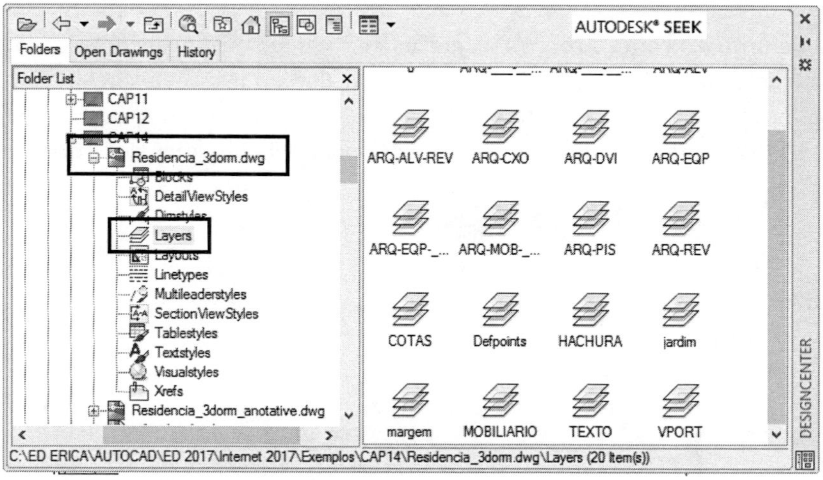

Figura 16.65 Seleção de layers para importação.

- **Autodesk Seek:** no canto superior direito da paleta, temos acesso ao Autodesk Seek, portal de conteúdo Autodesk no qual se encontram elementos como blocos e outros objetos do AutoCAD e de outros aplicativos da Autodesk. É necessário acessar a web para abrir o portal.
- **Open Drawings:** essa aba exibe os arquivos abertos no momento.

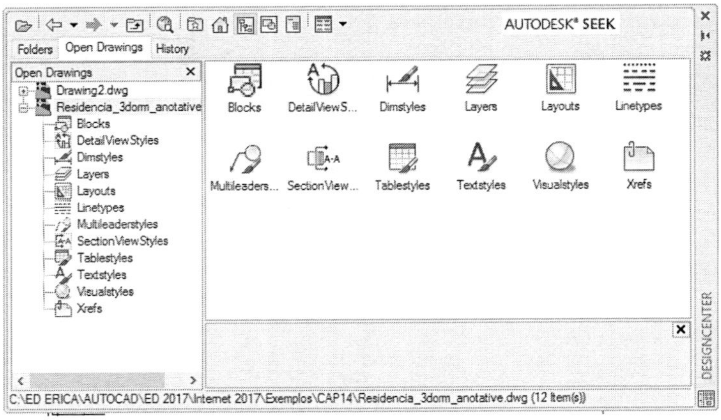

Figura 16.66 Aba Open Drawings exibe os desenhos abertos.

- **History:** essa aba apresenta uma lista dos últimos arquivos acessados.

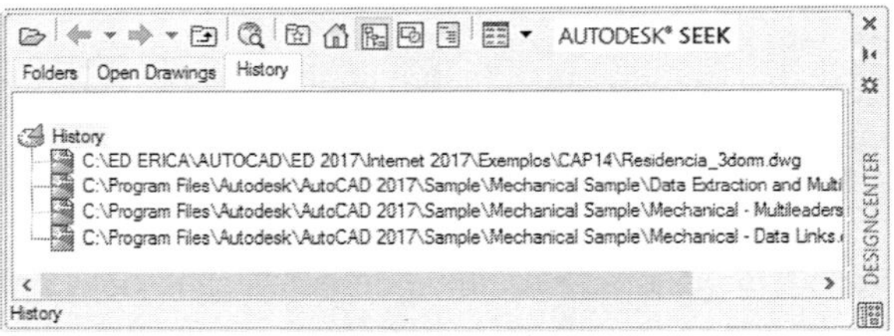

Figura 16.67 Aba History exibe uma lista dos últimos arquivos.

- **Inserção de arquivo como Xref:** o **DesignCenter** pode ser usado para inserir um arquivo em outro como arquivo de referência (Xref). Para inserir um arquivo como Xref, pressione o botão direito do mouse, em vez do esquerdo, e o resultado é semelhante ao da Figura 16.68. Nela, ao soltar o arquivo no desenho, surge a janela em que se pode definir que ele será inserido como Xref.

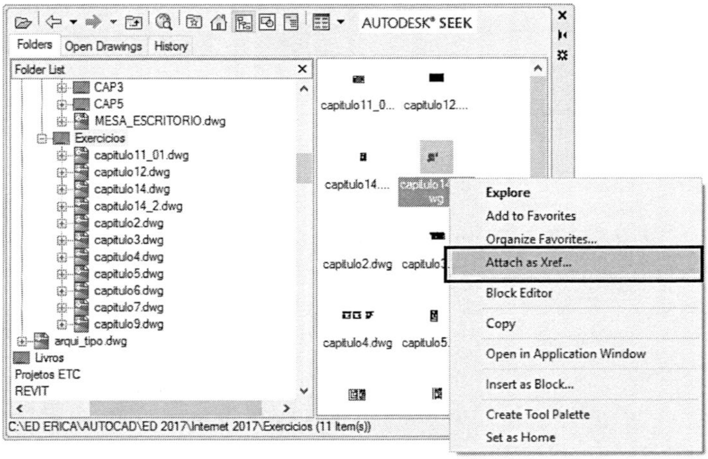

Figura 16.68 Inserção de arquivo como Xref.

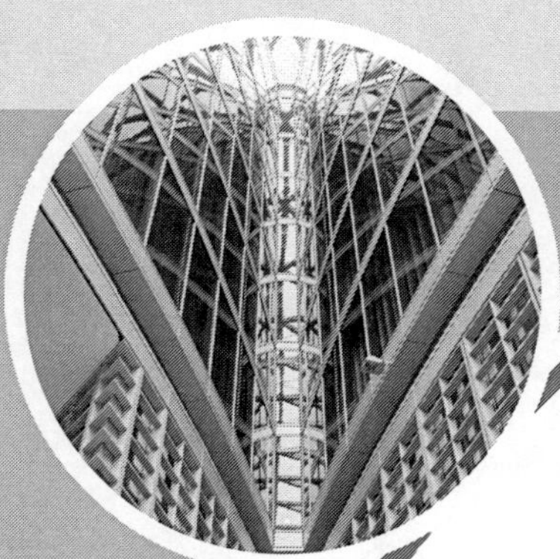

Bibliografia

AUTODESK. **AutoCAD 2017:** Help - Autodesk Inc, 2016.

LIMA, C. C. **Estudo Dirigido de AutoCAD 2016**. São Paulo: Saraiva Educação (selo Érica), 2015.

BALDAM, R.; COSTA, L.; OLIVEIRA, A. **AutoCAD 2016**: Utilizando Totalmente. São Paulo: Saraiva Educação (selo Érica), 2016.

Marcas Registradas

AutoCAD 2017 e Autodesk Design Review 2013 são marcas registradas da Autodesk, Inc.

MS-Excel e MS-Word são marcas registradas da Microsoft Corporation.

PDF e Adobe Reader são marcas registradas da Adobe Systems Incorporated.

Macintosh, iPhone, iPod e iPad são marcas registradas da Apple.

Android é marca registrada da Google.

Os demais nomes registrados, marcas registradas ou direitos de uso citados neste livro pertencem aos respectivos proprietários.

APÊNDICE A

Principais Novidades do AutoCAD 2017

A.1 License Manager

Novo gerenciador de licenças que oferece mais facilidade no gerenciamento dos tipos de licença. Você não entra mais com o tipo de licença e o número de série na instalação. Ao abrir o AutoCAD pela primeira vez você escolhe entre uma licença de rede ou entrar com o número de série.

Um novo botão no Infocenter permite acessar o License Manager, onde é possível visualizar todas as informações de sua licença e os plug-ins instalados. Pode-se também mudar o tipo de licença.

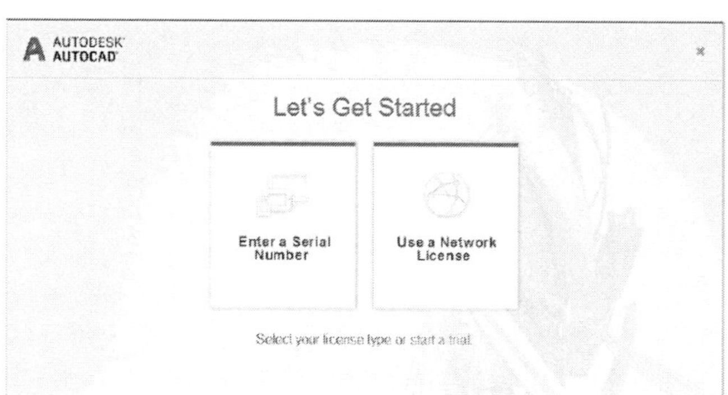

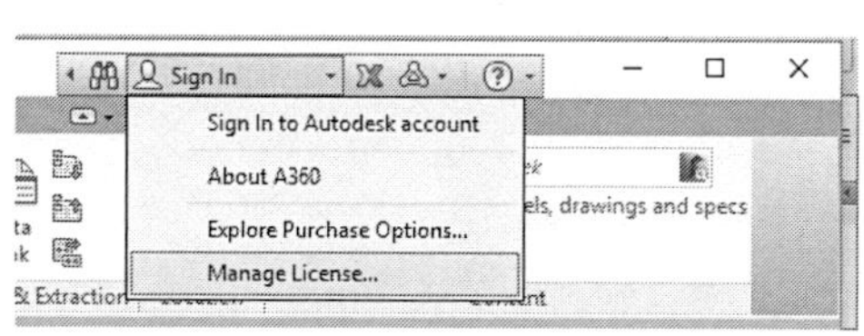

A.2 Layer States Manager

O Layer States Manager agora pode ser acessado pela Ribbon.

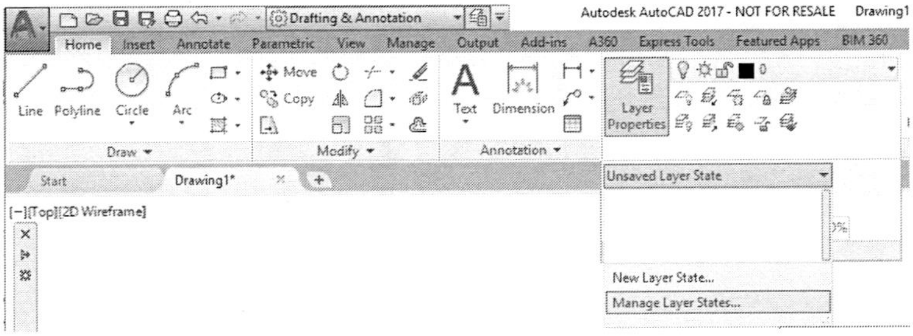

A.3 Janelas Aumentadas

Alguma janelas de comando foram aumentadas, de forma que há espaço para mais informações; janela de inserção de blocos, janela de edição de atributos, Page Setup Manager.

A.4 Propriedades do Desenho

As propriedades do desenho agora podem ser acessadas pelo menu de Aplicação.

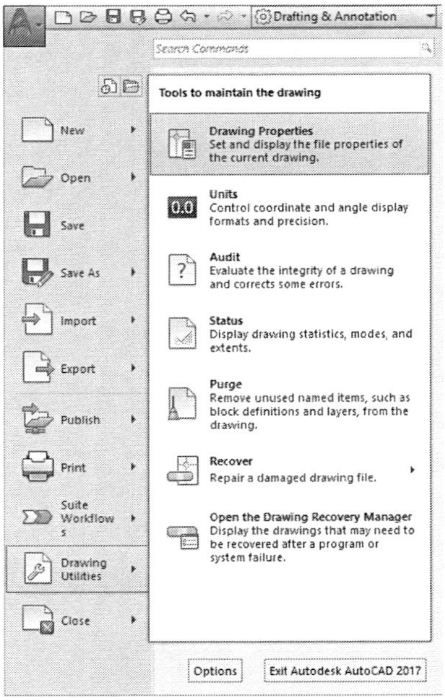

A.5 Linhas de Centro

O AutoCAD tem uma nova forma de inserir linhas de centro e marcas de centro. Pela aba **Annotate,** selecione **Centerlines** e **Center MArk**

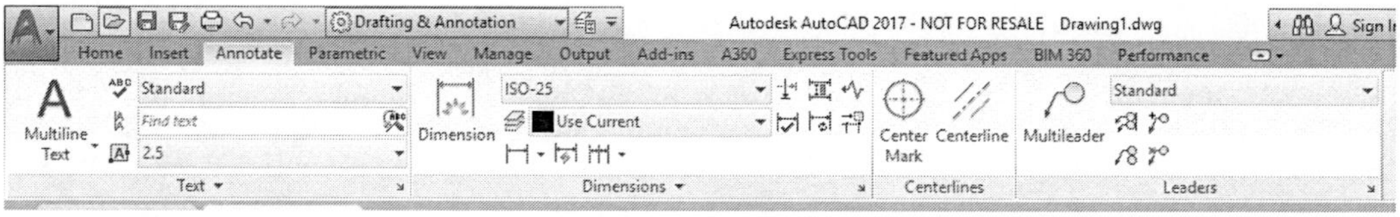

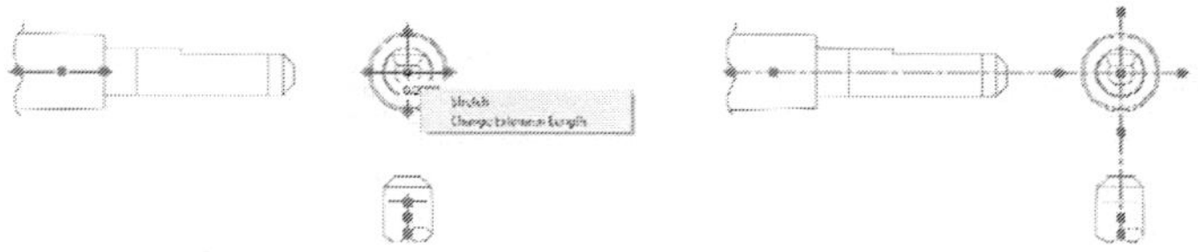

A.6 Migrate Custom Settings

Uma nova ferramenta de migração de configurações foi criada para facilitar as transferências de padrões. Ela detecta as diferenças e com interface visual permite escolher o que migrar. Ao final gera um sumário da migração.

A.7 Autodesk Desktop App

Logo após a instalação do AutoCAD é exibido o Autodesk Desktop App e um atalho é instalado na barra de tarefas do Windows. Ele substitui o Autodesk Aplication Manager. Com ele você pode gerenciar suas licenças, softwares instalados, fazer atualizações, acessar conteúdos de aprendizado.

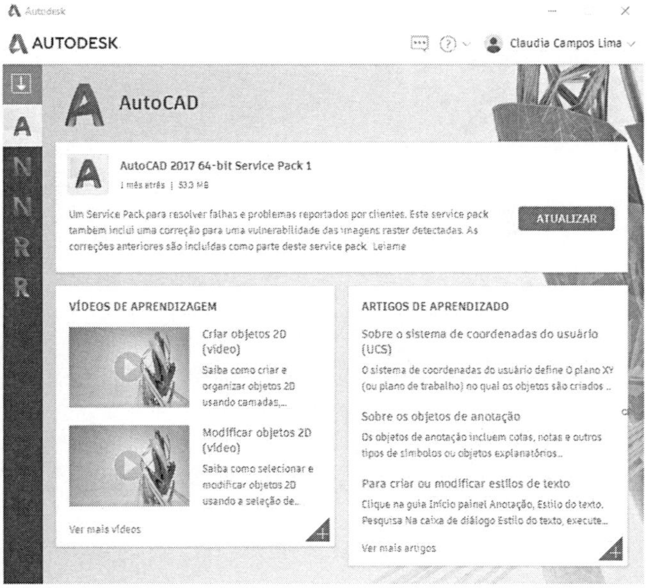

A.8 Importação de Arquivos PDF

Nesta versão, o AutoCAD importa arquivos em formato PDF com desenho e textos. Ademais, objetos do AutoCAD, como linhas e círculos, e textos em TrueType são criados no próprio desenho. Os textos em SHX são convertidos em linhas. Por fim, são criados layers para os objetos e as imagens do PDF são gravadas em arquivos PGN.

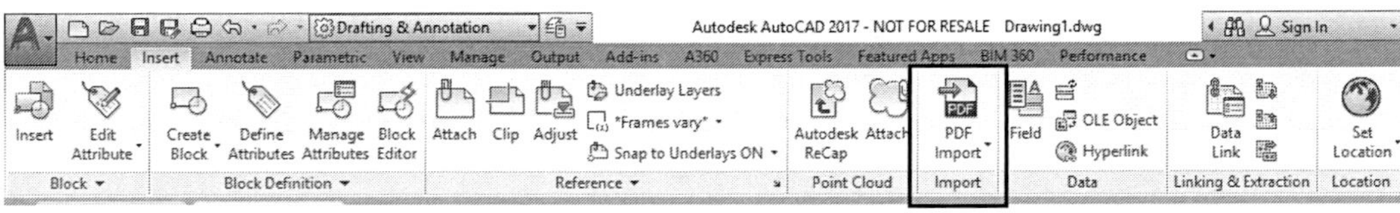

A.9 Share Design View

O AutoCAD 2017 tem uma nova ferramenta que permite compartilhar vistas do desenho na nuvem, de modo que outros visualizem o projeto sem perder a proteção do arquivo DWG. Para visualizar o desenho, outros usuários não precisam ter o AutoCAD instalado nem se registrar no A360. O desenho é carregado no visualizador online da Autodesk e fica disponível por 30 dias.

O visualizador é suportado pelos navegadores ChromeTM, Firefox®, Safari®, ou Internet Explorer®

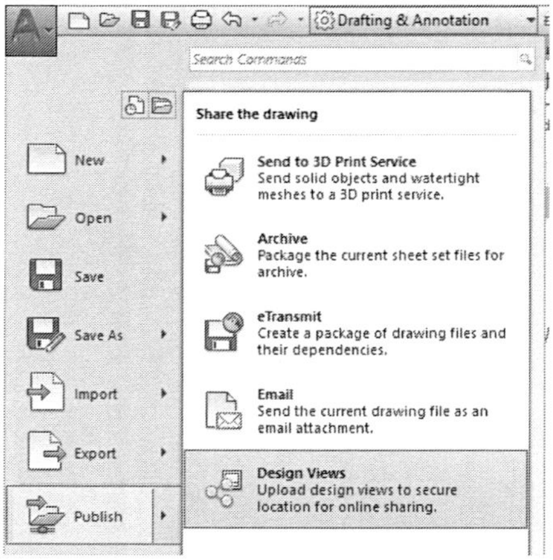

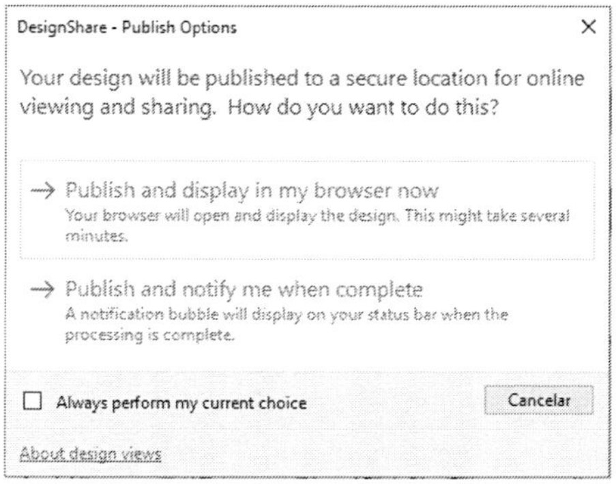

A.10 Impressão em 3D

O AutoCAD 2017 oferece dois métodos de envio de modelos 3D para impressoras 3D. Você pode escolher entre a opção **Send to 3D Print Service**, que abre o comando **3DPRINTSERVICE** (antigo 3DPRINT), e a opção **Print Studio**, que abre o comando **3DPRINT**. As duas ferramentas estão disponíveis na aba **Output** da Ribbon quando o **Workspace 3D Modeling** estiver ativado. Pode-se também acessar as ferramentas pelo **Menu de Applicação.**

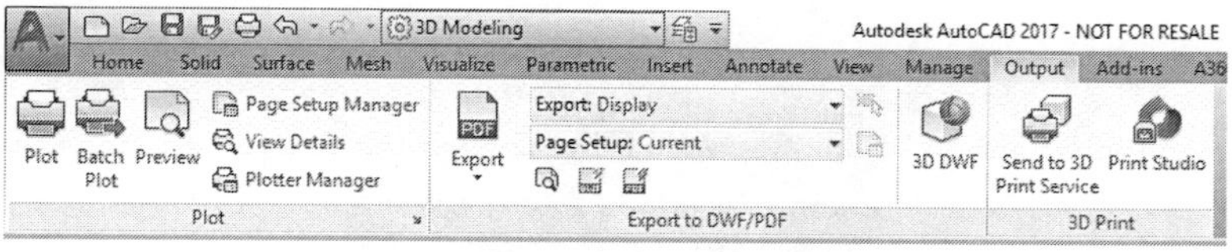

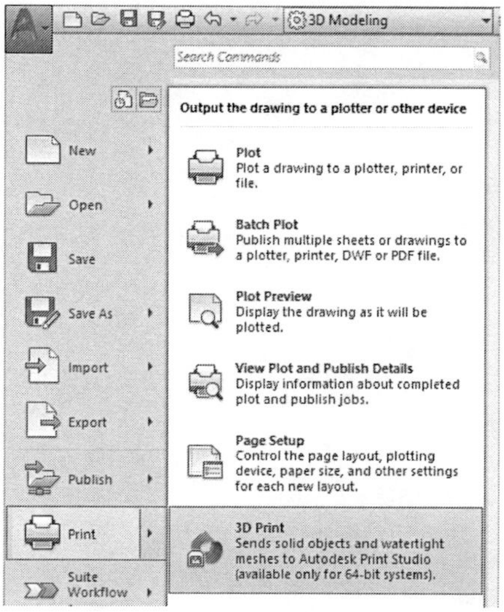

As duas opções geram arquivo de impressão no formato STL, que pode ser enviado à impressora 3D, a depender do método escolhido. O **Print Studio** é uma aplicação à parte que vem com o AutoCAD 2017, mas não é instalada por padrão.

Com o **Print Studio** instalado você pode se conectar à impressora e imprimir no ato ou preparar o arquivo para impressão posterior.

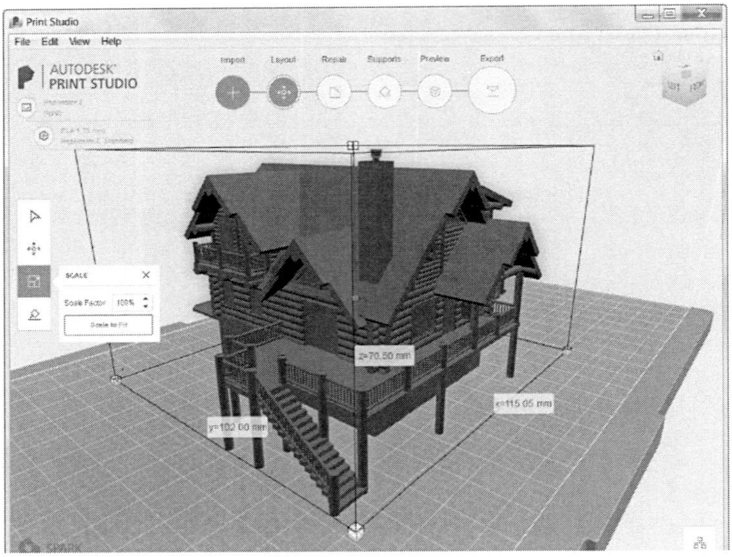